内 容 简 介

本书是高等院校非数学类理工、经济、管理学科本科生概率论与数理统计课程的教材. 全书共分为七章,内容包括: 随机事件及其概率、随机变量及其分布、多维随机变量及其分布、随机变量的数字特征、极限定理初步、数理统计的基本概念与抽样分布、参数估计与假设检验等. 各章都有相应的内容小结与习题,习题分两部分: 第一部分为基本题,包括选择题、填空题及计算题;第二部分为提高题. 书后附有各章基本题的参考答案及提高题的详细解答,还有三个附录,前两个附录为常用表,附录Ⅲ收集了近 5 年考研真题,并给出解题思路与详细解答.

本书第一版于 2005 年 8 月出版,受到广大读者的肯定和欢迎,已重印 9 次,共发行约 5 万册. 第二版结合近几年编者教学实践和教学理念的思考,在保留第一版内容特色的基础上,对内容作了增删和修订,使之更适合于教师的教学和学生的自学.

本书按照教育部制定的教学大纲,并结合全国工学、经济学、管理学硕士研究生入学考试数学(一)和数学(三)对"概率论与数理统计"部分的基本要求编写的,可作为高等院校非数学类理工、经济、管理等专业本科生概率论与数理统计课程的教材或教学配套参考书,也可以作为硕士研究生入学考试数学(一)和数学(三)的辅导书.

高等院校(非数学类)数学基础课教材

概率论与数理统计

(第二版)

主　编　梁飞豹

编　著　梁飞豹　刘文丽　薛美玉

　　　　吕书龙　徐荣聪

图书在版编目(CIP)数据

概率论与数理统计/梁飞豹主编.—2版.—北京：北京大学出版社，2012.7
(高等院校(非数学类)数学基础课教材)
ISBN 978-7-301-20910-3

Ⅰ.①概… Ⅱ.①梁… Ⅲ.①概率论—高等学校—教材 ②数理统计—高等学校—教材 Ⅳ.①O21

中国版本图书馆CIP数据核字(2012)第137050号

书　　　名：概率论与数理统计(第二版)
著作责任者：梁飞豹　主编
责 任 编 辑：曾琬婷
标 准 书 号：ISBN 978-7-301-20910-3/O·0875
出 版 发 行：北京大学出版社
地　　　址：北京市海淀区成府路205号　100871
网　　　址：http://www.pup.cn　　电子信箱：zpup@pup.pku.edu.cn
电　　　话：邮购部62752015　发行部62750672　理科编辑部62767347　出版部62754962
印　刷　者：北京大学印刷厂
经　销　者：新华书店
787mm×980mm　16开本　18.5印张　380千字
2005年8月第1版
2012年7月第2版　2017年1月第6次印刷(总第15次印刷)
印　　　数：76501—78500册
定　　　价：35.00元

第二版前言

本书第一版自 2005 年 8 月出版以来，被许多高等院校选作教科书，受到广大读者的肯定，已重印 9 次，共发行约 5 万册. 但近年来，高等教育飞速发展为高等学校的教学提出了许多新的课题. 由于高等教育向大众化发展，学生的学习需求趋向于多样化，面对高等教育的发展，我们认为有必要把最近几年我们在教学过程中发现的一些问题进行系统的总结，对原有内容进行进一步凝练、加工和增删. 这就有了再版的想法. 与第一版比较，内容的变动和我们的主要想法如下：

(1) 保持第一版内容简明扼要、注重概念和理论的直观解释、注重方法的应用. 但在第二版中我们进一步注意了学生对于内容及其叙述的可接受性，对部分内容作了增删和修改，使之更为顺畅或简洁，特别是对各章的例题都进行了调整和增删，以提高例题的代表性，加强学生对相关知识应用的掌握.

(2) 我们把原版中第七章"参数估计"和第八章"假设检验"合并成现有的第七章"参数估计与假设检验". 特别是对正态总体参数的区间估计与假设检验问题，我们把它们放在一起，用统一的方法解决，以便于学生理解和记忆. 这部分的处理是第二版的一大特色，也是国内同类教材中首创(如果习惯于原版教材的叙述方式，同样可以分开讲授，并不影响本教材的使用).

(3) 考虑到学生学习需求的多样化，我们对各章的习题进行了分类. 第一类为基本题，包括选择题、填空题和计算题，可作为学生的基本要求. 第二类为提高题，在这部分我们精选了一些典型试题，并给出详细解答. 其编写目的有三：一是作为各章例题的补充；二是丰富各章试题题型，特别是综合题的题型；三是为学生提供课外练习和参考.

(4) 考虑到硕士研究生教育的快速发展以及本科生学习的多层次需要，我们收集了近几年(2008—2012)来硕士研究生招生考试中的概率统计试题，并给出了详细解答，形成了附录三. 它可以作为学生的课外练习，也可以作为考研读者的参考.

同时，第二版也改正了原版中的一些不妥之处，不再一一列举. 在此，还想强调一点，虽然各章习题(特别是提高题)和研究生入学试题都有详细解答，但是希望读者一定要先进行独立的思考，不要过早地翻看解答，这对于学习数学尤其重要.

第二版的更新和写作分工如下：第一章由薛美玉执笔；第二、三章由刘文丽、徐荣聪执笔；第四章由吕书龙执笔；第五、六、七章及附录三由梁飞豹执笔；在集体讨论的基础上,全书由梁飞豹统稿.

本书得到福州大学教材建设立项支持.北京大学出版社理科部刘勇主任及曾琬婷编辑在编校中付出了辛勤劳动,并提出了许多宝贵的意见.对此,我们一并表示衷心的感谢!

由于编者水平有限,本书虽经不断修改,但仍会有不少问题,恳请同行和广大读者批评指正.

编　者

2012 年 4 月于福州大学

第一版前言

本书是在郭福星教授编著的《概率论与数理统计》(福建科学技术出版社)教材的基础上,结合我们近年来在福州大学的教学实践,并参照全国工学、经济学硕士研究生入学考试数学(一)和数学(三)对概率论和数理统计部分的基本要求编写的,可作为高等学校非数学专业理工、经济、管理等专业的概率论与数理统计课程的教材,也可作为报考硕士研究生人员和实际工作者的参考书.

概率论与数理统计是研究随机现象统计规律性的一门学科,它是现代数学的一个重要分支.随着计算机的发展以及各种统计软件的开发,概率统计在各领域都得到了广泛的应用.正因为如此,概率统计课程成为高等院校各专业最重要的数学必修课之一.但由于这门课程自身的特点,初学者往往对一些重要的概念及思想感到疑惑不解,为此,我们在教材的编写过程中,力求体现以下几个方面:

(1) 简明扼要.注重概念和理论的直观解释,尽量避免纯数学化的论证,但又保持了内容的完整性和严谨性,对基本的概念、定理和公式给出严格、准确、规范的叙述.

(2) 注重概率统计方法及在各个领域的应用.侧重对概率统计方法的介绍,培养学生对基本概念的准确理解及对常用方法的熟练掌握.精选大量概率统计在各个领域中的典型应用案例作为例题和习题,以帮助学生正确理解和应用这些方法.

(3) 紧扣全国硕士研究生入学数学(一)和数学(三)的考试大纲.各章末所配的模拟题是近年来硕士研究生入学考试的典型题型及本课程的考试题型.

(4) 本书习题及模拟题都有参考答案,除了一些基本题外,对较难的习题我们还给出解题思路或提示,便于教学与自学.

讲授本教材的全部内容(除少数带 * 号外)大约需要 54 学时,如果只讲授概率论部分(前 5 章),则只需 36 学时.

本书在编写过程中,得到福州大学数学与计算机科学学院领导的大力帮助,在文字编辑、图表制作、习题选编、文稿审校等方面,郑美莺、吕书龙、游华、朱玉灿、林志兴、黄利文等教师做了大量工作.北京大学出版社为本书出版给予了大力支持,特别是理科部刘勇主任及曾琬婷编辑在编校中付出了辛勤的劳动,并提出了许多宝贵的意见,对此,我们一并表示衷心的感谢!

由于编者的水平所限,书中不当乃至错误之处在所难免,恳请同行和广大读者批评指正.

编　者

2005 年 7 月于福州大学

第一版前言

目 录

第一章 随机事件及其概率

概率论与数理统计是研究随机现象统计规律性的学科. 为了对随机现象的有关问题做出明确的数学阐述,像其他数学分支一样,概率论具有自己的严格概念体系和严密逻辑结构. 本章主要介绍概率论的两个基本概念: 随机事件及其概率,这些内容是今后各章的重要基础.

§1.1 样本空间与随机事件

为了给随机事件及其概率下一个严格的定义,我们必须首先了解自然界的现象分类. 在自然界和人类社会活动中观察到的各种现象可归结为两种类型: 一类是在确定的条件满足时,某一确定的结果必然发生的现象,称为**确定性现象**. 例如,在一个标准大气压下,水加热到100℃时一定沸腾. 这种现象由确定性数学来研究. 另一类称为**不确定性现象**. 对于不确定性现象,情况比较复杂,我们主要关注其中一种情况,这种现象是事前无法预知哪种结果发生,但可以知道所有可能结果的,称为**偶然现象**或**随机现象**. 例如,抛掷一枚质地均匀的硬币,硬币落地后可能是正面(国徽一面)朝上,也可能是反面朝上;从一批产品中任取一件产品,此产品可能为合格品,也可能为不合格品;等等. 随机现象是偶然的、随机的,但当重复观察某一随机现象时,随机现象又将体现出某种统计规律性. 概率论将以随机现象为研究对象,揭示出它的统计规律性.

一、随机试验

为了研究随机现象内部隐藏的统计规律性,必须对随机现象进行大量的观测或试验,这种观测或试验统称为**随机试验**,简称为**试验**,记为 E 或 E_1, E_2 等.

例 1.1.1 掷一颗正六面体的骰子,观察出现的点数.

例 1.1.2 从日光灯工厂里任取一根灯管,观察它的寿命.

例 1.1.3 一射手打靶,直到射中靶心为止,记录其射击次数.

以上三个例子都是随机试验,它们具有如下特点:

(1) **可重复性**:试验可以在相同条件下重复进行.

(2) **可确定性**:每一次试验,可能出现各种不同的结果,总共有可能出现哪几种结果,是可以事先明确知道的.

(3) **不确定性**:每一次试验,只出现一种结果,至于实际出现哪一种结果,试验之前是无法预先知道的.

以上三个特点是随机试验所具有的共同特点.我们就是通过大量的随机试验去研究随机现象的.

例 1.1.4 将一枚质地均匀的硬币连掷两次,观察出现正、反面的情况.这里把硬币连掷两次作为一次试验,这是一个随机试验,记为 E_1.若用记号 $\omega_{正}$ 表示“出现正面”,$\omega_{反}$ 表示“出现反面”,则 E_1 共有四种可能的结果:

$$(\omega_{正},\omega_{正}),\quad (\omega_{正},\omega_{反}),\quad (\omega_{反},\omega_{正}),\quad (\omega_{反},\omega_{反}).$$

二、样本空间

在研究随机试验 E 时,首先必须弄清楚这个试验可能出现的所有结果.称每一个可能的结果为**样本点**,一般用小写字母 ω 来表示;全体样本点构成的集合称为**样本空间**,一般用大写字母 Ω 来表示.

在例 1.1.1 中,若样本点简记为

$$\omega_i=\text{“出现 } i \text{ 点”},\quad i=1,2,\cdots,6,$$

则样本空间 $\Omega=\{\omega_1,\omega_2,\cdots,\omega_6\}$.

在例 1.1.2 中,若用 x 表示“一根灯管的寿命”,则 x 可取为一切非负实数,从而样本空间 $\Omega=\{x\,|\,x\geqslant 0\}$.

在例 1.1.3 中,若用 n 表示“击中目标所需的射击次数”,则 n 取正整数 $1,2,\cdots$.若将这些样本点记为 $\omega_n=$“直到第 n 次才击中目标”$(n=1,2,\cdots)$,则样本空间为

$$\Omega=\{\omega_1,\omega_2,\cdots\}.$$

在例 1.1.4 中,随机试验 E_1 的样本空间为

$$\Omega=\{(\omega_{正},\omega_{正}),(\omega_{正},\omega_{反}),(\omega_{反},\omega_{正}),(\omega_{反},\omega_{反})\}.$$

从上面的例子可以看出,随机试验样本点的总数可以是有限多个,也可以是无限多个.

三、随机事件

在随机试验 E 中,可能发生也可能不发生的事情称为**随机事件**[①],简称**事件**.一般用大写字母 $A,B,C,\cdots$ 来表示随机事件.

每次试验中,一定发生的事情称为**必然事件**,记为 Ω;每次试验中一定不发生的事情称为**不可能事件**,记为 $\varnothing$.这两个事情是确定性事件,不是随机事件,但为了方便起见,通常把 Ω 和 $\varnothing$ 都作为随机事件来看待.

对于一个随机试验,它的每一个可能出现的结果(样本点)都是一个事件,这种简单的随机事件称为**基本事件**.基本事件也可以看做是试验中不能再分解的事件.由若干个基本事件组成的事件称为**复合事件**(或可再分事件).不管是基本事件或是复合事件都是随机事件.

按集合论的观点,对于某一随机试验 E,样本空间 Ω 是一集合,随机事件 A 可看做集合 Ω 的一个子集,即 $A\subset\Omega$.所有随机事件全体称为**事件集**,记为 $\mathscr{L}$,即 $\mathscr{L}=\{A|A\subset\Omega\}$.显然,$\Omega$(必然事件)$\in\mathscr{L}$,$\varnothing$(不可能事件)$\in\mathscr{L}$.

在例 1.1.1 中,掷一颗骰子"出现 5 点"是一个随机事件,记为 $A=\{\omega_5\}$,它是一个基本事件;掷一颗骰子"出现偶数点"也是一个随机事件;记为 $B=\{\omega_2,\omega_4,\omega_6\}$,它是一个复合事件;掷一颗骰子"出现的点数小于 7 点",它是一个必然事件,记为 Ω;掷一颗骰子"出现的点数大于 6 点",它是一个不可能事件,记为 $\varnothing$.

四、事件间的关系与运算

事件是样本空间的子集,所以事件之间的关系与运算同集合之间的关系与运算完全一致.

1. 事件的包含

若事件 A 发生时必导致事件 B 发生,则称事件 B **包含**事件 A,或称事件 A 包含于事件 B,记为 $A\subset B$,或 $B\supset A$.显然,$A\subset B$ 等价于 A 中的每一样本点都包含在 B 中,如图 1-1 所示(像图 1-1,用长方形表示样本空间 Ω,而用长方形内的小圆表示事件的图形称为文氏图).

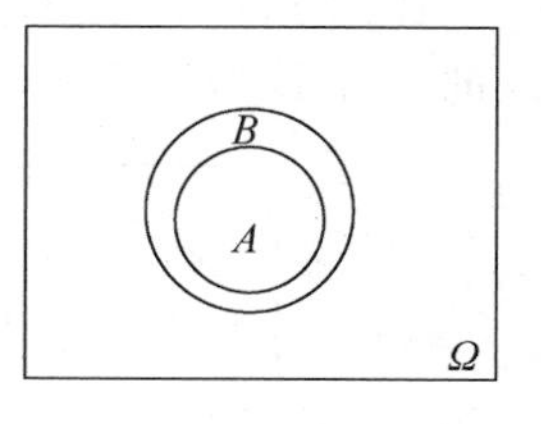

图 1-1

在例 1.1.1 中,掷一颗骰子"出现 1 点或 5 点"构成的事件为 $A=\{\omega_1,\omega_5\}$,掷一颗骰子"出现奇数点"构成的事件为 $B=\{\omega_1,\omega_3,\omega_5\}$,则事件 B 包含事件 A,即 $A\subset B$.

---

① 随机事件也可定义如下:在随机试验 E 的样本空间 Ω 中,由部分样本点组成的集合称为**随机事件**,简称**事件**.在每次试验中,当且仅当这一子集中有一个样本点出现时,称这一事件**发生**.

2. 事件的相等

若事件 A 包含事件 B 且事件 B 包含事件 A,则称事件 A 与事件 B **相等或等价**,记为 $A=B$.

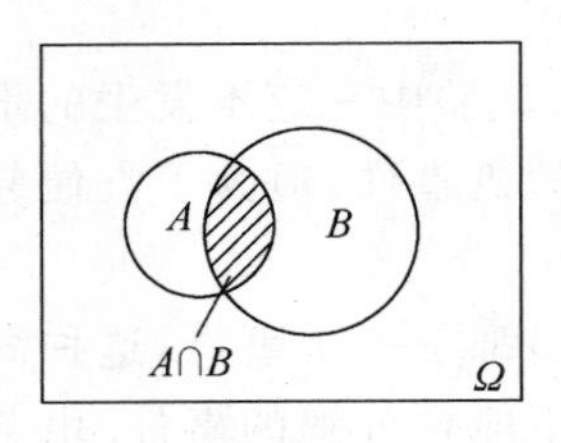

图 1-2

3. 事件的积

事件 A 与事件 B 同时发生的事件,称为事件 A 与事件 B 的**积(交)事件**,记为 $A\cap B$ 或 AB. 也就是说,$A\cap B$ 是由事件 A 与事件 B 的公共样本点组成的集合(如图 1-2).

在例 1.1.2 中,A 表示抽取一根灯管的寿命不小于 500 h,即 $A=\{x|x\geqslant 500\}$,B 表示抽取一根灯管的寿命不大于 800 h,即 $B=\{x|x\leqslant 800\}$,则 AB 表示抽取一根灯管的寿命为 500 h 到 800 h 之间,即 $AB=\{x|500\leqslant x\leqslant 800\}$.

类似地,任意有限个事件 $A_1,A_2,\cdots,A_n$ 的积(交)事件表示 $A_1,A_2,\cdots,A_n$ 同时发生,记为 $\bigcap\limits_{k=1}^{n}A_k$ 或 $A_1A_2\cdots A_n$,$\bigcap\limits_{k=1}^{\infty}A_k$ 则表示可列个事件 $A_1,A_2,\cdots,A_n,\cdots$ 同时发生.

显然对任一事件 A 均有下面的性质:

(1) $\Omega A=A$;　　(2) $AA=A$;

(3) $\varnothing A=\varnothing$;　　(4) 若 $B\supset A$,则 $AB=A$.

4. 事件的互不相容(互斥)

若事件 A 与事件 B 不能同时发生,则称事件 A 与事件 B 为**互不相容(互斥)事件**. 显然,事件 A 与事件 B 为互不相容事件等价于所有包含在 A 中的样本点与包含在 B 中的样本点全不相同,或 $AB=\varnothing$(如图 1-3).

在例 1.1.1 中,掷一颗骰子"出现 1 点和 5 点"构成的事件 A 与"出现偶数点"构成的事件 B 是互不相容的,即 $A\cap B=\varnothing$.

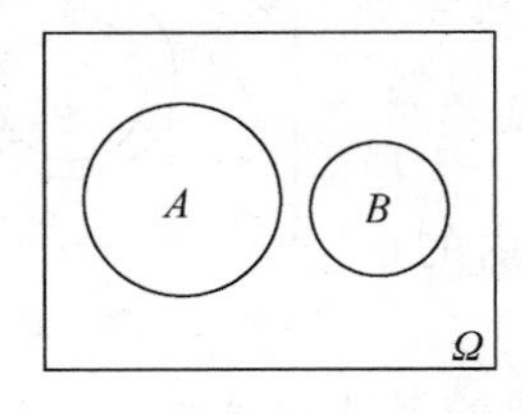

图 1-3

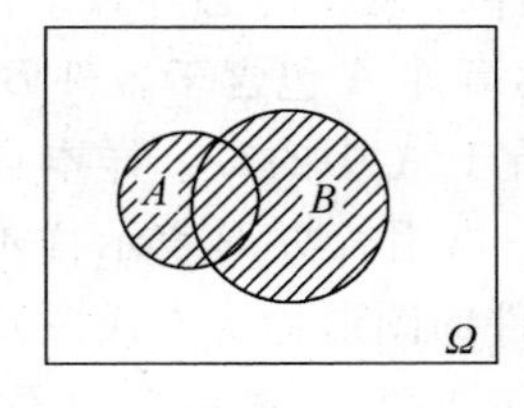

图 1-4

5. 事件的和

事件 A 与事件 B 至少有一个发生的事件,称为事件 A 与事件 B 的**和(并)事件**,记为 $A\cup B$. 也就是说,$A\cup B$ 是由 A 与 B 中所有样本点组成的集合(如图 1-4).

类似地,任意有限个事件 $A_1,A_2,\cdots,A_n$ 之中,至少有一个发生的事件称为 A_1,$A_2,\cdots,A_n$ 的和(并)事件,记为 $\bigcup_{i=1}^{n}A_i$,而记号 $\bigcup_{i=1}^{\infty}A_i$ 表示可列个事件 $A_1,A_2,\cdots,A_n,\cdots$之中至少有一个发生的事件.

特别地,若事件 A 与事件 B 互不相容(即 $AB=\varnothing$),则事件 A 与事件 B 的和事件常常记为 $A+B$.

显然,对任一事件 A 均有下面的性质:

(1) $A\cup A=A$; (2) $\Omega\cup A=\Omega$;

(3) $\varnothing\cup A=A$; (4) 若 $B\supset A$,则 $A\cup B=B$.

6. 事件的对立

事件 A 不发生的事件,称为事件 A 的**对立事件**(或**逆事件**),记为 $\overline{A}$. 也就是说,$\overline{A}$ 是由样本空间 Ω 中所有不包含在 A 中的样本点全体组成的集合(如图 1-5). 显然

$$A\cup\overline{A}=\Omega,\quad A\cap\overline{A}=\varnothing.$$

在例 1.1.1 中,掷一颗骰子"出现奇数点"构成的事件 B 和"出现能被 2 整除的点"构成的事件 D 是互为对立事件,即有 $\overline{B}=D$ 及 $\overline{D}=B$,且 $B\cup D=\Omega$,$B\cap D=\varnothing$.

由定义可知:对立事件一定是互斥事件,但互斥事件不一定是对立事件.

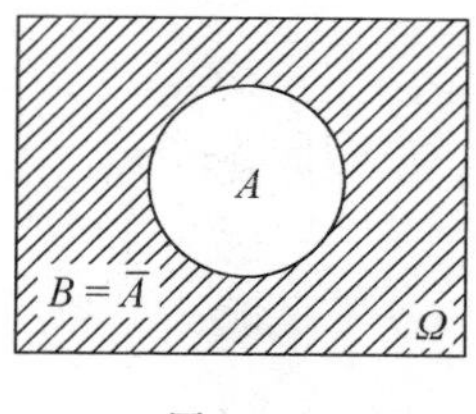

图 1-5

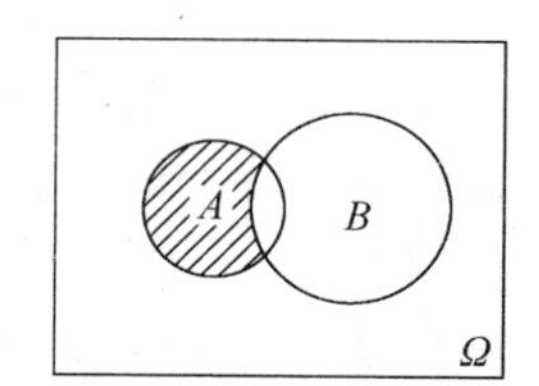

图 1-6

7. 事件的差

事件 A 发生而事件 B 不发生的事件,称为事件 A 与事件 B 的**差事件**,记为 $A-B$ 或 $A\overline{B}$. 也就是说,$A-B$ 是由所有包含在事件 A 中而不包含在事件 B 中的样本点全体组成的集合(如图 1-6).

在例 1.1.1 中,掷一颗骰子"出现不超过 5 点"构成的事件 $F=\{\omega_1,\omega_2,\omega_3,\omega_4,\omega_5\}$ 与"出现偶数点"构成的事件 $B=\{\omega_2,\omega_4,\omega_6\}$的差为 $F-B=\{\omega_1,\omega_3,\omega_5\}$.

在进行事件运算时,一般是先进行逆的运算,再进行交的运算,最后再进行和或差的运算.

事件运算的性质:

(1) **交换律**:$A\cup B=B\cup A$,$A\cap B=B\cap A$;

(2) **结合律**:$(A\cup B)\cup C=A\cup(B\cup C)$,$(A\cap B)\cap C=A\cap(B\cap C)$;

(3) **分配律**：$(A\cup B)\cap C=(A\cap C)\cup(B\cap C)$，$(A\cap B)\cup C=(A\cup C)\cap(B\cup C)$；

(4) **对偶原则**：$\overline{A\cup B}=\overline{A}\cap\overline{B}$，$\overline{A\cap B}=\overline{A}\cup\overline{B}$.

这个原则可推广到任意有限个或可列个事件的情况，即：

$$\overline{\bigcup_{i=1}^{n}A_i}=\bigcap_{i=1}^{n}\overline{A_i},\quad \overline{\bigcap_{i=1}^{n}A_i}=\bigcup_{i=1}^{n}\overline{A_i};$$

$$\overline{\bigcup_{i=1}^{\infty}A_i}=\bigcap_{i=1}^{\infty}\overline{A_i},\quad \overline{\bigcap_{i=1}^{\infty}A_i}=\bigcup_{i=1}^{\infty}\overline{A_i}.$$

在应用中，应特别注意对偶原则的逆向式子，即 $\overline{A}\cap\overline{B}=\overline{A\cup B}$，$\overline{A}\cup\overline{B}=\overline{A\cap B}$.

例 1.1.5 设 A,B 是任意两个随机事件，试化简事件

$$(\overline{A}\cup B)(A\cup\overline{B})(A\cup B)(\overline{A}\cup\overline{B}).$$

解
$$\begin{aligned}&(\overline{A}\cup B)(A\cup\overline{B})(A\cup B)(\overline{A}\cup\overline{B})\\&=(\overline{A}\cup B)(\overline{A}\cup\overline{B})(A\cup\overline{B})(A\cup B)\\&=(\overline{A}\cup(B\cap\overline{B}))(A\cup(B\cap\overline{B}))\\&=\overline{A}\cap A=\varnothing.\end{aligned}$$

例 1.1.6 某人连续买了 3 期彩票，设 A_i 表示事件“第 i 期中奖”$(i=1,2,3)$，试用 A_i 及对立事件 $\overline{A_i}$ 表示下列事件：

(1) 3 期中至少有 1 期中奖；
(2) 3 期都中奖；
(3) 3 期中恰好有 1 期中奖；
(4) 3 期都不中奖；
(5) 3 期中最多有 1 期中奖；
(6) 前两期中奖，第 3 期未中奖.

解 由题意得：

(1) $A=\{3$ 期中至少有 1 期中奖$\}=A_1\cup A_2\cup A_3$；

(2) $B=\{3$ 期都中奖$\}=A_1A_2A_3$；

(3) $C=\{3$ 期中恰有 1 期中奖$\}=A_1\overline{A}_2\overline{A}_3\cup\overline{A}_1A_2\overline{A}_3\cup\overline{A}_1\overline{A}_2A_3$；

(4) $D=\{3$ 期都不中奖$\}=\overline{A}_1\overline{A}_2\overline{A}_3=\overline{A_1\cup A_2\cup A_3}$；

(5) $F=\{3$ 期中最多有 1 期中奖$\}=C\cup D$
$=A_1\overline{A}_2\overline{A}_3\cup\overline{A}_1A_2\overline{A}_3\cup\overline{A}_1\overline{A}_2A_3\cup\overline{A}_1\overline{A}_2\overline{A}_3$；

(6) $G=\{$前两期中奖，第 3 期未中奖$\}=A_1A_2\overline{A}_3$.

随机事件是概率论中最重要、最基本的一个概念，要学会并掌握用概率论语言叙述事件，用符号表示事件；要会用简单的事件表示复杂的事件. 另外，借助直观又简便的文氏图常常可简化事件表达式.

§1.2 概率的直观定义

研究随机现象不仅要知道可能发生哪些事件，还要知道各种事件发生的可能性的

大小.我们把衡量事件发生可能性大小的数量指标称为事件发生的概率.事件 A 发生的概率常常用 $P(A)$ 来表示,简称为事件 A 的概率.

为了从数学上对概率这个概念给出严格的定义,也为了更直观地了解概率的内涵,我们首先引入概率的三种直观定义.

一、统计概率

人们在长期的实践中发现,对于随机事件 A,若在 n 次试验中发生了 m 次,则 n 次试验中 A 发生的频率 $f_n(A)=\frac{m}{n}$ 在 n 较大时就呈现出明显的规律性.

例 1.2.1 历史上有多位著名科学家,曾做过成千上万次的掷硬币试验,并统计了 n 次试验中出现正面(事件 A 发生)的次数 m 及相应的频率 $f_n(A)=\frac{m}{n}$,如表 1.2.1 所示.

表 1.2.1

试验者	掷币次数 n	出现正面次数 m	频率 $f_n(A)$
棣莫弗	2048	1061	0.5181
蒲　丰	4040	2048	0.5069
费　勒	10000	4979	0.4979
皮尔逊	24000	12012	0.5005

从表 1.2.1 中结果可以看出,当试验次数 n 较大时,频率 $f_n(A)=\frac{m}{n}$ 总是围绕在 0.5 附近摆动,此时 0.5 称为稳定值.

这个稳定值说明随机事件 A 发生的可能性大小是客观存在的,是不以人们的意志为转移的客观规律,我们把它称为随机现象的统计规律性.

定义 1.2.1(概率的统计定义) 设在相同条件下重复进行的 n 次试验中,事件 A 发生 m 次,当试验次数 n 充分大时,事件 A 发生的频率 $f_n(A)=\frac{m}{n}$ 的稳定值 p 称为**事件 A 的概率**,记为 $P(A)$,即

$$p=P(A)\approx f_n(A)=\frac{m}{n}. \tag{1.2.1}$$

在实际应用中,当重复试验的次数较大时,可用事件的频率作为其概率的近似值.

例 1.2.2 抽查某厂的某一产品 100 件,发现有 5 件不合格品,则出现不合格品(事件 A)的概率为

$$P(A)\approx 5/100=5\%.$$

显然,统计概率具有如下性质:

(1) **非负性**:对任意随机事件 A,有 $0\leqslant P(A)\leqslant 1$;

(2) **规范性**:$P(\Omega)=1$;

(3) **有限可加性**:若 $A_1,A_2,\cdots,A_n$ 是一组两两互不相容的事件,则有

$$P\left(\bigcup_{i=1}^{n}A_i\right)=\sum_{i=1}^{n}P(A_i).$$

二、古典概率

对于某些特殊类型的随机试验,某事件发生的概率可以直接求出.

古典概型随机试验是指具有下列两个特征的随机试验:

(1) **有限性**:试验的所有可能结果为有限个样本点;

(2) **等可能性**:每次试验中各样本点出现的可能性均相同.

古典概型随机试验也叫做**古典概型试验**,简称为**古典概型**.例如,掷一枚质地均匀的硬币,或出现正面或出现反面,只有两种结果,且每种结果出现的可能性相同.又如,掷一颗质地均匀的骰子,观察出现的点数,则共有 6 种结果,且每一种结果出现的可能性相同.这些试验都属于古典概型.

定义 1.2.2(概率的古典定义)　在古典概型试验中,设只有 n 个等可能的基本事件,随机事件 A 包含有 m 个基本事件,则称 $\frac{m}{n}$ 为**事件 A 的概率**,记为

$$P(A)=\frac{\text{事件 }A\text{ 所包含的基本事件数}}{\text{所有可能的基本事件数}}=\frac{m}{n}. \tag{1.2.2}$$

例 1.2.3　从 0,1,2,…,9 共 10 个数字中任取 1 个,假定每个数字都以 $\frac{1}{10}$ 的概率被取中,取后放回,先后取出 4 个数字,试求下列各事件 A_i 的概率 $P(A_i)(i=1,2,3,4)$:

(1) A_1 表示“4 个数字各不相同”;

(2) A_2 表示“4 个数字组成一个三位数”;

(3) A_3 表示“4 个数字组成一个四位偶数”;

(4) A_4 表示“4 个数字恰好有 2 个 0”.

解　从 0,1,2,…,9 共 10 个数字中,有放回地取 4 次,每取 4 次为一个基本事件,其所有可能的基本事件数 $n=10^4$.

(1) A_1 所包含的基本事件数为 $m_1=\mathrm{P}_{10}^4=10\times9\times8\times7$,故

$$P(A_1)=\frac{m_1}{n}=\frac{10\times9\times8\times7}{10^4}=0.504.$$

(2) A_2 所包含的基本事件数为 $m_2=1\times9\times10\times10=900$,故

$$P(A_2)=\frac{m_2}{n}=\frac{900}{10^4}=0.09.$$

(3) A_3 所包含的基本事件数为 $m_3=9\times10\times10\times5$,故

$$P(A_3)=\frac{m_3}{n}=\frac{9\times10^2\times5}{10^4}=0.45.$$

(4) A_4 所包含的基本事件数为 $m_4=\mathrm{C}_4^2\times9^2=\frac{4!}{2!\ 2!}\times9^2=6\times9^2$,故

$$P(A_4)=\frac{m_4}{n}=\frac{6\times9^2}{10^4}=0.0486.$$

例 1.2.4 设有一批产品共 N 件,其中 M 件次品.现在从全部 N 件产品中随机地抽取 n $(n\leqslant N)$件,试求恰好取到 m $(m\leqslant M)$件次品的概率.

解 从 N 件产品中任取 n 件,有 C_N^n 种不同取法,所以总的基本事件数为 C_N^n.

设 $A=\{$取出的 n 个产品中恰好有 m 件次品$\}$,这相当于从 M 件次品中抽取 m 件次品,以及从 $N-M$ 件正品中抽取 $n-m$ 件正品,所以 A 所包含的基本事件数为 $\mathrm{C}_M^m\mathrm{C}_{N-M}^{n-m}$,因此

$$P(A)=\frac{\mathrm{C}_M^m\mathrm{C}_{N-M}^{n-m}}{\mathrm{C}_N^n}. \tag{1.2.3}$$

(1.2.3)式即为超几何分布的概率公式,详见第二章.

例 1.2.5 设有 n 个人,每个人都等可能地被分配到 N 个房间中的任意一间中去住$(n\leqslant N)$,且设每个房间可容纳的人数不限,求下列事件的概率:

(1) $A=\{$某指定的 n 个房间中各有 1 个人住$\}$;

(2) $B=\{$恰好有 n 个房间,其中各住 1 人$\}$;

(3) $C=\{$某指定的一间房中恰好有 m $(m<n)$个人$\}$.

解 每个人都有 N 种住法,所以 n 个人共有 N^n 种,即总的基本事件数为 N^n.

(1) 在指定的 n 个房间中,第 1 个人有 n 种选择,第 2 个人有 $n-1$ 种选择,…,第 n 个人只有 1 种选择,所以 A 所包含的基本事件数为 $n!$.故

$$P(A)=\frac{n!}{N^n}.$$

(2) 恰好有 n 个房间共有 C_N^n 种,所以 B 所包含的基本事件数为 $\mathrm{C}_N^n n!$.故

$$P(B)=\frac{\mathrm{C}_N^n n!}{N^n}=\frac{N!}{N^n(N-n)!}.$$

(3) 指定的一间房恰好有 m 个人可由 n 个人中任意选出,有 C_n^m 种选法,其余 $n-m$ 个人可任意分配到其余 $N-1$ 个房间里,共有$(N-1)^{n-m}$种分配法,所以 C 所包含的基本事件为 $\mathrm{C}_n^m(N-1)^{n-m}$.故

$$P(C)=\frac{\mathrm{C}_n^m(N-1)^{n-m}}{N^n}=\mathrm{C}_n^m\left(\frac{1}{N}\right)^m\left(1-\frac{1}{N}\right)^{n-m}. \tag{1.2.4}$$

(1.2.4)式为二项分布的概率公式,详见第二章.

例 1.2.6 设有带号码 1,2,3,4 的 4 件物品,任意地放在标有 1,2,3,4 的空格中(每个空格只能放一个物品),求下列事件的概率:

(1) $A=\{4$ 件物品刚好都放在相应标号的空格中$\}$;

(2) $B=\{$没有一件物品与所占空格号码相一致$\}$.

解 4 件不同物品,排在 4 个不同的位置上,共有 $4!=24$ 种排法,所以总的基本事件数为 24.

(1) A 所包含的基本事件为 1,故 $P(A)=1/24$.

(2) 没有一件物品与所占空格号码相一致,对号码 1 的物品而言,只有 3 种放法,其余 3 件物品有 6 种放法(其中包含 3 种物品与所占空格号码相一致的情形),所以 B 所包含的基本事件为 $3\times(6-3)=9$. 故 $P(B)=9/24=3/8$.

显然古典概率具有如下性质:

(1) **非负性**:对于任意随机事件 A,有 $0\leqslant P(A)\leqslant 1$;

(2) **规范性**:$P(\Omega)=1$;

(3) **有限可加性**:设 $A_1,A_2,\cdots,A_n$ 是一组两两互不相容的事件,则有

$$P\left(\bigcup_{i=1}^{n}A_i\right)=\sum_{i=1}^{n}P(A_i).$$

三、几何概率

在古典概率中考虑的试验结果只有有限个,这在实际应用中具有很大的局限性,因为有时还需要考虑试验结果为无穷多个的情形. 为此需要讨论几何概型. 所谓**几何概型**是指具有下列两个特征的随机试验:

(1) **有限区域、无限样本点**:试验的所有可能结果为无穷多个样本点,但其样本空间 Ω 充满某一有限的几何区域(直线、平面、三维空间等),可以度量该区域的大小(长度、面积、体积等);

(2) **等可能性**:试验中各样本点出现在度量相同的子区域内的可能性相同.

定义 1.2.3(概率的几何定义) 在几何概型试验中,设样本空间为 Ω,事件 $A\subset\Omega$,则称

$$P(A)=\frac{S_A}{S_\Omega}=\frac{A\text{ 的几何度量}}{\Omega\text{ 的几何度量}} \tag{1.2.5}$$

为**事件 A 的概率**,其中几何度量指长度、面积、体积等.

例 1.2.7 设某公共汽车站每隔 5 min 有一辆公共汽车到站,乘客到达汽车站的时刻是任意的,求一个乘客候车不超过 3 min 的概率.

解 设一公共汽车 0 时刻到站,则下一辆公共汽车到达的时刻为 5. 若用 t 表示乘客等待的时长(单位:min),A 表示“候车时间不超过 3 min”,则样本空间为

$\Omega=\{t|0\leqslant t\leqslant 5\}$,事件 $A=\{t|0\leqslant t\leqslant 3\}$.所以所求概率为

$$P(A)=\frac{S_A}{S_\Omega}=\frac{3}{5}=0.6.$$

例 1.2.8(会面问题) 设两人相约于 8:00 至 9:00 之间在某地会面,先到者等候另一人 15 min 后即离开,求两人能够会面的概率.

解 以 x,y 分别表示两人到达时刻在 8:00 后的分钟数,设 A 表示"两人能够会面",则样本空间可表示成

$$\Omega=\{(x,y)|0\leqslant x\leqslant 60,0\leqslant y\leqslant 60\},$$

事件 A 可表示成

$$A=\{(x,y)|0\leqslant x\leqslant 60,0\leqslant y\leqslant 60,|x-y|\leqslant 15\}.$$

如图 1-7 所示,A 为图中阴影部分,故

$$P(A)=\frac{S_A}{S_\Omega}=\frac{60^2-(60-15)^2}{60^2}=\frac{7}{16}.$$

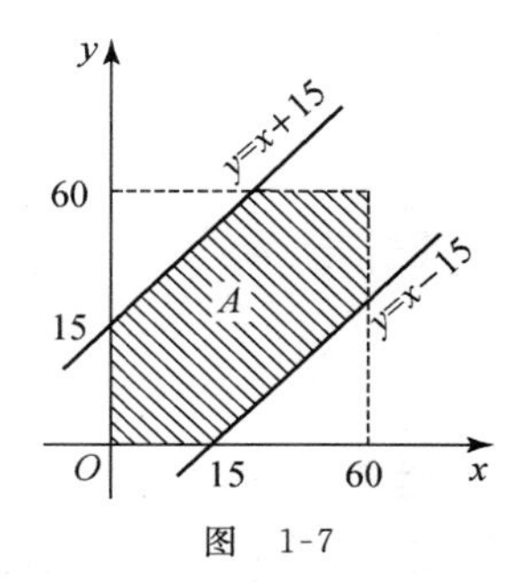

图 1-7

显然,几何概率也满足非负性、规范性及有限可加性三个性质.

§1.3 概率的公理化定义

§1.2 讨论的三种特殊概率模型中关于事件概率的定义,是在特殊情况下给出的事件概率的计算方法,具有明显的局限性,不能作为事件概率的严格定义.但是另一方面,从上节的定义出发,我们又可以看出,它们有一些共同的属性:非负性、规范性及有限可加性.这些共同的属性为我们建立概率的公理化定义提供了理论基础.

一、概率的公理化定义

定义 1.3.1(概率的公理化定义) 设随机试验 E 的样本空间为 Ω,对试验 E 的任一随机事件 A,定义实值函数 $P(A)$,若它满足以下三个公理:

公理 1(非负性) $P(A)\geqslant 0$;

公理 2(规范性) $P(\Omega)=1$;

公理 3(可列可加性) 对于可列个两两互不相容的随机事件 $A_1,A_2,\cdots,A_n,\cdots$,有

$$P\left(\bigcup_{i=1}^{\infty}A_i\right)=\sum_{i=1}^{\infty}P(A_i),$$

则称 $P(A)$ 为**事件 A 的概率**.

二、概率的性质

利用概率的公理化定义,可以推导出概率的一些重要性质.

性质 1 不可能事件的概率为 0,即 $P(\varnothing)=0$.

证 因为 $\Omega=\Omega+\varnothing+\cdots+\varnothing+\cdots$,由公理 2 和公理 3 得

$$1=P(\Omega)=P(\Omega)+P(\varnothing)+\cdots+P(\varnothing)+\cdots,$$

所以 $P(\varnothing)=0$.

性质 2(有限可加性) 若随机事件 $A_1,A_2,\cdots,A_n$ 互不相容,则

$$P\left(\bigcup_{i=1}^{n}A_i\right)=\sum_{i=1}^{n}P(A_i).$$

证 因为 $\sum\limits_{i=1}^{n}A_i=A_1+A_2+\cdots+A_n+\varnothing+\varnothing+\cdots$,由公理 3 及性质 1 得

$$P\left(\bigcup_{i=1}^{n}A_i\right)=\sum_{i=1}^{n}P(A_i).$$

性质 3(求逆公式) 对任一随机事件 A,有 $P(A)=1-P(\overline{A})$.

证 因为 $A+\overline{A}=\Omega,A\overline{A}=\varnothing$,所以由性质 2 得 $1=P(\Omega)=P(A)+P(\overline{A})$,从而

$$P(A)=1-P(\overline{A}).$$

性质 4 对任意的两个随机事件 A,B,若 $A\supset B$,则

$$P(A-B)=P(A)-P(B).$$

证 因为 $A\supset B$,所以 $A=B\cup(A-B)$且 $B\cap(A-B)=\varnothing$. 由性质 2 得

$$P(A)=P(B)+P(A-B),\quad 所以\quad P(A-B)=P(A)-P(B).$$

推论 1 对任意的两个随机事件 A,B,若 $A\supset B$,则 $P(A)\geqslant P(B)$.

推论 2(减法公式) 对任意的两个随机事件 A,B,有 $P(A-B)=P(A)-P(AB)$.

性质 5(加法公式) 对任意的两个随机事件 A,B,有

$$P(A\cup B)=P(A)+P(B)-P(AB).$$

证 因为 $A\cup B=A\cup(B-AB)$且 $A\cap(B-AB)=\varnothing$,所以由性质 2 得

$$P(A\cup B)=P(A)+P(B-AB).$$

又因为 $B\supset AB$,由性质 4 得

$$P(A\cup B)=P(A)+P(B)-P(AB).$$

推论 1 对任意的两个随机事件 A,B,若 $AB=\varnothing$,则 $P(A\cup B)=P(A)+P(B)$.

推论 2 对任意 n 个随机事件 $A_1,A_2,\cdots,A_n$,有

$$P\left(\bigcup_{i=1}^{n}A_i\right)=\sum_{i=1}^{n}P(A_i)-\sum_{1\leqslant i<j\leqslant n}P(A_iA_j)+\sum_{1\leqslant i<j<k\leqslant n}P(A_iA_jA_k)-\cdots+(-1)^{n-1}P(A_1A_2\cdots A_n).$$

例 1.3.1 已知随机事件 A,B 互不相容,试求 $P(\overline{A}\cup\overline{B})$的值.

解 因为

$$P(\overline{A}\cup\overline{B})=P(\overline{AB})=1-P(AB),\quad(性质 3)$$

又 A,B 互不相容,所以 $P(\overline{A}\cup\overline{B})=1-0=1$.

例 1.3.2 设 $P(AB)=P(\overline{A}\overline{B})$,$P(A)=p$,求 $P(B)$的值.

解 由于

$$\begin{aligned}P(AB)&=P(\overline{A}\overline{B})=P(\overline{A\cup B})=1-P(A\cup B)\quad(\text{性质 }3)\\&=1-P(A)-P(B)+P(AB),\quad(\text{性质 }5)\end{aligned}$$

所以

$$P(B)=1-P(A)=1-p.$$

例 1.3.3 已知 $P(A)=1/2$,$P(B)=1/3$,在下列三种情况下分别求出 $P(B\overline{A})$的值:

(1) A 与 B 互不相容; (2) $B\subset A$; (3) $P(AB)=1/4$.

解 由概率的减法公式有 $P(B\overline{A})=P(B)-P(BA)$.

(1) 因为 $AB=\varnothing$,所以 $P(AB)=0$. 故 $P(B\overline{A})=P(B)=1/3$.

(2) 因为 $B\subset A$,所以 $BA=B$. 故 $P(B\overline{A})=0$.

(3) $P(B\overline{A})=P(B)-P(AB)=1/3-1/4=1/12$.

例 1.3.4 从 5 双不同的鞋子中任取 4 只,求取得的 4 只鞋中至少有 2 只配成一双的概率.

解 设 A 表示"取得的 4 只鞋中至少有 2 只配成一双",A_i 表示"取得的 4 只鞋中恰好配成 i 双"($i=0,1,2$).

解法 1 直接用古典概型计算得 $P(A)=\dfrac{C_5^1C_8^2-C_5^2}{C_{10}^4}=\dfrac{13}{21}$.

解法 2 $P(A_1)=\dfrac{C_5^1C_4^2C_2^1C_2^1}{C_{10}^4}=\dfrac{4}{7}$, $P(A_2)=\dfrac{C_5^2}{C_{10}^4}=\dfrac{1}{21}$,

$$P(A)=P(A_1\cup A_2)=P(A_1)+P(A_2)=\frac{13}{21}.$$

解法 3 $P(A)=P(\overline{A}_0)=1-P(A_0)=1-\dfrac{C_5^4C_2^1C_2^1C_2^1C_2^1}{C_{10}^4}=\dfrac{13}{21}$.

§1.4 条件概率与乘法公式

一、条件概率

到目前为止,我们在计算某事件 A 发生的概率时,一直没有考虑试验中有关其他事件的信息. 但在实际问题中,往往会遇到求在事件 B 已经发生的条件下,事件 A 的概率. 这时由于附加了条件,它与事件 A 的概率 $P(A)$的意义是不同的,我们把这种概率记为 $P(A|B)$. 先看一个例子.

例 1.4.1 设某个家庭中有两个小孩,已知该家庭有男孩,问:两个都是男孩的概率是多少(假设生男生女是等可能的)?

解　由题意,样本空间为

$$\Omega=\{(男,男),(男,女),(女,男),(女,女)\}.$$

设 A 表示“两个都是男孩”,B 表示“该家庭有男孩”,则有

$$A=\{(男,男)\},\quad B=\{(男,男),(男,女),(女,男)\}.$$

由于事件 B 已经发生,所以此时所有可能的结果只有 3 种,而事件 A 只包含一种基本事件,所以

$$P(A|B)=1/3. \tag{1.4.1}$$

在此例中,如果不知道 B 已经发生的信息,那么事件 A 发生的概率为

$$P(A)=1/4\neq P(A|B).$$

这表明,事件之间是存在着一定的关联的,$P(A|B)$ 与 $P(A)$ 不相等的原因在于,事件 B 的发生改变了样本空间.

注意到(1.4.1)式还可以写成如下的形式:

$$P(A|B)=\frac{1}{3}=\frac{1/4}{3/4}=\frac{P(AB)}{P(B)}.$$

从概率的直观意义出发,若事件 B 已经发生,则要使事件 A 发生当且仅当试验结果出现的样本点既属于 A 又属于 B,即属于 AB,因此 $P(A|B)$ 应为 $P(AB)$ 在 $P(B)$ 中的“比重”. 由此我们给出条件概率 $P(A|B)$ 的定义如下:

定义 1.4.1　设 A,B 是两个随机事件,且 $P(B)>0$,称

$$P(A|B)=\frac{P(AB)}{P(B)} \tag{1.4.2}$$

为事件 B 发生的条件下事件 A 发生的**条件概率**.

可以验证,条件概率仍然满足概率的三条公理,即

(1) **非负性**:对于每一个随机事件 A,有 $P(A|B)\geqslant 0$;

(2) **规范性**:$P(\Omega|B)=1$;

(3) **可列可加性**:设 $A_1,A_2,\cdots,A_n,\cdots$ 是两两互不相容的事件,则有

$$P\left(\bigcup_{i=1}^{\infty}A_i\,|\,B\right)=\sum_{i=1}^{\infty}P(A_i\,|\,B).$$

因此,概率所具有的性质,条件概率仍然具有,例如

$$P(\varnothing|B)=0,\quad P(\overline{A}|B)=1-P(A|B),$$

$$P(A_1\cup A_2|B)=P(A_1|B)+P(A_2|B)-P(A_1A_2|B),$$

等等.

例 1.4.2　已知某种品牌的小轿车行驶到 40000 km 还能正常行驶的概率是 0.95,行驶到 60000 km 还能正常行驶的概率是 0.8,问:已经行驶了 40000 km 的该品牌小轿车还能继续行驶到 60000 km 的概率是多少?

解 设事件 A 表示"小轿车行驶到 40000 km 还能正常行驶",事件 B 表示"小轿车行驶到 60000 km 还能正常行驶".由题意,即求概率 $P(B|A)$.根据(1.4.2)式,有

$$P(B|A)=\frac{P(BA)}{P(A)}=\frac{P(B)}{P(A)}=\frac{0.8}{0.95}\approx 0.8421.$$

例 1.4.3 设箱中有 5 个红球和 3 个白球.现不放回地取出 2 个球,假设每次抽取时,箱中各球被取出是等可能的.若第 1 次取出红球,问:第 2 次仍取出红球的概率是多少?

解 记 $A_i=\{$第 i 次取出红球$\}$,$i=1,2$.

解法 1 由题意有

$$P(A_1)=\frac{5}{8},\quad P(A_1A_2)=\frac{C_5^2}{C_8^2}=\frac{10}{28},$$

所以
$$P(A_2|A_1)=\frac{P(A_1A_2)}{P(A_1)}=\frac{10/28}{5/8}=\frac{4}{7}.$$

解法 2 由于事件 A_1 已经发生,第 2 次去取球时,共剩下 7 个球,其中有 4 个红球,所以 $P(A_2|A_1)=\frac{4}{7}$.

计算条件概率常有两种方法:一种是由(1.4.2)式去计算,如例 1.4.2 和例 1.4.3 的解法 1;另一种是用样本空间缩减法,即某个事件已经发生的条件下,样本空间往往被缩小了,在缩小的样本空间中考虑另外一个事件发生的概率,如例 1.4.3 的解法 2.

二、乘法公式

利用条件概率的定义,自然地得到概率的乘法公式.

定理 1.4.1(乘法公式) 设 A,B 为任意随机事件.若 $P(B)>0$,则

$$P(AB)=P(B)P(A|B);\tag{1.4.3}$$

若 $P(A)>0$,则

$$P(AB)=P(A)P(B|A).\tag{1.4.4}$$

当 $P(A)=0$ 或 $P(B)=0$ 时,恒有 $P(AB)=0$.因为

$$0\leqslant P(AB)\leqslant P(A)(\text{或 } P(B))=0.$$

乘法公式可以推广至多个随机事件的情形.

推论 设有 n 个随机事件 $A_1,A_2,\cdots,A_n$,则

$$P(A_1A_2\cdots A_n)=P(A_1)P(A_2|A_1)\cdots P(A_n|A_1A_2\cdots A_{n-1}).\tag{1.4.5}$$

例 1.4.4 设有 10 个男生和 5 个女生来到某企业参加应聘,工作人员从中不重复地任选 3 个同学参加面试,求第 3 个才选到女生的概率.

解 设 $A_i=\{$第 i 个选到的是男生$\}$ $(i=1,2,3)$,则第 3 个才选到女生的概率为 $P(A_1A_2\overline{A}_3)$.由(1.4.5)式得

$$P(A_1A_2\overline{A}_3)=P(A_1)P(A_2|A_1)P(\overline{A}_3|A_1A_2)=\frac{10}{15}\times\frac{9}{14}\times\frac{5}{13}=\frac{15}{91}.$$

例 1.4.5 设10件产品中有4件不合格品,每次从中取1件,问:在有放回和无放回抽取的两种情况下,第2次取得合格品的概率为多少?

解 设 A_i 表示"第 i 次抽得合格品"$(i=1,2)$.

若第1次取后放回,则有

$$P(A_1)=\frac{6}{10},\quad P(A_2|A_1)=\frac{6}{10}=P(A_2).$$

若第1次取后不放回,则有

$$P(A_1)=\frac{6}{10},\quad P(A_2|A_1)=\frac{5}{9},\quad P(A_2|\overline{A}_1)=\frac{6}{9},\quad P(\overline{A}_1)=\frac{4}{10}.$$

因为

$$A_2=A_2\Omega=A_2(A_1\cup\overline{A}_1)=A_1A_2\cup\overline{A}_1A_2,\quad 且\quad (A_1A_2)\cap(\overline{A}_1A_2)=\varnothing,$$

所以

$$\begin{aligned}P(A_2)&=P(A_1A_2\cup\overline{A}_1A_2)=P(A_1A_2)+P(\overline{A}_1A_2)\\&=P(A_1)P(A_2|A_1)+P(\overline{A}_1)P(A_2|\overline{A}_1)\\&=\frac{6}{10}\times\frac{5}{9}+\frac{4}{10}\times\frac{6}{9}=\frac{6}{10}.\end{aligned}$$

因此,不论第1次取出的产品是否有放回,第2次取到合格品的概率与第1次取到合格品的概率是一样的.读者可以自己计算,第 k $(k=1,2,\cdots,10)$次抽到合格品的概率均为 $\frac{6}{10}$.这表明"抽到合格品"这一事件的概率与抽取的前后次序无关.这就是为什么人们常常把这个原理应用于一般的随机抽奖活动中的理由.

三、全概率公式

定义 1.4.2 若随机事件 $A_1,A_2,\cdots,A_n$ 满足下面两个条件:

(1) $A_1\cup A_2\cup\cdots\cup A_n=\Omega$,即在一次试验中,事件组 $A_1,A_2,\cdots,A_n$ 中至少有一个发生;

(2) $A_iA_j=\varnothing(i\neq j;i,j=1,2,\cdots,n)$,即事件组 $A_1,A_2,\cdots,A_n$ 两两互不相容,

则称事件组 $A_1,A_2,\cdots,A_n$ 为**完备事件组**.

完备事件组的实际含义是在每次试验中必然有且仅有 $A_1,A_2,\cdots,A_n$ 中的一个事件发生.当 $n=2$ 时,A_1 与 A_2 就是对立事件.

例1.4.5的计算方法具有普遍的意义,它代表如下一类随机事件的概率计算方法,即若欲求其概率的事件 B,是在完备事件组 $A_1,A_2,\cdots,A_n$ 中有一个,且只有一个发生时才发生的,那么 $P(B)$的计算就可归结为如下的全概率公式:

定理 1.4.2(全概率公式) 设 $A_1,A_2,\cdots,A_n$ 是一个完备事件组,$P(A_i)>0$ $(i=1,2,\cdots,n)$,则对于事件 B,有

$$P(B)=\sum_{i=1}^{n}P(A_i)P(B|A_i). \tag{1.4.6}$$

证 因为 $A_1,A_2,\cdots,A_n$ 是一个完备事件组,所以 $B=B\left(\bigcup\limits_{i=1}^{n}A_i\right)=\sum\limits_{i=1}^{n}A_iB$,从而

$$P(B)=\sum_{i=1}^{n}P(A_iB)=\sum_{i=1}^{n}P(A_i)P(B|A_i).$$

注 若随机事件 $A_1,A_2,\cdots,A_n$ 两两互不相容,$P(A_i)>0$ $(i=1,2,\cdots,n)$,并且 $B\subset A_1\cup A_2\cup\cdots\cup A_n$,则全概率公式(1.4.6)仍然成立.

例 1.4.6 某人准备报名驾校学车,他选甲、乙、丙三所驾校的概率分别为 0.5,0.3,0.2.已知甲、乙、丙三所驾校的学生能顺利通过驾考的概率分别为 0.7,0.9,0.75.

(1) 求此人顺利通过驾考的概率;

(2) 如果顺利通过驾考,求此人是报名乙这所驾校的概率.

解 设 A_1 表示"报名甲驾校",A_2 表示"报名乙驾校",A_3 表示"报名丙驾校",B 表示"顺利通过驾考".依题意 A_1,A_2,A_3 互不相容,$B\subset A_1\cup A_2\cup A_3=\Omega$,且

$$P(A_1)=0.5,\quad P(A_2)=0.3,\quad P(A_3)=0.2,$$
$$P(B|A_1)=0.7,\quad P(B|A_2)=0.9,\quad P(B|A_3)=0.75.$$

(1) 由全概率公式有

$$\begin{aligned}P(B)&=P(A_1)P(B|A_1)+P(A_2)P(B|A_2)+P(A_3)P(B|A_3)\\&=0.5\times0.7+0.3\times0.9+0.2\times0.75=0.77.\end{aligned}$$

(2) 由条件概率有

$$P(A_2|B)=\frac{P(A_2B)}{P(B)}=\frac{P(A_2)P(B|A_2)}{P(B)}=\frac{0.3\times0.9}{0.77}\approx0.3506.$$

四、贝叶斯公式

利用全概率公式,人们可以通过综合分析一个随机事件发生的不同原因、情况或途径及其可能性来求得该事件发生的概率.但在实际应用中,人们往往需要考虑与之完全相反的问题.如例 1.4.6 中的第二个问题,所观察的事件已经发生(顺利通过驾考),我们要考虑所观察到的事件发生的各种原因、情况或途径的可能性(报名哪所驾校).这类问题可由下面的贝叶斯(Bayes)公式来解决.

定理 1.4.3(贝叶斯公式) 设 $A_1,A_2,\cdots,A_n$ 是一个完备事件组,$P(A_i)>0$ $(i=1,2,\cdots,n)$,则在 B 已经发生的条件下,A_i 发生的条件概率为

$$P(A_i|B)=\frac{P(A_i)P(B|A_i)}{\sum_{k=1}^{n}P(A_k)P(B|A_k)},\quad i=1,2,\cdots,n. \tag{1.4.7}$$

公式(1.4.7)中,事件 A_i 发生的概率 $P(A_i)(i=1,2,\cdots,n)$ 通常是在试验之前已知的,因此习惯上称之为**先验概率**,而 $P(A_i|B)$ 反映了在试验之后,B 发生的原因的各种可能性大小,故通常称之为**后验概率**.

注 若随机事件 $A_1,A_2,\cdots,A_n$ 两两互不相容,$P(A_i)>0\ (i=1,2,\cdots,n)$,并且 $B\subset A_1\cup A_2\cup\cdots\cup A_n$,则贝叶斯公式(1.4.7)仍然成立.

证 根据概率的乘法公式,有

$$P(A_iB)=P(A_i)P(B|A_i),$$

由此得

$$P(A_i|B)=\frac{P(A_iB)}{P(B)}=\frac{P(A_i)P(B|A_i)}{P(B)}.$$

将 $P(B)$ 的全概率公式代入得

$$P(A_i|B)=\frac{P(A_i)P(B|A_i)}{\sum_{k=1}^{n}P(A_k)P(B|A_k)},\quad i=1,2,\cdots,n.$$

公式(1.4.7)也称为**逆概率公式**,它是在完备事件组存在的条件下,若已知条件概率 $P(B|A_i)$,反过来求 $P(A_i|B)$ 的计算公式.

例 1.4.7 甲胎蛋白试验法是早期发现肝癌的一种有效手段.据统计,肝癌患者甲胎蛋白试验呈阳性反应的概率为 95%,非肝癌患者甲胎蛋白试验呈阳性反应的概率为 4%.已知某地人群中肝癌患者占 0.4%,现在此地有一人用甲胎蛋白试验法进行检查,结果显示阳性,问:这人确定是肝癌患者的概率是多少?

解 设 A 表示"肝癌患者",$\overline{A}$ 表示"非肝癌患者",B 表示"检查结果呈阳性".依题意得 $B\subset A+\overline{A}=\Omega$,且

$$P(A)=0.004,\quad P(\overline{A})=0.996,\quad P(B|A)=0.95,\quad P(B|\overline{A})=0.04.$$

由贝叶斯公式得

$$P(A|B)=\frac{P(A)P(B|A)}{P(A)P(B|A)+P(\overline{A})P(B|\overline{A})}=\frac{0.004\times 0.95}{0.004\times 0.95+0.996\times 0.04}\approx 0.0871.$$

这个概率比较小.一般认为,概率很小的随机事件在一次试验中几乎不可能发生(我们把这一事实称为**"小概率事件"原理**,它是统计推断理论中的主要依据,今后将经常引用它).可见,即使甲胎蛋白检查结果呈阳性,此人仍几乎不可能得肝癌.因此,不能仅仅由甲胎蛋白检查结果,就推断此人是否得肝癌,应该再做其他检查才能得出正确的结论.

§1.5 事件的独立性

一、事件的独立性

事件的独立性是概率论中最重要的概念之一. 所谓两个事件 A 与 B 相互独立,直观上说就是它们互不影响,或者说,事件 A 发生与否不会影响事件 B 发生的可能性,事件 B 发生与否不会影响事件 A 发生的可能性,用数学式子表示就是:

$$P(B|A)=P(B), \quad \text{且} \quad P(A|B)=P(A).$$

但上面两个式子要求 $P(A)>0$ 或 $P(B)>0$. 考虑到更一般的情形,我们给出如下定义:

定义 1.5.1 对任意两个事件 A,B,若有

$$P(AB)=P(A)P(B), \tag{1.5.1}$$

则称事件 A 与事件 B **相互独立**.

当 $P(A)>0,P(B)>0$ 时,由定义 1.5.1 可推出

$$P(B|A)=\frac{P(AB)}{P(A)}=\frac{P(A)P(B)}{P(A)}=P(B),$$

同理 $P(A|B)=P(A)$,但在该定义中对 $P(A)$和 $P(B)$并没有限制. 实际上,概率为零的事件与任何事件相互独立.

需要强调一点的是,事件的独立性与事件的互不相容是两个完全不同的概念. 实际上,从定义即知,如果两个具有正概率的事件是互不相容的,那么它们一定是不独立的;反之,如果两个具有正概率的事件是相互独立的,那么这两个事件不可能互不相容.

定理 1.5.1 若事件 A 与 B 相互独立,则 A 与 $\bar{B}$,$\bar{A}$ 与 B,$\bar{A}$ 与 $\bar{B}$ 也分别相互独立.

证 由 $P(AB)=P(A)P(B)$得

$$\begin{aligned} P(A\bar{B}) &= P(A-B) = P(A-AB) = P(A)-P(AB) \\ &= P(A)-P(A)P(B) = P(A)[1-P(B)] = P(A)P(\bar{B}), \end{aligned}$$

所以 A 与 $\bar{B}$ 相互独立.

利用类似方法可证明 $\bar{A}$ 与 B,$\bar{A}$ 与 $\bar{B}$ 也相互独立.

由于概率为零的事件与任何事件相互独立,再由上述定理显然可得,概率为 1 的事件也与任何事件相互独立.

注 定义 1.5.1 不完全都是用来判断事件的独立性,经常是利用该定义来计算独立事件乘积的概率,而事件的独立性有时需要根据实际意义或经验来判断(如例 1.5.1). 另外,事件的独立性与事件在样本空间中的位置没有直接关系,一般不能通过

画文氏图来描述事件的独立性.

例 1.5.1 甲、乙两人分别破译同一个密码,设甲、乙能独自译出的概率分别是 0.4 与 0.25. 现各破译一次,试求:

(1) 此密码能被译出的概率; (2) 密码恰好被一个人译出的概率.

解 设 A 表示"甲译出密码";B 表示"乙译出密码",根据经验 A 与 B 相互独立,从而有 A 与 $\overline{B}$,$\overline{A}$ 与 B,$\overline{A}$ 与 $\overline{B}$ 也都是相互独立.

(1) 密码能被译出的概率为

$$P(A\cup B)=P(A)+P(B)-P(AB)=0.4+0.25-0.4\times0.25=0.55.$$

(2) 密码恰好被一个人译出的概率为

$$\begin{aligned}P(A\overline{B}\cup\overline{A}B)&=P(A\overline{B})+P(\overline{A}B)=P(A)P(\overline{B})+P(\overline{A})P(B)\\&=0.4\times0.75+0.6\times0.25=0.45.\end{aligned}$$

下面给出三个事件相互独立的定义.

定义 1.5.2 对任意三个事件 A,B,C,如果以下四个等式成立:

$$\left.\begin{aligned}P(AB)&=P(A)P(B),\\P(AC)&=P(A)P(C),\\P(BC)&=P(B)P(C),\end{aligned}\right\}\tag{1.5.2}$$

$$P(ABC)=P(A)P(B)P(C),\tag{1.5.3}$$

则称**事件** A,B,C **相互独立**;如果仅(1.5.2)式成立,则称**事件** A,B,C **两两独立**.

由定义 1.5.2 知,若事件 A,B,C 相互独立,则必两两独立;但若事件 A,B,C 两两独立,事件 A,B,C 却不一定相互独立.

例 1.5.2 如果将一枚硬币抛掷两次,观察正面 H 和反面 T 的出现情况,则此时样本空间 $\Omega=\{HH,HT,TH,TT\}$. 设 $A=\{HH,HT\}$,$B=\{HH,TH\}$,$C=\{HH,TT\}$,则 $AB=AC=BC=ABC=\{HH\}$. 故有

$$P(A)=P(B)=P(C)=1/2,$$
$$P(AB)=P(AC)=P(BC)=P(ABC)=1/4.$$

显然

$$P(AB)=P(A)P(B),\quad P(AC)=P(A)P(C),\quad P(BC)=P(B)P(C),$$

但

$$P(ABC)=1/4\neq P(A)P(B)P(C)=1/8.$$

由定义 1.5.2 知,A,B,C 两两独立,但 A,B,C 并不是相互独立.

因此,当我们考虑多个事件之间是否相互独立时,除了必须考虑任意两事件之间的相互关系外,还要考虑到多个事件的乘积对其他事件的影响. 基于如此考虑,我们给出 n 个事件相互独立的定义.

定义 1.5.3 若 n 个事件 $A_1,A_2,\cdots,A_n$ 满足

$$P(A_{i_1}A_{i_2}\cdots A_{i_k})=P(A_{i_1})P(A_{i_2})\cdots P(A_{i_k})$$
$$(1\leqslant i_1<i_2<\cdots<i_k\leqslant n;\ 1<k\leqslant n),\tag{1.5.4}$$

则称**事件** $A_1,A_2,\cdots,A_n$ **相互独立**.

(1.5.4)式中含有 $C_n^2+C_n^3+\cdots+C_n^n=2^n-n-1$ 个等式. 由定义 1.5.3 可知, 若事件 $A_1,A_2,\cdots,A_n$ 相互独立, 则它们中的任意一部分事件也相互独立. 类似于定理 1.5.1, 若事件 $A_1,A_2,\cdots,A_n$ 相互独立, 则它们中的任意多个事件换成各自的对立事件后, 所得到的 n 个事件仍然相互独立.

例 1.5.3 元件能正常工作的概率称为该元件的可靠性, 由多个元件构成的系统能正常工作的概率称为该系统的可靠性. 设各元件的可靠性均为 r $(0<r<1)$, 且各元件能否正常工作是相互独立的, 试求图 1-8 所示各系统的可靠性, 并比较它们的优劣.

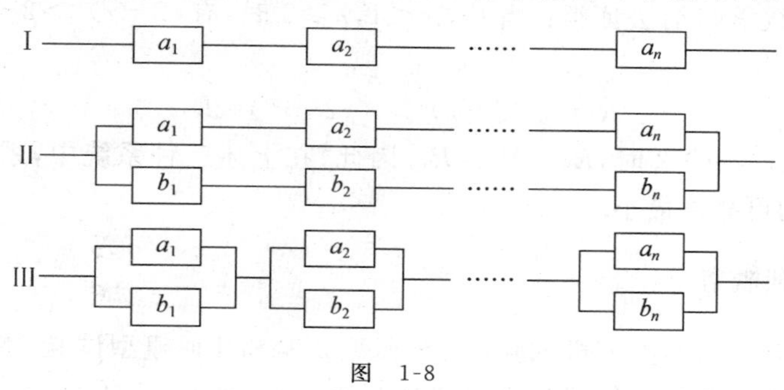

图 1-8

解 设 A_k 表示"元件 a_k 能正常工作", B_k 表示"元件 b_k 能正常工作" $(k=1,2,\cdots,n)$. 由题设有

$$P(A_k)=P(B_k)=r,\quad k=1,2,\cdots,n,$$

而元件 a_k,b_k 失效的概率为

$$P(\overline{A}_k)=P(\overline{B}_k)=1-r,\quad k=1,2,\cdots,n.$$

关于系统 I, 由事件独立性知, 其可靠性为

$$R_1=P(A_1A_2\cdots A_n)=P(A_1)P(A_2)\cdots P(A_n)=r^n.$$

关于系统 II, 其能正常工作的事件为

$$(A_1A_2\cdots A_n)\cup(B_1B_2\cdots B_n),$$

所以其可靠性为

$$\begin{aligned}R_2&=P((A_1A_2\cdots A_n)\cup(B_1B_2\cdots B_n))\\&=P(A_1A_2\cdots A_n)+P(B_1B_2\cdots B_n)-P(A_1A_2\cdots A_nB_1B_2\cdots B_n)\\&=r^n+r^n-r^{2n}=r^n(2-r^n).\end{aligned}$$

关于系统 III, 其能正常工作的事件为

$$(A_1\cup B_1)(A_2\cup B_2)\cdots(A_n\cup B_n),$$

所以其可靠性为

$$\begin{aligned}R_3 &= P[(A_1\cup B_1)(A_2\cup B_2)\cdots(A_n\cup B_n)]\\ &= P(A_1\cup B_1)P(A_2\cup B_2)\cdots P(A_n\cup B_n)\\ &= \prod_{k=1}^{n}[P(A_k)+P(B_k)-P(A_kB_k)]\\ &= \prod_{k=1}^{n}[r+r-r^2]=(2r-r^2)^n=r^n(2-r)^n.\end{aligned}$$

现在来比较各系统的可靠性大小.

因为 $0<r<1,0<r^2<1$,所以 $2-r^n>1$,从而有

$$R_2=r^n(2-r^n)>r^n=R_1.$$

我们可用数学归纳法证得：当 $0<r<1,n\geqslant 2$ 时,有 $(2-r)^n>2-r^n$. 故当 $n\geqslant 2$ 时,有

$$R_3=r^n(2-r)^n>r^n(2-r^n)=R_2.$$

综合即得：当 $n\geqslant 2$ 时,$R_3>R_2>R_1$. 因此,在上述三种系统中,系统Ⅲ的可靠性最大,系统Ⅰ的可靠性最小.

二、伯努利概型

前面已经介绍过两类随机试验：古典概型试验和几何概型试验,本节将要介绍另一类常见的随机试验——伯努利概型试验.

定义 1.5.4 具有以下两个特点的随机试验称为 n 次**伯努利概型试验**：

(1) 在相同条件下,重复 n 次做同一试验,每次试验只有两个可能结果 A 和 $\overline{A}$,且

$$P(A)=p\ (0<p<1),\quad P(\overline{A})=1-p;$$

(2) n 次试验是相互独立的(即每次试验结果出现的概率不受其他各次试验结果的影响),或设 A_i 表示"第 i 次试验 A 发生"$(i=1,2,\cdots,n)$,则 $A_1,A_2,\cdots,A_n$ 相互独立.

n 次伯努利概型试验简称为**伯努利概型**,它是一种很重要的数学模型,现实生活中大量的随机试验都可归结为伯努利概型.

例如：检查一批产品,产品要么正品,要么次品;同学去图书馆,要么借书,要么不借书;人寿保险受保人当年要么死亡,要么未死亡;等等. 这类问题不胜枚举. 下面我们讨论在伯努利概型试验中,事件 A 在 n 次试验中恰好发生 k 次的概率.

定理 1.5.2 在 n 次伯努利概型中,每次试验事件 A 发生的概率为 $p(0<p<1)$,则在 n 次试验中,事件 A 恰好发生 k 次的概率为

$$\mathrm{C}_n^k p^k q^{n-k},\quad k=0,1,2,\cdots,n, \tag{1.5.5}$$

其中 $q=1-p$.

证 由于每次试验的独立性,n 次试验中事件 A 在指定的 k 次发生,而在其余 $n-k$

次不发生的概率为 $p^k q^{n-k}$. 又因为在 n 次试验中,指定事件 A 在某 k 次发生的方式种数为 n 次中任取 k 次的不同组合数 C_n^k,利用概率的有限可加性得所求的概率为 $C_n^k p^k q^{n-k}$.

例 1.5.4 甲、乙两名棋手比赛,已知甲每盘获胜的概率为 p. 假定每盘棋胜负相互独立,且不会出现和棋. 在下列情况下,试求甲最终获胜的概率:

(1) 采用三盘两胜制; (2) 采用五盘三胜制.

解 (1) 设事件 A 表示采用三盘两胜制甲获胜,A_1 表示甲前两盘获胜,A_2 表示甲前两盘一胜一负而第三盘获胜,那么

$$P(A)=P(A_1)+P(A_2)=p^2+C_2^1 p(1-p)p=3p^2-2p^3.$$

(2) 设事件 B 表示采用五盘三胜制甲获胜,B_1 表示甲前三盘获胜,B_2 表示甲前三盘两胜一负而第四盘获胜,B_3 表示甲前四盘两胜两负而第五盘获胜,那么

$$\begin{aligned}P(B)&=P(B_1)+P(B_2)+P(B_3)=p^3+C_3^2 p^2(1-p)p+C_4^2 p^2(1-p)^2 p\\&=10p^3-15p^4+6p^5.\end{aligned}$$

内容小结

随机事件及其概率是概率论中两个最基本的概念,也是学习以后各章的必要基础.

本章知识点网络图:

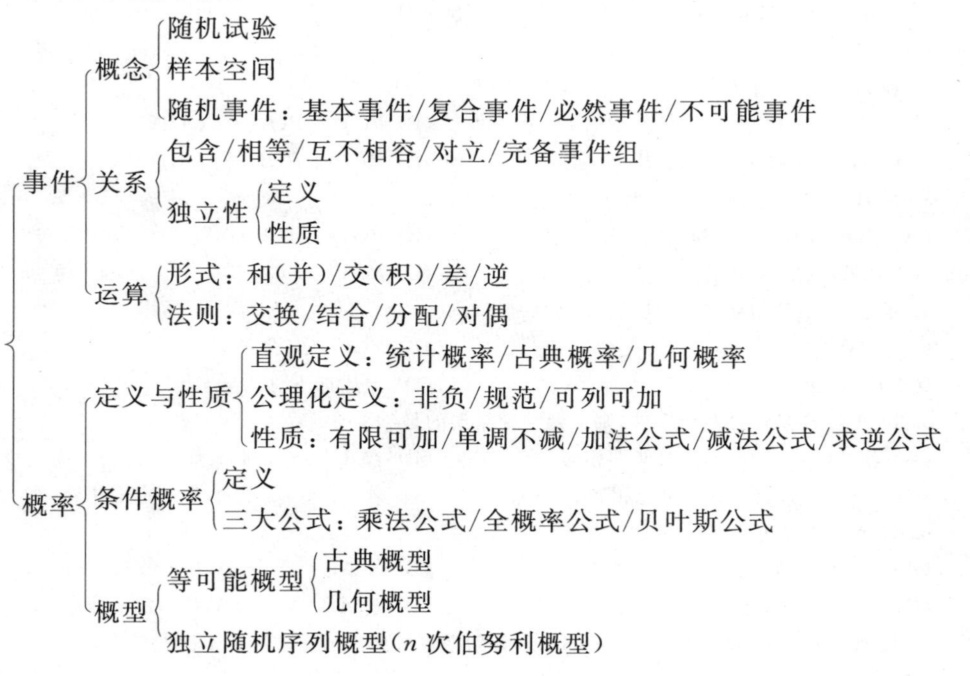

本章的基本要求：

1. 理解样本空间及随机事件的概念，弄清事件之间的关系和运算：事件的包含、和事件、积事件、差事件、互不相容事件、对立事件、完备事件组，并掌握随机事件的运算规律.

2. 理解概率的三种直观定义，掌握古典概型、几何概型的条件与运算公式，会计算古典概率与几何概率问题.

3. 理解概率的公理化定义，熟练掌握概率的基本性质(特别是加法公式、减法公式和求逆公式)并能应用这些性质进行概率的计算.

4. 理解条件概率的概念，掌握乘法公式、全概率公式和贝叶斯公式，会用这些公式求解概率问题.

5. 理解事件独立性的概念，掌握事件独立的判别方法；理解互不相容和独立性这两个概念的区别；掌握伯努利概型的定义及其计算方法.

习　题　一

第一部分　基本题

一、选择题：

1. 对于任意两个事件 A,B，与 $A\cup B=B$ 不等价的是(　　).

(A) $A\subset B$　　(B) $\bar{B}\subset\bar{A}$　　(C) $A\bar{B}=\varnothing$　　(D) $\bar{A}B=\varnothing$

2. 设 A,B 是任意两个事件，那么 $P(A-B)=$(　　).

(A) $P(A)-P(B)$　　(B) $P(A)-P(B)+P(A\bar{B})$

(C) $P(A)+P(\bar{B})-P(A\cup\bar{B})$　　(D) $P(A)+P(\bar{B})-P(AB)$

3. 设 A,B 为两事件，且 $A\subset B,P(B)>0$，则必有(　　).

(A) $P(A)<P(A|B)$　　(B) $P(A)\leqslant P(A|B)$

(C) $P(A)>P(A|B)$　　(D) $P(A)\geqslant P(A|B)$

4. 设事件 A,B 相互独立，且 $A\subset B$，则(　　).

(A) $P(A)=0$　　(B) $P(A)=0$ 或 $P(B)=1$

(C) $P(A)=1$　　(D) 上述都不对

5. 设 A 与 B 是任意两个事件，则下列结论错误的是(　　).

(A) 若 $AB=\varnothing$，则 $\bar{A},\bar{B}$ 可能不相容　　(B) 若 $AB\neq\varnothing$，则 $\bar{A},\bar{B}$ 可能相容

(C) 若 $AB=\varnothing$，则 $\bar{A},B$ 可能相容　　(D) 若 $AB\neq\varnothing$，则 $\bar{A},B$ 一定不相容

6. 设 A 与 B 是任意两个事件，则(　　).

(A) 若 $AB\neq\varnothing$，则 A,B 一定独立　　(B) 若 $AB\neq\varnothing$，则 A,B 可能独立

(C) 若 $AB=\varnothing$，则 A,B 一定独立　　(D) 若 $AB=\varnothing$，则 A,B 一定不独立

7. 设某射手的命中率为 $p\ (0<p<1)$，则该射手连续射击 n 次才命中 k 次的概率为(　　).

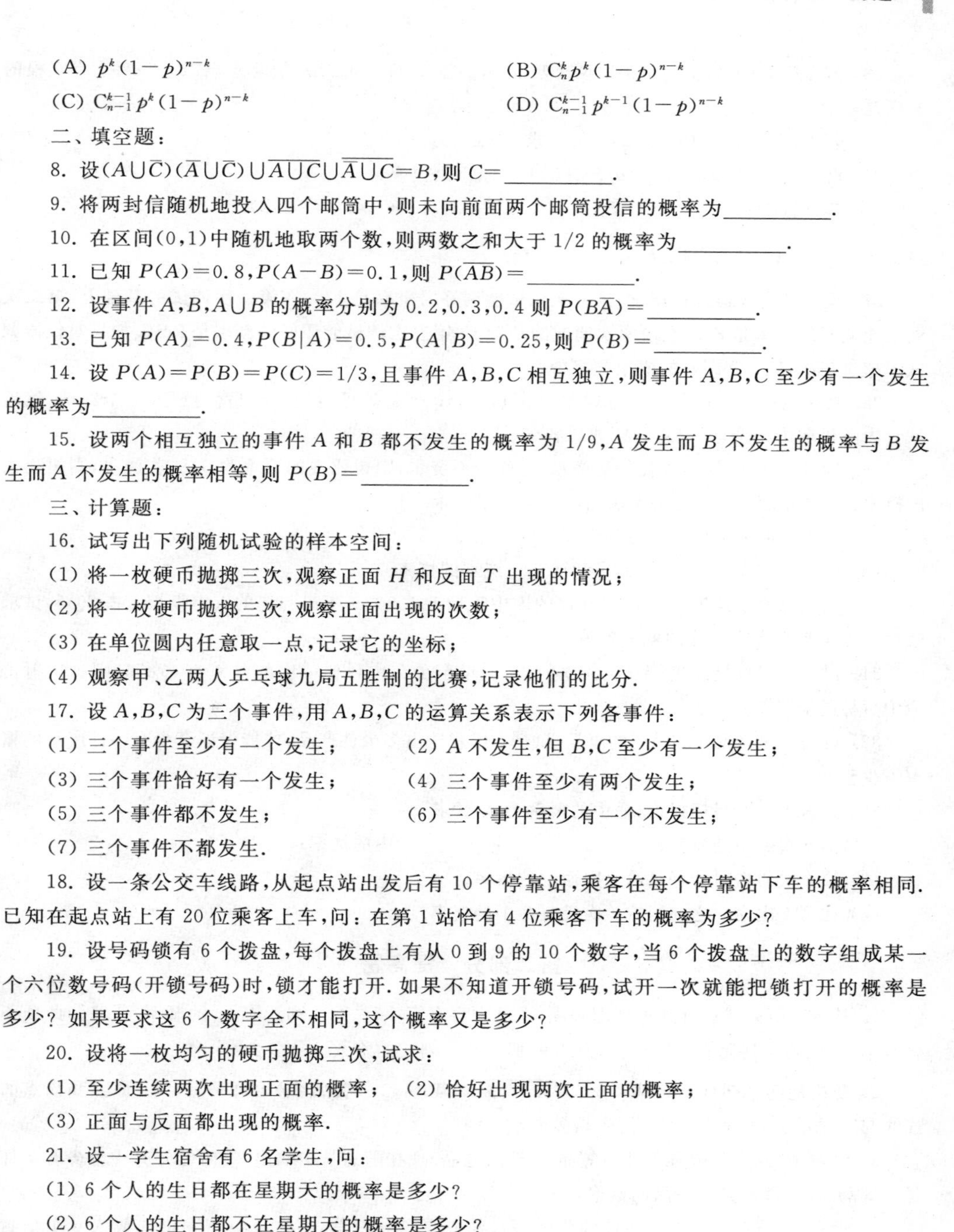

(A) $p^k(1-p)^{n-k}$　　(B) $C_n^k p^k(1-p)^{n-k}$

(C) $C_{n-1}^{k-1}p^k(1-p)^{n-k}$　　(D) $C_{n-1}^{k-1}p^{k-1}(1-p)^{n-k}$

二、填空题:

8. 设$(A\cup\bar{C})(\bar{A}\cup\bar{C})\cup\overline{A\cup C}\cup\overline{\bar{A}\cup C}=B$,则$C=$__________.

9. 将两封信随机地投入四个邮筒中,则未向前面两个邮筒投信的概率为__________.

10. 在区间(0,1)中随机地取两个数,则两数之和大于1/2的概率为__________.

11. 已知$P(A)=0.8$,$P(A-B)=0.1$,则$P(\overline{AB})=$__________.

12. 设事件$A,B,A\cup B$的概率分别为0.2,0.3,0.4则$P(B\bar{A})=$__________.

13. 已知$P(A)=0.4$,$P(B|A)=0.5$,$P(A|B)=0.25$,则$P(B)=$__________.

14. 设$P(A)=P(B)=P(C)=1/3$,且事件A,B,C相互独立,则事件A,B,C至少有一个发生的概率为__________.

15. 设两个相互独立的事件A和B都不发生的概率为1/9,A发生而B不发生的概率与B发生而A不发生的概率相等,则$P(B)=$__________.

三、计算题:

16. 试写出下列随机试验的样本空间:

(1) 将一枚硬币抛掷三次,观察正面H和反面T出现的情况;

(2) 将一枚硬币抛掷三次,观察正面出现的次数;

(3) 在单位圆内任意取一点,记录它的坐标;

(4) 观察甲、乙两人乒乓球九局五胜制的比赛,记录他们的比分.

17. 设A,B,C为三个事件,用A,B,C的运算关系表示下列各事件:

(1) 三个事件至少有一个发生;　　(2) A不发生,但B,C至少有一个发生;

(3) 三个事件恰好有一个发生;　　(4) 三个事件至少有两个发生;

(5) 三个事件都不发生;　　(6) 三个事件至少有一个不发生;

(7) 三个事件不都发生.

18. 设一条公交车线路,从起点站出发后有10个停靠站,乘客在每个停靠站下车的概率相同.已知在起点站上有20位乘客上车,问:在第1站恰有4位乘客下车的概率为多少?

19. 设号码锁有6个拨盘,每个拨盘上有从0到9的10个数字,当6个拨盘上的数字组成某一个六位数号码(开锁号码)时,锁才能打开.如果不知道开锁号码,试开一次就能把锁打开的概率是多少?如果要求这6个数字全不相同,这个概率又是多少?

20. 设将一枚均匀的硬币抛掷三次,试求:

(1) 至少连续两次出现正面的概率;　(2) 恰好出现两次正面的概率;

(3) 正面与反面都出现的概率.

21. 设一学生宿舍有6名学生,问:

(1) 6个人的生日都在星期天的概率是多少?

(2) 6个人的生日都不在星期天的概率是多少?

(3) 6个人的生日不都在星期天的概率是多少?

22. 在区间(0,1)上随机地取两个数,二者积小于2/9的概率是多少?

23. 若在区间(0,1)上随机地取两个数 u,v,关于 x 的一元二次方程 $x^2-2vx+u=0$ 有实根的概率是多少?

24. 若 $P(A)=0.9$,$P(\bar{A}\cup\bar{B})=0.8$,求 $P(A-B)$.

25. 已知 $P(A)=a$,$P(B)=b$,$P(AB)=c$,求下列概率:

(1) $P(\bar{A}\cup\bar{B})$;　(2) $P(\overline{AB})$;　(3) $P(\bar{A}B)$;　(4) $P(\bar{A}\cup B)$.

26. 设 $P(A)>0$,试证:$P(B|A)\geqslant 1-\dfrac{P(\bar{B})}{P(A)}$.

27. 设对某台仪器进行调试,第一次调试能调好的概率是 1/3;在第一次调试的基础上,第二次调试能调好的概率是 3/8;在前两次调试的基础上,第三次调试能调好的概率是 9/10. 如果对仪器调试不超过三次,问:能调好的概率是多少?

28. 假设盒内有 10 个球,其红球数为 0,1,…,10 个是等可能的. 今向盒内放入一个红球,然后从盒内随机取出一个球,求它是红球的概率.

29. 病树的主人外出,委托邻居浇水. 已知若不浇水,则树死去的概率为 0.8;若浇水,则树死去的概率为 0.15. 设有 0.9 的把握确定邻居会记得浇水.

(1) 求主人回来时树还活着的概率;

(2) 主人回来发现树已死去,求邻居忘记浇水的概率.

30. 假设肺癌发病为 0.1%,患肺癌的人中吸烟者占 90%,不患肺癌的人中吸烟者占 20%,试求吸烟者与不吸烟者患肺癌的概率各为多少.

31. 对同一目标接连进行三次独立射击,假设至少命中目标一次的概率为 0.875,则每次射击命中目标的概率是多少?

32. 设在一批产品中有 1% 的废品,试问:任意选出多少件产品,才能保证至少有一件废品的概率不少于 0.95?

33. 某射手向某目标射击,命中的概率为 p,试求:

(1) 第 k 次命中的概率;　(2) 第 k 次才命中的概率;

(3) 第 k 次射击时恰好是第 r 次命中的概率;

(4) 在第 k 次命中之前恰有 r 次没有命中的概率.

第二部分 提高题

1. 从 n 阶行列式展开式中任取一项,求此项含有第 1 行、第 1 列元素 a_{11} 的概率. 若已知此项不含有第 1 行、第 1 列元素 a_{11} 的概率为 8/9,那么此行列式的阶数 n 是多少?

2. 随机地向半圆 $\{(x,y)|0<y<\sqrt{2ax-x^2}\}$(其中 $a>0$ 为常数)内掷一点,问:原点和该点的连线与 x 轴的夹角小于 $\pi/4$ 的概率是多少?

3. 设在 10 件产品中有 4 件一等品,6 件二等品. 现在随意从中取出 2 件,已知其中至少有 1 件是一等品,求 2 件都是一等品的概率.

4. 设有 n 个信封(收信人地址姓名已写),某人写了 n 封信,将这 n 封信随机地放入 n 个信封里,求下列事件的概率:

(1) 没有一封信放正确;　(2) 恰有 r 封信放正确.

5. 已知甲兴趣小组有 4 个男生，乙兴趣小组有 4 个男生和 4 个女生. 从乙兴趣小组任选一个学生到甲兴趣小组，然后从甲兴趣小组任选一个学生到乙兴趣小组，称为一次交换. 求经过 4 次交换后，甲兴趣小组有 4 个女生的概率.

6. 设一袋子中装有 $n-1$ ($n\geqslant 2$)个黑球，1 个白球. 现随机地从中取出一球，并放入一黑球，这样连续进行 $m-1$ ($m\geqslant 2$)次，求此时再从袋中取出一球为黑球的概率.

7. 设有白球、黑球各 4 个，从中任取 4 个放在甲盒中，余下 4 个放入乙盒，然后分别在两盒中各任取一球，颜色正好相同，试问：放入甲盒的 4 个球中有几个白球的概率最大？并求此概率值.

8. 甲、乙两人轮流投篮，游戏规则规定为甲先开始，且甲每轮只投一次，而乙每轮连续投两次，先投中者为胜. 设乙每次投篮的命中率为 0.5，甲、乙胜负概率相同，则甲每次投篮的命中率为多少？

9. 设某厂产品的次品率为 0.05，每 100 件产品为一批. 在进行产品验收时，在每批中任取一半进行检验，若发现其中次品数不多于 1 件，则认为该批产品全部合格. 求一批产品被认为合格的概率.

10. 设平面区域 D 是由坐标为(0,0)，(0,1)，(1,0)，(1,1)的四个点的连线所围成的正方形，D_1 是由曲线 $y=x^2$ 与直线 $y=x$ 所围成的平面区域. 今向 D 内随机地投入 10 个点，求这 10 个点中恰好有 2 个点落在 D_1 内的概率和 10 个点中至少有 1 个点不落在 D_1 内的概率.

第二章 随机变量及其分布

为了深入研究和全面掌握随机现象的统计规律,我们将随机试验的结果与实数对应起来,即将随机试验的结果数量化.为此引入随机变量的概念.随机变量是概率论中最基本的概念之一,用它描述随机现象是近代概率论中最重要的方法,它使概率论从事件及其概率的研究扩大到随机变量及其概率分布的研究,这样就可以应用微积分等近代数学工具,使概率论成为真正的一门数学学科.

§2.1 随机变量与分布函数

一、随机变量

在第一章中,我们已看到有很多随机事件与实数之间本身就存在着某种密切的客观联系.

例 2.1.1 观察一天中进入某商店的顾客人数,记其为 X,则$\{X=k\}$就表示“一天中进入商店的顾客人数为 k 人”这一事件,$k=0,1,2,\cdots$.

例 2.1.2 测试某种灯泡的寿命,记其为 Y,则$\{Y=t\}$就表示“灯泡的寿命为 t 小时”这一事件;$\{Y>t\}$表示“灯泡的寿命超过 t 小时”这一事件,$t\in[0,+\infty)$.

而在有些随机现象中,随机事件与实数之间虽然没有上述那种“自然的”联系,但常常可以人为地给它建立起一个对应关系.

例 2.1.3 从一批含有次品的产品中任意抽查一个,用 ω_1 表示“产品为正品”,ω_2 表示“产品为次品”,则该样本空间为 $\Omega=\{\omega_1,\omega_2\}$.令

$$Z=\begin{cases}0, & \omega_1\text{ 发生},\\ 1, & \omega_2\text{ 发生},\end{cases}$$

则$\{Z=0\}$表示“抽查的产品为正品”这一事件,$\{Z=1\}$表示“抽查的产品为次品”这一事件.

例 2.1.4 抛掷一枚质地均匀的硬币两次,用 ω_1 表示"两次都是正面朝上",ω_2 表示"第 1 次正面朝上,第 2 次反面朝上",ω_3 表示"第 1 次反面朝上,第 2 次正面朝上",ω_4 表示"两次都是反面朝上",则样本空间为 $\Omega=\{\omega_1,\omega_2,\omega_3,\omega_4\}$. 令

$$W=\begin{cases}0, & \omega_4\text{ 发生},\\ 1, & \omega_2\text{ 或 }\omega_3\text{ 发生},\\ 2, & \omega_1\text{ 发生},\end{cases}$$

则$\{W=k\}$表示"抛掷两次硬币出现 k 次正面"这一事件,$k=0,1,2$.

上面例子中,我们遇到四个变量 X,Y,Z,W,这四个变量取什么值,在每次试验之前是不能确定的,因为它们的取值依赖于试验的结果,也就是说它们的取值是随机的,故称之为**随机变量**.

所谓随机变量不过是试验结果(即样本点)和实数之间的一个对应关系,这与微积分中熟知的函数概念在本质上是一回事,只不过在函数概念中,函数 $f(x)$的自变量是实数 x,而随机变量 $X(\omega)$的自变量是样本点 ω. 为此引入下面的定义.

定义 2.1.1 设 E 是随机试验,Ω 是其样本空间. 如果对每个 $\omega\in\Omega$,都有一个确定的实数 $X(\omega)$与之对应,则称 Ω 上的实值函数 $X(\omega)$为**随机变量**,简记为 X. 通常用大写字母 X,Y,Z 或希腊字母 ξ,η 等来表示随机变量.

由定义我们知道,随机变量是一个定义在样本空间 Ω,取值在实数域上的函数. 由于它的自变量是随机试验的结果,而随机试验结果的出现具有随机性,因此随机变量是随着试验结果不同而相应取不同实数的函数,即随机变量的取值具有随机性.

引入随机变量后,我们就可以用随机变量来描述事件. 例如,例 2.1.2 中,可用$\{Y\leqslant 1000\}$表示事件{灯泡寿命不超过 1000 h};$\{1000<Y<2000\}$表示事件{灯泡寿命在 1000 h 到 2000 h 范围内};在例 2.1.4 中,可用$\{W=0\}$表示事件{两次投掷,硬币都是反面朝上};$\{W=1\}$表示事件{两次中恰好有一次正面朝上};等等. 因此引进随机变量概念之后,可把对事件的研究转化为对随机变量的研究,从而可利用微积分等数学工具来深入研究和处理. 随机变量是我们今后主要的研究对象.

从随机试验可能出现的结果来看,随机变量可分为两大类:一类是随机变量 X 的所有可能取值为有限个或可列个(如例 2.1.1,例 2.1.3,例 2.1.4),这种类型的随机变量称为**离散型随机变量**;另一类就是非离散型随机变量,它包含的范围很广,情况比较复杂,我们只关注其中最重要也是实际中常遇到的**连续型随机变量**(如例 2.1.2).

由于随机变量 X 的取值具有随机性,对随机变量 X 而言,$\{X>x\}$,$\{X=x\}$,$\{X\leqslant x\}$,$\{a<X\leqslant b\}$ 等都表示随机事件,其概率相应地简记为 $P(X>x)$,$P(X=x)$,$P(X\leqslant x)$,$P(a<X\leqslant b)$. 注意到这些事件都可以通过形如$\{X\leqslant x\}$的事件来表示,如

$$\{X<x\}=\bigcup_{k=1}^{\infty}\left\{X\leqslant x-\frac{1}{k}\right\},$$
$$\{X=x\}=\{X\leqslant x\}-\{X<x\}$$
$$=\{X\leqslant x\}-\bigcup_{k=1}^{\infty}\left\{X\leqslant x-\frac{1}{k}\right\},$$
$$\{a<X\leqslant b\}=\{X\leqslant b\}-\{X\leqslant a\},$$
…………

故我们只需考虑$\{X\leqslant x\}$这种事件的概率$P(X\leqslant x)$即可. 于是引入分布函数的定义.

二、分布函数

定义 2.1.2　设 X 是随机变量,对任意实数 x,令
$$F(x)=P(X\leqslant x),\quad x\in(-\infty,+\infty),$$
则称函数 $F(x)$为随机变量 X 的**分布函数**.

分布函数是一个定义在全体实数上的一个普通实函数,同时分布函数也具有明确的概率意义:对任意实数 x,$F(x)$在 x 处的函数值就是随机变量落在区间$(-\infty,x]$上的概率.

设 X 为随机变量,我们所关注的随机事件都可以通过形如$\{X\leqslant x\}$的事件来表示,所以任何随机事件的概率都可以用分布函数 $F(x)$来表示,如:
$$P(X<x)=F(x-0),\tag{2.1.1}$$
$$P(X=x)=F(x)-F(x-0),\tag{2.1.2}$$
$$P(x_1<X\leqslant x_2)=F(x_2)-F(x_1),\tag{2.1.3}$$
$$P(x_1\leqslant X\leqslant x_2)=F(x_2)-F(x_1-0),\tag{2.1.4}$$
$$P(x_1<X<x_2)=F(x_2-0)-F(x_1),\tag{2.1.5}$$
等等(这里 $F(x-0)$表示分布函数 $F(x)$在 x 处的左极限).

由定义 2.1.2 可得出分布函数 $F(x)$具有如下基本性质:

定理 2.1.1　设随机变量 X 的分布函数为 $F(x)$,则

(1) $F(x)$是单调不减函数,即 $x_1<x_2$ 时,有 $F(x_1)\leqslant F(x_2)$;

(2) $F(x)$非负有界,即 $0\leqslant F(x)\leqslant 1\ (-\infty<x<+\infty)$,且
$$F(-\infty)=\lim_{x\to-\infty}F(x)=0,\quad F(+\infty)=\lim_{x\to+\infty}F(x)=1;$$

(3) $F(x)$是右连续函数,即 $F(x+0)=F(x)\ (-\infty<x<+\infty)$.

证明从略.

反过来可以证明,任给一个满足定理 2.1.1 的实值函数 $F(x)$,它必是某个随机变量的分布函数. 所以,定理 2.1.1 中的三个性质是 $F(x)$成为某个随机变量的分布函数的充分必要条件. 顺便指出,即使随机变量 X 和 Y 的分布函数相同(称

为 X 与 Y 同分布)，也不能误认为 $X=Y$，这时 X 与 Y 有可能是意义完全不同的随机变量.

例 2.1.5　设随机变量 X 的分布函数为

$$F(x)=\begin{cases}a+b\mathrm{e}^{-x}, & x>0,\\ 0, & x\leqslant 0,\end{cases}$$

求常数 a,b 及概率 $P(|X|<2)$.

解　因为 $F(x)$ 是随机变量 X 的分布函数，所以有

$$F(+\infty)=\lim_{x\to+\infty}F(x)=1,\quad 故\quad \lim_{x\to+\infty}(a+b\mathrm{e}^{-x})=a=1.$$

又由 $F(x)$ 在 $x=0$ 处右连续有

$$F(0+0)=F(0)=0,\quad 即\quad a+b=0,$$

则 $b=-a=-1$. 所以

$$F(x)=\begin{cases}1-\mathrm{e}^{-x}, & x>0,\\ 0, & x\leqslant 0;\end{cases}$$

$$\begin{aligned}P(|X|<2)&=P(-2<X<2)=F(2-0)-F(-2)\\&=1-\mathrm{e}^{-2}-0=1-\mathrm{e}^{-2}.\end{aligned}$$

例 2.1.6　判断下列各函数能否成为随机变量的分布函数：

(1) $F(x)=\begin{cases}0, & x<1,\\ 0.5, & 1\leqslant x\leqslant 2,\\ 1, & x>2;\end{cases}$　　(2) $F(x)=\begin{cases}0, & x<0,\\ 0.5x+0.5, & 0\leqslant x\leqslant 1,\\ 1, & x>1;\end{cases}$

(3) $F(x)=|\sin(x)|,\ x\in\mathbf{R}$;　　(4) $F(x)=\begin{cases}\ln x, & x\geqslant 1,\\ 0, & x<0.\end{cases}$

解　(1) 由于 $F(2)=0.5$，但 $F(x)$ 在 $x=2$ 处的右极限 $F(2+0)=1$，所以该函数 $F(x)$ 不具有右连续性，从而它不能成为分布函数.

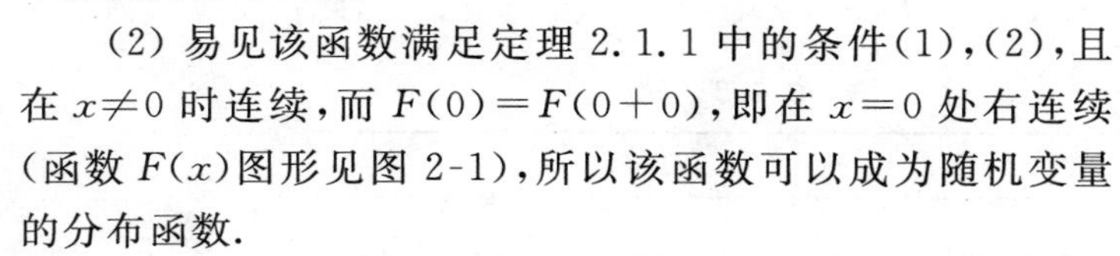
(2) 易见该函数满足定理 2.1.1 中的条件(1)，(2)，且在 $x\neq 0$ 时连续，而 $F(0)=F(0+0)$，即在 $x=0$ 处右连续(函数 $F(x)$ 图形见图 2-1)，所以该函数可以成为随机变量的分布函数.

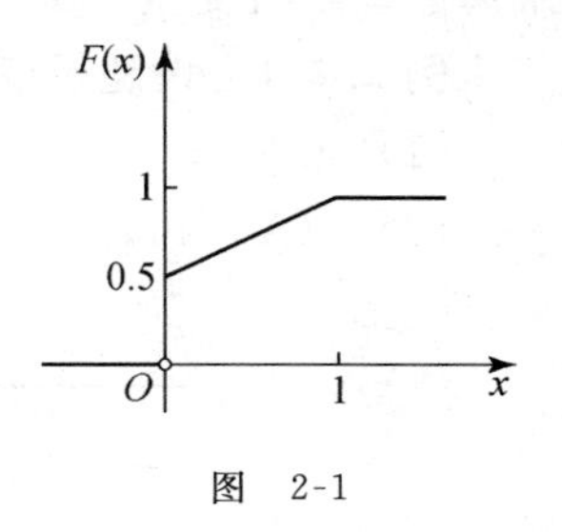

图　2-1

(3) 由于 $F\left(\dfrac{\pi}{2}\right)=1, F(\pi)=0$，即该函数不具有单调不减性，所以它不能成为分布函数.

(4) 由于 $\lim\limits_{x\to+\infty}\ln x=+\infty$，所以该函数不能成为分布函数.

§2.2　离散型随机变量及其分布

一、概率分布

定义 2.2.1　设离散型随机变量 X 所有可能取值为 $x_k(k=1,2,\cdots)$，X 取各个可能值的概率为

$$P(X=x_k)=p_k,\quad k=1,2,\cdots, \tag{2.2.1}$$

则称(2.2.1)式为随机变量 X 的**概率分布或分布律**.

X 的分布律也可写成如表 2.2.1 的形式，称之为 X 的**分布列**.

表　2.2.1

X	x_1	x_2	$\cdots$	x_k	$\cdots$
P	p_1	p_2	$\cdots$	p_k	$\cdots$

表 2.2.1 直观地表明，对于离散型随机变量要全面掌握它的统计规律性，必须知道它所有可能的取值及取每一个可能值的概率. 根据概率的性质，易知 $p_k(k=1,2,\cdots)$ 满足下面两个性质：

性质 1　$p_k\geqslant 0,k=1,2,\cdots.$　(2.2.2)

性质 2　$\sum\limits_k p_k=1.$　(2.2.3)

反之，任给有限或可列个满足(2.2.2)，(2.2.3)式的实数 $p_k(k=1,2,\cdots)$，必是某个离散型随机变量 X 的分布律.

例 2.2.1　设随机变量 X 的分布列如表 2.2.2 所示，求：

(1) 常数 a；

(2) $P(X<1),P(-2<X\leqslant 0),P(X\geqslant 2)$.

表　2.2.2

X	-2	-1	0	1	2
P	a	$3a$	$1/8$	a	$2a$

解　(1) 由分布律的性质知

$$a+3a+1/8+a+2a=1,$$

解得 $a=1/8$.

(2) $P(X<1)=P(X=-2)+P(X=-1)+P(X=0)=5/8$；

$P(-2<X\leqslant 0)=P(X=-1)+P(X=0)=1/2$；

$P(X\geqslant 2)=P(X=2)=1/4.$

例 2.2.2 设一盒中装有编号为 1,2,…,6 的六个球,现从中任取三个球,求被抽取的三个球中最大号码 X 分布律,并求分布函数 $F(x)$,画出其图形.

解 抽取的三个球中最大号码 X 只能取 3,4,5,6 这四个可能值,当 $X=k$ ($k=3,4,5,6$)时,即抽取的三个球中恰有一个 k 号球,且另两个球在小于 k 的 $k-1$ 个球中取得,故

$$P(X=k)=\frac{C_{k-1}^2}{C_6^3},\quad k=3,4,5,6.$$

具体地,X 的分布列如表 2.2.3 所示.

表 2.2.3

X	3	4	5	6
P	0.05	0.15	0.3	0.5

由于 X 的取值点 3,4,5,6 将$(-\infty,+\infty)$分成五个区间,因此我们分段讨论分布函数 $F(x)$:

当 $x<3$ 时,$\{X\leqslant x\}$是不可能事件,则

$$F(x)=P(X\leqslant x)=0;$$

当 $3\leqslant x<4$ 时,在区间$(-\infty,x]$内仅有一个可能取值点 3,则

$$F(x)=P(X\leqslant x)=P(X=3)=0.05;$$

当 $4\leqslant x<5$ 时,在区间$(-\infty,x]$内有两个可能取值点 3 和 4,则

$$F(x)=P(X\leqslant x)=P(X=3)+P(X=4)=0.05+0.15=0.2;$$

当 $5\leqslant x<6$ 时,在区间$(-\infty,x]$内有三个可能取值点 3,4,5,则

$$F(x)=P(X\leqslant x)=P(X=3)+P(X=4)+P(X=5)=0.5;$$

当 $x\geqslant 6$ 时,在区间$(-\infty,x]$内包含所有可能取值,则

$$F(x)=P(X=3)+P(X=4)+P(X=5)+P(X=6)=1.$$

综上讨论,得到 X 的分布函数为

$$F(x)=\begin{cases}0, & x<3,\\ 0.05, & 3\leqslant x<4,\\ 0.2, & 4\leqslant x<5,\\ 0.5, & 5\leqslant x<6,\\ 1, & x\geqslant 6.\end{cases}$$

分布函数 $F(x)$的图形如图 2-2 所示,它是一条右连续的阶梯形曲线,$x=3,4,5,6$ 是 $F(x)$的间断点.

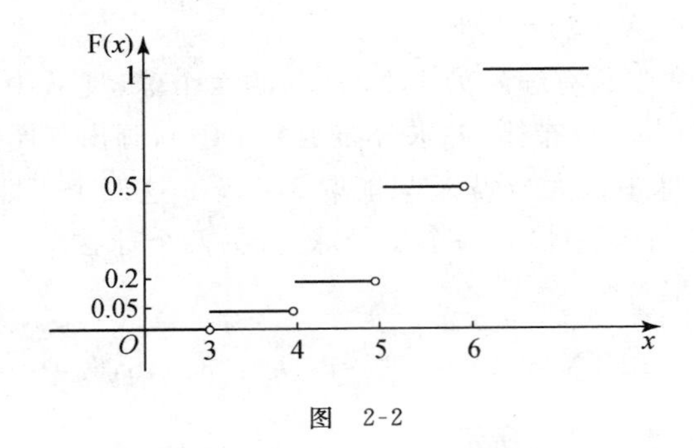

图 2-2

一般地,对于概率分布为(2.2.1)式的离散型随机变量 X,其分布函数为

$$F(x)=P(X\leqslant x)=\sum_{x_k\leqslant x}P(X=x_k)=\sum_{x_k\leqslant x}p_k \quad (-\infty<x<+\infty). \tag{2.2.4}$$

若 $x_1<x_2<\cdots<x_k<\cdots$,分布函数 $F(x)$ 也可写成分段函数的形式:

$$F(x)=\begin{cases}0, & x<x_1,\\ p_1, & x_1\leqslant x<x_2,\\ p_1+p_2, & x_2\leqslant x<x_3,\\ \cdots\cdots & \cdots\cdots\\ \sum\limits_{k=1}^{i}p_k, & x_i\leqslant x<x_{i+1}, i\geqslant 1,\\ \cdots\cdots & \cdots\cdots.\end{cases} \tag{2.2.5}$$

从(2.2.5)式可看到,分段点就是随机变量的可能取值点,分段区间是左闭右开的,因此 $F(x)$ 是右连续函数,其图形是一条右连续的阶梯形曲线,它在随机变量的每个可能取值点 $x=x_k(k=1,2,\cdots)$ 处发生跳跃,其跳跃高度为 p_k.

例 2.2.3 已知随机变量 X 的分布函数如下,求 X 的分布律:

$$F(x)=\begin{cases}0, & x<-1,\\ 0.3, & -1\leqslant x<2,\\ 0.9, & 2\leqslant x<4,\\ 1, & x\geqslant 4.\end{cases}$$

解 由(2.1.2)式可知 X 的可能取值为 $-1,2,4$,且

$$P(X=-1)=F(-1)-F(-1-0)=0.3$$

$$P(X=2)=F(2)-F(2-0)=0.9-0.3=0.6$$

$$P(X=4)=F(4)-F(4-0)=1-0.9=0.1,$$

所以 X 的分布律如表 2.2.4 所示.

表 2.2.4

X	-1	2	4
P	0.3	0.6	0.1

知道了离散型随机变量的分布律,便可知道它在任意范围内的概率,同时也唯一确定了它的分布函数;相反地,随机变量的分布函数也可唯一确定相应的分布律.也就是说,对于离散型随机变量而言,分布律与分布函数具有相同的作用,但分布律比分布函数更直观、更简便.因此常常通过分布律来掌握离散型随机变量的统计规律性.

以下我们介绍几种常见的离散型随机变量及其分布.

二、几种常见的离散型随机变量的分布

1. 0-1 分布

定义 2.2.2 若随机变量 X 只可能取 0 或 1 两个值,其概率分布为

$$P(X=1)=p,\quad P(X=0)=1-p\quad (0<p<1),\tag{2.2.6}$$

则称 X 服从参数为 p 的 **0-1 分布**.

(2.2.6)式中的两个等式可合并成一个表达式:

$$P(X=k)=p^k(1-p)^{1-k}\quad (k=0,1;0<p<1).$$

0-1 分布在实际应用中经常遇到.在只有两个可能结果 ω_1,ω_2 的试验中,我们总可以定义一个具有 0-1 分布的随机变量 X:

$$X=X(\omega)=\begin{cases}0, & 当\ \omega=\omega_1\ 时,\\ 1, & 当\ \omega=\omega_2\ 时,\end{cases}\tag{2.2.7}$$

用它来描述随机试验的结果,例如"掷硬币出现正面或反面"、"产品是否合格"、"通信中线路畅通或中断"、"婴儿的性别是男或女"等.

0-1 分布也称为**伯努利分布**或**两点分布**.

2. 二项分布

定义 2.2.3 若随机变量 X 的概率分布为

$$P(X=k)=\mathrm{C}_n^k p^k q^{n-k}\quad (k=0,1,2,\cdots,n;\ 0<q=1-p<1),\tag{2.2.8}$$

则称 X 服从参数为 n,p 的**二项分布**,记做 $X\sim B(n,p)$.

对于二项分布,由于 $P(X=k)=\mathrm{C}_n^k p^k q^{n-k}$ 恰好是二项式 $(p+q)^n$ 的展开式中的通项,所以

$$\sum_{k=0}^{n}P(X=k)=\sum_{k=0}^{n}\mathrm{C}_n^k p^k q^{n-k}=(p+q)^n=1,$$

即满足(2.2.3)式这一条件.也正是因为 $P(X=k)$ 与二项式有关,二项分布因此而得名.

二项分布产生于独立试验序列,若一次伯努利试验中某事件 A 发生的概率 $P(A)=p$ $(0<p<1)$,则 n 次伯努利试验中事件 A 发生的次数就一定服从参数为 n,p 的二项分布.

在二项分布中,当 $n=1$ 时,有

$$P(X=k)=p^k q^{1-k} \quad (k=0,1;\ 0<q=1-p<1).$$

这就是0-1分布,故0-1分布是二项分布在 $n=1$ 时的特例.

例 2.2.4 一随机数字序列要有多长才能使0至少出现一次的概率不小于0.9?

解 长度为 n 的随机数字序列就是独立重复 n 次从0~9这10个数字中随机取一个组成的序列,而每次取到0的概率为0.1.

设 X 表示长度为 n 的随机数字序列中0的个数,则 X 为随机变量,且 $X\sim B(n,0.1)$. 于是按题意要求

$$\begin{aligned}P(X\geqslant 1)&=1-P(X=0)=1-\mathrm{C}_n^0\times 0.1^0\times 0.9^{n-0}\\&=1-0.9^n\geqslant 0.9,\end{aligned}$$

解得 $n\geqslant 22$,即长度至少为22的随机数字序列才能使0至少出现一次的概率不小于0.9.

例 2.2.5 已知某份试卷中有5个单选题,每题均有4个选项,设某人在每个题中随意选择一个选项,求他5题全答错的概率及答对不少于3题的概率.

解 易知在题设条件下,每题答对的概率均为1/4. 设 X 为5题中答对的题数,则 $X\sim B(5,1/4)$. 因为"5题全答错"及"答对题数不小于3"分别为事件 $\{X=0\}$ 和 $\{X\geqslant 3\}$,所以所求概率分别为

$$P(X=0)=\left(\frac{3}{4}\right)^5=\frac{243}{1024}\approx 0.2373,$$

$$\begin{aligned}P(X\geqslant 3)&=P(X=3)+P(X=4)+P(X=5)\\&=\mathrm{C}_5^3\times\left(\frac{1}{4}\right)^3\times\left(\frac{3}{4}\right)^2+\mathrm{C}_5^4\times\left(\frac{1}{4}\right)^4\times\frac{3}{4}+\left(\frac{1}{4}\right)^5\\&=\frac{53}{512}\approx 0.1035.\end{aligned}$$

二项分布 $B(n,p)$ 中有两个参数 n 和 p,对于固定的 n,p,概率 $P(X=k)=\mathrm{C}_n^k p^k q^{n-k}$ 随着 k 的变化取值是有规律的. 从图2-3中可以清楚地看到: $P(X=k)$ 一般是先随着 k 的增加而增加,直到达到一个最大值,然后再随着 k 的增加而减小.

事实上,考虑

$$\begin{aligned}\frac{P(X=k)}{P(X=k-1)}&=\frac{\mathrm{C}_n^k p^k q^{n-k}}{\mathrm{C}_n^{k-1}p^{k-1}q^{n-k+1}}=\frac{(n-k+1)p}{kq}\\&=1+\frac{(n-k+1)p-kq}{kq}=1+\frac{(n+1)p-k}{kq}.\end{aligned}$$

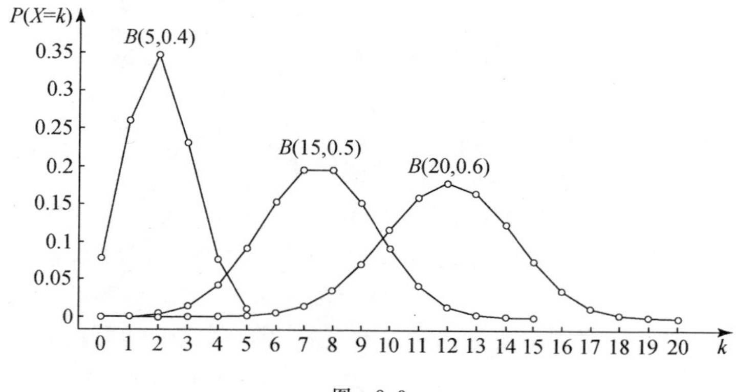

图　2-3

因此当 $k<(n+1)p$ 时，$P(X=k)>P(X=k-1)$，即 $P(X=k)$ 先随 k 的增加而增加；当 $k>(n+1)p$ 时，$P(X=k)<P(X=k-1)$，即 $P(X=k)$ 随 k 的增加而减小. 所以当 $k=k_0$ 时，$P(X=k)$ 取最大值，其中

$$k_0=\begin{cases}(n+1)p\text{ 或 }(n+1)p-1, & (n+1)p\text{ 是整数},\\ [(n+1)p], & (n+1)p\text{ 不是整数},\end{cases}\tag{2.2.9}$$

这里的符号 $[(n+1)p]$ 表示不大于 $(n+1)p$ 的最大整数，对于 $(n+1)p$ 这个正数而言，它就是指 $(n+1)p$ 的整数部分. 达到最大值的 k_0 值也就是随机变量 X 最大可能取的值，是最可能成功出现的数.

一般来说，在 n 很大时，随机变量 X 最大可能取的值 k_0 与 np 相差甚小，因此可作近似 $k_0\approx np$，即 $\frac{k_0}{n}\approx p$，也就是说频率为概率的可能性最大.

例 2.2.6　已知某工厂生产的一大批某类产品的废品率为 0.02，现从中抽出 200 件，求其中废品件数最有可能是多少，并求相应的概率.

解　200 件产品中废品件数 X 服从参数为 $n=200$，$p=0.02$ 的二项分布，即 $X\sim B(200,0.02)$. 根据(2.2.9)式，废品件数 X 最有可能的取值为 $[(n+1)p]=[4.02]=4$，而相应发生的概率为

$$P(X=4)=C_{200}^{4}\times 0.02^{4}\times 0.98^{196}\approx 0.1895.$$

二项分布的计算公式虽然很简单，但当 n 较大且没有计算机等工具时，其计算却不容易. 为了寻找快速且较准确的计算方法，人们进行了不懈努力，而泊松(Poisson)最早做到了这一点.

3. 泊松分布

定义 2.2.4　若随机变量 X 其概率分布为

$$P(X=k)=e^{-\lambda}\frac{\lambda^{k}}{k!},\quad k=0,1,2,\cdots,\tag{2.2.10}$$

其中常数 $\lambda>0$,则称 X 服从参数为 λ 的**泊松分布**,记做 $X\sim P(\lambda)$.

显然 $P(X=k)\geqslant 0\ (k=0,1,2,\cdots)$,且

$$\sum_{k=0}^{\infty}P(X=k)=\sum_{k=0}^{\infty}\mathrm{e}^{-\lambda}\frac{\lambda^k}{k!}=\mathrm{e}^{-\lambda}\sum_{k=0}^{\infty}\frac{\lambda^k}{k!}=\mathrm{e}^{-\lambda}\mathrm{e}^{\lambda}=1,$$

即 $P(X=k)$满足(2.2.2)和(2.2.3)式表明的性质.

泊松分布是一种很常见的分布,服从泊松分布的随机现象特别集中在社会学、生物学、物理学等领域中.例如,纺织厂生产的一批布匹上的疵点个数,公共汽车站候车的旅客数,电话总机在一段时间内接收到的呼唤次数,飞机场降落的飞机数,在一个固定时间内从某块放射性物质中放射出的 α 粒子数,等等,它们均可认为服从泊松分布.

泊松分布只有一个参数 λ,同二项分布类似地,概率 $P(X=k)$一般是先随着 k 的增加而增加,直到达到一个最大值,然后再随着 k 的增加而减小,如图 2-4 所示.书末附表 1 可查询泊松分布在自然数上的分布函数值:

$$F(k)=P(X\leqslant k)=\sum_{i=0}^{k}\frac{\lambda^i\mathrm{e}^{-\lambda}}{i!}.$$

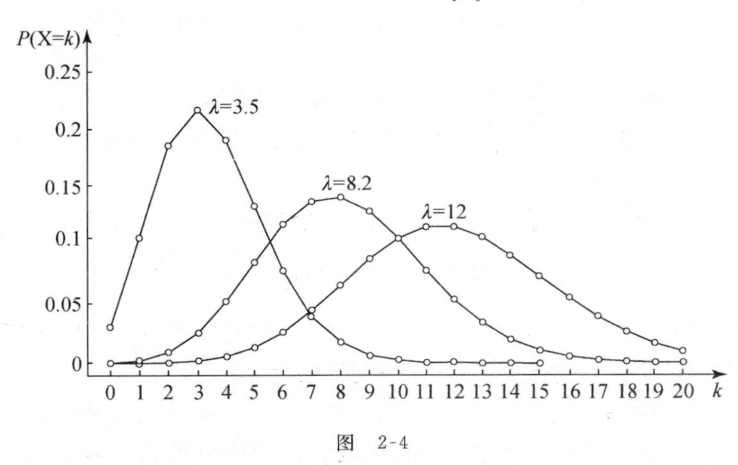

图 2-4

例 2.2.7　设某商场某种贵重物品一天的销售件数 X 服从参数为 5 的泊松分布,求该物品一天的销售量至少为 4 件的概率和恰好为 3 件的概率.

解　由题意 $X\sim P(5)$,查附表 1 得该物品一天的销售量至少为 4 件的概率

$$P(X\geqslant 4)=1-P(X\leqslant 3)=1-\sum_{k=0}^{3}P(X=k)=1-0.2650=0.7350.$$

另外,该物品一天的销售量恰好为 3 件的概率为

$$P(X=3)=\frac{5^3\mathrm{e}^{-5}}{3!}=0.140374.$$

事实上,上式也可如下查表计算:

$$P(X=3)=P(X\leqslant 3)-P(X\leqslant 2)=0.2650-0.1247=0.1403.$$

虽然泊松分布本身是一种非常重要的分布,但有趣的是,历史上它却是作为二项分布的近似在 1837 年由法国数学家泊松引入的. 下面介绍这个有名的定理.

定理 2.2.1(泊松定理) 设随机变量 $X_n(n=1,2,\cdots)$服从二项分布,即

$$P(X_n=k)=C_n^k p_n^k(1-p_n)^{n-k},\quad k=0,1,2,\cdots,n,$$

其中 $p_n(0<p_n<1)$是与 n 有关的数,且设 $np_n=\lambda>0$ 是常数,则有

$$\lim_{n\to+\infty}P(X_n=k)=\mathrm{e}^{-\lambda}\frac{\lambda^k}{k!},\quad k=0,1,2,\cdots. \tag{2.2.11}$$

证 依题设有 $p_n=\dfrac{\lambda}{n}$,代入 $P(X_n=k)=C_n^k p_n^k(1-p_n)^{n-k}$ 中,有

$$\begin{aligned}P(X_n=k)&=\frac{n(n-1)\cdots(n-k+1)}{k!}\left(\frac{\lambda}{n}\right)^k\left(1-\frac{\lambda}{n}\right)^{n-k}\\&=\frac{\lambda^k}{k!}\left[1\cdot\left(1-\frac{1}{n}\right)\left(1-\frac{2}{n}\right)\cdots\left(1-\frac{k-1}{n}\right)\right]\left(1-\frac{\lambda}{n}\right)^n\left(1-\frac{\lambda}{n}\right)^{-k}.\end{aligned}$$

对于固定的 k,有

$$\lim_{n\to+\infty}1\cdot\left(1-\frac{1}{n}\right)\left(1-\frac{2}{n}\right)\cdots\left(1-\frac{k-1}{n}\right)=1,$$

$$\lim_{n\to+\infty}\left(1-\frac{\lambda}{n}\right)^n=\mathrm{e}^{-\lambda},\quad \lim_{n\to+\infty}\left(1-\frac{\lambda}{n}\right)^{-k}=1,$$

所以

$$\lim_{n\to+\infty}P(X_n=k)=\mathrm{e}^{-\lambda}\frac{\lambda^k}{k!},\quad k=0,1,2,\cdots.$$

定理得证.

泊松定理表明:若 $np_n=\lambda$ 为常数,二项分布以泊松分布为极限. 而条件 $np_n=\lambda$ 为常数表明:当 n 很大时,p_n 必很小. 因此,在计算二项分布 $B(n,p)$的概率 $P(X=k)=C_n^k p^k q^{n-k}$时,若 n 很大,p 较小,可用 $\mathrm{e}^{-\lambda}\dfrac{\lambda^k}{k!}$近似代替 $C_n^k p^k(1-p)^{n-k}$ $(np=\lambda)$,从而得到以下近似公式

$$C_n^k p^k(1-p)^{n-k}\approx \mathrm{e}^{-\lambda}\frac{\lambda^k}{k!}. \tag{2.2.12}$$

实际应用中,当 $n\geqslant 10$, $p\leqslant 0.1$ 时就可采用上述近似公式计算. 当 $n\geqslant 20$, $p\leqslant 0.05$ 时,近似效果就相当好了.

例 2.2.8 保险公司是最早使用概率论的部门之一. 保险公司为估计企业的利润盈亏,需要计算各种各样的概率. 下面是典型问题之一:设一年内某类保险者中每个人死亡的概率为 0.002,现有 2000 个这类人参加人寿保险. 若参加者交纳 24 元保险金,而死亡时保险公司付给其家属 5000 元赔偿费,试计算"保险公司亏本"和"保险公司盈利不少于 10000 元"的概率.

解 显然这类事件的概率与一年内死亡人数 X 密切相关，而 X 可看做服从参数为 $n=2000,p=0.002$ 的二项分布，即 $X\sim B(2000,0.002)$.

"保险公司亏本"意味着收入小于支出，即 $48000<5000X$，因此有

$$\{保险公司亏本\}=\{X>9\}.$$

同理"保险公司盈利不少于 10000 元"意味着 $48000-5000X\geqslant 10000$，因此

$$\{保险公司盈利不少于 10000 元\}=\{X\leqslant 7\}.$$

上述两种事件发生的概率分别为

$$P(X>9)=1-P(X\leqslant 9)=1-\sum_{k=0}^{9}P(X=k),$$

$$P(X\leqslant 7)=\sum_{k=0}^{7}P(X=k).$$

这里要直接计算 $P(X=k)$ 是比较麻烦的，可用近似公式(2.2.12)来计算. 因为 $\lambda=np=2000\times 0.002=4$，所以

$$\begin{aligned}P(X>9)&=1-P(X\leqslant 9)\approx 1-\sum_{k=0}^{9}\frac{4^k}{k!}e^{-4}\\&=1-0.9919=0.0081,\end{aligned}$$

$$P(X\leqslant 7)\approx\sum_{k=0}^{7}\frac{4^k}{k!}e^{-4}=0.9489.$$

由此可见，保险公司亏本的概率很小，而盈利不少于 10000 元的概率却很大，这也说明为什么保险公司乐于开展保险业务的道理.

例 2.2.9 设某公司有彼此独立工作的 180 台设备，且每台设备在一天内发生故障的概率都是 0.01. 为保证设备正常工作，需要配备适量的维修人员. 假设一台设备的故障可由一人来处理，且每人每天也仅能处理一台设备. 试分别在以下两种情况下求该公司设备发生故障而当天无人修理的概率：

(1) 3 名修理工每人负责包修 60 台； (2) 3 名修理工共同负责 180 台.

解 (1) 设 X_i 表示第 i 名修理工负责的 60 台设备中发生故障的台数，易见 $X_i\sim B(60,0.01)$ $(i=1,2,3)$. 又令 A_i 表示"第 i 名修理工负责的设备发生故障无人修理" $(i=1,2,3)$. 显然 $A_i=\{X_i\geqslant 2\}$ $(i=1,2,3)$. 用(2.2.12)式近似计算概率 $P(A_i)$，其中 $\lambda=np=60\times 0.01=0.6$：

$$P(A_i)=P(X_i\geqslant 2)\approx 1-\sum_{k=0}^{1}\frac{0.6^k}{k!}e^{-0.6}=1-0.8781=0.1219.$$

所以该公司设备发生故障而当天无人修理的概率为

$$\begin{aligned}P(A_1\cup A_2\cup A_3)&=1-P(\overline{A_1\cup A_2\cup A_3})=1-P(\overline{A}_1\,\overline{A}_2\,\overline{A}_3)\\&=1-P(\overline{A}_1)P(\overline{A}_2)P(\overline{A}_3)\approx 1-(1-0.1219)^3=0.3229.\end{aligned}$$

(2) 若3名修理工共同负责180台，设 X 表示180台设备中发生故障的台数，易见 $X \sim B(180,0.01)$，且"该公司设备发生故障而当天无人修理"相当于 $\{X \geqslant 4\}$. 用(2.2.12)式近似计算概率 $P(X \geqslant 4)$，其中 $\lambda = np = 180 \times 0.01 = 1.8$. 因此该公司设备发生故障而当天无人修理的概率为

$$P(X \geqslant 4) \approx 1 - \sum_{k=0}^{3} \frac{1.8^k}{k!} \mathrm{e}^{-1.8} = 1 - 0.8913 = 0.1087.$$

由上例可以看出，共同负责维修设备比分工负责能更好地保障设备得到及时的维修，从而提高工作效率.

4. 几何分布

定义 2.2.5 在独立试验序列中，若一次伯努利试验中某事件 A 发生的概率为 $P(A) = p\ (0 < p < 1)$，只要事件 A 不发生，试验就不断地重复下去，直到事件 A 发生，试验才停止. 设随机变量 X 为直到事件 A 发生为止所需的试验次数，X 的概率分布为

$$P(X = k) = (1-p)^{k-1} p, \quad k = 1,2,\cdots, \tag{2.2.13}$$

称随机变量 X 服从参数为 p 的**几何分布**，记做 $X \sim G(p)$.

例 2.2.10 某射手连续向一目标射击，直到命中为止. 已知他每发命中的概率是0.4，求：

(1) 所需射击次数 X 的概率分布；

(2) 至少需要 n 次才能射中目标的概率.

解 (1) 由题意，所需射击次数 X 服从参数为 $p = 0.4$ 的几何分布，即 X 的概率分布为

$$P(X = k) = (1-p)^{k-1} p = 0.6^{k-1} \times 0.4, \quad k = 1,2,\cdots.$$

(2) 至少需要 n 次才能射中目标的概率为

$$\begin{aligned} P(X \geqslant n) &= \sum_{k=n}^{\infty} (1-p)^{k-1} p = (1-p)^{n-1} p \sum_{k=0}^{\infty} (1-p)^k \\ &= (1-p)^{n-1} = 0.6^{n-1}. \end{aligned}$$

另外，$P(X \geqslant n)$ 也可直接求出，因为"至少需要 n 次才能射中目标"等价于"前 $n-1$ 次都未射中目标"，而每次未能射中目标的概率为 $1-p=0.6$，所以

$$P(X \geqslant n) = (1-p)^{n-1} = 0.6^{n-1}.$$

5. 超几何分布

定义 2.2.6 设 N 个元素分为两类，有 M 个属于第一类，$N-M$ 个属于第二类. 现在从中不重复抽取 n 个，其中包含的第一类元素的个数 X 的分布律为

$$P(X = k) = \frac{\mathrm{C}_M^k \mathrm{C}_{N-M}^{n-k}}{\mathrm{C}_N^n}, \quad k = s, s+1, \cdots, l, \tag{2.2.14}$$

这里 $n\leqslant N,M<N,s=\max\{0,n-N+M\},l=\min\{n,M\},n,N,M$ 均为正整数,称随机变量 X 服从参数为 N,M,n 的**超几何分布**,记做 $X\sim H(N,M,n)$.

例 2.2.11 设某班有 20 名学生,其中有 5 名女生. 今从班上任选 4 名学生去参观展览,求被选到的女生人数 X 的分布律.

解 被选到的女生人数 X 可能取 0,1,2,3,4 这 5 个值,相应的概率应按下式计算:

$$p_k = P(X = k) = \frac{C_5^k C_{15}^{4-k}}{C_{20}^4}, \quad k = 0,1,2,3,4,$$

即 $X\sim H(20,5,4)$. 具体计算结果如表 2.2.5 所示.

表 2.2.5

X	0	1	2	3	4
P	0.2817	0.4696	0.2167	0.0310	0.0010

§2.3 连续型随机变量及其分布

对于离散型随机变量,我们可用分布律 $P(X=x_k)=p_k(k=1,2,\cdots)$ 来刻画其概率分布情况. 而对于非离散型随机变量,考虑对任意实数 x,事件 $\{X=x\}$ 的概率 $P(X=x)$ 没有多大意义. 比如等待公共汽车的时间 X,考虑它取某特定常数的概率,例如 $\{X=3\}$,事实上"等待公共汽车时间严格等于 3 min"这一事件几乎不可能发生,其概率为 0. 于是我们需要寻求另外的方法来刻画非离散型随机变量的概率分布. 这里我们将引入概率密度函数的概念来介绍其中的连续型随机变量.

一、概率密度

定义 2.3.1 设随机变量 X 的分布函数为 $F(x)$. 若存在非负函数 $f(x)$,使得对任意的实数 x,都有

$$F(x) = P(X \leqslant x) = \int_{-\infty}^{x} f(t)\,\mathrm{d}t, \tag{2.3.1}$$

则称 X 为**连续型随机变量**,其中 $f(x)$ 称为 X 的**概率密度函数**,简称**概率密度**或**分布密度**.

概率密度函数 $f(x)$ 具有下列性质:

性质 1 $f(x)\geqslant 0$. (2.3.2)

性质 2 $\int_{-\infty}^{+\infty} f(x)\,\mathrm{d}x = 1.$ (2.3.3)

性质 3 对任何实数 $a,b(a<b)$,有

$$P(a<X\leqslant b)=F(b)-F(a)=\int_a^b f(x)\mathrm{d}x. \tag{2.3.4}$$

性质 4 $f(x)$对应的分布函数 $F(x)$是连续函数,且对任意实数 x,$P(X=x)=0$.

性质 5 在 $f(x)$的连续点 x 处有

$$F'(x)=f(x). \tag{2.3.5}$$

性质 1 是显然的. 由 $F(+\infty)=1$ 即可得到性质 2,它也表明曲线 $y=f(x)$与 x 轴围成的面积为 1(如图 2-5). 这两条性质与(2.2.2)和(2.2.3)式所描述的离散型随机变量的性质是类似的. 由 $F(x)$的定义,很容易得出性质 3.

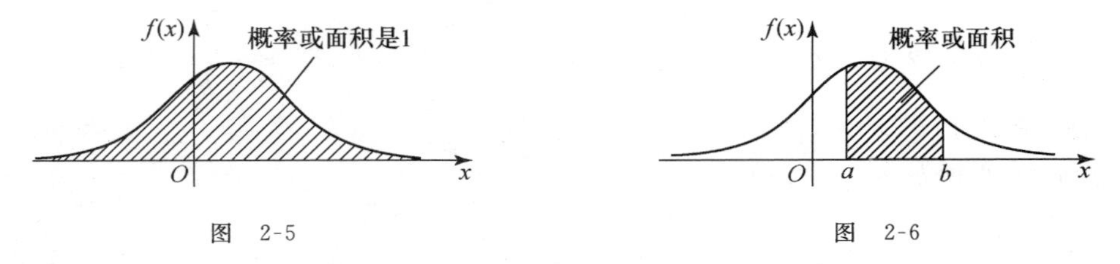

图 2-5　　　　图 2-6

由性质 3 知随机变量 X 落在区间$(a,b]$的概率 $P(a<X\leqslant b)$等于曲线 $y=f(x)$与 x 轴,直线 $x=a,x=b$ 所围成的曲边梯形的面积(如图 2-6).

对于性质 4,显然分布函数 $F(x)$是连续的. 由

$$0\leqslant P(X=x)=F(x)-F(x-0)$$

及 $F(x)$的连续性,得 $P(X=x)=0$.

因此在计算连续型随机变量落在某一区间的概率时可以不区分区间是开区间或闭区间,即

$$\begin{aligned}P(x_1<X\leqslant x_2)&=P(x_1<X<x_2)=P(x_1\leqslant X<x_2)\\&=P(x_1\leqslant X\leqslant x_2).\end{aligned}$$

性质 4 也说明用列举连续型随机变量取某个值的概率来描述这种随机变量不但做不到,而且毫无意义. 另外,这一结果也表明**概率为零的事件并不一定是不可能事件**,**同样概率为 1 的事件并不一定是必然事件**.

根据定义,性质 5 是显然成立的. 于是

$$f(x)=F'(x)=\lim_{\Delta x\to 0}\frac{F(x+\Delta x)-F(x)}{\Delta x}=\lim_{\Delta x\to 0}\frac{P(x<X\leqslant x+\Delta x)}{\Delta x},$$

从而当 Δx 很小时,有

$$P(x<X\leqslant x+\Delta x)\approx f(x)\Delta x. \tag{2.3.6}$$

上式说明,概率密度函数在 x 处的函数值 $f(x)$越大,则 X 取 x 附近的值的概率就越大. 因此概率密度函数 $f(x)$并不是随机变量 X 取值 x 时的概率,而是随机变量 X 集中在该点附近的密集程度. 这也意味着 $f(x)$确实有"密度"的性质,所以称它为概率

密度.

例 2.3.1 设连续型随机变量 X 的概率密度为

$$f(x)=\begin{cases}kx+1, & 0<x<2,\\ 0, & \text{其他},\end{cases}$$

求系数 k 及分布函数 $F(x)$,并计算 $P(0.5<X<2)$.

解 因为$\int_{-\infty}^{+\infty}f(x)\mathrm{d}x=1$,所以

$$\int_0^2(kx+1)\mathrm{d}x=2k+2=1,\quad \text{解得}\quad k=-\frac{1}{2}.$$

当 $x<0$ 时,$F(x)=0$;

当 $0\leqslant x<2$ 时,$F(x)=\int_{-\infty}^{x}f(t)\mathrm{d}t=\int_0^x\left(-\frac{t}{2}+1\right)\mathrm{d}t=-\frac{x^2}{4}+x$;

当 $x\geqslant 2$ 时,$F(x)=1$.

所以分布函数为

$$F(x)=\begin{cases}0, & x<0,\\ -\frac{x^2}{4}+x, & 0\leqslant x<2,\\ 1, & x\geqslant 2,\end{cases}$$

并且有

$$P(0.5<X<2)=F(2)-F(0.5)=1-\frac{7}{16}=\frac{9}{16}.$$

例 2.3.2 设连续型随机变量 X 的分布函数为

$$F(x)=\begin{cases}0, & x<-1,\\ A+B\arcsin x, & -1\leqslant x<1,\\ 1, & x\geqslant 1,\end{cases}$$

求常数 A 和 B 及 X 的概率密度 $f(x)$.

解 因为 X 为连续型随机变量,所以分布函数 $F(x)$连续. 于是

$$\begin{cases}F(-1)=F(-1-0),\\ F(1-0)=F(1),\end{cases}\quad \text{从而}\quad \begin{cases}A-\frac{\pi}{2}B=0,\\ A+\frac{\pi}{2}B=1,\end{cases}$$

可解得 $A=\frac{1}{2}$,$B=\frac{1}{\pi}$. 故 X 的分布函数为

$$F(x)=\begin{cases}0, & x<-1,\\ \frac{1}{2}+\frac{1}{\pi}\arcsin x, & -1\leqslant x<1,\\ 1, & x\geqslant 1,\end{cases}$$

从而 X 的概率密度为

$$f(x)=F'(x)=\begin{cases}\dfrac{1}{\pi\sqrt{1-x^2}}, & -1<x<1,\\0, & \text{其他}.\end{cases}$$

例 2.3.3 向半径为 R 的圆形靶射击,假设不会发生脱靶,且击中任意同心圆盘的概率与该同心圆盘的面积成正比;又设随机变量 X 表示击中点与靶心的距离.

(1) 求 X 的分布函数与概率密度;

(2) 把靶的半径 10 等分,若击中点落在以靶心为中心,内外半径分别为 $\frac{i}{10}R$ 及 $\frac{i+1}{10}R$ 的圆环内时记为 $10-i$ 环,求一次射击得到 $10-i$ $(i=0,1,\cdots,9)$环的概率.

解 (1) 由于不会脱靶,则随机变量 X 的取值应在区间$[0,R]$内. 于是

当 $x<0$ 时,$\{X\leqslant x\}$是不可能事件,$F(x)=0$;

当 $0\leqslant x<R$ 时,$F(x)=P(X\leqslant x)$.

由于击中任意同心圆盘的概率与该同心圆盘的面积成正比,可令 $F(x)=k\pi x^2$. 考虑事件$\{X\leqslant R\}$是必然事件,则 $F(R)=\pi R^2k=1$,所以 $k=\frac{1}{\pi R^2}$. 于是

当 $0\leqslant x<R$ 时,$F(x)=P(X\leqslant x)=\frac{x^2}{R^2}$;

当 $x\geqslant R$ 时,$\{X\leqslant x\}$是必然事件 $F(x)=1$.

所以 X 的分布函数的是

$$F(x)=\begin{cases}0, & x<0,\\x^2/R^2, & 0\leqslant x<R,\\1, & x\geqslant R,\end{cases}$$

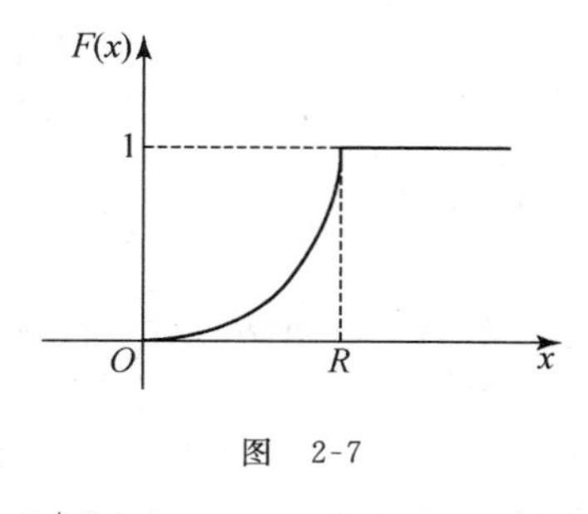

图 2-7

其图形如图 2-7 所示. 由此得 X 的概率密度为

$$f(x)=\begin{cases}2x/R^2, & 0<x<R,\\0, & \text{其他}.\end{cases}$$

(2) 事件"一次射击得到 $10-i$ 环"即为$\left\{\frac{i}{10}R<X<\frac{i+1}{10}R\right\}$,则其概率为

$$P\left(\frac{i}{10}R<X<\frac{i+1}{10}R\right)=F\left(\frac{i+1}{10}R\right)-F\left(\frac{i}{10}R\right)$$
$$=\left(\frac{i+1}{10}\right)^2-\left(\frac{i}{10}\right)^2=\frac{2i+1}{100},\quad i=0,1,\cdots,9.$$

据此一次射击得 10 环的概率为 0.01,得 9 环的概率为 0.03,等等.

二、几种常见的连续型随机变量的分布

1. 均匀分布

定义 2.3.2　如果随机变量 X 的概率密度为

$$f(x)=\begin{cases}\dfrac{1}{b-a}, & a<x<b,\\ 0, & \text{其他},\end{cases} \tag{2.3.7}$$

则称 X 服从区间 $[a,b]$ 上的**均匀分布**,记做 $X\sim U[a,b]$(区间 $[a,b]$ 的端点对均匀分布没有实际意义,所以区间可以是开区间,也可以是左开右闭或左闭右开区间,其概率密度都是(2.3.7)式.故有时也记做 $X\sim U(a,b)$).

若随机变量 $X\sim U[a,b]$,可求得其分布函数为

$$F(x)=\begin{cases}0, & x<a,\\ \dfrac{x-a}{b-a}, & a\leqslant x<b,\\ 1, & x\geqslant b.\end{cases} \tag{2.3.8}$$

这时 X 的概率密度 $f(x)$ 和分布函数 $F(x)$ 的图形如图 2-8 和图 2-9 所示.

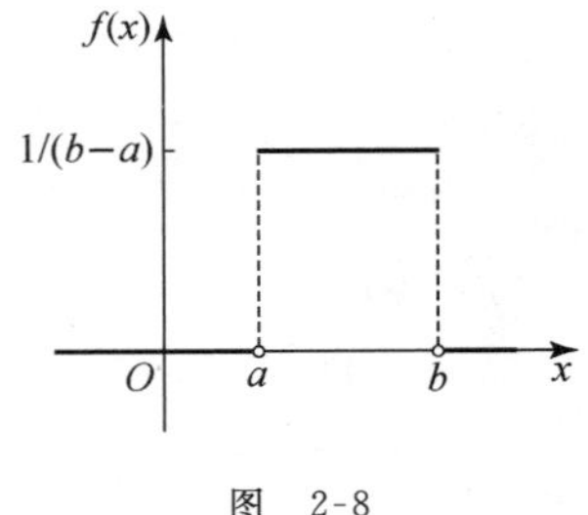

图　2-8

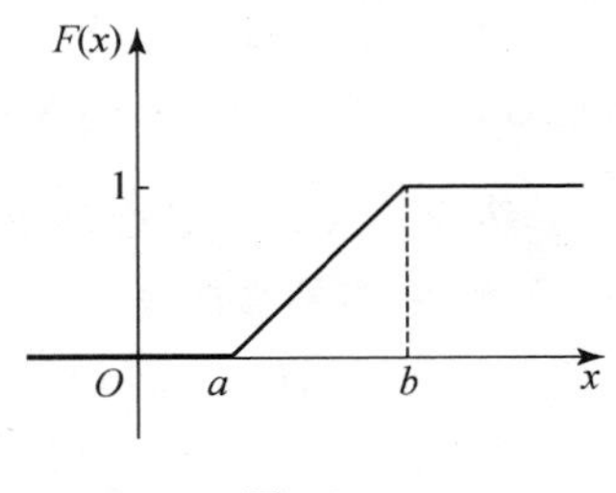

图　2-9

若 $X\sim U[a,b]$,对于任意区间 $[c,d]\subset[a,b]$,有

$$P(c<X<d)=\int_c^d\frac{\mathrm{d}x}{b-a}=\frac{d-c}{b-a}.$$

此时表明 X 落在 $[a,b]$ 内任一小区间 $[c,d]$ 的概率与该小区间的长度成正比,而与该小区间的位置无关.这说明 X 落在 $[a,b]$ 内任意等长的小区间内的概率是相同的,所以均匀分布也称为**等概率分布**.在第一章中讨论过的几何概型中,都可定义服从均匀分布的随机变量.

在例 1.2.7 中,设乘客候车的时间为 X,则 $X\sim U[0,5]$,所以"候车时间不超过 3 min"的概率为 $P(X\leqslant 3)=F(3)=3/5=0.6$.

例 2.3.4　设随机变量 $X\sim U[1,6]$,求 x 的二次方程 $x^2+Xx+1=0$ 有实根的概率.

解　由题设,X 的概率密度为

$$f(x)=\begin{cases}1/5, & 1<x<6,\\ 0, & 其他.\end{cases}$$

由于方程有实根的充分必要条件是 $\Delta=X^2-4\geqslant 0$,故所求的概率为

$$\begin{aligned}P(X^2-4\geqslant 0)&=P(|X|\geqslant 2)=P(X\leqslant -2)+P(X\geqslant 2)\\&=P(X\leqslant -2)+1-P(X<2)\\&=\int_{-\infty}^{-2}f(x)\mathrm{d}x+1-\int_{-\infty}^{2}f(x)\mathrm{d}x\\&=0+1-\int_{1}^{2}\frac{1}{5}\mathrm{d}x=\frac{4}{5}.\end{aligned}$$

例 2.3.5　将一根长为 a 的细绳随意剪成两段,试求有一段长度是另一段长度两倍以上的概率.

解　任取其中一段,设其长度为 X. 由题意 $X\sim U[0,a]$. 而事件"有一段长度是另一段长度两倍以上"即 $\{X>2(a-X)\}\cup\{a-X>2X\}$,因此所求概率为

$$\begin{aligned}P(X>2(a-X))+P(a-X>2X)&=P\left(X>\frac{2}{3}a\right)+P\left(X<\frac{1}{3}a\right)\\&=\int_{\frac{2}{3}a}^{a}\frac{1}{a}\mathrm{d}x+\int_{0}^{\frac{1}{3}a}\frac{1}{a}\mathrm{d}x=\frac{2}{3}.\end{aligned}$$

2. 指数分布

定义 2.3.3　如果随机变量 X 的概率密度为

$$f(x)=\begin{cases}\lambda \mathrm{e}^{-\lambda x}, & x>0,\\ 0, & x\leqslant 0,\end{cases}\tag{2.3.9}$$

其中 $\lambda>0$ 为常数,则称 X 服从参数为 λ 的**指数分布**,记做 $X\sim E(\lambda)$.

若随机变量 $X\sim E(\lambda)$,可求得其分布函数为

$$F(x)=\begin{cases}1-\mathrm{e}^{-\lambda x}, & x>0,\\ 0, & x\leqslant 0.\end{cases}\tag{2.3.10}$$

这时 X 的概率密度 $f(x)$ 和分布函数 $F(x)$ 的图形如图 2-10 和图 2-11 所示.

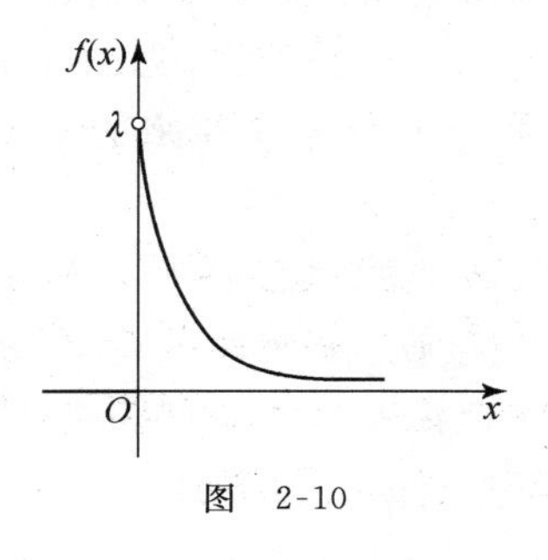

图　2-10

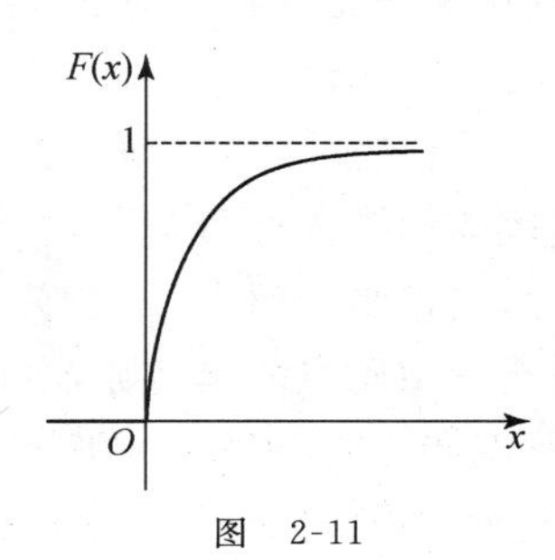

图　2-11

指数分布通常用作各种“寿命”分布，例如无线电元件的寿命、动物的寿命等；另外，电话问题中的通话时间、随机服务系统中的服务时间等都可认为服从指数分布. 因此指数分布在排队论和可靠性理论等领域中有广泛的应用.

例 2.3.6 设某电子元件的使用寿命 X(单位：h)是一个连续型随机变量，其概率密度为

$$f(x)=\begin{cases}Ce^{-\frac{x}{100}}, & x>0,\\ 0, & x\leqslant 0.\end{cases}$$

(1) 确定常数 C； (2) 求寿命超过 100 h 的概率；

(3) 已知该元件已正常使用 200 h，求它至少还能正常使用 100 h 的概率.

解 (1) 由概率密度函数性质 2 知

$$\int_0^{+\infty}Ce^{-\frac{x}{100}}\mathrm{d}x=\left[-100Ce^{-\frac{x}{100}}\right]\Big|_0^{+\infty}=100C=1,$$

由此得 $C=1/100=0.01$，所以 $X\sim E(0.01)$.

(2) 寿命超过 100 h 的概率为

$$P(X>100)=1-F(100)=1-(1-e^{-0.01\times 100})=e^{-1}\approx 0.3679.$$

(3) 已知该元件已正常使用 200 h，它至少还能正常使用 100 h 的概率即为条件概率

$$P(X>300\,|\,X>200)=\frac{P(X>300,X>200)}{P(X>200)}$$

$$=\frac{P(X>300)}{P(X>200)}=\frac{e^{-3}}{e^{-2}}=e^{-1}\approx 0.3679.$$

从(2)，(3)可知，该元件寿命超过 100 h 的概率等于已使用 200 h 的条件下至少还能使用 100 h 的概率. 这种性质就是所谓的“无记忆性”.

***定义 2.3.4** 若随机变量 X 对任意的 $s>0,t>0$ 有

$$P(X>s+t\,|\,X>s)=P(X>t), \tag{2.3.11}$$

则称 X 的分布具有**无记忆性**.

可见指数分布具有无记忆性. 若某元件或动物寿命服从指数分布，则(2.3.11)式表明，如果已知寿命长于 s 年，则再“活”t 年的概率与 s 无关，即对过去的 s 年没有记忆. 也就是说，只要在某时刻 s 仍“活”着，它的剩余寿命的分布与原来的寿命分布相同. 所以也戏称指数分布是“永远年轻的”.

另外，在很多应用中，指数分布和泊松分布有着特殊的联系. 在 §2.2 中我们知道，公共汽车站候车的旅客数，电话总机在一段时间内接收到的呼唤次数，飞机场降落的飞机数等都可用泊松分布来描述. 在这类问题中还存在一个连续型随机变量，如电话在相邻两次呼叫之间的间隔时间，接下来我们来研究它的分布规律.

例 2.3.7 设某人的手机在任何长为 t 的时间内接收到的短信的数目 $X(t)$ 服从参数为 λt 的泊松分布(其中 $\lambda>0$),求相继接收的两条短信的间隔时间 Y 的概率分布.

解 设前一条短信的接收时刻为 $t=0$. 考虑间隔时间 Y 的分布函数

$$F_Y(t)=P(Y\leqslant t)=1-P(Y>t),\quad t>0.$$

事件$\{Y>t\}$表示"相继接收的两条短信的间隔时间超过 t",这也就意味着在 $0\sim t$ 时间内接收的短信数目为零,所以,当 $t>0$ 时,有

$$F_Y(t)=1-P(Y>t)=1-P(X(t)=0)=1-\frac{(\lambda t)^0}{0!}\mathrm{e}^{-\lambda t}=1-\mathrm{e}^{-\lambda t}.$$

因此 Y 的分布函数为

$$F_Y(t)=\begin{cases}1-\mathrm{e}^{-\lambda t}, & t>0,\\ 0, & t\leqslant 0,\end{cases}$$

从而 Y 的概率密度为

$$f_Y(t)=\begin{cases}\lambda\mathrm{e}^{-\lambda t}, & t>0,\\ 0, & t\leqslant 0.\end{cases}$$

故 Y 服从参数为 λ 指数分布.

3. 正态分布

定义 2.3.5 如果随机变量 X 的概率密度为

$$f(x)=\frac{1}{\sigma\sqrt{2\pi}}\mathrm{e}^{-\frac{(x-\mu)^2}{2\sigma^2}},\quad -\infty<x<+\infty,\tag{2.3.12}$$

其中 $\sigma>0$,μ 和 σ 为常数,则称 X 服从参数为 μ,σ^2 的**正态分布**,记做 $X\sim N(\mu,\sigma^2)$.

正态分布是概率论与数理统计中最重要的分布,一方面它是自然界中十分常见的一种分布,例如测量的误差、人的身高和体重、农作物的产量、产品的尺寸和重量以及炮弹落地点等都可认为服从正态分布. 通过进一步的理论研究,人们发现,如果一个随机变量是大量微小的、独立的随机因素的作用的结果,且其中每一种因素都不能起到压倒一切的主导作用,那么这个随机变量就会服从或近似服从正态分布. 关于这一点,我们将在第五章中详细说明. 另一方面,正态分布又具有许多良好的性质,可用它作为一些其他不易处理的分布的近似,因此在理论和工程技术等领域,正态分布都有着不可替代的重要意义.

若随机变量 $X\sim N(\mu,\sigma^2)$,可求得其分布函数为

$$F(x)=\frac{1}{\sigma\sqrt{2\pi}}\int_{-\infty}^{x}\mathrm{e}^{-\frac{(t-\mu)^2}{2\sigma^2}}\mathrm{d}t,\quad -\infty<x<+\infty.\tag{2.3.13}$$

这时 X 的概率密度 $f(x)$和分布函数 $F(x)$的图形如图 2-12 和图 2-13 所示.

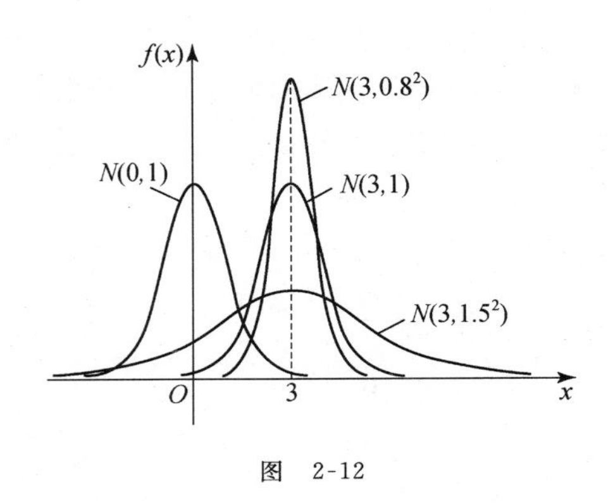

图 2-12

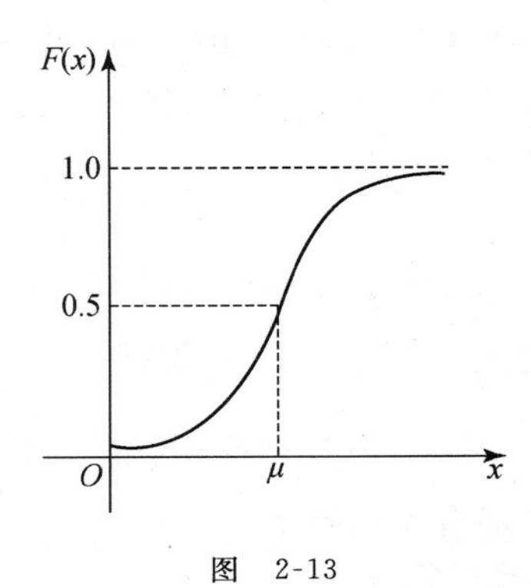

图 2-13

从图 2-12 我们可以看到,正态分布的概率密度 $f(x)$ 的图形呈钟形,“中间大,两头小”. 容易看出 $f(x)$ 有如下性质:

性质 1 $f(x)$ 的图形关于 $x=\mu$ 对称.

性质 2 $f(x)$ 在 $x=\mu$ 处达到最大,最大值为 $\frac{1}{\sqrt{2\pi}\sigma}$.

性质 3 $f(x)$ 在 $x=\mu\pm\sigma$ 处有拐点.

性质 4 x 离 μ 越远,$f(x)$ 值越小,当 x 趋向无穷大时,$f(x)$ 趋于零,即 $f(x)$ 以 x 轴为渐近线.

性质 5 当 μ 固定时,σ 愈大,则 $f(x)$ 的最大值愈小,即曲线愈平坦;σ 愈小,则 $f(x)$ 的最大值愈大,即曲线愈尖.

性质 6 当 σ 固定而改变 μ 时,就是将 $f(x)$ 的图形沿 x 轴平移.

特别地,当 $\mu=0,\sigma=1$ 时,称 X 服从**标准正态分布**,记做 $X\sim N(0,1)$. 习惯上其概率密度和分布函数分别记为 $\varphi(x)$ 和 $\Phi(x)$,即

$$\varphi(x)=\frac{1}{\sqrt{2\pi}}e^{-x^2/2},\quad -\infty<x<+\infty, \tag{2.3.14}$$

$$\Phi(x)=\frac{1}{\sqrt{2\pi}}\int_{-\infty}^{x}e^{-t^2/2}\mathrm{d}t,\quad -\infty<x<+\infty. \tag{2.3.15}$$

值得注意的是,(2.3.13) 式和(2.3.15) 式中的分布函数 $F(x)$ 和 $\Phi(x)$ 不能求出初等函数表示形式,通常只能在已知 x 的取值时用数值积分的方法求出相应的分布函数值. 但 $\Phi(+\infty)=\frac{1}{\sqrt{2\pi}}\int_{-\infty}^{+\infty}e^{-x^2/2}\mathrm{d}x=1$ 是可以验证的: 因为

$$\begin{aligned}\frac{1}{\sqrt{2\pi}}\int_{-\infty}^{+\infty}e^{-x^2/2}\mathrm{d}x\cdot\frac{1}{\sqrt{2\pi}}\int_{-\infty}^{+\infty}e^{-y^2/2}\mathrm{d}y&=\frac{1}{2\pi}\int_{-\infty}^{+\infty}\int_{-\infty}^{+\infty}e^{-(x^2+y^2)/2}\mathrm{d}x\mathrm{d}y\\&=\frac{1}{2\pi}\int_{0}^{2\pi}\mathrm{d}\theta\int_{0}^{+\infty}re^{-r^2/2}\mathrm{d}r\quad(\text{令 } x=r\cos\theta,y=r\sin\theta)\end{aligned}$$

$$= \int_0^{+\infty} r\mathrm{e}^{-r^2/2}\mathrm{d}r = [-\mathrm{e}^{-r^2/2}]\Big|_0^{+\infty} = 1,$$

所以有 $\Phi(+\infty)=\dfrac{1}{\sqrt{2\pi}}\displaystyle\int_{-\infty}^{+\infty}\mathrm{e}^{-x^2/2}\mathrm{d}x=1$. 同理也可验证在(2.3.13)式中 $F(+\infty)=1$. 我们也可利用这个性质得到以下两个常用的积分公式：

$$\int_{-\infty}^{+\infty}\mathrm{e}^{-x^2/2}\mathrm{d}x=\sqrt{2\pi},\quad \int_{-\infty}^{+\infty}\mathrm{e}^{-x^2}\mathrm{d}x=\sqrt{\pi}.$$

在(2.3.13)式中，只要令 $s=\dfrac{t-\mu}{\sigma}$，就可把正态随机变量的分布函数 $F(x)$ 化为标准正态随机变量的分布函数 $\Phi(x)$ 表示的形式，即

$$F(x)=\frac{1}{\sqrt{2\pi}}\int_{-\infty}^{\frac{x-\mu}{\sigma}}\mathrm{e}^{-s^2/2}\mathrm{d}s=\Phi\left(\frac{x-\mu}{\sigma}\right). \tag{2.3.16}$$

因此正态随机变量的分布函数 $F(x)$，可借助于标准正态分布 $\Phi(x)$ 来计算. 而标准正态随机变量分布函数 $\Phi(x)$ 的值已制成表，可以查用，见附表 2.

在附表 2 中，只对 $x\geqslant 0$ 给出 $\Phi(x)$ 的函数值. 事实上，标准正态随机变量的概率密度函数 $\varphi(x)$ 是偶函数，则分布函数 $\Phi(x)$ 满足下列公式：

$$\Phi(-x)=1-\Phi(x). \tag{2.3.17}$$

因此，当 $x<0$ 时，可先从表中查出 $\Phi(-x)$ 的取值，再由上式计算 $\Phi(x)$.

通过上述讨论，对于常见的概率计算有如下公式：

(1) 若 $X\sim N(0,1)$，则有

$$P(X\leqslant x)=\begin{cases}\Phi(x), & x>0,\\ 0.5, & x=0,\\ 1-\Phi(-x), & x<0,\end{cases} \tag{2.3.18}$$

$$P(a<X\leqslant b)=\Phi(b)-\Phi(a), \tag{2.3.19}$$

$$P(|X|<x)=\Phi(x)-\Phi(-x)=2\Phi(x)-1,\quad x>0. \tag{2.3.20}$$

(2) 若 $X\sim N(\mu,\sigma^2)$，则有

$$P(X\leqslant x)=\Phi\left(\frac{x-\mu}{\sigma}\right). \tag{2.3.21}$$

例 2.3.8 设 $X\sim N(0,1)$，求 $P(X>1)$，$P(-1<X<2)$，$P(|X|<1.5)$，$P(|X|>2)$.

解 $P(X>1)=1-P(X\leqslant 1)=1-\Phi(1)=0.1587$；

$$\begin{aligned}P(-1<X<2)&=P(X<2)-P(X\leqslant -1)=\Phi(2)-\Phi(-1)\\&=\Phi(2)+\Phi(1)-1=0.8186;\end{aligned}$$

$$\begin{aligned}P(|X|<1.5)&=P(-1.5<X<1.5)=P(X<1.5)-P(X\leqslant -1.5)\\&=\Phi(1.5)-\Phi(-1.5)=2\Phi(1.5)-1=0.8664;\end{aligned}$$

$P(|X|>2)=2P(X>2)=2(1-\Phi(2))=0.0454.$

例 2.3.9 设 $X \sim N(2,4)$,求 $P(X \leqslant 1)$,$P(|X|<3)$.

解 $P(X \leqslant 1)=\Phi\left(\frac{1-2}{2}\right)=\Phi(-0.5)=1-\Phi(0.5)=0.3085$;

$$\begin{aligned} P(|X|<3) &= P(-3<X<3)=\Phi\left(\frac{3-2}{2}\right)-\Phi\left(\frac{-3-2}{2}\right) \\ &= \Phi(0.5)-\Phi(-2.5)=\Phi(0.5)+\Phi(2.5)-1 \\ &= 0.6853. \end{aligned}$$

例 2.3.10 设 $X \sim N(\mu,\sigma^2)$,求 $P(|X-\mu|<k\sigma)$.

解
$$\begin{aligned} P(|X-\mu|<k\sigma) &= P(\mu-k\sigma<X<\mu+k\sigma) \\ &= P\left(\frac{X-\mu}{\sigma}<k\right)-P\left(\frac{X-\mu}{\sigma}\leqslant -k\right) \\ &= \Phi(k)-\Phi(-k)=2\Phi(k)-1. \end{aligned}$$

利用此例的结果有

$$P(|X-\mu|<\sigma)=0.6826, \quad P(|X-\mu|<2\sigma)=0.9546,$$
$$P(|X-\mu|<3\sigma)=0.9974.$$

后一式表明,正态随机变量 X 落在区间$(\mu-3\sigma,\mu+3\sigma)$内的概率已高达 99.74%,因此可认为 X 的值几乎不落在区间$(\mu-3\sigma,\mu+3\sigma)$之外.这就是著名的“$3\sigma$ 原则”,它在工业生产中常用来作为质量控制的依据.

例 2.3.11 设测量某目标的距离时发生的误差 X(单位:m)的概率密度为

$$f(x)=\frac{1}{40\sqrt{2\pi}}e^{-\frac{(x-20)^2}{3200}}, \quad -\infty<x<+\infty,$$

求 3 次测量中至少有 1 次误差的绝对值不超过 30 m 的概率.

解 由题意,测量误差 $X \sim N(20,40^2)$.设事件 A 表示“一次测量,其误差的绝对值不超过 30 m”,即事件 $A=\{|X|<30\}$,则

$$\begin{aligned} P(A) &= P(|X|<30)=\Phi\left(\frac{30-20}{40}\right)-\Phi\left(\frac{-30-20}{40}\right) \\ &= \Phi(0.25)-\Phi(-1.25)=\Phi(0.25)+\Phi(1.25)-1 \\ &= 0.4931. \end{aligned}$$

因此 3 次测量中事件 A 发生的次数 $Y \sim B(3,0.4931)$,则 3 次测量中事件 A 至少发生 1 次的概率为

$$P(Y \geqslant 1)=1-P(Y=0)=1-(1-0.4931)^3=1-0.1302=0.8698.$$

例 2.3.12 公共汽车车门的高度是按男子与车门顶头碰头机会在 0.01 以下来设计的.设男子身高 $X \sim N(170,100)$(单位:cm),问:车门高度应如何确定?

解 设车门高度为 h,依题意得

$$P(X>h)<0.01, \quad 即 \quad 1-\Phi\left(\frac{h-170}{10}\right)<0.01,$$

从而有 $\Phi\left(\frac{h-170}{10}\right)>0.99$. 查附表 2 得 $\frac{h-170}{10}\geqslant 2.33$，所以 $h\geqslant 170+23.3=193.3$. 因此要使男子与车门顶头碰头机会在 0.01 以下，车门高度至少为 193.3 cm.

***4. 伽玛分布**

定义 2.3.6 如果随机变量 X 的概率密度为

$$f(x)=\begin{cases}\dfrac{\beta^{\alpha}}{\Gamma(\alpha)}x^{\alpha-1}\mathrm{e}^{-\beta x}, & x>0,\\ 0, & x\leqslant 0,\end{cases} \tag{2.3.22}$$

其中 $\alpha,\beta>0$ 为常数，则称 X 服从参数为(α,β)的**伽玛**(Gamma)**分布**，记做 $X\sim\Gamma(\alpha,\beta)$.

(2.3.22) 式中的 $\Gamma(\alpha)$ 为熟知的伽玛函数，即 $\Gamma(\alpha)=\int_0^{+\infty}u^{\alpha-1}\mathrm{e}^{-u}\mathrm{d}u$. 伽玛分布是一个较大的分布类，指数分布是它的一个子类($\alpha=1$)；另外，在数理统计中常见的 χ^2 分布也是它的一个子类($\alpha=n/2,\beta=1/2$).

§ 2.4 随机变量函数的分布

在许多实际问题中，所考虑的随机变量常常依赖于另一个随机变量. 例如，要考虑一批球，其直径 X 和体积 Y 都是随机变量，其中球的直径可以较方便测量出来，而体积不易直接测量，但可由公式 $Y=\frac{\pi}{6}X^3$ 计算得到，那么我们关心的是，若我们已知这批球直径 X 的分布，能否得到其体积 Y 的分布呢？

一般地，设 X 是随机变量，$g(x)$是一个实函数，则 $Y=g(X)$也是一个随机变量，它是随机变量 X 的函数. 若 X 的分布已知，如何求随机变量函数 $Y=g(X)$的分布？对此，我们下面分别就离散型和连续型随机变量函数的分布进行讨论.

一、离散型随机变量函数的分布

设离散型随机变量 X 的分布律如式(2.2.1)，则 $Y=g(X)$也是一个离散型随机变量，其所有可能取值为 $y_k=g(x_k)$ $(k=1,2,\cdots)$.

若 $y_k=g(x_k)$ $(k=1,2,\cdots)$的值互不相等，则由

$$P(Y=y_k)=P(X=x_k)=p_k$$

可得 Y 的分布列如表 2.4.1 所示.

表 2.4.1

Y	y_1	y_2	$\cdots$	y_k	$\cdots$
$P(Y=y_k)$	p_1	p_2	$\cdots$	p_k	$\cdots$

若 $y_k=g(x_k)$ $(k=1,2,\cdots)$ 中有相等的值，把那些相等的值合并起来，由于事件

$$\{Y=y_k\}=\bigcup_{g(x_i)=y_k}\{X=x_i\},$$

则由概率的可加性可得事件$\{Y=y_k\}$的概率为

$$P(Y=y_k)=\sum_{g(x_i)=y_k}p_i. \tag{2.4.1}$$

因此 Y 的分布律应将表 2.4.1 中 $y_k(k=1,2,\cdots)$相同的值合并，同时将对应的概率加在一起.

例 2.4.1 设随机变量 X 的分布律如表 2.4.2 所示，求：

(1) $Y=2X+1$ 的分布律； (2) $Z=X^2$ 的分布律.

表 2.4.2

X	-2	-1	0	1	2
$P(X=x_k)$	0.3	0.2	0.1	0.3	0.1

解 (1) 当 X 取$-2,-1,0,1,2$ 时，$Y=2X+1$ 分别取$-3,-1,1,3,5$，其中没有相同的，故得 $Y=2X+1$ 的分布律如表 2.4.3 所示.

表 2.4.3

Y	-3	-1	1	3	5
$P(Y=y_k)$	0.3	0.2	0.1	0.3	0.1

(2) 当 X 取$-2,-1,0,1,2$ 时，$Z=X^2$ 分别取 $4,1,0,1,4$，把其中相同的合并，同时将相应的概率加在一起，得 $Z=X^2$ 的分布律如表 2.4.4 所示.

表 2.4.4

Z	0	1	4
$P(Z=z_k)$	0.1	0.5	0.4

二、连续型随机变量函数的分布

已知连续型随机变量 X 的概率密度为 $f_X(x)$，$y=g(x)$是连续实函数，我们来考虑如何求随机变量函数 $Y=g(X)$的概率密度. 下面先通过几个例子加以说明.

例 2.4.2 随机变量 X 的概率密度为

$$f_X(x)=\begin{cases}x/8, & 0<x<4,\\ 0, & \text{其他},\end{cases}$$

求 $Y=2X-1$ 的概率密度.

解 要得到 $Y=2X-1$ 的概率密度,可以先求它的分布函数 $F_Y(y)$. 据题意有

$$F_Y(y)=P(Y\leqslant y)=P(2X-1\leqslant y)$$
$$=P\left(X\leqslant\frac{y+1}{2}\right)=F_X\left(\frac{y+1}{2}\right),\tag{2.4.2}$$

两边对 y 求导数,由分布函数与概率密度之间的关系得

$$f_Y(y)=F'_Y(y)=\frac{\mathrm{d}}{\mathrm{d}y}F_X\left(\frac{y+1}{2}\right)$$
$$=f_X\left(\frac{y+1}{2}\right)\frac{\mathrm{d}\left(\frac{y+1}{2}\right)}{\mathrm{d}y}=\frac{1}{2}f_X\left(\frac{y+1}{2}\right).\tag{2.4.3}$$

当 $0<x<4$ 时,$f_X(x)\neq0$,即 $-1<y<7$ 时,$f_Y(y)\neq0$,此时

$$f_Y(y)=\frac{1}{2}f_X\left(\frac{y+1}{2}\right)=\frac{y+1}{32};$$

当 $x\leqslant0$ 或 $x\geqslant4$ 时,$f_X(x)=0$,即 $y\leqslant-1$ 或 $y\geqslant7$ 时,$f_Y(y)=0$.

所以 $Y=2X-1$ 的概率密度为

$$f_Y(y)=\begin{cases}\dfrac{y+1}{32}, & -1<y<7,\\ 0, & \text{其他}.\end{cases}$$

在上述解题中,除了用到分布函数的定义及分布函数与概率密度的关系外,还用到了等式

$$P(2X-1\leqslant y)=P\left(X\leqslant\frac{y+1}{2}\right),$$

其中 $X\leqslant\frac{y+1}{2}$ 是由 $2X-1\leqslant y$ 恒等变形而得到的,因而 $\left\{X\leqslant\frac{y+1}{2}\right\}$ 与 $\{2X-1\leqslant y\}$ 是同一事件,其概率相等. 由于 $P\left(X\leqslant\frac{y+1}{2}\right)$ 恰是已知随机变量 X 的分布函数,从而建立了两个随机变量 Y 与 X 的分布函数之间的关系式(2.4.2). 这是计算随机变量函数的概率密度的关键一步.

从例 2.4.2 我们知道,求解连续型随机变量函数的分布问题的方法是,从分布函数定义出发,通过等概率事件的转化,建立随机变量函数 Y 与 X 的分布函数之间的关系,得到 $Y=g(X)$ 的分布函数 $F_Y(y)$,然后利用连续型随机变量的分布函数与概率密度之间的关系,对 $F_Y(y)$ 求导数得到概率密度函数 $f_Y(y)$. 这种求解连续型随机变量函数的分布问题的方法一般称为**分布函数法**.

依照分布函数法的求解过程,可得下面的定理.

定理 2.4.1 设随机变量 X 的概率密度为 $f_X(x)$,又设 $y=g(x)$ 是严格单调且可导的函数,则 $Y=g(X)$ 是一个连续型随机变量,它的概率密度为

$$f_Y(y)=\begin{cases}f_X(g^{-1}(y))\left|\dfrac{\mathrm{d}}{\mathrm{d}y}g^{-1}(y)\right|, & y\in(\alpha,\beta),\\ 0, & y\notin(\alpha,\beta),\end{cases} \tag{2.4.4}$$

其中 $g^{-1}(y)$是 $g(x)$的反函数,(α,β)是 $y=g(x)$的值域.

证 (1) 设 $y=g(x)$是严格单调增加且可导的函数(如图 2-14),此时它的反函数 $g^{-1}(y)$在(α,β)内也是严格单调增加且可导的函数,即有

$$\frac{\mathrm{d}}{\mathrm{d}y}g^{-1}(y)>0.$$

要得到$Y=g(X)$的概率密度,可以先求它的分布函数

$$F_Y(y)=P(Y\leqslant y)=P(g(X)\leqslant y).$$

由于(α,β)是 $y=g(x)$的值域,则随机变量 Y 的取值范围是(α,β).

当 $y\leqslant\alpha$ 时,$F_Y(y)=P(g(X)\leqslant y)=0$;

当 $y\geqslant\beta$ 时,$F_Y(y)=P(g(X)\leqslant y)=1$;

当 $\alpha<y<\beta$ 时,由于 $y=g(x)$是严格单调增加的,则

$$g(X)\leqslant y\Leftrightarrow X\leqslant g^{-1}(y),$$

因此

$$F_Y(y)=P(X\leqslant g^{-1}(y))=F_X(g^{-1}(y))=\int_{-\infty}^{g^{-1}(y)}f_X(x)\mathrm{d}x.$$

所以 Y 的概率密度为

$$f_Y(y)=F'_Y(y)=\begin{cases}f_X(g^{-1}(y))\dfrac{\mathrm{d}}{\mathrm{d}y}g^{-1}(y), & \alpha<y<\beta,\\ 0, & \text{其他}.\end{cases}$$

上式中因 $\dfrac{\mathrm{d}}{\mathrm{d}y}g^{-1}(y)>0$,故 $\left|\dfrac{\mathrm{d}}{\mathrm{d}y}g^{-1}(y)\right|=\dfrac{\mathrm{d}}{\mathrm{d}y}g^{-1}(y)$.

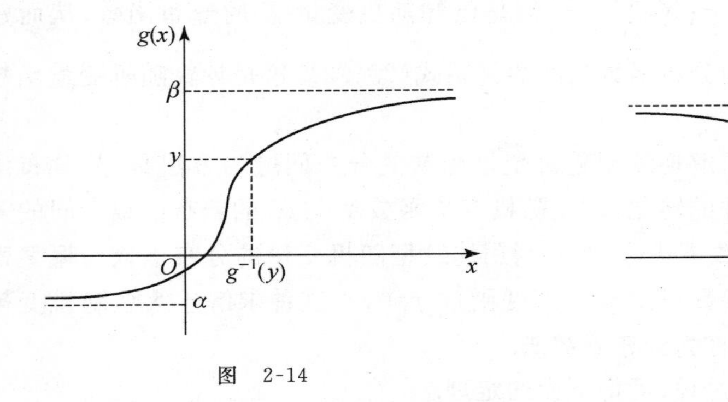

图 2-14　　　图 2-15

(2) 设 $y=g(x)$是严格单调减少且可导的函数(如图 2-15),此时它的反函数 $g^{-1}(y)$在(α,β)内也是严格单调减少且可导的函数,即有

$$\frac{\mathrm{d}}{\mathrm{d}y}g^{-1}(y)<0.$$

同(1)先求 Y 的分布函数 $F_Y(y)=P(Y\leqslant y)=P(g(X)\leqslant y)$.

由于(α,β)是 $y=g(x)$的值域,则随机变量 Y 的取值范围是(α,β).

当 $y\leqslant\alpha$ 时,$F_Y(y)=P(g(X)\leqslant y)=0$;

当 $y\geqslant\beta$ 时,$F_Y(y)=P(g(X)\leqslant y)=1$;

当 $\alpha<y<\beta$ 时,由于 $y=g(x)$是严格单调减小,则

$$g(X)\leqslant y\Leftrightarrow X\geqslant g^{-1}(y),$$

因此

$$\begin{aligned}F_Y(y)&=P(X\geqslant g^{-1}(y))=1-P(X\leqslant g^{-1}(y))\\&=1-F_X(g^{-1}(y))=1-\int_{-\infty}^{g^{-1}(y)}f_X(x)\mathrm{d}x.\end{aligned}$$

所以 Y 的概率密度为

$$f_Y(y)=F'_Y(y)=\begin{cases}-f_X(g^{-1}(y))\dfrac{\mathrm{d}}{\mathrm{d}y}g^{-1}(y), & \alpha<y<\beta,\\0, & \text{其他}.\end{cases}$$

上式中因 $\frac{\mathrm{d}}{\mathrm{d}y}g^{-1}(y)<0$,故 $\left|\frac{\mathrm{d}}{\mathrm{d}y}g^{-1}(y)\right|=-\frac{\mathrm{d}}{\mathrm{d}y}g^{-1}(y)$.

综合(1),(2),定理得证.

例 2.4.3 设随机变量 $X\sim N(\mu,\sigma^2)$,求 $Y=aX+b\ (a\neq0)$的概率密度.

解 这里 $g(x)=ax+b,x\in(-\infty,+\infty)$,它的反函数为

$$g^{-1}(y)=\frac{y-b}{a},\quad y\in(-\infty,+\infty).$$

由于 $g(x)=ax+b,x\in(-\infty,+\infty)$是严格单调且可导的函数,根据定理 2.4.1 得 $Y=aX+b(a\neq0)$的概率密度为

$$\begin{aligned}f_Y(y)&=f_X(g^{-1}(y))\left|\frac{\mathrm{d}}{\mathrm{d}y}g^{-1}(y)\right|=\frac{1}{\sqrt{2\pi}\sigma}\mathrm{e}^{-\frac{\left(\frac{y-b}{a}-\mu\right)^2}{2\sigma^2}}\left|\frac{1}{a}\right|\\&=\frac{1}{\sqrt{2\pi}|a|\sigma}\mathrm{e}^{-\frac{(y-a\mu-b)^2}{2a^2\sigma^2}},\quad y\in(-\infty,+\infty).\end{aligned}$$

由此可见,当 $X\sim N(\mu,\sigma^2)$,且 $a\neq0$ 时,有

$$Y=aX+b\sim N(a\mu+b,a^2\sigma^2).\tag{2.4.5}$$

上式表明,服从正态分布的随机变量经线性变换后仍然服从正态分布. 特别地,在(2.4.5)式中令 $a=\frac{1}{\sigma},b=-\frac{\mu}{\sigma}$,可得到

$$\frac{X-\mu}{\sigma} \sim N(0,1).$$

当随机变量的函数不满足定理 2.4.1 中的条件时，我们仍可用分布函数法求随机变量函数的分布.

例 2.4.4　设随机变量 $X \sim U[-2,2]$，求 $Y=X^2$ 的概率密度.

解　先求 Y 的分布函数 $F_Y(y)=P(Y\leqslant y)=P(X^2\leqslant y)$.

当 $y\leqslant 0$ 时，则 $F_Y(y)=P(X^2\leqslant y)=0$；

当 $y>0$ 时，有

$$\begin{aligned} F_Y(y) &= P(X^2 \leqslant y) = P(-\sqrt{y} \leqslant X \leqslant \sqrt{y}) \\ &= F_X(\sqrt{y}) - F_X(-\sqrt{y}). \end{aligned}$$

所以，由分布函数与概率密度之间的关系得

$$f_Y(y) = F'_Y(y) = \begin{cases} \dfrac{f_X(\sqrt{y}) + f_X(-\sqrt{y})}{2\sqrt{y}}, & y > 0, \\ 0, & y \leqslant 0. \end{cases} \tag{2.4.6}$$

由于 $X \sim U[-2,2]$，将

$$f_X(x) = \begin{cases} 1/4, & -2 < x < 2, \\ 0, & \text{其他} \end{cases}$$

代入(2.4.6)式得 Y 的概率密度为

$$f_Y(y) = \begin{cases} \dfrac{1}{4\sqrt{y}}, & 0 < y < 4, \\ 0, & \text{其他}. \end{cases} \tag{2.4.7}$$

例 2.4.5　设随机变量 X 的概率密度为

$$f_X(x) = \begin{cases} 2x/\pi^2, & 0 < x < \pi, \\ 0, & \text{其他}, \end{cases}$$

求 $Y=\sin X$ 的概率密度.

解　我们先求 Y 的分布函数. 当 $0<x<\pi$ 时，$0<y<1$，所以

当 $y\leqslant 0$ 时，$F_Y(y)=0$；

当 $y\geqslant 1$ 时，$F_Y(y)=1$.

当 $0<y<1$ 时，

$$F_Y(y) = P(Y \leqslant y) = P(\sin X \leqslant y).$$

由于 $\{\sin X\leqslant y\}=\{0<X\leqslant \arcsin y\}\cup\{\pi-\arcsin y\leqslant X<\pi\}$，所以

$$\begin{aligned} F_Y(y) &= P(0 < X \leqslant \arcsin y) + P(\pi - \arcsin y \leqslant X < \pi) \\ &= F_X(\arcsin y) - F_X(0) + F_X(\pi) - F_X(\pi - \arcsin y). \end{aligned}$$

由此得：当 $0<y<1$ 时，

$$
\begin{aligned}
f_Y(y) &= F'_Y(y) \\
&= f_X(\arcsin y)\frac{\mathrm{d}(\arcsin y)}{\mathrm{d}y} - f_X(\pi-\arcsin y)\frac{\mathrm{d}(\pi-\arcsin y)}{\mathrm{d}y} \\
&= \frac{2\arcsin y}{\pi^2}\cdot\frac{1}{\sqrt{1-y^2}} - \frac{2(\pi-\arcsin y)}{\pi^2}\cdot\left(-\frac{1}{\sqrt{1-y^2}}\right) \\
&= \frac{2}{\pi\sqrt{1-y^2}}.
\end{aligned}
$$

综上知,$Y=\sin X$ 的概率密度为

$$
f_Y(y)=\begin{cases}\dfrac{2}{\pi\sqrt{1-y^2}}, & 0<y<1, \\ 0, & 其他.\end{cases}
$$

内 容 小 结

用随机变量描述随机事件是概率论中最重要的方法,本章就此详细介绍了随机变量及其分布.

本章知识点网络图:

- 随机变量
  - 定义
  - 分类
    - 离散型
    - 连续型
- 分布
  - 分布函数
    - 定义
    - 性质:非负有界/单调不减/右连续
  - 离散型
    - 概率分布(分布律/分布列)
    - 性质
    - 常见的分布:0-1 分布/二项分布/泊松分布/几何分布/超几何分布
  - 连续型
    - 概率密度函数(概率密度/分布密度)
    - 性质
    - 常见的分布:均匀分布/指数分布/正态分布
- 随机变量函数的分布
  - 离散型的列举法
  - 连续型的分布函数法/公式法

本章的基本要求:

1. 理解随机变量的概念,能够将随机事件的研究转化为对随机变量的研究;理解分布函数的概念和性质;会计算与随机变量相联系的事件的概率.

2. 理解离散型随机变量及其概率分布的概念,熟练掌握概率分布的性质,会求简

单的离散型随机变量的概率分布及分布函数.

3. 理解连续型随机变量及其概率密度的概念,熟练掌握概率密度的性质.

4. 熟练掌握八种常见的重要分布:0-1 分布、二项分布、泊松分布、几何分布、超几何分布、均匀分布、指数分布、正态分布;理解二项分布与泊松分布之间的关系,会用泊松分布表与标准正态分布表计算有关二项、泊松、正态随机变量的概率.

5. 理解随机变量函数的概念,掌握离散型随机变量函数的概率分布求法;熟练掌握连续型随机变量函数的概率密度求解的原理和方法(分布函数法).

习 题 二

第一部分 基本题

一、选择题:

1. 已知随机变量 $X \sim B(3,p)$,且 $P(X \geqslant 1)=19/27$,则 $p=($ $)$.

(A) 1/3 (B) 8/27 (C) 1/2 (D) 2/3

2. 设随机变量 $X \sim N(2,\sigma^2)$,且 $P(0<X<4)=0.3$,则 $P(X<0)=($ $)$.

(A) 0.5 (B) 0.3 (C) 0.35 (D) 0.7

3. 设随机变量 X 的概率密度为 $f(x)$,且 $f(-x)=f(x)$,$F(x)$是 X 的分布函数,则对任意实数 a 有( ).

(A) $F(-a)=1-\int_0^a f(x)\mathrm{d}x$ (B) $F(-a)=\frac{1}{2}-\int_0^a f(x)\mathrm{d}x$

(C) $F(-a)=F(a)$ (D) $F(-a)=2F(a)-1$

4. 设随机变量 $X \sim N(\mu,\sigma^2)$. 若 μ 固定,则随着 σ 的增大,$P(|X-\mu|<\sigma)($ $)$.

(A) 单调增加 (B) 单调减小

(C) 保持不变 (D) 增减不定

5. 设随机变量 X 的概率密度为 $f_X(x)$,$Y=-3X+1$,则 Y 的概率密度为( ).

(A) $\frac{1}{3}f_X\left(\frac{1-y}{3}\right)$ (B) $-\frac{1}{3}f_X\left(\frac{1-y}{3}\right)$

(C) $-\frac{1}{3}f_X\left(\frac{y-1}{3}\right)$ (D) $f_X\left(\frac{1-y}{3}\right)$

二、填空题:

6. 设随机变量 X 服从参数为 λ 的泊松分布,且 $P(X=0)=P(X=2)/2$,则 $\lambda=$________.

7. 设随机变量 X 的分布函数为

$$F(x)=\begin{cases}0, & x<a, \\ 0.4, & a \leqslant x<b, \\ 1, & x \geqslant b,\end{cases}$$

其中 $0<a<b$,则 $P(a/2<X<b)=$________.

8. 已知随机变量 X 服从$[-2,a]$上的均匀分布，且 $P(X>2)=0.6$，则 $a=$__________.

9. 设随机变量 X 的概率密度为 $f(x)=\begin{cases}kx+2, & 0<x<1,\\ 0, & \text{其他},\end{cases}$ 则 $P(X<0.5)=$__________.

10. 设某批电子元件的寿命 $X\sim N(\mu,\sigma^2)$. 若 $\mu=160$，且 $P(120<X\leqslant 200)=0.8$，则 $\sigma=$__________.

11. 设随机变量 $X\sim B(3,0.4)$，且随机变量 $Y=X(3-X)/2$，则 $P(Y=1)=$__________.

三、计算题：

12. 将一颗骰子抛掷两次，用 X 表示出现点数之和，求 X 的分布律.

13. 将 6 个球随机地投到 4 个箱子中去，求有球的箱子个数 X 的分布律和分布函数，并画出分布函数的图形.

14. 设某人的一串钥匙上有 n 把钥匙，其中只有一把能打开自己的家门. 他随意地试用这串钥匙中的某一把去开门，若每把钥匙试开一次后除去，求打开门时试开次数 X 的分布律.

15. 设有函数 $F(x)=|\cos x|$，试说明 $F(x)$能否是某个随机变量的分布函数.

16. 已知离散型随机变量 X,Y,Z 的分布律分别为

(1) $P(X=k)=\dfrac{k}{C_1}\ (k=1,2,\cdots,N)$；

(2) $P(Y=k)=C_2\left(\dfrac{2}{3}\right)^k\ (k=1,2,3)$；

(3) $P(Z=k)=C_3\dfrac{\lambda^k}{k!}\ (k=1,2,\cdots;\ \lambda>0$ 为常数).

试求常数 C_1,C_2 和 C_3.

17. 设随机变量 X 的分布函数为

$$F(x)=\begin{cases}0, & x<-1,\\ 0.4, & -1\leqslant x<1,\\ 0.8, & 1\leqslant x<3,\\ 1, & x\geqslant 3,\end{cases}$$

求 X 的分布律.

18. 已知某处电话每分钟的呼唤次数服从参数为 4 的泊松分布，求：

(1) 每分钟恰有 6 次呼唤的概率；　　(2) 每分钟呼唤次数大于 8 的概率.

19. 已知某种疾病的发病率为 0.001，某地区有 5000 人，问：该地区患有这种疾病的人数不超过 6 人的概率是多少？

20. 某厂为保证设备正常工作，需要配备适量的维修人员. 设该厂共有 300 台设备，每台设备的工作相互独立，发生故障的概率都是 0.01. 若在通常的情况下，一台设备的故障可由一人来处理，问：至少应配备多少维修人员，才能保证当设备发生故障时不能及时维修的概率小于 0.01?

21. 设随机变量 X 的概率密度为

$$f(x)=\begin{cases}\dfrac{C}{\sqrt{1-x^2}}, & |x|<1,\\ 0, & \text{其他}.\end{cases}$$

(1) 求常数 C；　　(2) 求 X 的分布函数.

22. 设随机变量 X 的概率密度为

$$f(x)=\begin{cases}x, & 0\leqslant x<1,\\ 2-x, & 1\leqslant x<2,\\ 0, & \text{其他}.\end{cases}$$

(1) 求 X 的分布函数；　　(2) 求 $P(1/4<X<3/2)$.

23. 设学生完成某份考卷的时间 X（单位：h)是一个随机变量,它的概率密度为

$$f(x)=\begin{cases}Cx^2+x, & 0<x<2,\\ 0, & \text{其他}.\end{cases}$$

(1) 确定常数 C；　　(2) 求至少需要 1 h 才能完成这份考卷的概率.

24. 设随机变量 X 的分布函数为 $F(x)=\dfrac{A}{1+\mathrm{e}^{-x}}\ (-\infty<x<+\infty)$,求：

(1) 常数 A；　　(2) X 的概率密度；　　(3) $P(X\leqslant 0)$.

25. 设顾客在某银行的窗口等待服务的时间 X（单位：min)服从参数为 0.2 的指数分布.

(1) 已知某顾客在窗口已等待 5 min,求他至少还要等 10 min 才能获得服务的概率；

(2) 假设某顾客在窗口等待服务时间超过 10 min 就离开,又知他一周要到银行 3 次,以 Y 表示一周内他未等到服务而离开窗口的次数,求 $P(Y\geqslant 1)$.

26. 设某元件寿命 X 服从参数为 $\lambda=\dfrac{1}{1000}$ 的指数分布,问：3 个这样的元件使用 1000 h 后都没有损坏的概率是多少?

27. 设修理某机器所需时间(单位：h)服从参数为 $\lambda=1/2$ 的指数分布,试问：

(1) 修理时间超过 2 h 的概率是多少?

(2) 若已持续修理了 9 h,总共需要至少 10 h 才能修好的条件概率是多少?

28. 已知随机变量 $X\sim N(3,2^2)$.

(1) 求 $P(2<X\leqslant 5)$；　　(2) 求 $P(-4<X\leqslant 10)$；

(3) 求 $P(|X|>2)$；　　(4) 求 $P(|X|<3)$；

(5) 确定 C 的值,使得 $P(X\geqslant C)=P(X<C)$ 成立.

29. 设由某机器生产的螺栓的长度(单位：cm)服从参数为 $\mu=10.05$,$\sigma=0.06$ 的正态分布.若规定长度在范围 10.05 ± 0.12 内为合格品,求螺栓的次品率.

30. 某地抽样调查结果表明,考生的外语成绩(百分制)近似服从正态分布 $N(72,\sigma^2)$.若 96 分以上占考生总数的 2.3%,试求考生的外语成绩在 60～84 分之间的概率.

31. 设随机变量 $X\sim N(0,1)$,求以下随机变量 Y 的概率密度：

(1) $Y=\mathrm{e}^X$；　　(2) $Y=|X|$.

32. 设随机变量 $X\sim U[-1,3]$,求以下随机变量 Y 的概率密度：

(1) $Y=1-2X$；　　(2) $Y=X^2$.

33. 设对圆片直径进行测量,测量值 X 服从[5,6]上的均匀分布,求圆片面积 Y 的概率密度.

第二部分　提高题

1. 将一颗骰子抛两次,设 X 为两次中的最大点数,求：

(1) X 的分布列；　　　　(2) X 的分布函数.

2. 设随机变量 X 的概率密度为

$$f(x)=\begin{cases}ax+b, & 0<x<1,\\ 0, & \text{其他},\end{cases}$$

又已知 $P\left(X<\frac{1}{3}\right)=P\left(X>\frac{1}{3}\right)$，试求常数 a 和 b.

3. 设随机变量 X 的概率密度为 $f(x)=Ce^{-|x|}(-\infty<x<+\infty)$，求：

(1) 常数 C；　(2) $P(0<X<1)$；　(3) X 的分布函数.

4. 已知在电源电压不超过 200 V，在 200～240 V 之间和超过 240 V 的三种情况下，某种电子元件损坏的概率分别为 0.1，0.001 和 0.2. 假设电源电压 $X\sim N(220,25^2)$，试求：

(1) 该电子元件损坏的概率；

(2) 该电子元件损坏时，电源电压在 200～240 V 之间的概率.

5. 已知测量误差 X(单位：m)服从正态分布 $N(7.5,10^2)$，必须测量多少次才能使至少有一次误差的绝对值不超过 10 m 的概率大于 0.9?

6. 设 X 的概率密度为 $f(x)=\begin{cases}\frac{3}{8}x^2, & 0<x<2,\\ 0, & \text{其他},\end{cases}$ 求 $Y=(X-1)^2$ 的概率密度.

7. 设某动物产出蛋的数量 X 服从参数为 λ 的泊松分布. 若每一个蛋能孵化成小动物的概率为 p，且各个蛋能否孵化成小动物是彼此独立的，求该动物后代个数 Y 的分布.

8. 设随机变量 X 的分布函数 $F(x)$ 是严格单调的连续函数，证明：$Y=F(X)$ 服从区间 $[0,1]$ 上的均匀分布.

第三章 多维随机变量及其分布

前一章我们讨论了随机变量及其分布问题.但在客观世界中有许多随机现象是由相互联系、相互制约的诸多因素共同作用的结果,要研究这些随机现象,单凭一个随机变量是不够的.例如,考察某地区学龄前儿童的发育状况时,要考察他们的身高和体重,这涉及两个随机变量:身高 X 和体重 Y;飞机在空中飞行时的位置,是三维空间中的点,需用三个随机变量 X,Y,Z 来确定;考察某产品质量,要分析多个因素;研究某种疾病,也要考察多个指标,这里每个因素或指标都可定义为一个随机变量;等等.对这类随机试验的考察,应同时研究所涉及的多个随机变量,即把多个随机变量看做一个整体加以研究.

设 $X_1,X_2,\cdots,X_n$ 为某一随机试验涉及的 n 个随机变量,称$(X_1,X_2,\cdots,X_n)$为 n **维随机向量**或 n **维随机变量**.

本章主要介绍二维随机变量,它包括:二维随机变量的联合分布、边缘分布、条件分布以及随机变量的独立性等.对于三维或更多维随机变量的讨论可由二维适当地推广得到.

§3.1 二维随机变量及其分布

一、二维随机变量

定义 3.1.1 设 E 是随机试验,Ω 是其样本空间.$X(\omega)$和$Y(\omega)$是定义在样本空间 Ω 上的两个随机变量,由它们构成的向量(X,Y)称为**二维随机向量**或**二维随机变量**.

通俗地说,对应于随机试验的每一结果,二维随机变量(X,Y)就取得平面点集上的一个点(x,y).随着试验结果不同,二维随机变量(X,Y)在平面点集上随机取点.为了全面地描述二维随机变量取值的规律,我们定义二维随机变量的分布函数.

二、联合分布函数

定义 3.1.2 设(X,Y)是二维随机变量,对于任意实数 x,y,称二元函数

$$F(x,y)=P(X\leqslant x,Y\leqslant y)\quad(-\infty<x,y<+\infty)\tag{3.1.1}$$

为二维随机变量(X,Y)的**联合分布函数**,简称**分布函数**.

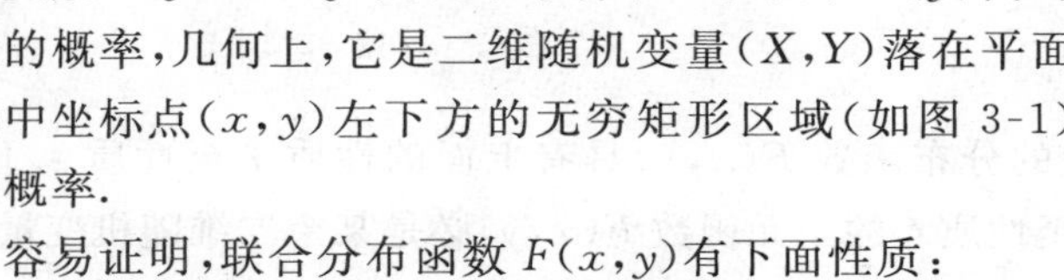

二维随机变量(X,Y)的分布函数是一个定义在平面点集上的一个二元实函数,它也具有明确的概率意义:对任意实数 x,y,$F(x,y)$是两个事件$\{X\leqslant x\}$,$\{Y\leqslant y\}$同时发生的概率,几何上,它是二维随机变量(X,Y)落在平面点集中坐标点(x,y)左下方的无穷矩形区域(如图 3-1)内的概率.

图 3-1

容易证明,联合分布函数 $F(x,y)$有下面性质:

性质 1 $F(x,y)$分别是变量 x 和 y 的单调不减函数,即对任意固定的 y,当 $x_1<x_2$ 时,有

$$F(x_1,y)\leqslant F(x_2,y);$$

对任意固定的 x,当 $y_1<y_2$ 时,有

$$F(x,y_1)\leqslant F(x,y_2).$$

性质 2 $F(x,y)$非负有界,即 $0\leqslant F(x,y)\leqslant 1$;同时对任意固定的 x,

$$F(x,-\infty)=\lim_{y\to-\infty}F(x,y)=0;$$

对任意固定的 y,

$$F(-\infty,y)=\lim_{x\to-\infty}F(x,y)=0;$$

并且

$$F(+\infty,+\infty)=\lim_{\substack{x\to+\infty\\y\to+\infty}}F(x,y)=1,\quad F(-\infty,-\infty)=\lim_{\substack{x\to-\infty\\y\to-\infty}}F(x,y)=0.$$

从几何意义上,在图 3-1 中,将无穷矩形区域(阴影部分)的上边界向下无限移动,即 $y\to-\infty$,则随机点(X,Y)落在这个矩形内的概率趋于零,即 $F(x,-\infty)=0$;将无穷矩形区域的上边界和右边界分别向上、向右无限移动,即 $y\to+\infty$,$x\to+\infty$,这个区域趋于全平面,则随机点(X,Y)落在其中的概率趋于 1,即 $F(+\infty,+\infty)=1$.

性质 3 $F(x,y)$分别是变量 x 和 y 的右连续函数,即

$$F(x+0,y)=F(x,y),\quad F(x,y+0)=F(x,y).$$

性质 4 对任意(x_1,y_1),(x_2,y_2),设 $x_1<x_2$,$y_1<y_2$,则(X,Y)落在图 3-2 中矩形区域$(x_1,x_2;y_1,y_2]$的概率非负,即

$$\begin{aligned}&P(x_1<X\leqslant x_2,y_1<Y\leqslant y_2)\\&=F(x_2,y_2)-F(x_1,y_2)-F(x_2,y_1)+F(x_1,y_1)\geqslant 0.\end{aligned}\tag{3.1.2}$$

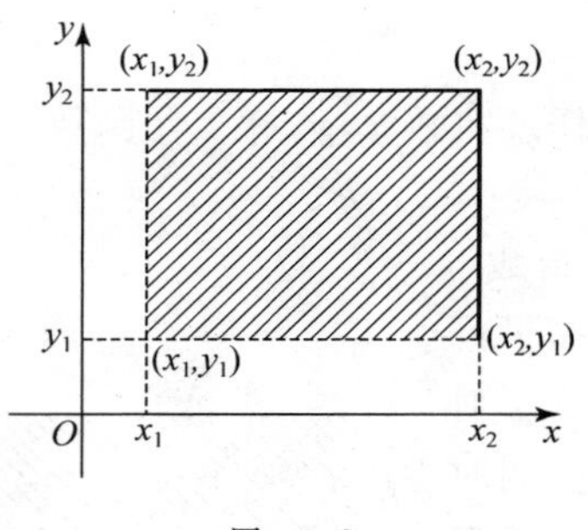

图 3-2

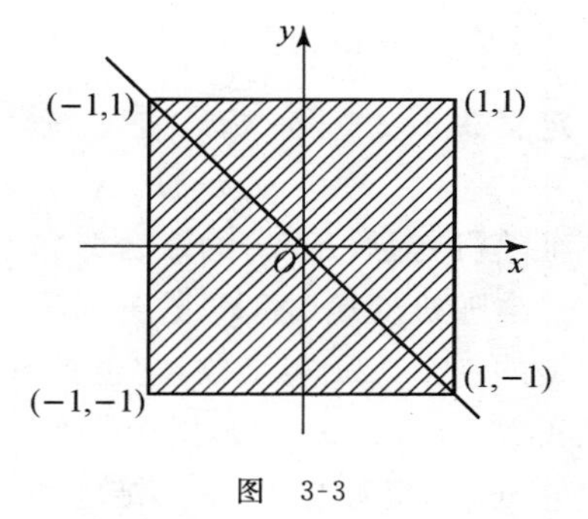

图 3-3

综上所述,二维随机变量的分布函数 $F(x,y)$ 具有上面的性质 1 至性质 4. 反之,可以证明具有上面的性质 1 至性质 4 的二元函数 $F(x,y)$ 必是某个二维随机变量的分布函数. 值得注意的是,只具有性质 1 至性质 3 的二元函数不一定是分布函数. 例如,二元函数

$$F(x,y)=\begin{cases}1, & x+y\geqslant 0, x\geqslant -1, y\geqslant -1,\\ 0, & \text{其他}\end{cases} \tag{3.1.3}$$

具有性质 1 至性质 3,但 (X,Y) 落在矩形区域 $[-1,1;-1,1]$(如图 3-3)的概率为

$$\begin{aligned}&P(-1<X\leqslant 1,-1<Y\leqslant 1)\\ &=F(1,1)-F(-1,1)-F(1,-1)+F(-1,-1)\\ &=1-1-1+0=-1.\end{aligned}$$

上式与概率是非负数这一性质矛盾,所以(3.1.3)式定义的函数 $F(x,y)$ 不是二元随机变量的分布函数.

下面对二维随机变量的离散型和连续型两种类型分别讨论.

三、二维离散型随机变量

定义 3.1.3 设二维随机变量 (X,Y) 的所有可能取值为 (x_i,y_i) $(i,j=1,2,\cdots)$,且 (X,Y) 取各个可能值的概率为

$$P(X=x_i,Y=y_j)=p_{ij},\quad i,j=1,2,\cdots, \tag{3.1.4}$$

则称 (X,Y) 为**二维离散型随机变量**,其中(3.1.4)式称为二维离散型随机变量 (X,Y) 的**联合分布律**或**联合分布列**,简称**分布律**或**分布列**.

直观地,(X,Y) 的联合分布律常用表 3.1.1 表示.

表 3.1.1

X \ Y	y_1	y_2	$\cdots$	y_j	$\cdots$
x_1	p_{11}	p_{12}	$\cdots$	p_{1j}	$\cdots$
x_2	p_{21}	p_{22}	$\cdots$	p_{2j}	$\cdots$
$\vdots$	$\vdots$	$\vdots$	$\cdots$	$\vdots$	$\cdots$
x_i	p_{i1}	p_{i2}	$\cdots$	p_{ij}	$\cdots$
$\vdots$	$\vdots$	$\vdots$	$\cdots$	$\vdots$	$\cdots$

离散型随机变量(X,Y)的联合分布律具有如下性质：

性质 1 $p_{ij}\geqslant 0,\ i,j=1,2,\cdots.$ (3.1.5)

性质 2 $\sum\limits_{i}\sum\limits_{j}p_{ij}=1.$ (3.1.6)

二维离散型随机变量(X,Y)的分布函数为

$$F(x,y)=P(X\leqslant x,Y\leqslant y)=\sum_{x_i\leqslant x}\sum_{y_j\leqslant y}p_{ij},\tag{3.1.7}$$

上式对一切满足$x_i\leqslant x,y_j\leqslant y$的$i,j$求和.

例 3.1.1 设袋中有 5 个同类产品,其中有 2 个是次品.每次从袋中任意抽取 1 个,抽取两次,定义随机变量X,Y如下:

$$X=\begin{cases}1, & \text{第一次抽取的产品是正品},\\ 0, & \text{第一次抽取的产品是次品};\end{cases}$$

$$Y=\begin{cases}1, & \text{第二次抽取的产品是正品},\\ 0, & \text{第二次抽取的产品是次品}.\end{cases}$$

对下面两种抽取方式求(X,Y)的概率分布:

(1) 有放回抽取; (2) 无放回抽取.

解 (X,Y)所有可能取值为$(0,0),(0,1),(1,0),(1,1)$.

(1) 有放回抽取时,事件$\{X=i\}$和事件$\{Y=j\}$相互独立,则

$$P(X=i,Y=j)=P(X=i)P(Y=j),\quad i,j=0,1.$$

因此

$$P(X=0,Y=0)=\frac{2}{5}\times\frac{2}{5}=\frac{4}{25},$$

$$P(X=0,Y=1)=\frac{2}{5}\times\frac{3}{5}=\frac{6}{25},$$

$$P(X=1,Y=0)=\frac{3}{5}\times\frac{2}{5}=\frac{6}{25},$$

$$P(X=1,Y=1)=\frac{3}{5}\times\frac{3}{5}=\frac{9}{25}.$$

(2) 无放回抽取时,事件$\{X=i\}$和事件$\{Y=j\}$不独立,由乘法公式有

$$P(X=i,Y=j)=P(X=i)P(Y=j\mid X=i),\quad i,j=0,1.$$

因此

$$P(X=0,Y=0)=\frac{2}{5}\times\frac{1}{4}=\frac{1}{10},$$

$$P(X=0,Y=1)=\frac{2}{5}\times\frac{3}{4}=\frac{3}{10},$$

$$P(X=1,Y=0)=\frac{3}{5}\times\frac{2}{4}=\frac{3}{10},$$

$$P(X=1,Y=1)=\frac{3}{5}\times\frac{2}{4}=\frac{3}{10}.$$

在(1),(2)两种抽取方式下,(X,Y)的联合分布律也可用表 3.1.2 和表 3.1.3 表示.

表 3.1.2

X \ Y	0	1
0	4/25	6/25
1	6/25	9/25

表 3.1.3

X \ Y	0	1
0	1/10	3/10
1	3/10	3/10

例 3.1.2 设盒子中装有 7 个大小形状相同的球,其中 3 个红球,2 个白球,2 个黑球.现从中任取 4 个,以 X,Y 分别表示其中红球、白球的个数,求(X,Y)的联合分布列及概率 $P(X=Y)$.

解 随机变量 X 的可能取值为 0,1,2,3,随机变量 Y 的可能取值为 0,1,2.由于黑球的总数只有 2 个,所以取出的 4 个球中红球与白球数之和一定小于或等于 4 且不小于 2,即有

$$P(X=i,Y=j)=\frac{C_3^i C_2^j C_2^{4-i-j}}{C_7^4}\quad(i=0,1,2,3;\ j=0,1,2;\ 2\leqslant i+j\leqslant 4).$$

由上式可具体算出(X,Y)的联合分布列如表 3.1.4 所示.因此

$$P(X=Y)=P(X=1,Y=1)+P(X=2,Y=2)=\frac{6}{35}+\frac{3}{35}=\frac{9}{35}.$$

表 3.1.4

X \ Y	0	1	2
0	0	0	1/35
1	0	6/35	6/35
2	3/35	12/35	3/35
3	2/35	2/35	0

四、二维连续型随机变量

定义 3.1.4 设二维随机变量(X,Y)的分布函数为$F(x,y)$. 如果存在非负函数$f(x,y)$,使得对任意的实数x,y,都有

$$F(x,y)=\int_{-\infty}^{x}\int_{-\infty}^{y}f(u,v)\mathrm{d}v\mathrm{d}u, \tag{3.1.8}$$

则称(X,Y)为**二维连续型随机变量**,其中$f(x,y)$称为(X,Y)的**联合概率密度函数**,简称**联合概率密度**或**联合分布密度**.

联合概率密度函数$f(x,y)$具有下列性质:

性质 1 $f(x,y)\geqslant 0.$ (3.1.9)

性质 2 $\int_{-\infty}^{+\infty}\int_{-\infty}^{+\infty}f(u,v)\mathrm{d}v\mathrm{d}u=F(+\infty,+\infty)=1.$ (3.1.10)

性质 3 对任意(x_1,y_1),(x_2,y_2),若$x_1<x_2$,$y_1<y_2$,则(X,Y)落在矩形区域$(x_1,x_2;y_1,y_2]$内的概率为

$$P(x_1<X\leqslant x_2,y_1<Y\leqslant y_2)=\int_{x_1}^{x_2}\int_{y_1}^{y_2}f(u,v)\mathrm{d}v\mathrm{d}u. \tag{3.1.11}$$

更一般地,设G为一平面区域,则(X,Y)落在G内的概率为

$$P((X,Y)\in G)=\iint\limits_{G}f(x,y)\mathrm{d}x\mathrm{d}y. \tag{3.1.12}$$

性质 4 若$f(x,y)$在点(x,y)处连续,则

$$\frac{\partial^2F(x,y)}{\partial x\partial y}=f(x,y). \tag{3.1.13}$$

由定义可直接推出性质1,性质2和性质4,由(3.1.2)式可推出(3.1.11)式. 特别地(X,Y)落在小矩形区域$(x,x+\Delta x;y,y+\Delta y]$内的概率为

$$P(x<X\leqslant x+\Delta x,y<Y\leqslant y+\Delta y)=\int_{x}^{x+\Delta x}\int_{y}^{y+\Delta y}f(u,v)\mathrm{d}v\mathrm{d}u,$$

则

$$f(x,y)=\lim_{\substack{\Delta x\to 0\\ \Delta y\to 0}}\frac{P(x<X\leqslant x+\Delta x,y<Y\leqslant y+\Delta y)}{\Delta x\Delta y}.$$

因此

$$P(x<X\leqslant x+\Delta x,y<Y\leqslant y+\Delta y)\approx f(x,y)\Delta x\Delta y. \tag{3.1.14}$$

上式说明,(X,Y)落在小矩形区域$(x,x+\Delta x;y,y+\Delta y]$内的概率近似地等于$f(x,y)\Delta x\Delta y$. 与一维情况类似,联合概率密度$f(x,y)$并不是二维随机变量$(X,Y)$取值$(x,y)$的概率,而是反映了$(X,Y)$集中在该点$(x,y)$附近的密集程度.

根据(3.1.14)式,我们也可推出(X,Y)落在平面上任意区域G内的概率为联合概率密度函数$f(x,y)$在区域G上的二重积分,即(3.1.12)式成立.

在几何意义上,二维连续型随机变量的联合概率密度 $z=f(x,y)$ 可表示为空间上的一个曲面,性质 2 表示界于它和平面 $z=0$ 之间的空间区域的体积等于 1.(3.1.12)式表示 (X,Y) 落在平面上任意区域 G 内的概率等于以 G 为底,以曲面 $z=f(x,y)$ 为顶的曲顶柱的体积.

例 3.1.3　设二维随机变量 (X,Y) 的联合概率密度为

$$f(x,y)=\begin{cases}Ce^{-(3x+2y)}, & x>0,y>0,\\ 0, & \text{其他},\end{cases}$$

求:(1) C 的值;　(2) (X,Y) 的联合分布函数;　(3) $P(Y<X)$.

解　(1) 由于 $f(x,y)$ 是二维随机变量的联合概率密度,则

$$\int_{-\infty}^{+\infty}\int_{-\infty}^{+\infty}f(x,y)\mathrm{d}y\mathrm{d}y=\int_{0}^{+\infty}\int_{0}^{+\infty}Ce^{-(3x+2y)}\mathrm{d}y\mathrm{d}y=1,$$

即

$$C\left[-\frac{1}{3}e^{-3x}\right]\Big|_{0}^{+\infty}\left[-\frac{1}{2}e^{-2y}\right]\Big|_{0}^{+\infty}=1,\quad \text{得}\quad C=6.$$

(2) 根据定义,$F(x,y)=\int_{-\infty}^{x}\int_{-\infty}^{y}f(u,v)\mathrm{d}v\mathrm{d}u$.

当 $x\leqslant 0$ 或 $y\leqslant 0$ 时,$F(x,y)=0$;

当 $x>0,y>0$ 时,

$$\begin{aligned}F(x,y)&=\int_{0}^{x}\int_{0}^{y}6e^{-(3u+2v)}\mathrm{d}v\mathrm{d}u=\int_{0}^{x}3e^{-3u}\mathrm{d}u\int_{0}^{y}2e^{-2v}\mathrm{d}v\\&=(1-e^{-3x})(1-e^{-2y}).\end{aligned}$$

因此 (X,Y) 的联合分布函数为

$$F(x,y)=\begin{cases}(1-e^{-3x})(1-e^{-2y}), & x>0,y>0,\\ 0, & \text{其他}.\end{cases}$$

(3) 事件 $\{Y<X\}$ 等价于"(X,Y) 落在直线 $y=x$ 下方",因此

$$\begin{aligned}P(Y<X)&=\iint_{y<x}f(x,y)\mathrm{d}x\mathrm{d}y=\int_{0}^{+\infty}\mathrm{d}x\int_{0}^{x}6e^{-(3x+2y)}\mathrm{d}y=\int_{0}^{+\infty}[3e^{-3x}(1-e^{-2x})]\mathrm{d}x\\&=\int_{0}^{+\infty}3(e^{-3x}-e^{-5x})\mathrm{d}x=1-\frac{3}{5}=\frac{2}{5}.\end{aligned}$$

常见的二维连续型随机变量的分布有均匀分布和正态分布,下面我们将分别介绍.

定义 3.1.5　设 G 为平面上的有界区域. 若二维随机变量 (X,Y) 的联合概率密度为

$$f(x,y)=\begin{cases}1/S_G, & (x,y)\in G,\\ 0, & \text{其他},\end{cases}\tag{3.1.15}$$

其中 $S_G=\iint\limits_G \mathrm{d}x\mathrm{d}y$ 为区域 G 的面积，则称二维随机变量 (X,Y) **服从 G 上的均匀分布**.

若 (X,Y) 服从 G 上的均匀分布，对于任意区域 $D\subset G$，S_D 为区域 D 的面积，则二维随机变量 (X,Y) 落在区域 D 内的概率为

$$P((X,Y)\in D)=\iint\limits_D f(x,y)\mathrm{d}x\mathrm{d}y=\frac{1}{S_G}\iint\limits_D \mathrm{d}x\mathrm{d}y=\frac{S_D}{S_G}.$$

此概率与 D 的面积成正比，而与 D 在 G 内的位置和形状无关，这正是均匀分布的"均匀"含义. 在第一章中讨论过的几何概型，可用均匀分布来描述.

例 3.1.4 设 (X,Y) 服从区域 $G=\{(x,y)\mid 0<y<2x,0<x<2\}$ 上的均匀分布，求：

(1) (X,Y) 的联合概率密度； (2) $P(Y\geqslant X^2)$.

解 (1) 区域 G 的面积为

$$S_G=\iint\limits_G \mathrm{d}x\mathrm{d}y=\int_0^2\mathrm{d}x\int_0^{2x}\mathrm{d}y=\int_0^2 2x\mathrm{d}x=4,$$

则 (X,Y) 的联合概率密度为

$$f(x,y)=\begin{cases}1/4, & (x,y)\in G,\\ 0, & \text{其他}.\end{cases}$$

(2) 记 $D=\{(x,y)\mid y\geqslant x^2\}$，则 $P(Y\geqslant X^2)$ 是 (X,Y) 落在区域 D 上的概率：

$$P(Y\geqslant X^2)=\iint\limits_D f(x,y)\mathrm{d}x\mathrm{d}y.$$

由于 $f(x,y)$ 只在区域 G 上取非零值，交集区域 $D\cap G$ 为图 3-4 中阴影部分，则

$$\begin{aligned}P(Y\geqslant X^2)&=\iint\limits_{G\cap D}\frac{1}{4}\mathrm{d}x\mathrm{d}y=\frac{1}{4}\iint\limits_{G\cap D}\mathrm{d}x\mathrm{d}y\\&=\frac{1}{4}\int_0^2\mathrm{d}x\int_{x^2}^{2x}\mathrm{d}y\\&=\frac{1}{4}\int_0^2(2x-x^2)\mathrm{d}x\\&=\frac{1}{4}\left(4-\frac{8}{3}\right)=\frac{1}{3}.\end{aligned}$$

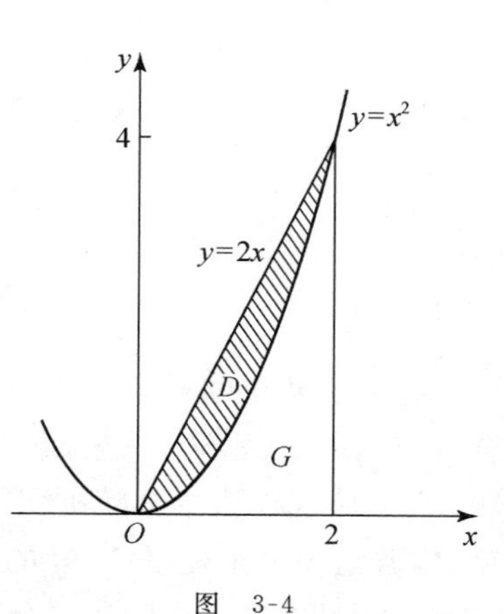

图 3-4

与一维情况类似，二维正态分布也是一种很常见的分布，例如某射手连续射击的击中点在靶平面上的位置 (X,Y) 就服从二维正态分布.

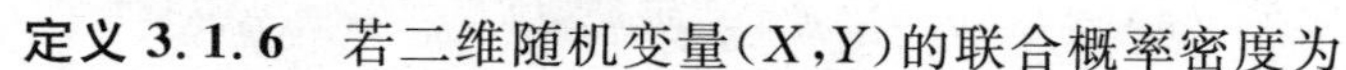

定义 3.1.6 若二维随机变量 (X,Y) 的联合概率密度为

$$f(x,y)=\frac{1}{2\pi\sigma_1\sigma_2\sqrt{1-\rho^2}}\exp\left\{-\frac{1}{2(1-\rho^2)}\left[\left(\frac{x-\mu_1}{\sigma_1}\right)^2-2\rho\left(\frac{x-\mu_1}{\sigma_1}\right)\left(\frac{y-\mu_2}{\sigma_2}\right)+\left(\frac{y-\mu_2}{\sigma_2}\right)^2\right]\right\}$$

$$(-\infty<x,y<+\infty), \tag{3.1.16}$$

其中 $\mu_1,\mu_2,\sigma_1^2,\sigma_2^2,\rho$ 均为常数，且 $\sigma_1>0,\sigma_2>0,|\rho|<1$，则称 (X,Y) 服从参数为 $\mu_1,\mu_2,\sigma_1^2,\sigma_2^2,\rho$ 的**正态分布**，记做 $(X,Y)\sim N(\mu_1,\mu_2,\sigma_1^2,\sigma_2^2,\rho)$.

设 $f(x,y)$ 是 $(X,Y)\sim N(\mu_1,\mu_2,\sigma_1^2,\sigma_2^2,\rho)$ 的联合概率密度. 由定义知 $f(x,y)\geqslant 0$，也可证明 $f(x,y)$ 满足(3.1.10)式. $f(x,y)$ 的图形如图 3-5 所示.

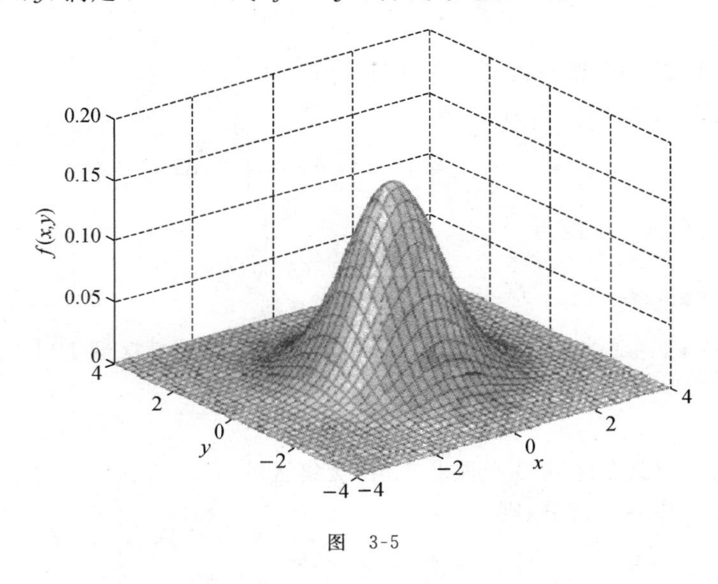

图 3-5

§ 3.2 边缘分布与独立性

在涉及两个随机变量 X,Y 的随机试验中，作为整体，二维随机变量 (X,Y) 具有联合分布函数 $F(x,y)$，它全面地给出了 (X,Y) 的分布规律. 但是还有另外一方面的问题，X,Y 分别作为单个随机变量，也应具有自己的分布规律，这能否由联合分布确定？反之，若已知单个变量 X,Y 的分布规律，又能否确定二维随机变量 (X,Y) 的联合分布？这就是本节要讲的边缘分布与独立性问题.

一、边缘分布

定义 3.2.1 设二维随机变量 (X,Y) 具有联合分布函数 $F(x,y)=P(X\leqslant x,Y\leqslant y)$，

则随机变量 X 的分布函数

$$F_X(x)=P(X\leqslant x)=P(X\leqslant x,Y<+\infty)=F(x,+\infty) \tag{3.2.1}$$

称为(X,Y)**关于 X 的边缘分布函数**,简称 X 的**边缘分布函数**.类似地,

$$F_Y(y)=P(Y\leqslant y)=P(X<+\infty,Y\leqslant y)=F(+\infty,y) \tag{3.2.2}$$

称为(X,Y)**关于 Y 的边缘分布函数**.

从几何意义上看,边缘分布函数 $F_X(x)$和 $F_Y(y)$分别表示(X,Y)落在如图 3-6 和图 3-7 中阴影部分的概率.

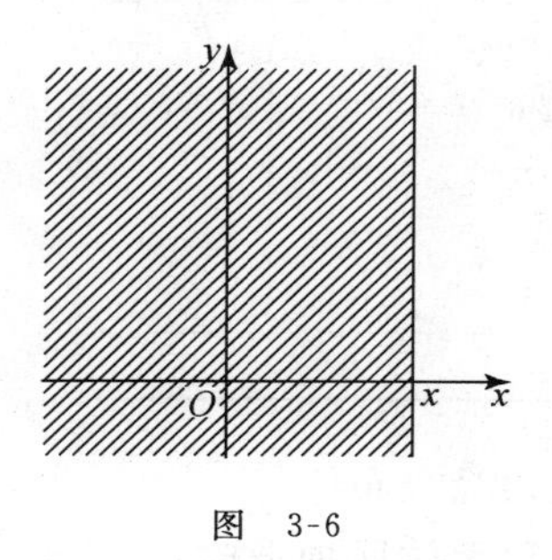

图 3-6

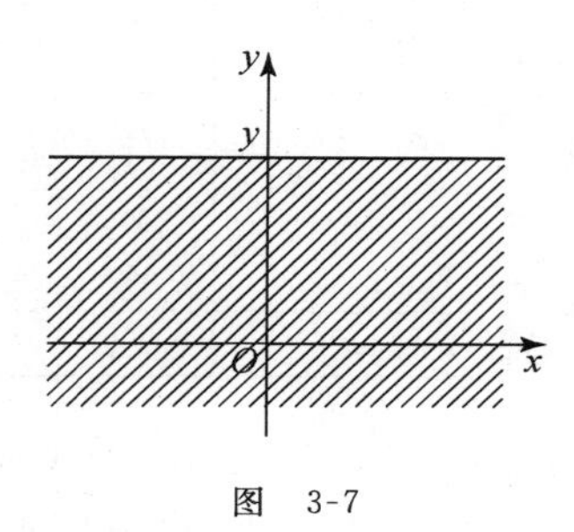

图 3-7

下面分别讨论二维离散型随机变量和连续型随机变量的边缘分布.

1. 离散型随机变量的边缘分布

若(X,Y)为二维离散型随机变量,其联合分布律为

$$P(X=x_i,Y=y_j)=p_{ij},\quad i,j=1,2,\cdots,$$

则(X,Y)关于 X 和 Y 的边缘分布函数分别为

$$F_X(x)=F(x,+\infty)=\sum_{x_i\leqslant x}\sum_j p_{ij},\quad F_Y(y)=F(+\infty,y)=\sum_{y_j\leqslant y}\sum_i p_{ij}.$$

X 的分布律为

$$\begin{aligned}P(X=x_i)&=P(X=x_i,Y<+\infty)=P\Big(X=x_i,\ \bigcup_j\{Y=y_j\}\Big)\\&=P\Big(\bigcup_j\{X=x_i,Y=y_j\}\Big)=\sum_j P(X=x_i,Y=y_j)\\&=\sum_j p_{ij},\quad i=1,2,\cdots.\end{aligned}$$

我们称上式为(X,Y)**关于 X 的边缘分布律**,简称 X 的**边缘分布律**,记做

$$P(X=x_i)=p_{i\cdot}=\sum_j p_{ij},\quad i=1,2,\cdots. \tag{3.2.3}$$

同理,(X,Y)**关于 Y 的边缘分布律**为

$$P(Y=y_j)=p_{\cdot j}=\sum_i p_{ij},\quad j=1,2,\cdots. \tag{3.2.4}$$

若(X,Y)的联合分布律用表 3.1.1 表示,则 $p_{i\cdot}$ 就是表格上第 i 行数据之和,$p_{\cdot j}$ 就是表格上第 j 列数据之和.因此在表格中最右边增加一列,最下边增加一行,分别记录 $p_{i\cdot}$,$p_{\cdot j}$,如表 3.2.1 所示.也正是因为它们在表格边缘,所以我们形象地称 X 和 Y 的分布分别是(X,Y)关于 X 和 Y 的边缘分布.

表　3.2.1

X \ Y	y_1	y_2	$\cdots$	y_j	$\cdots$	$p_{i\cdot}$
x_1	p_{11}	p_{12}	$\cdots$	p_{1j}	$\cdots$	$p_{1\cdot}$
x_2	p_{21}	p_{22}	$\cdots$	p_{2j}	$\cdots$	$p_{2\cdot}$
$\vdots$	$\vdots$	$\vdots$	$\cdots$	$\vdots$	$\cdots$	$\vdots$
x_i	p_{i1}	p_{i2}	$\cdots$	p_{ij}	$\cdots$	$p_{i\cdot}$
$\vdots$	$\vdots$	$\vdots$	$\cdots$	$\vdots$	$\cdots$	$\vdots$
$p_{\cdot j}$	$p_{\cdot 1}$	$p_{\cdot 2}$	$\cdots$	$p_{\cdot j}$	$\cdots$	1

例 3.2.1　求例 3.1.1 中(X,Y)关于 X 和 Y 的边缘分布律.

解　在例 3.1.1 中,已分别求出在有放回抽取和无放回抽取时(X,Y)的联合分布律.按(3.2.3)式和(3.2.4)式,把例 3.1.1 中的表 3.1.2 和表 3.1.3 分别扩展为表 3.2.2(有放回抽取时)和表 3.2.3(无放回抽取时).

表　3.2.2

X \ Y	0	1	$p_{i\cdot}$
0	4/25	6/25	2/5
1	6/25	9/25	3/5
$p_{\cdot j}$	2/5	3/5	1

表　3.2.3

X \ Y	0	1	$p_{i\cdot}$
0	1/10	3/10	2/5
1	3/10	3/10	3/5
$p_{\cdot j}$	2/5	3/5	1

表　3.2.4

X	0	1
$p_{i\cdot}$	2/5	3/5

表　3.2.5

Y	0	1
$p_{\cdot j}$	2/5	3/5

从表 3.2.2 和表 3.2.3 看到,两种情形下 X 和 Y 的边缘分布律相同,即 X 和 Y 的边缘分布律分别如表 3.2.4 和表 3.2.5.但两种情形下(X,Y)的联合分布律不同,由此可见边缘分布不能确定(X,Y)的联合分布律.

2. 二维连续型随机变量的边缘分布

若(X,Y)为二维连续型随机变量,其联合分布函数和联合概率密度分别为 $F(x,y)$,$f(x,y)$,则 X 的边缘分布函数可表示为

$$F_X(x) = F(x, +\infty) = \int_{-\infty}^{x}\int_{-\infty}^{+\infty} f(u,v)\mathrm{d}v\mathrm{d}u.$$

由分布函数和概率密度函数之间的关系可得 X 的概率密度函数为

$$f_X(x) = \frac{\mathrm{d}F_X(x)}{\mathrm{d}x} = \int_{-\infty}^{+\infty} f(x,y)\mathrm{d}y. \tag{3.2.5}$$

上式也称为(X,Y)**关于 X 的边缘概率密度函数**,简称 X 的**边缘概率密度**.

类似地,(X,Y)**关于 Y 的边缘概率密度函数**为

$$f_Y(y) = \frac{\mathrm{d}F_Y(y)}{\mathrm{d}y} = \int_{-\infty}^{+\infty} f(x,y)\mathrm{d}x. \tag{3.2.6}$$

例 3.2.2 求例 3.1.3 中(X,Y)关于 X 和 Y 的边缘概率密度.

解 在例 3.1.3 中已求出(X,Y)的联合概率密度为

$$f(x,y) = \begin{cases} 6\mathrm{e}^{-(3x+2y)}, & x > 0, y > 0, \\ 0, & \text{其他}. \end{cases}$$

关于 X 的边缘概率密度为

$$f_X(x) = \int_{-\infty}^{+\infty} f(x,y)\mathrm{d}y.$$

当 $x \leqslant 0$ 时,$f(x,y)=0$,则 $f_X(x)=0$;

当 $x>0$ 时,$f_X(x) = \int_0^{+\infty} 6\mathrm{e}^{-(3x+2y)}\mathrm{d}y = 3\mathrm{e}^{-3x}\left[-\mathrm{e}^{-2y}\right]\Big|_0^{+\infty} = 3\mathrm{e}^{-3x}$.

因此关于 X 的边缘概率密度为

$$f_X(x) = \begin{cases} 3\mathrm{e}^{-3x}, & x > 0, \\ 0, & \text{其他}. \end{cases}$$

同理,关于 Y 的边缘概率密度为

$$\begin{aligned} f_Y(y) &= \int_{-\infty}^{+\infty} f(x,y)\mathrm{d}x \\ &= \begin{cases} \int_0^{+\infty} 6\mathrm{e}^{-(3x+2y)}\mathrm{d}x = 2\mathrm{e}^{-2y}\left[-\mathrm{e}^{-3x}\right]\Big|_0^{+\infty}, & y > 0, \\ 0, & \text{其他} \end{cases} \\ &= \begin{cases} 2\mathrm{e}^{-2y}, & y > 0, \\ 0, & \text{其他}. \end{cases} \end{aligned}$$

例 3.2.3 设二维连续型随机变量(X,Y)服从区域 $G=\{(x,y)\mid 0<y<x<1\}$上的均匀分布,求边缘概率密度函数 $f_X(x)$,$f_Y(y)$.

解 区域 G 即图 3-8 中的阴影区域,其面积 $S_G=1/2$,则(X,Y)的联合概率密度为

$$f(x,y) = \begin{cases} 2, & (x,y)\in G, \\ 0, & \text{其他}. \end{cases}$$

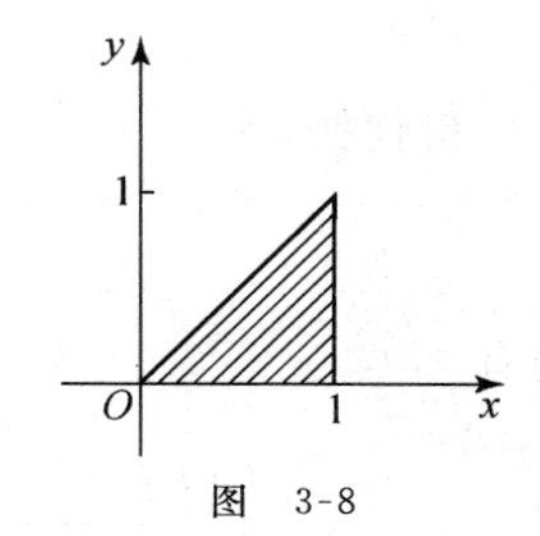

图 3-8

因此(X,Y)关于X,Y的边缘概率密度函数$f_X(x)$，$f_Y(y)$分别为

$$f_X(x)=\int_{-\infty}^{+\infty}f(x,y)\mathrm{d}y=\begin{cases}\int_0^x 2\mathrm{d}y, & 0<x<1,\\ 0, & \text{其他}\end{cases}$$

$$=\begin{cases}2x, & 0<x<1,\\ 0, & \text{其他},\end{cases}$$

$$f_Y(y)=\int_{-\infty}^{+\infty}f(x,y)\mathrm{d}x=\begin{cases}\int_y^1 2\mathrm{d}x, & 0<y<1,\\ 0, & \text{其他}\end{cases}$$

$$=\begin{cases}2(1-y), & 0<y<1,\\ 0, & \text{其他}.\end{cases}$$

在上例中，(X,Y)服从二维均匀分布，而单个变量X和Y并不服从一维的均匀分布.但若区域G是矩形区域$G=\{(x,y)\mid a<x<b,c<y<d\}$，易求得$X\sim U(a,b)$，$Y\sim U(c,d)$，即单个变量$X$和$Y$依然服从均匀分布.

例 3.2.4 设二维随机变量$(X,Y)\sim N(\mu_1,\mu_2,\sigma_1^2,\sigma_2^2,\rho)$，即$(X,Y)$的联合概率密度为

$$f(x,y)=\frac{1}{2\pi\sigma_1\sigma_2\sqrt{1-\rho^2}}\exp\left\{-\frac{1}{2(1-\rho^2)}\left[\left(\frac{x-\mu_1}{\sigma_1}\right)^2-2\rho\left(\frac{x-\mu_1}{\sigma_1}\right)\left(\frac{y-\mu_2}{\sigma_2}\right)+\left(\frac{y-\mu_2}{\sigma_2}\right)^2\right]\right\}$$

$$(-\infty<x,\ y<+\infty),$$

求其边缘概率密度.

解 由(X,Y)关于X的边缘概率密度公式有

$$f_X(x)=\int_{-\infty}^{+\infty}f(x,y)\mathrm{d}y$$

$$=\frac{1}{2\pi\sigma_1\sigma_2\sqrt{1-\rho^2}}\int_{-\infty}^{+\infty}\exp\left\{-\frac{1}{2(1-\rho^2)}\left[\left(\frac{x-\mu_1}{\sigma_1}\right)^2-2\rho\left(\frac{x-\mu_1}{\sigma_1}\right)\left(\frac{y-\mu_2}{\sigma_2}\right)+\left(\frac{y-\mu_2}{\sigma_2}\right)^2\right]\right\}\mathrm{d}y.$$

作变量代换，令

$$\frac{x-\mu_1}{\sigma_1}=u,\quad \frac{y-\mu_2}{\sigma_2}=v,$$

则有

$$f_X(x)=\frac{1}{2\pi\sigma_1\sqrt{1-\rho^2}}\int_{-\infty}^{+\infty}\exp\left\{-\frac{1}{2(1-\rho^2)}(u^2-2\rho uv+v^2)\right\}\mathrm{d}v$$

$$=\frac{1}{2\pi\sigma_1\sqrt{1-\rho^2}}\int_{-\infty}^{+\infty}\exp\left\{-\frac{1}{2(1-\rho^2)}[(v-\rho u)^2+(1-\rho^2)u^2]\right\}dv$$

$$=\frac{e^{-u^2/2}}{2\pi\sigma_1\sqrt{1-\rho^2}}\int_{-\infty}^{+\infty}\exp\left\{-\frac{(v-\rho u)^2}{2(1-\rho^2)}\right\}dv$$

$$=\frac{e^{-u^2/2}}{2\pi\sigma_1}\int_{-\infty}^{+\infty}\exp\left\{-\frac{t^2}{2}\right\}dt\quad\left(令\ t=\frac{v-\rho u}{\sqrt{1-\rho^2}}\right).$$

利用$\int_{-\infty}^{+\infty}\frac{1}{\sqrt{2\pi}}e^{-t^2/2}dt=1$,得

$$f_X(x)=\frac{1}{\sqrt{2\pi}\sigma_1}e^{-\frac{(x-\mu_1)^2}{2\sigma_1^2}},\quad -\infty<x<+\infty,$$

即 $X\sim N(\mu_1,\sigma_1^2)$.

同理可得

$$f_Y(y)=\frac{1}{\sqrt{2\pi}\sigma_2}e^{-\frac{(y-\mu_2)^2}{2\sigma_2^2}},\quad -\infty<y<+\infty,$$

即 $Y\sim N(\mu_2,\sigma_2^2)$.

这个例子说明了二维正态分布的一个重要性质:二维正态分布的边缘分布仍是一维正态分布.由于这两个边缘分布都不依赖于参数 ρ,则再一次说明仅有关于 X 和 Y 的边缘分布,不能确定二维随机变量的联合分布.

在第一章我们定义了事件相互独立的概念,由此我们来定义随机变量相互独立的概念.

二、随机变量的独立性

定义 3.2.2 设二维随机变量(X,Y)的联合分布函数为 $F(x,y)$,关于 X,Y 的边缘分布函数分别为 $F_X(x)$、$F_Y(y)$.若对于任意实数 x,y,事件$\{X\leqslant x\}$和$\{Y\leqslant y\}$相互独立,即

$$P(X\leqslant x,Y\leqslant y)=P(X\leqslant x)P(Y\leqslant y),\tag{3.2.7}$$

亦即

$$F(x,y)=F_X(x)F_Y(y),\tag{3.2.8}$$

则称随机变量 X 与 Y **相互独立**.

例 3.2.5 设二维随机变量(X,Y)的联合分布函数为

$$F(x,y)=\begin{cases}\dfrac{2(1-e^{-x})\arctan y}{\pi}, & x>0,y>0,\\ 0, & 其他,\end{cases}$$

判断 X 与 Y 是否相互独立.

解 由(3.2.1)式和(3.2.2)式可得关于 X,Y 的边缘分布函数分别为

$$F_X(x)=F(x,+\infty)=\begin{cases}1-\mathrm{e}^{-x}, & x>0,\\ 0, & \text{其他},\end{cases}$$

$$F_Y(y)=F(+\infty,y)=\begin{cases}\dfrac{2\arctan y}{\pi}, & y>0,\\ 0, & \text{其他}.\end{cases}$$

易见,对于任意实数 x,y,有 $F(x,y)=F_X(x)F_Y(y)$,因此 X 与 Y 相互独立.

具体地对离散型和连续型随机变量,我们也可以分别用概率分布和概率密度来描述独立性.

若(X,Y)为二维离散型随机变量,联合分布如表 3.1.1 所示,则 X 与 Y 相互独立的充分必要条件是:

$$P(X=x_i,Y=y_j)=P(X=x_i)P(Y=y_j),\quad i,j=1,2,\cdots,\tag{3.2.9}$$

即在表 3.2.1 中

$$p_{ij}=p_{i\cdot}p_{\cdot j},\quad i,j=1,2,\cdots.\tag{3.2.10}$$

在例 3.2.1 中,在有放回抽取的情形之下,可验证表 3.2.2 中每个联合概率都等于相应边缘概率相乘,即(3.2.10)式成立,因此 X 与 Y 相互独立.

而在无放回抽取情形下,$P(X=0)=\dfrac{2}{5}$,$P(Y=0)=\dfrac{2}{5}$,$P(X=0,Y=0)=\dfrac{1}{10}$,$P(X=0,Y=0)\neq P(X=0)P(Y=0)$,则(3.2.9)式不成立,因此 X 与 Y 不相互独立.

若(X,Y)为二维连续型随机变量,其联合概率密度为 $f(x,y)$,边缘概率密度为 $f_X(x)$,$f_Y(y)$,X 与 Y 相互独立的充分必要条件是:若 $f(x,y)$在点(x,y)处连续,则

$$f(x,y)=f_X(x)f_Y(y).\tag{3.2.11}$$

在例 3.2.2 中,易见对任意点(x,y),联合概率密度均为两个边缘概率密度的乘积,因此 X 与 Y 相互独立.

直观地说,若 X 与 Y 相互独立,则意味着 X 取什么值与 Y 无关,或 Y 取什么值与 X 无关. 另外,若 X 与 Y 相互独立,且关于 X 和 Y 的边缘分布已知,则由 X 和 Y 的分布相乘就能唯一确定(X,Y)的联合分布. 所以独立性是概率论与数理统计中最重要的概念之一.

例 3.2.6 已知袋中有 5 个大小形状相同的球,其中 4 个白球,1 个红球. 现甲、乙两人轮流随机取球(不放回),直到某人取出红球为止. 设甲先取球,X,Y 分别为结束取球时甲、乙取球的次数,求(X,Y)的联合分布列,并判断 X 与 Y 的独立性.

解 由题意,(X,Y)的所有可能取值为$(1,0)$,$(1,1)$,$(2,1)$,$(2,2)$,$(3,2)$,且相应

的概率为

$$P(X=1,Y=0)=\frac{1}{5},$$

$$P(X=1,Y=1)=\frac{4}{5}\times\frac{1}{4}=\frac{1}{5},$$

$$P(X=2,Y=1)=\frac{4}{5}\times\frac{3}{4}\times\frac{1}{3}=\frac{1}{5},$$

$$P(X=2,Y=2)=\frac{4}{5}\times\frac{3}{4}\times\frac{2}{3}\times\frac{1}{2}=\frac{1}{5},$$

$$P(X=3,Y=2)=\frac{4}{5}\times\frac{3}{4}\times\frac{2}{3}\times\frac{1}{2}\times 1=\frac{1}{5},$$

即(X,Y)的联合分布列如表 3.2.6 所示.

表 3.2.6

X \ Y	0	1	2
1	0.2	0.2	0
2	0	0.2	0.2
3	0	0	0.2

表 3.2.7

X \ Y	0	1	2	$p_{i\cdot}$
1	0.2	0.2	0	0.4
2	0	0.2	0.2	0.4
3	0	0	0.2	0.2
$p_{\cdot j}$	0.2	0.4	0.4	1.0

由(3.2.3)式和(3.2.4)式,可将表 3.2.6 扩展成表 3.2.7. 由表 3.2.7 可见

$$P(X=1,Y=0)\neq P(X=1)P(Y=0),$$

因此 X 与 Y 不相互独立.

例 3.2.7 设 X 与 Y 相互独立,表 3.2.8 中列出了(X,Y)的联合分布律和关于 X 与 Y 的边缘分布律中的部分数值,请将剩余的 8 个数值填入空白处.

表 3.2.8

X \ Y	y_1	y_2	y_3	$p_{i\cdot}$
x_1		1/8		
x_2	1/8			
$p_{\cdot j}$	1/6			1

解 因为 X 与 Y 相互独立,则 $p_{ij}=p_{i\cdot}p_{\cdot j}(i=1,2;j=1,2,3)$. 已知

$$p_{12}=1/8,\quad p_{21}=1/8,\quad p_{\cdot 1}=1/6.$$

由于 $p_{21}=p_{2\cdot}p_{\cdot 1}$,得 $p_{2\cdot}=\dfrac{p_{21}}{p_{\cdot 1}}=\dfrac{1/8}{1/6}=\dfrac{3}{4}$;

由于 $p_{1\cdot}+p_{2\cdot}=1$，得 $p_{1\cdot}=1-\frac{3}{4}=\frac{1}{4}$；

由于 $p_{12}=p_{1\cdot}p_{\cdot 2}$，得 $p_{\cdot 2}=\frac{p_{12}}{p_{1\cdot}}=\frac{1/8}{1/4}=\frac{1}{2}$；

由于 $p_{\cdot 1}+p_{\cdot 2}+p_{\cdot 3}=1$，得 $p_{\cdot 3}=1-p_{\cdot 1}-p_{\cdot 2}=1-\frac{1}{6}-\frac{1}{2}=\frac{1}{3}$.

上面关于 X 与 Y 的边缘分布都已求出，再由 X 与 Y 相互独立可求出

$$p_{11}=p_{1\cdot}p_{\cdot 1}=\frac{1}{4}\times\frac{1}{6}=\frac{1}{24},\quad p_{13}=p_{1\cdot}p_{\cdot 3}=\frac{1}{4}\times\frac{1}{3}=\frac{1}{12},$$

$$p_{22}=p_{2\cdot}p_{\cdot 2}=\frac{3}{4}\times\frac{1}{2}=\frac{3}{8},\quad p_{23}=p_{2\cdot}p_{\cdot 3}=\frac{3}{4}\times\frac{1}{3}=\frac{1}{4}.$$

于是(X,Y)的联合分布律如表 3.2.9 所示.

表 3.2.9

X \ Y	y_1	y_2	y_3	$p_{i\cdot}$
x_1	1/24	1/8	1/12	1/4
x_2	1/8	3/8	1/4	3/4
$p_{\cdot j}$	1/6	1/2	1/3	1

例 3.2.8 二维随机变量$(X,Y)\sim N(\mu_1,\mu_2,\sigma_1^2,\sigma_2^2,\rho)$，证明：$X$ 与 Y 相互独立的充分必要条件是参数 $\rho=0$.

证 在例 3.2.4 中我们已得到：若$(X,Y)\sim N(\mu_1,\mu_2,\sigma_1^2,\sigma_2^2,\rho)$，则 $X\sim N(\mu_1,\sigma_1^2)$，$Y\sim N(\mu_2,\sigma_2^2)$，即

$$f_X(x)=\frac{1}{\sqrt{2\pi}\sigma_1}e^{-\frac{(x-\mu_1)^2}{2\sigma_1^2}},\quad -\infty<x<+\infty;$$

$$f_Y(y)=\frac{1}{\sqrt{2\pi}\sigma_2}e^{-\frac{(y-\mu_2)^2}{2\sigma_2^2}},\quad -\infty<y<+\infty.$$

充分性 若 $\rho=0$，则二维随机变量(X,Y)的联合概率密度为

$$f(x,y)=\frac{1}{2\pi\sigma_1\sigma_2}\exp\left\{-\frac{1}{2}\left[\left(\frac{x-\mu_1}{\sigma_1}\right)^2+\left(\frac{y-\mu_2}{\sigma_2}\right)^2\right]\right\}$$

$$=\frac{1}{\sqrt{2\pi}\sigma_1}e^{-\frac{(x-\mu_1)^2}{2\sigma_1^2}}\cdot\frac{1}{\sqrt{2\pi}\sigma_2}e^{-\frac{(y-\mu_2)^2}{2\sigma_2^2}}=f_X(x)f_Y(y).$$

由(3.2.11)式知 X 与 Y 相互独立.

必要性 若 X 与 Y 相互独立，则在连续点(x,y)处有

$$f(x,y) = f_X(x)f_Y(y),$$

特别地,取 $x=\mu_1, y=\mu_2$,得到 $f(\mu_1,\mu_2)=f_X(\mu_1)f_Y(\mu_2)$,即

$$\frac{1}{2\pi\sigma_1\sigma_2\sqrt{1-\rho^2}}=\frac{1}{\sqrt{2\pi}\sigma_1}\cdot\frac{1}{\sqrt{2\pi}\sigma_2},$$

从而有 $\rho=0$.

例 3.2.9 设二维连续型随机变量(X,Y)服从以原点为圆心,R 为半径的圆形区域上的均匀分布,求(X,Y)关于 X,Y 的边缘概率密度 $f_X(x), f_Y(y)$,并判断 X 与 Y 是否相互独立.

解 因为取值区域是面积为 πR^2 的圆形区域,所以(X,Y)的联合概率密度为

$$f(x,y) = \begin{cases} \dfrac{1}{\pi R^2}, & x^2+y^2<R^2, \\ 0, & \text{其他}, \end{cases}$$

从而关于 X 的边缘概率密度为

$$f_X(x)=\int_{-\infty}^{+\infty} f(x,y)\mathrm{d}y = \begin{cases} \displaystyle\int_{-\sqrt{R^2-x^2}}^{\sqrt{R^2-x^2}} \frac{1}{\pi R^2}\mathrm{d}y, & -R<x<R, \\ 0, & \text{其他} \end{cases}$$

$$= \begin{cases} \dfrac{2\sqrt{R^2-x^2}}{\pi R^2}, & -R<x<R, \\ 0, & \text{其他}. \end{cases}$$

同理关于 Y 的边缘概率密度为

$$f_Y(y) = \begin{cases} \dfrac{2\sqrt{R^2-y^2}}{\pi R^2}, & -R<y<R, \\ 0, & \text{其他}. \end{cases}$$

由于 $f(x,y), f_X(x), f_Y(y)$在点$(0,0)$处皆连续,但

$$f(0,0) = \frac{1}{\pi R^2}, \quad f_X(0) = f_Y(0) = \frac{2}{\pi R},$$

即 $f(0,0)\neq f_X(0)f_Y(0)$,因此 X 与 Y 不相互独立.

§ 3.3 二维随机变量函数的分布

在第二章中我们讨论过一维随机变量函数的分布问题,即:已知随机变量 X 的分布,怎样求出 $Y=g(X)$的分布?现在的问题是:已知二维随机变量(X,Y)的联合分布,$z=g(x,y)$为二元连续函数,如何求随机变量 $Z=g(X,Y)$的分布?

下面依旧分别就离散型和连续型随机变量的情形进行讨论.

一、二维离散型随机变量函数的分布

设二维离散型随机变量(X,Y)的联合分布律为

$$P(X=x_i,Y=y_j)=p_{ij},\quad i,j=1,2,\cdots.$$

显然$Z=g(X,Y)$为一维离散型随机变量.若对于不同的(x_i,y_j),函数值$g(x_i,y_j)$互不相同,则$Z=g(X,Y)$的分布律为

$$P(Z=g(x_i,y_j))=p_{ij},\quad i,j=1,2,\cdots.\tag{3.3.1}$$

若对于不同的(x_i,y_j),函数$g(x,y)$有相同的取值,与一维离散型情况类似,应以(X,Y)在有相同函数值的点(x_i,y_j)的概率之和作为$Z=g(X,Y)$取相应值时的概率.

例 3.3.1 设二维离散型随机变量(X,Y)的联合分布律为表 3.3.1,求$Z_1=X+Y$,$Z_2=XY$的分布律.

表 3.3.1

X \ Y	0	1	2
0	1/10	1/5	1/10
1	1/5	3/10	1/10

解 先将(X,Y)的所有取值及相应的概率分别列成两行,再分别算出Z_1,Z_2相应的函数值,见表 3.3.2,从而得到$Z_1=X+Y$,$Z_2=XY$的分布律,分别见表 3.3.3 和表 3.3.4.

表 3.3.2

(X,Y)	(0,0)	(0,1)	(0,2)	(1,0)	(1,1)	(1,2)
$P(X=x_i,Y=y_j)$	1/10	1/5	1/10	1/5	3/10	1/10
$Z_1=X+Y$	0	1	2	1	2	3
$Z_2=XY$	0	0	0	0	1	2

表 3.3.3

Z_1	0	1	2	3
P	1/10	2/5	2/5	1/10

表 3.3.4

Z_2	0	1	2
P	3/5	3/10	1/10

例 3.3.2 设随机变量X与Y相互独立,概率分布分别为

$$P(X=k)=p(k),\quad k=0,1,2,\cdots,$$

$$P(Y=k)=q(k),\quad k=0,1,2,\cdots,$$

求$Z=X+Y$的概率分布.

解 由随机事件的互不相容性及 X,Y 的相互独立性可得 Z 的概率分布为

$$\begin{aligned}P(Z=k)&=P(X+Y=k)=P\Big(\bigcup_{i=0}^{k}\{X=i,Y=k-i\}\Big)\\&=\sum_{i=0}^{k}P(X=i,Y=k-i)=\sum_{i=0}^{k}P(X=i)P(Y=k-i)\\&=\sum_{i=0}^{k}p(i)q(k-i).\end{aligned}\tag{3.3.2}$$

此结果是一个很有用的计算公式,并称为**离散型卷积公式**.

例 3.3.3 设随机变量 X 与 Y 相互独立,且分别服从泊松分布 $P(\lambda_1),P(\lambda_2)$,证明:$Z=X+Y\sim P(\lambda_1+\lambda_2)$.

证 依题意,X,Y 的概率分布分别为

$$P(X=k)=\frac{\lambda_1^k}{k!}\mathrm{e}^{-\lambda_1},\quad k=0,1,2,\cdots,$$

$$P(Y=k)=\frac{\lambda_2^k}{k!}\mathrm{e}^{-\lambda_2},\quad k=0,1,2,\cdots,$$

由离散型卷积公式(3.3.2)有

$$\begin{aligned}P(Z=k)&=P(X+Y=k)=\sum_{i=0}^{k}\frac{\lambda_1^i}{i!}\mathrm{e}^{-\lambda_1}\ \frac{\lambda_2^{k-i}}{(k-i)!}\mathrm{e}^{-\lambda_2}\\&=\frac{1}{k!}\mathrm{e}^{-(\lambda_1+\lambda_2)}\sum_{i=0}^{k}\frac{k!\lambda_1^i\lambda_2^{k-i}}{i!(k-i)!}=\frac{1}{k!}\mathrm{e}^{-(\lambda_1+\lambda_2)}\sum_{i=0}^{k}\mathrm{C}_k^i\lambda_1^i\lambda_2^{k-i}\\&=\frac{1}{k!}\mathrm{e}^{-(\lambda_1+\lambda_2)}(\lambda_1+\lambda_2)^k,\quad k=0,1,2,\cdots,\end{aligned}$$

因此 $Z=X+Y\sim P(\lambda_1+\lambda_2)$. 这个结论称为泊松分布的**可加性**.

同理可证,二项分布也具有可加性,即:若 X 与 Y 相互独立,且分别服从二项分布 $B(n_1,p),B(n_2,p)$,则 $X+Y\sim B(n_1+n_2,p)$.

二、二维连续型随机变量函数的分布

设(X,Y)为二维连续型随机变量,其联合概率密度为 $f(x,y)$,$z=g(x,y)$为连续函数,则 $Z=g(X,Y)$为一维连续型随机变量,它的分布函数为

$$F_Z(z)=P(Z\leqslant z)=P(g(X,Y)\leqslant z)=\iint\limits_{g(x,y)\leqslant z}f(x,y)\mathrm{d}x\mathrm{d}y.\tag{3.3.3}$$

将上式中的二重积分化为累次积分计算,从而得到 Z 的概率密度为 $f_Z(z)=F_Z'(z)$. 这也就是再次应用分布函数法解决随机变量函数的分布.

例 3.3.4 设二维随机变量(X,Y)的联合概率密度为 $f(x,y)$,求 $Z=X+Y$ 的概率密度.

解 由(3.3.3)式得 $Z=X+Y$ 的分布函数为

$$F_Z(z)=P(Z\leqslant z)=P(X+Y\leqslant z)$$
$$=\iint\limits_{x+y\leqslant z} f(x,y)\mathrm{d}x\mathrm{d}y=\int_{-\infty}^{+\infty}\mathrm{d}x\int_{-\infty}^{z-x} f(x,y)\mathrm{d}y,$$

其中积分区域参见图 3-9 中的阴影部分. 在积分$\int_{-\infty}^{z-x} f(x,y)\mathrm{d}y$ 中,令 $y=t-x$,有

$$F_Z(z)=\int_{-\infty}^{+\infty}\mathrm{d}x\int_{-\infty}^{z} f(x,t-x)\mathrm{d}t=\int_{-\infty}^{z}\left[\int_{-\infty}^{+\infty} f(x,t-x)\mathrm{d}x\right]\mathrm{d}t,$$

从而得到 Z 的概率密度为

$$f_Z(z)=F'_Z(z)=\int_{-\infty}^{+\infty} f(x,z-x)\mathrm{d}x. \tag{3.3.4}$$

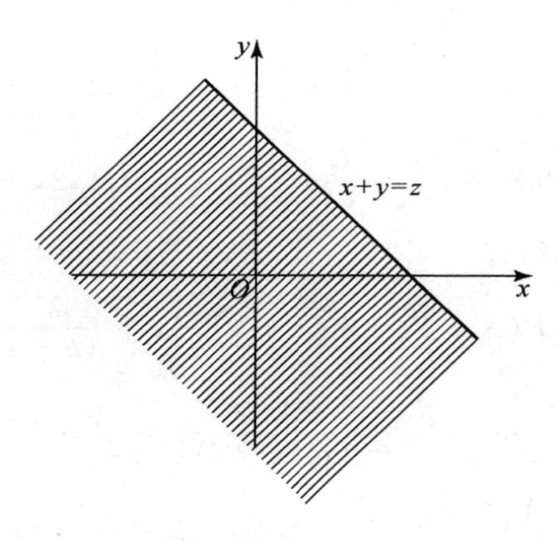

图 3-9

若令 $z-x=y$,则上式可化为

$$f_Z(z)=\int_{-\infty}^{+\infty} f(z-y,y)\mathrm{d}y. \tag{3.3.5}$$

可见(3.3.4)式和(3.3.5)式是等价的.

特别地,当 X 与 Y 相互独立时,设 X 和 Y 的边缘概率密度分别为 $f_X(x)$,$f_Y(y)$,由于 $f(x,y)=f_X(x)f_Y(y)$,所以 $Z=X+Y$ 的概率密度为

$$f_Z(z)=\int_{-\infty}^{+\infty} f_X(x)f_Y(z-x)\mathrm{d}x \tag{3.3.6}$$

或

$$f_Z(z)=\int_{-\infty}^{+\infty} f_X(z-y)f_Y(y)\mathrm{d}y. \tag{3.3.7}$$

(3.3.6)式或(3.3.7)式称为**连续型卷积公式**.

例 3.3.5 设随机变量 $X\sim N(0,1)$,$Y\sim N(0,1)$,且 X 与 Y 相互独立,求 $Z=X+Y$

的分布.

解 X 和 Y 的边缘概率密度分别为

$$f_X(x)=\frac{1}{\sqrt{2\pi}}\mathrm{e}^{-x^2/2},\quad -\infty<x<+\infty,$$

$$f_Y(y)=\frac{1}{\sqrt{2\pi}}\mathrm{e}^{-y^2/2},\quad -\infty<y<+\infty.$$

由(3.3.6)式,$Z=X+Y$ 的概率密度为

$$f_Z(z)=\int_{-\infty}^{+\infty}f_X(x)f_Y(z-x)\mathrm{d}x=\int_{-\infty}^{+\infty}\frac{1}{\sqrt{2\pi}}\mathrm{e}^{-x^2/2}\cdot\frac{1}{\sqrt{2\pi}}\mathrm{e}^{-(z-x)^2/2}\mathrm{d}x$$

$$=\frac{1}{2\pi}\int_{-\infty}^{+\infty}\mathrm{e}^{-\left(x^2-zx+\frac{z^2}{2}\right)}\mathrm{d}x=\frac{\mathrm{e}^{-z^2/4}}{2\pi}\int_{-\infty}^{+\infty}\mathrm{e}^{-\left(x-\frac{z}{2}\right)^2}\mathrm{d}x.$$

令 $x-\dfrac{z}{2}=t$,得

$$f_Z(z)=\frac{\mathrm{e}^{-z^2/4}}{2\pi}\int_{-\infty}^{+\infty}\mathrm{e}^{-t^2}\mathrm{d}t=\frac{\mathrm{e}^{-z^2/4}}{2\pi}\sqrt{\pi}=\frac{1}{2\sqrt{\pi}}\mathrm{e}^{-z^2/4},$$

即 $Z=X+Y\sim N(0,2)$.

一般地,若 X 与 Y 相互独立,$X\sim N(\mu_1,\sigma_1^2)$,$Y\sim N(\mu_2,\sigma_2^2)$,则由卷积公式(3.3.6)或(3.3.7)可证明 $Z=X+Y$ 仍服从正态分布,且 $Z\sim N(\mu_1+\mu_2,\sigma_1^2+\sigma_2^2)$. 从这个意义上说,正态分布具有可加性. 另外,我们知道,对任意非零实数 a,b,有 $aX\sim N(a\mu_1,a^2\sigma_1^2)$,$bY\sim N(b\mu_2,b^2\sigma_2^2)$,因此

$$aX+bY\sim N(a\mu_1+b\mu_2,a^2\sigma_1^2+b^2\sigma_2^2).\tag{3.3.8}$$

也就是说,服从正态分布的独立随机变量的线性组合仍服从正态分布.

例 3.3.6 设二维连续型随机变量(X,Y)的联合概率密度为

$$f(x,y)=\begin{cases}\dfrac{3}{2}x, & 0<x<1,0<y<2x,\\ 0, & \text{其他},\end{cases}$$

求 $Z=2X-Y$ 的概率密度.

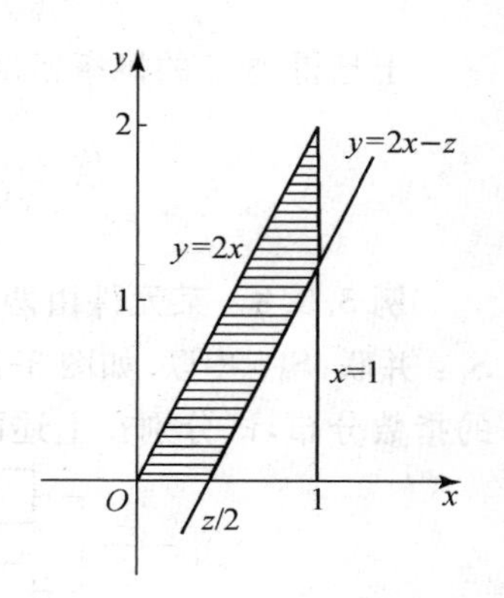

图 3-10

解 首先计算随机变量 Z 的分布函数:

$$F_Z(z)=P(Z\leqslant z)=P(2X-Y\leqslant z)$$
$$=P(Y\geqslant 2X-z)=\iint\limits_{y>2x-z}f(x,y)\mathrm{d}x\mathrm{d}y.$$

当 $z\leqslant 0$ 时,$F_Z(z)=0$;

当 $z\geqslant 2$ 时,$F_Z(z)=1$;

当 $0<z<2$ 时,积分区域如图 3-10 中阴影部分,所以

$$F_Z(z) = 1 - \int_{z/2}^{1} \mathrm{d}x \int_0^{2x-z} \frac{3}{2}x\mathrm{d}y = \frac{3}{4}z - \frac{1}{16}z^3.$$

因此,随机变量 Z 的概率密度为

$$f_Z(z) = F_Z'(z) = \begin{cases} \frac{3}{4} - \frac{3}{16}z^2, & 0 < z < 2, \\ 0, & \text{其他}. \end{cases}$$

上面我们讨论了随机变量线性组合的分布,下面通过两个例子讨论其他常见类型函数的分布.

例 3.3.7 已知随机变量 X 与 Y 相互独立,且都服从标准正态分布 $N(0,1)$,求 $Z=\sqrt{X^2+Y^2}$ 的概率密度.

解 由题意 (X,Y) 的联合概率密度为

$$f(x,y) = \frac{1}{2\pi}\mathrm{e}^{-(x^2+y^2)/2} \quad (-\infty < x,\ y < +\infty).$$

用分布函数法,可先求 $Z=\sqrt{X^2+Y^2}$ 的分布函数

$$F_Z(z) = P(Z \leqslant z) = P(\sqrt{X^2+Y^2} \leqslant z).$$

当 $z \leqslant 0$ 时,显然 $F_Z(z)=0$;

当 $z>0$ 时,

$$\begin{aligned} F_Z(z) &= \iint\limits_{x^2+y^2 \leqslant z^2} \frac{1}{2\pi}\mathrm{e}^{-(x^2+y^2)/2}\mathrm{d}x\mathrm{d}y \\ &= \frac{1}{2\pi}\int_0^{2\pi}\mathrm{d}\theta\int_0^z \mathrm{e}^{-r^2/2}r\mathrm{d}r \quad (\text{令 } x = r\cos\theta, y = r\sin\theta) \\ &= \int_0^z r\mathrm{e}^{-r^2/2}\mathrm{d}r. \end{aligned}$$

于是得到 Z 的概率密度为

$$f_Z(z) = F_Z'(z) = \begin{cases} z\mathrm{e}^{-z^2/2}, & z > 0, \\ 0, & \text{其他}. \end{cases}$$

例 3.3.8 某元件由两个相互独立的元件 A_1, A_2 连接而成,其联结方式分别为:S_1:并联;S_2:串联.如图 3-11 所示,设 A_1, A_2 的寿命 X, Y 分别服从参数为 $\alpha>0, \beta>0$ 的指数分布,试分别在上述两种联结方式下求出系统寿命的概率密度.

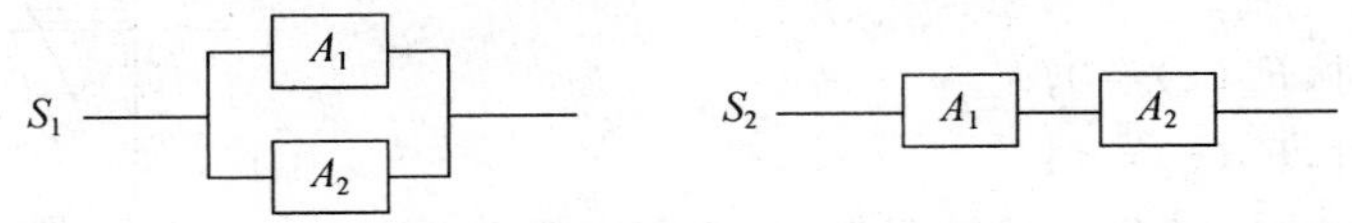

图 3-11

解 由题意,X,Y 的概率密度分别为

$$f_X(x)=\begin{cases}\alpha e^{-\alpha x}, & x>0,\\ 0, & x\leqslant 0,\end{cases}\qquad f_Y(y)=\begin{cases}\beta e^{-\beta y}, & y>0,\\ 0, & y\leqslant 0.\end{cases}$$

易得它们的分布函数分别为

$$F_X(x)=\begin{cases}1-e^{-\alpha x}, & x>0,\\ 0, & x\leqslant 0,\end{cases}\qquad F_Y(y)=\begin{cases}1-e^{-\beta y}, & y>0,\\ 0, & y\leqslant 0.\end{cases}$$

(1) 并联时,系统 S_1 的寿命 $M=\max\{X,Y\}$,它的分布函数为

$$F_M(z)=P(M\leqslant z)=P(\max\{X,Y\}\leqslant z).$$

利用$\{\max\{X,Y\}\leqslant z\}$等价于$\{X\leqslant z,Y\leqslant z\}$,且 X 与 Y 相互独立,则有

$$F_M(z)=P(X\leqslant z,Y\leqslant z)=P(X\leqslant z)P(Y\leqslant z)=F_X(z)F_Y(z).\tag{3.3.9}$$

所以

$$F_M(z)=\begin{cases}(1-e^{-\alpha z})(1-e^{-\beta z}), & z>0,\\ 0, & z\leqslant 0,\end{cases}$$

则 M 的概率密度为

$$f_M(z)=F'_M(z)=\begin{cases}\alpha e^{-\alpha z}+\beta e^{-\beta z}-(\alpha+\beta)e^{-(\alpha+\beta)z}, & z>0,\\ 0, & z\leqslant 0.\end{cases}$$

(2) 串联时,系统 S_2 的寿命 $N=\min\{X,Y\}$,它的分布函数为

$$F_N(z)=P(N\leqslant z)=1-P(N>z)=1-P(\min\{X,Y\}>z).$$

利用$\{\min\{X,Y\}>z\}$等价于$\{X>z,Y>z\}$,且 X 与 Y 相互独立,则有

$$\begin{aligned}F_N(z)&=1-P(X>z,Y>z)=1-P(X>z)P(Y>z)\\&=1-[1-F_X(z)][1-F_Y(z)].\end{aligned}\tag{3.3.10}$$

所以

$$\begin{aligned}F_N(z)&=\begin{cases}1-[1-(1-e^{-\alpha z})][1-(1-e^{-\beta z})], & z>0,\\ 0, & z\leqslant 0\end{cases}\\&=\begin{cases}1-e^{-(\alpha+\beta)z}, & z>0,\\ 0, & z\leqslant 0,\end{cases}\end{aligned}$$

则 N 的概率密度为

$$f_N(z)=F'_N(z)=\begin{cases}(\alpha+\beta)e^{-(\alpha+\beta)z}, & z>0,\\ 0, & z\leqslant 0.\end{cases}$$

§3.4 二维随机变量的条件分布

在第一章中,我们讨论过随机事件的条件概率,即在事件 B 发生的条件下,事件 A 发生的概率

$$P(A|B)=\frac{P(AB)}{P(B)}\quad (P(B)>0).$$

现在我们的问题是：已知二维随机变量(X,Y)的分布，在其中一个随机变量X取固定值x的条件下，另一个随机变量Y的分布是什么？这就是我们将讨论的二维随机变量的条件分布.

一、二维离散型随机变量的条件分布

定义 3.4.1　设(X,Y)为二维离散型随机变量，其联合分布律为

$$P(X=x_i,Y=y_j)=p_{ij},\quad i,j=1,2,\cdots,$$

(X,Y)关于X和Y的边缘分布律分别为

$$P(X=x_i)=\sum_j p_{ij}=p_{i\cdot},\quad i=1,2,\cdots,$$

$$P(Y=y_j)=\sum_i p_{ij}=p_{\cdot j},\quad j=1,2,\cdots.$$

对于固定的j，若$p_{\cdot j}>0$，则在条件$Y=y_j$下，随机事件$\{X=x_i\}$发生的概率

$$P(X=x_i|Y=y_j)=\frac{P(X=x_i,Y=y_j)}{P(Y=y_j)}=\frac{p_{ij}}{p_{\cdot j}},\quad i=1,2,\cdots \quad (3.4.1)$$

称为**在条件$Y=y_j$下，随机变量X的条件分布律**.

对于固定的i，若$p_{i\cdot}>0$，则在条件$X=x_i$下，随机事件$\{Y=y_j\}$发生的概率

$$P(Y=y_j|X=x_i)=\frac{P(X=x_i,Y=y_j)}{P(X=x_i)}=\frac{p_{ij}}{p_{i\cdot}},\quad j=1,2,\cdots \quad (3.4.2)$$

称为**在条件$X=x_i$下，随机变量Y的条件分布律**.

(3.4.1)式定义的条件概率分布也是一种概率分布，易知它具有概率分布的性质：

性质 1　$P(X=x_i|Y=y_j)\geqslant 0,\ i=1,2,\cdots.$

性质 2　$\displaystyle\sum_i P(X=x_i|Y=y_j)=\sum_i\frac{p_{ij}}{p_{\cdot j}}=\frac{p_{\cdot j}}{p_{\cdot j}}=1.$

例 3.4.1　在例 3.2.1 中，求出在条件$X=1$下，Y的条件分布律.

解　(1) 在有放回抽取时，例 3.2.1 中求出(X,Y)的联合分布律和边缘分布如表 3.4.1 所示. 由定义 3.4.1 求得在条件$X=1$下Y的条件分布律如表 3.4.2 所示.

表　3.4.1

X \ Y	0	1	$p_{i\cdot}$
0	4/25	6/25	2/5
1	6/25	9/25	3/5
$p_{\cdot j}$	2/5	3/5	1

表 3.4.2

Y	0	1
$P(Y=y_j\|X=1)$	2/5	3/5

(2) 在无放回抽取时，例 3.2.1 中也求出(X,Y)的联合分布律和边缘分布如表 3.4.3 所示. 由定义 3.4.1 求得在条件 $X=1$ 下 Y 的条件分布律如表 3.4.4 所示.

表 3.4.3

X \ Y	0	1	$p_{i\cdot}$
0	1/10	3/10	2/5
1	3/10	3/10	3/5
$p_{\cdot j}$	2/5	3/5	1

表 3.4.4

Y	0	1
$P(Y=y_j\|X=1)$	1/2	1/2

这个计算结果与实际情况是相符合的. 值得注意的是在有放回抽取时，随机变量 X 与 Y 相互独立，而计算出的在条件 $X=1$ 下 Y 的条件分布律与 Y 的边缘分布律相同. 事实上，若(X,Y)为二维离散型随机变量，X 与 Y 相互独立的充分必要条件是：对于任意的 $i,j=1,2,\cdots$，有

$$P(X=x_i\mid Y=y_j)=P(X=x_i)$$

或

$$P(Y=y_j\mid X=x_i)=P(Y=y_j).$$

二、二维连续型随机变量的条件分布

若(X,Y)为二维连续型随机变量，因为对于任意的实数 x,y，都有 $P(X=x)=0$，$P(Y=y)=0$，所以不能像二维离散型随机变量那样直接用条件概率来规定二维连续型随机变量的条件分布. 下面我们先用极限的方法来求出条件分布函数.

定义 3.4.2 对于固定的 y，若对于任意给定的 $\varepsilon>0$，有 $P(y-\varepsilon<Y\leqslant y+\varepsilon)>0$，且

$$\lim_{\varepsilon\to 0^+}P(X\leqslant x\mid y-\varepsilon<Y\leqslant y+\varepsilon)$$

$$=\lim_{\varepsilon\to 0^+}\frac{P(X\leqslant x,y-\varepsilon<Y\leqslant y+\varepsilon)}{P(y-\varepsilon<Y\leqslant y+\varepsilon)} \tag{3.4.3}$$

存在，则称此极限为**在条件 $Y=y$ 下，随机变量 X 的条件分布函数**，记做 $F_{X|Y}(x\mid y)$或 $P(X\leqslant x\mid Y=y)$.

设(X,Y)的联合分布函数和关于Y的边缘分布函数分别为$F(x,y)$，$F_Y(y)$，由(3.4.3)式可推导出

$$\begin{aligned}F_{X|Y}(x|y)&=\lim_{\varepsilon\to0^+}\frac{P(X\leqslant x,y-\varepsilon<Y\leqslant y+\varepsilon)}{P(y-\varepsilon<Y\leqslant y+\varepsilon)}\\&=\lim_{\varepsilon\to0^+}\frac{F(x,y+\varepsilon)-F(x,y-\varepsilon)}{F_Y(y+\varepsilon)-F_Y(y-\varepsilon)}\\&=\lim_{\varepsilon\to0^+}\frac{[F(x,y+\varepsilon)-F(x,y-\varepsilon)]/(2\varepsilon)}{[F_Y(y+\varepsilon)-F_Y(y-\varepsilon)]/(2\varepsilon)}\\&=\frac{\dfrac{\partial F(x,y)}{\partial y}}{\dfrac{\mathrm{d}F_Y(y)}{\mathrm{d}y}}=\frac{\dfrac{\partial F(x,y)}{\partial y}}{f_Y(y)}.\end{aligned}$$

由分布函数和概率密度函数之间的关系，下面我们定义条件概率密度函数.

定义 3.4.3　设(X,Y)为二维连续型随机变量，其联合概率密度和关于X,Y的边缘密度分别为$f(x,y)$，$f_X(x)$，$f_Y(y)$. 对于固定的y，若$f_Y(y)>0$，则称

$$f_{X|Y}(x|y)=\frac{f(x,y)}{f_Y(y)}=\frac{f(x,y)}{\int_{-\infty}^{+\infty}f(x,y)\mathrm{d}x}\tag{3.4.4}$$

为在条件$Y=y$下，随机变量X的条件概率密度函数.

类似地，对于固定的x，若$f_X(x)>0$，则称

$$f_{Y|X}(y|x)=\frac{f(x,y)}{f_X(x)}=\frac{f(x,y)}{\int_{-\infty}^{+\infty}f(x,y)\mathrm{d}y}\tag{3.4.5}$$

为在条件$X=x$下，随机变量Y的条件概率密度函数.

由(3.4.4)式和(3.4.5)式，又可得到

$$f(x,y)=f_Y(y)f_{X|Y}(x|y)=f_X(x)f_{Y|X}(y|x).\tag{3.4.6}$$

(3.4.4)，(3.4.5)和(3.4.6)三式均反映了联合概率密度、边缘概率密度和条件概率密度之间的关系，并且它们完全类似于第一章中条件概率计算公式和乘法公式.

例 3.4.2　设随机变量X服从区间(0,1)上的均匀分布，当观察到$X=x$ $(0<x<1)$时，在区间$(0,x)$上随机地取一值Y，求Y的概率密度.

解　依题意X的概率密度为

$$f_X(x)=\begin{cases}1, & 0<x<1,\\0, & \text{其他};\end{cases}$$

在$X=x$ $(0<x<1)$的条件下，Y服从区间$(0,x)$上的均匀分布，所以Y的条件概率密度为

$$f_{Y|X}(y|x)=\begin{cases}1/x, & 0<y<x,\\0, & \text{其他}.\end{cases}$$

由(3.4.6)式可得(X,Y)的联合概率密度为

$$f(x,y)=f_X(x)f_{Y|X}(y|x)=\begin{cases}1/x, & 0<x<1,0<y<x,\\ 0, & \text{其他},\end{cases}$$

所以随机变量Y的概率密度为

$$f_Y(y)=\int_{-\infty}^{+\infty}f(x,y)\mathrm{d}x=\begin{cases}\displaystyle\int_y^1\frac{1}{x}\mathrm{d}x=-\ln y, & 0<y<1,\\ 0, & \text{其他}.\end{cases}$$

例 3.4.3 设二维随机变量$(X,Y)\sim N(\mu_1,\mu_2,\sigma_1^2,\sigma_2^2,\rho)$,求条件概率密度$f_{Y|X}(y|x)$.

解 (X,Y)的联合概率密度和关于X的边缘概率密度分别为

$$f(x,y)=\frac{1}{2\pi\sigma_1\sigma_2\sqrt{1-\rho^2}}\exp\left\{-\frac{1}{2(1-\rho^2)}\left[\left(\frac{x-\mu_1}{\sigma_1}\right)^2-2\rho\left(\frac{x-\mu_1}{\sigma_1}\right)\left(\frac{y-\mu_2}{\sigma_2}\right)+\left(\frac{y-\mu_2}{\sigma_2}\right)^2\right]\right\},$$

$$f_X(x)=\frac{1}{\sqrt{2\pi}\sigma_1}\exp\left\{-\frac{(x-\mu_1)^2}{2\sigma_1^2}\right\},$$

由(3.4.5)式得

$$\begin{aligned}f_{Y|X}(y|x)&=\frac{f(x,y)}{f_X(x)}\\&=\frac{1}{\sqrt{2\pi}\sigma_2\sqrt{1-\rho^2}}\exp\left\{-\frac{1}{2(1-\rho^2)}\left[\left(\frac{x-\mu_1}{\sigma_1}\right)^2-2\rho\left(\frac{x-\mu_1}{\sigma_1}\right)\left(\frac{y-\mu_2}{\sigma_2}\right)+\left(\frac{y-\mu_2}{\sigma_2}\right)^2\right]+\frac{1}{2}\left(\frac{x-\mu_1}{\sigma_1}\right)^2\right\}\\&=\frac{1}{\sqrt{2\pi}\sigma_2\sqrt{1-\rho^2}}\exp\left\{-\frac{1}{2(1-\rho^2)}\left[\rho^2\left(\frac{x-\mu_1}{\sigma_1}\right)^2-2\rho\left(\frac{x-\mu_1}{\sigma_1}\right)\left(\frac{y-\mu_2}{\sigma_2}\right)+\left(\frac{y-\mu_2}{\sigma_2}\right)^2\right]\right\}\\&=\frac{1}{\sqrt{2\pi}\sigma_2\sqrt{1-\rho^2}}\exp\left\{-\frac{1}{2(1-\rho^2)}\left(\frac{y-\mu_2}{\sigma_2}-\rho\frac{x-\mu_1}{\sigma_1}\right)^2\right\}\\&=\frac{1}{\sqrt{2\pi}\sigma_2\sqrt{1-\rho^2}}\exp\left\{-\frac{1}{2\sigma_2^2(1-\rho^2)}\left[y-\left(\mu_2+\rho\frac{\sigma_2}{\sigma_1}(x-\mu_1)\right)\right]^2\right\}.\end{aligned}$$

因此$f_{Y|X}(y|x)$是正态分布$N\left(\mu_2+\rho\frac{\sigma_2}{\sigma_1}(x-\mu_1),\sigma_2^2(1-\rho^2)\right)$的概率密度函数,即在条件$X=x$下,随机变量$Y$服从正态分布$N\left(\mu_2+\rho\frac{\sigma_2}{\sigma_1}(x-\mu_1),\sigma_2^2(1-\rho^2)\right)$.

由此得到二维正态分布的又一个性质：服从正态分布的二维随机变量的条件分

布仍是正态分布.

在本章中,我们看到了正态分布的许多性质.事实上,正态分布是实际生活中一种普遍存在的分布,也是概率统计学科中研究最多的一种分布.现将前面已经证明的有关二维正态分布的一些性质及其他一些相关的重要结论总结如下:若$(X,Y)\sim N(\mu_1,\mu_2,\sigma_1^2,\sigma_2^2,\rho)$,则

(1) 边缘分布是正态分布,即

$$X\sim N(\mu_1,\sigma_1^2),\quad Y\sim N(\mu_2,\sigma_2^2),$$

且 X 与 Y 相互独立的充分必要条件是 $\rho=0$;

(2) 条件分布是正态分布,即在条件 $X=x$ 下,

$$Y\sim N\left(\mu_2+\rho\frac{\sigma_2}{\sigma_1}(x-\mu_1),\ \sigma_2^2(1-\rho^2)\right);$$

(3) 线性组合是正态分布,即对于 $a\neq 0,b\neq 0$,有

$$aX+bY\sim N(a\mu_1+b\mu_2,a^2\sigma_1^2+b^2\sigma_2^2+2\rho ab\sigma_1\sigma_2);$$

(4) 线性变换是正态分布,即设 $U=aX+bY,V=cX+dY$,其中 a,b 不同时为零,c,d 不同时为零,则(U,V)服从二维正态分布.

*§3.5　多维随机变量简述

上面我们重点讨论了二维随机变量(X,Y),本节我们简要介绍多维随机变量.n 维随机变量$(X_1,X_2,\cdots,X_n)$的分布函数可定义为:

对任何实数 $x_1,x_2,\cdots,x_n$,n 元函数

$$F(x_1,x_2,\cdots,x_n)=P(X_1\leqslant x_1,X_2\leqslant x_2,\cdots,X_n\leqslant x_n) \tag{3.5.1}$$

称为 **n 维随机变量$(X_1,X_2,\cdots,X_n)$的分布函数**;一元函数

$$F_{X_i}(x)=P(X_i\leqslant x)=F(+\infty,\cdots,+\infty,x,+\infty,\cdots,+\infty) \tag{3.5.2}$$

称为关于 $X_i\ (i=1,2,\cdots,n)$的**边缘分布函数**.

若对所有实数 $x_1,x_2,\cdots,x_n$,都有

$$\begin{aligned}&P(X_1\leqslant x_1,X_2\leqslant x_2,\cdots,X_n\leqslant x_n)\\&\quad=P(X_1\leqslant x_1)P(X_2\leqslant x_2)\cdots P(X_n\leqslant x_n),\end{aligned} \tag{3.5.3}$$

则称随机变量 $X_1,X_2,\cdots,X_n$ 是**相互独立**的.

由(3.5.3)式得到,随机变量 $X_1,X_2,\cdots,X_n$ 相互独立的充分必要条件是:

$$F(x_1,x_2,\cdots,x_n)=F_{X_1}(x_1)F_{X_2}(x_2)\cdots F_{X_n}(x_n). \tag{3.5.4}$$

对离散型随机变量,$X_1,X_2,\cdots,X_n$ 相互独立的充分必要条件是:

$$\begin{aligned}&P(X_1=x_1,X_2=x_2,\cdots,X_n=x_n)\\&\quad=P(X_1=x_1)P(X_2=x_2)\cdots P(X_n=x_n).\end{aligned} \tag{3.5.5}$$

对连续型随机变量，$X_1,X_2,\cdots,X_n$ 相互独立的充分必要条件是：

$$f(x_1,x_2,\cdots,x_n)=f_{X_1}(x_1)f_{X_2}(x_2)\cdots f_{X_n}(x_n). \tag{3.5.6}$$

易知，若 $X_1,X_2,\cdots,X_n$ 相互独立，则其中任意 m $(2\leqslant m\leqslant n)$ 个随机变量也相互独立.

内容小结

本章讨论了多维随机变量及其分布，主要讨论二维随机变量及其分布.

本章知识点网络图：

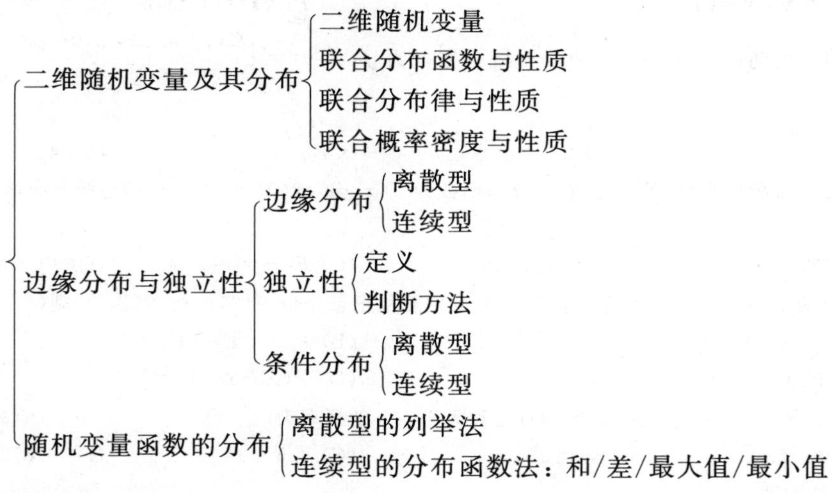

本章的基本要求：

1. 了解多维随机变量的概念，掌握二维随机变量的联合分布函数的概念及性质.

2. 掌握二维离散型随机变量联合分布律的概念及性质，掌握二维连续型随机变量联合概率密度的概念及性质，掌握二维均匀分布、二维正态分布的定义及二维正态分布的一些基本性质.

3. 理解边缘分布的概念，掌握求边缘分布函数、边缘分布律、边缘概率密度的方法.

4. 理解随机变量独立性的概念，掌握判断随机变量相互独立的方法.

5. 掌握二维随机变量函数的分布的求解方法，会求两个独立随机变量和的分布，掌握卷积公式.

6. 掌握二维随机变量的条件分布.

习　题　三

第一部分　基本题

一、选择题:

1. 设两个随机变量 X 和 Y 独立同分布,且 $P(X=-1)=P(Y=-1)=1/2, P(X=1)=P(Y=1)=1/2$,则下列各式成立的是(　　).

(A) $P(X=Y)=1/2$　　(B) $P(X=Y)=1$

(C) $P(X+Y=0)=1/4$　　(D) $P(XY=1)=1/4$

2. 若二维随机变量(X,Y)的联合概率密度为 $f(x,y)=\begin{cases}Cx, & 0<x<2,0<y<2,\\ 0, & \text{其他},\end{cases}$ 则 C 为(　　).

(A) 0.25　　(B) 2　　(C) 3　　(D) 4

3. 设二维随机变量(X,Y)的联合分布函数为 $F(x,y)$,则(X,Y)关于 Y 的边缘分布函数 $F_Y(y)$ 为(　　).

(A) $F(x,+\infty)$　　(B) $F(x,-\infty)$　　(C) $F(-\infty,y)$　　(D) $F(+\infty,y)$

4. 设两个相互独立的随机变量 X 和 Y 分别服从正态分布 $N(0,1)$ 和 $N(1,1)$,则(　　).

(A) $P(X+Y\leqslant 0)=1/2$　　(B) $P(X+Y\leqslant 1)=1/2$

(C) $P(X-Y\leqslant 0)=1/2$　　(D) $P(X-Y\leqslant 1)=1/2$

5. 在区间[0,1]上任取两点,则两点之和大于 1.5 的概率为(　　).

(A) 0.125　　(B) 0.25　　(C) 0.5　　(D) 0.875

二、填空题:

6. 如果二维随机变量(X,Y)的联合分布律由下列表格给出:

X \ Y	1	2	3
1	1/6	1/9	1/18
2	1/3	α	β

那么当 $\alpha=$__________, $\beta=$__________时,X 与 Y 相互独立.

7. 设 X,Y 为两随机变量,且 $P(X\geqslant 0, Y\geqslant 0)=3/7$, $P(X\geqslant 0)=P(Y\geqslant 0)=4/7$,则 $P(\max\{X,Y\}\geqslant 0)=$__________.

8. 设二维随机变量(X,Y)的联合分布函数为

$$F(x,y)=\begin{cases}(1-\mathrm{e}^{-3x})(1-\mathrm{e}^{-4y}), & x>0,y>0,\\ 0, & \text{其他},\end{cases}$$

则当 $x>0$ 时,(X,Y)关于 X 的边缘概率密度为__________.

9. 设二维随机变量(X,Y)的联合概率密度为$f(x,y)=\begin{cases}1/4, & |x|<1,|y|<1,\\ 0, & \text{其他},\end{cases}$则关于$X$的边缘概率密度为$f_X(x)=$__________，关于$Y$的边缘概率密度为$f_Y(y)=$__________，在条件$Y=y\ (|y|<1)$下，$X$的条件概率密度为$f_{X|Y}(x|y)=$__________.

10. 设二维随机变量(X,Y)的联合概率密度为

$$f(x,y)=\frac{1}{2\pi}e^{-\frac{x^2+y^2}{2}}\quad(-\infty<x,\ y<+\infty),$$

则随机变量$Z=X-Y$的概率密度为$f(z)=$__________.

三、计算题：

11. 设袋中有4个球，分别标有数字1,2,2,3，从袋中任取一球，其数字记为X，之后不能再放回；再从袋中任取一球，其数字记为Y. 求(X,Y)的联合分布律.

12. 设一批产品中有一等品30%，二等品50%，三等品20%. 现从中有放回地抽取5件，以X,Y分别表示这5件产品中一等品、二等品的件数，求(X,Y)的联合分布律.

13. 设随机变量X表示随机地在1,2,3这三个整数中任取一个的值，另一个随机变量Y表示随机地在$1\sim X$中任取一整数的值，求(X,Y)的联合分布律和关于X和Y的边缘分布律.

14. 设二维随机变量(X,Y)的联合概率密度为$f(x,y)=\begin{cases}Aye^{-x}, & x>0,0<y<1,\\ 0, & \text{其他},\end{cases}$求：

(1) 常数A；　(2) $P(X<1)$；　(3) (X,Y)的联合分布函数.

15. 设G为由抛物线$y=x^2$和直线$y=x$所围成的平面区域，二维随机变量(X,Y)服从区域G上的均匀分布，求：

(1) (X,Y)的联合概率密度；　(2) 关于X和Y的边缘概率密度.

16. 设二维随机变量(X,Y)的联合概率密度为

$$f(x,y)=\begin{cases}Cxy^3, & 0<x<1,0<y<1,\\ 0, & \text{其他}.\end{cases}$$

(1) 求出参数C；　(2) 求$P(Y>X)$；　(3) 判断X与Y是否相互独立.

17. 设二维随机变量(X,Y)的联合概率密度为

$$f(x,y)=\begin{cases}Cy(1-x), & 0<x<1,0<y<x,\\ 0, & \text{其他}.\end{cases}$$

(1) 求常数C；　(2) 求关于X和Y的边缘概率密度，并判断X与Y是否独立.

18. 设二维随机变量(X,Y)服从区域$G=\{(x,y)\mid 0<x<1,y^2<2\}$上的均匀分布.

(1) 求(X,Y)的联合概率密度；　(2) 求$P(X+Y<1)$；

(3) 求关于X和Y的边缘概率密度，并判断X与Y是否相互独立.

19. 设二维随机变量(X,Y)的联合分布律为

$$P(X=m,Y=n)=p^2q^{n-2},$$

其中$m=1,2,\cdots;n=m+1,m+2,\cdots;0<p<1,p+q=1$. 求关于$X$和$Y$的边缘分布律.

20. 设随机变量X与Y相互独立，且分布律分别如下：

X	-1	0	1
P	0.3	0.4	0.3

Y	-1	1	2
P	0.2	0.3	0.5

(1) 写出(X,Y)的联合分布律；

(2) 分别求$Z_1=X+Y,Z_2=XY$的分布律.

21. 设随机变量X与Y相互独立,且X与Y的分布律相同,$P(X=0)=P(X=1)=1/2$.令$U=\max\{X,Y\},V=\min\{X,Y\}$,求$(U,V)$的联合分布律,并判断$U$与$V$是否相互独立.

22. 已知随机变量X与Y相互独立,均服从区间$[0,1]$上的均匀分布,求:

(1) $Z=X+Y$的概率密度；　　(2) $Z=\min\{X,Y\}$的概率密度.

23. 向半径为R的圆形靶射击,设击中点(X,Y)在靶上服从均匀分布,求击中点距离靶心的距离$Z=\sqrt{X^2+Y^2}$的概率密度.

24. 设二维随机变量(X,Y)的联合概率密度为

$$f(x,y)=\begin{cases}3x, & 0<x<1,0<y<x,\\ 0, & \text{其他},\end{cases}$$

求$Z=X-Y$的概率密度.

25. 设二维随机变量(X,Y)的联合概率密度为

$$f(x,y)=\begin{cases}x\mathrm{e}^{-x(y+1)}, & x>0,y>0,\\ 0, & \text{其他},\end{cases}$$

求已知$Y=y\ (y>0)$的条件下X的条件概率密度及已知$X=x\ (x>0)$的条件下Y的条件概率密度,并问:X与Y是否相互独立?

26. 已知随机变量X与Y独立同分布,且

$$P(X=k)=p(1-p)^{k-1},\quad k=1,2,\cdots,$$

证明:当$n=2,3,\cdots$时,$P(X=k|X+Y=n)=\dfrac{1}{n-1}$, $k=1,2,\cdots,n-1$.

第二部分　提高题

1. 设把3个球随机地放入3个盒子中,每个球放入各个盒子的可能性是相同的.若X,Y分别表示放入第1个,第2个盒子中的球的个数,求二维随机变量(X,Y)的联合分布及边缘分布.

2. 已知随机变量X与Y的分布列分别为

X	-1	0	1
P	1/4	1/2	1/4

Y	0	1
P	1/2	1/2

而且$P(XY=0)=1$.

(1) 求(X,Y)的联合分布列；　　(2) 问:X与Y是否相互独立?

(3) 求$Z=\max\{X,Y\}$的概率分布.

3. 设二维随机变量(X,Y)的联合概率密度为

$$f(x,y)=\begin{cases}C(R-\sqrt{x^2+y^2}), & x^2+y^2<R^2,\\ 0, & \text{其他}.\end{cases}$$

(1) 求出常数 C；　　(2) 求 $P(X^2+Y^2\leqslant a^2)$ $(0<a<R)$.

4. 设二维随机变量(X,Y)的联合分布函数为 $F(x,y)=A\left(B+\arctan\dfrac{x}{2}\right)\left(C+\arctan\dfrac{y}{3}\right)$，求：

(1) A,B,C 的值；　　(2) 联合概率密度 $f(x,y)$.

5. 设二维随机变量(X,Y)的联合概率密度为

$$f(x,y)=\begin{cases}4xy, & 0<x<1,0<y<1,\\ 0, & \text{其他},\end{cases}$$

求：(1) $P(X<0.5,Y<0.5)$；　　(2) $P(XY<1/4)$；　　(3) (X,Y)的联合分布函数.

6. 设二维随机变量(X,Y)服从区域 $G=\{(x,y)\mid 0<y<2-|x|,|x|<2\}$上的均匀分布.

(1) 求(X,Y)的联合概率密度；

(2) 求边缘概率密度 $f_X(x),f_Y(y)$，并判断 X 与 Y 是否相互独立.

7. 设二维随机变量(X,Y)的联合概率密度为

$$f(x,y)=\begin{cases}\dfrac{5}{4}(x^2+y), & 0<y<1-x^2,\\ 0, & \text{其他}.\end{cases}$$

(1) 求关于 X 和 Y 的边缘概率密度，并判断 X 与 Y 是否相互独立；

(2) 求条件概率密度 $f_{Y|X}(y|x)$ $(|x|<1)$.

8. 已知随机变量 X 与 Y 相互独立，其中 $X\sim U(0,1)$，$Y\sim E(1)$，求 $Z=X+Y$ 的概率密度.

9. 在区间$(0,1)$上随机取两点 X,Y，求以下随机变量的概率密度：

(1) $Z_1=\max\{X,Y\}$；　　(2) $Z_2=|X-Y|$.

10. 已知随机变量 X 与 Y 相互独立，其中 $X\sim U[0,1]$，Y 的概率分布为 $P(Y=0)=P(Y=1)=1/2$，求 $Z=X+Y$ 的分布.

11. 设二维随机变量(X,Y)的联合概率密度为

$$f(x,y)=\begin{cases}\mathrm{e}^{-y}, & 0<x<y,\\ 0, & \text{其他}.\end{cases}$$

(1) 判断 X 与 Y 是否独立；

(2) 求 $P(X+2Y\leqslant 1)$，$P(0\leqslant X\leqslant 1/2\mid Y\leqslant 1)$，$P(X\geqslant 2\mid Y=4)$.

第四章 随机变量的数字特征

前面我们讨论了随机变量的分布．从中我们看到，若了解了随机变量的分布函数或分布律（或概率密度），就能完整地描述以随机变量表达的随机现象的统计规律性．但是，在实际问题中，要确切地找出一个随机变量的分布是不容易的．另一方面，人们感兴趣的是随机变量的某些特征常数．例如，在分析一批元件的质量情况时，常常只需要看元件的平均寿命，以及元件的寿命与平均寿命的偏差程度．如果平均寿命高，且各元件的寿命与平均寿命的偏差程度小，则可以认为这批元件的质量好．这里所说的平均寿命和各元件的寿命与平均寿命的偏差程度就是以下要讨论的随机变量的数字特征：数学期望和方差．另外，本章还将介绍反映两个随机变量之间关系的数字特征：协方差和相关系数．

§4.1 数学期望

通俗地讲，数学期望是随机变量的平均取值．因此，数学期望又叫做均值，表示随机变量取值的中常状态．

一、数学期望的定义

我们先用一个实例来说明数学期望这个特征数的定义．

例 4.1.1 设甲、乙两车工生产同一种零件，每 100 件产品中的次品数是一个随机变量，分别记为 X,Y．据以往长期资料知次品数 X,Y 的分布律分别如表 4.1.1 和表 4.1.2 所示．试问：甲、乙两车工谁的技术水平较高？

表 4.1.1

X	0	1	2	3	4
P	0.1	0.25	0.35	0.2	0.1

表 4.1.2

Y	0	1	2	3	4
P	0.15	0.2	0.4	0.15	0.1

解 这个问题的答案并不是一眼可以看出的,这说明了分布律虽然完整地描述了随机变量的概率性质,但却不能"集中"地反映出它的变化情况.

比较甲、乙两车工技术水平的标志之一,就是要计算各自生产产品的平均次品数:

甲车工:$(0\times0.1+1\times0.25+2\times0.35+3\times0.2+4\times0.1)$件$=1.95$件;

乙车工:$(0\times0.15+1\times0.2+2\times0.4+3\times0.15+4\times0.1)$件$=1.85$件.

因为乙生产的次品数的平均值较低,所以我们认为乙的技术水平较高.

这个平均次品数就是随机变量的数学期望,它是随机变量所有可能取值以概率(或频率)为权的加权平均值.一般地,我们有如下定义:

定义 4.1.1 设离散型随机变量 X 的分布律为

$$P(X=x_k)=p_k,\quad k=1,2,\cdots.$$

若级数 $\sum\limits_k x_kp_k$ 绝对收敛,则称级数 $\sum\limits_k x_kp_k$ 的和为离散型随机变量 X 的**数学期望**,记为 $E(X)$ 或 EX,即

$$E(X)=\sum_k x_kp_k. \tag{4.1.1}$$

定义 4.1.2 设连续型随机变量 X 的概率密度为 $f(x)$.若积分 $\int_{-\infty}^{+\infty}xf(x)\mathrm{d}x$ 绝对收敛,则称积分$\int_{-\infty}^{+\infty}xf(x)\mathrm{d}x$ 的值为随机变量 X 的**数学期望**,记为 $E(X)$或 EX,即

$$E(X)=\int_{-\infty}^{+\infty}xf(x)\mathrm{d}x. \tag{4.1.2}$$

例 4.1.2 已知甲、乙两箱中装有同种产品,其中甲箱中装有 3 件合格品和 3 件次品,乙箱中仅装有 3 件合格品.若从甲箱中任取 3 件产品放入乙箱,求此时乙箱中平均次品数.

解 设 X 表示乙箱中的次品数,则 X 可能取值为 0,1,2,3,且有

$$P(X=k)=\frac{\mathrm{C}_3^k\mathrm{C}_3^{3-k}}{\mathrm{C}_6^3},\quad k=0,1,2,3,$$

于是 X 的分布列如表 4.1.3 所示,从而

$$E(X)=0\times\frac{1}{20}+1\times\frac{9}{20}+2\times\frac{9}{20}+3\times\frac{1}{20}=1.5,$$

即乙箱中平均次品数为 1.5 件.

表 4.1.3

X	0	1	2	3
P	1/20	9/20	9/20	1/20

例 4.1.3 设随机变量 $X\sim P(\lambda)$,其分布律为

$$P(X=k)=\mathrm{e}^{-\lambda}\frac{\lambda^k}{k!},\quad k=0,1,2,\cdots,$$

求 X 的数学期望 $E(X)$.

解 $E(X)=\sum\limits_{k=0}^{\infty}k\mathrm{e}^{-\lambda}\frac{\lambda^k}{k!}=\lambda\mathrm{e}^{-\lambda}\sum\limits_{k=1}^{\infty}\frac{\lambda^{k-1}}{(k-1)!}=\lambda\mathrm{e}^{-\lambda}\sum\limits_{k=0}^{\infty}\frac{\lambda^k}{k!}=\lambda\mathrm{e}^{-\lambda}\mathrm{e}^{\lambda}=\lambda.$

例 4.1.4 已知随机变量 X 的分布律

$$P\left(X=(-1)^{k-1}\frac{2^k}{k}\right)=\frac{1}{2^k},\quad k=1,2,\cdots,$$

求 X 的数学期望 $E(X)$.

解 虽然

$$\sum_{k=1}^{\infty}(-1)^{k-1}\frac{2^k}{k}\cdot\frac{1}{2^k}=\sum_{k=1}^{\infty}(-1)^{k-1}\frac{1}{k}=1-\frac{1}{2}+\frac{1}{3}-\frac{1}{4}+\frac{1}{5}-\frac{1}{6}+\cdots=\ln 2,$$

但是 $\sum\limits_{k=1}^{\infty}\left|(-1)^{k-1}\frac{2^k}{k}\cdot\frac{1}{2^k}\right|=\sum\limits_{k=1}^{\infty}\frac{1}{k}\to+\infty$,所以 X 的数学期望 $E(X)$ 不存在.

例 4.1.5 对某一目标连续射击,直到击中目标为止.设每次射击的命中率为 p,求平均射击次数.

解 设 X 表示直到击中目标为止所需射击次数,则 $X\sim G(p)$,其分布律为

$$P(X=k)=pq^{k-1}\quad(q=1-p;\ k=1,2,\cdots),$$

所以

$$E(X)=\sum_{k=1}^{\infty}kpq^{k-1}=p\sum_{k=1}^{\infty}kq^{k-1}=p\sum_{k=1}^{\infty}(q^k)'=p\left(\sum_{k=1}^{\infty}q^k\right)'$$
$$=p\left(\frac{q}{1-q}\right)'=p\frac{1}{(1-q)^2}=\frac{1}{p}.$$

在求离散型随机变量的数学期望时,经常用到下面几个求和公式:

(1) $\sum\limits_{k=0}^{\infty}x^k=\frac{1}{1-x}$, $|x|<1$;　　(2) $\sum\limits_{k=1}^{\infty}kx^{k-1}=\frac{1}{(1-x)^2}$, $|x|<1$;

(3) $\sum\limits_{k=0}^{\infty}\frac{x^k}{k!}=\mathrm{e}^x$;　　(4) $\sum\limits_{k=1}^{\infty}k^2x^{k-1}=\frac{1+x}{(1-x)^3}$, $|x|<1$;

(5) $\sum\limits_{k=1}^{n}k=\frac{n(n+1)}{2}$;　　(6) $\sum\limits_{k=1}^{n}k^2=\frac{n(n+1)(2n+1)}{6}$.

例 4.1.6 设随机变量 X 的概率密度为

$$f(x)=\begin{cases}1+x, & -1\leqslant x\leqslant 0,\\ x/4, & 0<x\leqslant 2,\\ 0, & \text{其他},\end{cases}$$

求 $E(X)$.

解 $E(X)=\int_{-\infty}^{+\infty}xf(x)\mathrm{d}x=\int_{-1}^{0}x(1+x)\mathrm{d}x+\int_{0}^{2}x\cdot\frac{1}{4}x\mathrm{d}x.$

$$=\left[\frac{1}{2}x^2+\frac{1}{3}x^3\right]\Bigg|_{-1}^{0}+\left[\frac{1}{12}x^3\right]\Bigg|_{0}^{2}=-\frac{1}{2}+\frac{1}{3}+\frac{2}{3}=\frac{1}{2}.$$

例 4.1.7 设随机变量 $X\sim N(\mu,\sigma^2)$,求 $E(X)$.

解 因为 $X\sim N(\mu,\sigma^2)$,所以 X 的概率密度为

$$f(x)=\frac{1}{\sqrt{2\pi}\sigma}\mathrm{e}^{-\frac{(x-\mu)^2}{2\sigma^2}},\quad -\infty<x<+\infty.$$

因此

$$E(X)=\int_{-\infty}^{+\infty}xf(x)\mathrm{d}x=\int_{-\infty}^{+\infty}x\frac{1}{\sqrt{2\pi}\sigma}\mathrm{e}^{-\frac{(x-\mu)^2}{2\sigma^2}}\mathrm{d}x$$

$$\xlongequal{令\, y=\frac{x-\mu}{\sigma}}\frac{1}{\sqrt{2\pi}\sigma}\int_{-\infty}^{+\infty}(\sigma y+\mu)\mathrm{e}^{-y^2/2}\sigma\mathrm{d}y$$

$$=\frac{\sigma}{\sqrt{2\pi}}\int_{-\infty}^{+\infty}y\mathrm{e}^{-y^2/2}\mathrm{d}y+\frac{\mu}{\sqrt{2\pi}}\int_{-\infty}^{+\infty}\mathrm{e}^{-y^2/2}\mathrm{d}y$$

$$=0+\mu=\mu.$$

二、随机变量函数的数学期望

在实际问题中,我们常常面临求随机变量函数的数学期望问题.例如,球的直径 X 是随机变量,而我们感兴趣的是球的体积 $V=\frac{\pi}{6}X^3$ 的数学期望问题.一般的提法是:已知随机变量 X 的分布,如何求随机变量 X 的函数 $Y=g(X)$的数学期望?当然我们可以先求出随机变量 X 的函数 $Y=g(X)$的分布律或概率密度,再由定义求 Y 的数学期望,但这样计算过于烦琐复杂.下面的定理告诉我们,可以直接利用随机变量 X 的分布来求得 $Y=g(X)$的数学期望,而不必先算出 Y 的分布.

定理 4.1.1 设 Y 是随机变量 X 的函数:$Y=g(X)$,其中 g 是连续函数.

(1) 若 X 是离散型随机变量,它的分布律为 $P(X=x_k)=p_k(k=1,2,\cdots)$,且级数 $\sum_k g(x_k)p_k$ 绝对收敛,则有

$$E(Y)=E[g(X)]=\sum_k g(x_k)p_k;\tag{4.1.3}$$

(2) 若 X 是连续型随机变量,它的概率密度为 $f(x)$,且积分 $\int_{-\infty}^{+\infty}g(x)f(x)\mathrm{d}x$ 绝对收敛,则有

$$E(Y)=E[g(X)]=\int_{-\infty}^{+\infty}g(x)f(x)\mathrm{d}x.\tag{4.1.4}$$

证 仅针对 X 为连续型随机变量,且 $g(x)$为 x 的严格单调递增函数的情形加以证明. 设 X 的分布函数为 $F(x)$,概率密度为 $f(x)$,则有

$$F_Y(y)=P(g(X)\leqslant y)=P(X\leqslant g^{-1}(y))=F(g^{-1}(y)),$$

于是

$$E(Y)=\int_{-\infty}^{+\infty}yf_Y(y)\mathrm{d}y=\int_{-\infty}^{+\infty}y\mathrm{d}F_Y(y)=\int_{-\infty}^{+\infty}y\mathrm{d}F(g^{-1}(y))$$

$$\xlongequal{\text{令 } y=g(x)}\int_{-\infty}^{+\infty}g(x)\mathrm{d}F(x)=\int_{-\infty}^{+\infty}g(x)f(x)\mathrm{d}x.$$

例 4.1.8 设随机变量 X 的分布律如表 4.1.4 所示,试求 $Y=X^2$ 的数学期望.

表 4.1.4

X	-2	0	2
P	0.4	0.3	0.3

解 $E(Y)=E(X^2)=(-2)^2\times 0.4+0^2\times 0.3+2^2\times 0.3=2.8.$

例 4.1.9 设风速 X 服从$(0,a)(a>0)$上的均匀分布,即 X 的概率密度为

$$f(x)=\begin{cases}1/a, & 0<x<a,\\ 0, & \text{其他},\end{cases}$$

又设飞机机翼所受的正压力 Y 是 X 的函数 $Y=kX^2(k>0$ 为常数$)$,求 Y 的数学期望.

解 $$E(Y)=\int_{-\infty}^{+\infty}g(x)f(x)\mathrm{d}x=\int_0^a kx^2\frac{1}{a}\mathrm{d}x$$

$$=\frac{k}{a}\left[\frac{x^3}{3}\right]\Bigg|_0^a=\frac{1}{3}ka^2.$$

定理 4.1.2 设 $Z=g(X,Y)$是二维随机变量(X,Y)的函数,其中 g 为连续函数.

(1) 若(X,Y)是二维离散型随机变量,其联合分布律为

$$P(X=x_i,Y=y_j)=p_{ij},\quad i,j=1,2,\cdots,$$

且 $\sum\limits_i\sum\limits_j g(x_i,y_j)p_{ij}$ 绝对收敛,则有

$$E(Z)=E[g(X,Y)]=\sum_i\sum_j g(x_i,y_j)p_{ij};\tag{4.1.5}$$

(2) 若(X,Y)是二维连续型随机变量,其联合概率密度为 $f(x,y)$,且积分 $\int_{-\infty}^{+\infty}\int_{-\infty}^{+\infty}g(x,y)f(x,y)\mathrm{d}x\mathrm{d}y$ 绝对收敛,则有

$$E(Z)=E[g(X,Y)]=\int_{-\infty}^{+\infty}\int_{-\infty}^{+\infty}g(x,y)f(x,y)\mathrm{d}x\mathrm{d}y.\tag{4.1.6}$$

证明从略.

例 4.1.10 设二维随机变量(X,Y)的联合分布律如表 4.1.5 所示,求 $E(X^2Y)$.

表　4.1.5

X \ Y	0	1
0	1/8	1/2
1	1/4	1/8

解　设 $Z=g(X,Y)=X^2Y$,则

$$\begin{aligned}E(Z) &= \sum_i \sum_j g(x_i,y_j)p_{ij} \\ &= g(0,0)\times\frac{1}{8}+g(0,1)\times\frac{1}{2}+g(1,0)\times\frac{1}{4}+g(1,1)\times\frac{1}{8} \\ &= 0\times\frac{1}{8}+0\times\frac{1}{2}+0\times\frac{1}{4}+1\times\frac{1}{8}=\frac{1}{8}.\end{aligned}$$

例 4.1.11　设随机变量 X 与 Y 相互独立,且均服从 $N(0,1)$,求 $E(\sqrt{X^2+Y^2})$.

解　因为 X 与 Y 相互独立,且均服从 $N(0,1)$,所以 (X,Y) 的联合概率密度为

$$f(x,y)=\frac{1}{2\pi}e^{-(x^2+y^2)/2},\quad -\infty<x,y<+\infty.$$

故

$$\begin{aligned}E(\sqrt{X^2+Y^2}) &= \int_{-\infty}^{+\infty}\int_{-\infty}^{+\infty}\sqrt{x^2+y^2}\,\frac{1}{2\pi}e^{-\frac{x^2+y^2}{2}}dxdy \\ &= \int_0^{2\pi}d\theta\int_0^{+\infty}\rho\frac{1}{2\pi}e^{-\rho^2/2}\rho d\rho \quad (\text{令 } x=\rho\cos\theta,\ y=\rho\sin\theta) \\ &= 2\pi\frac{1}{2\pi}\int_0^{+\infty}\rho^2e^{-\rho^2/2}d\rho=-\int_0^{+\infty}\rho de^{-\rho^2/2} \\ &= [-\rho e^{-\rho^2/2}]\Big|_0^{+\infty}+\int_0^{+\infty}e^{-\rho^2/2}d\rho=\frac{\sqrt{2\pi}}{2}=\sqrt{\frac{\pi}{2}}.\end{aligned}$$

三、数学期望的性质

我们假设下面性质中所遇到的随机变量的数学期望均存在,且只对连续型随机变量的情形进行证明,离散型的情形请读者自行完成.

性质 1　设 X 为随机变量,则对任意常数 a,b,有

$$E(aX+b)=aE(X)+b.$$

证　设随机变量 X 的概率密度为 $f(x)$,则

$$\begin{aligned}E(aX+b) &= \int_{-\infty}^{+\infty}(ax+b)f(x)dx \\ &= a\int_{-\infty}^{+\infty}xf(x)dx+b\int_{-\infty}^{+\infty}f(x)dx\end{aligned}$$

$$= aE(X) + b.$$

推论 1　设 b 为常数,则 $E(b)=b$.

推论 2　设 a 为常数,X 为随机变量,则 $E(aX)=aE(X)$.

例 4.1.12　设 X 为某人月收入(单位: 元),已知 $X\sim N(3000,200^2)$;假设此人月支出为 Y,且满足关系 $Y=0.6X+300$. 求此人月平均支出.

解　由数学期望的性质 1 知

$$E(Y)=E(0.6X+300)=0.6E(X)+300=0.6\times 3000+300=2100,$$

即此人月平均支出为 2100 元.

性质 2　设 X,Y 为两个随机变量,则有 $E(X+Y)=E(X)+E(Y)$.

证　设 X,Y 为连续型随机变量,其联合概率密度为 $f(x,y)$,则

$$\begin{aligned}E(X+Y) &= \int_{-\infty}^{+\infty}\int_{-\infty}^{+\infty}(x+y)f(x,y)\mathrm{d}x\mathrm{d}y \\ &= \int_{-\infty}^{+\infty}\int_{-\infty}^{+\infty}xf(x,y)\mathrm{d}x\mathrm{d}y + \int_{-\infty}^{+\infty}\int_{-\infty}^{+\infty}yf(x,y)\mathrm{d}x\mathrm{d}y \\ &= \int_{-\infty}^{+\infty}xf_X(x)\mathrm{d}x + \int_{-\infty}^{+\infty}yf_Y(y)\mathrm{d}y = E(X)+E(Y).\end{aligned}$$

性质 2 可推广到任意有限个随机变量之和的情形,即

$$E(X_1+X_2+\cdots+X_n) = E(X_1)+E(X_2)+\cdots+E(X_n).$$

合并性质 1 和性质 2 并加以推广,可得结论:

设 $X_1,X_2,\cdots,X_n$ 为 n 个随机变量,$a_1,a_2,\cdots,a_n$ 为常数,则

$$E\Big(\sum_{i=1}^{n}a_iX_i\Big) = \sum_{i=1}^{n}a_iE(X_i).$$

例 4.1.13　求随机变量 $X\sim B(n,p)$的数学期望.

解　令 $X_1,X_2,\cdots,X_n$ 独立同分布,均服从二项分布 $B(1,p)$(即参数为 p 的 0-1 分布),则由二项分布的可加性知

$$X=X_1+X_2+\cdots+X_n\sim B(n,p).$$

因此

$$E(X) = E\Big(\sum_{i=1}^{n}X_i\Big) = nE(X_1) = np.$$

例 4.1.14　将 n 个球放入 M 个盒子中,若每个球落入各个盒子是等可能的,求有球的盒子数 X 的数学期望.

解　设 $X_i=\begin{cases}1, & \text{第 } i \text{ 个盒子中有球},\\ 0, & \text{第 } i \text{ 个盒子中无球}\end{cases}$ $(i=1,2,\cdots,M)$,则 $X=X_1+X_2+\cdots+X_M$.

显然 X_i 服从 0-1 分布,且

$$P(X_i=0) = \Big(1-\frac{1}{M}\Big)^n,\quad i=1,2,\cdots,M,$$

$$P(X_i = 1) = 1 - \left(1 - \frac{1}{M}\right)^n, \quad i = 1, 2, \cdots, M,$$

其中由于每个球落入各个盒子是等可能的,概率均为 $\frac{1}{M}$,则对第 i 个盒子来说,一个球不落入这个盒子的概率为 $1-\frac{1}{M}$,n 个球都不落入这个盒子的概率为 $\left(1-\frac{1}{M}\right)^n$. 所以

$$E(X_i) = 1 - \left(1 - \frac{1}{M}\right)^n, \quad i = 1, 2, \cdots, M.$$

故

$$E(X) = \sum_{i=1}^{M} E(X_i) = M\left[1 - \left(1 - \frac{1}{M}\right)^n\right].$$

在上例中,我们把一个比较复杂的随机变量 X 分解成 n 个比较简单的随机变量 X_i 之和,然后通过这些比较简单的随机变量的数学期望,根据数学期望的性质求得 X 的数学期望. 这种方法是概率论中常用的方法.

性质 3　设随机变量 X 与 Y 相互独立,则 $E(XY)=E(X)E(Y)$.

证　设(X,Y)的联合概率密度为 $f(x,y)$,其边缘概率密度分别为 $f_X(x)$,$f_Y(y)$. 由 X,Y 相互独立得 $f(x,y)=f_X(x)f_Y(y)$,所以

$$\begin{aligned} E(XY) &= \int_{-\infty}^{+\infty}\int_{-\infty}^{+\infty} xyf(x,y)\mathrm{d}x\mathrm{d}y = \int_{-\infty}^{+\infty}\int_{-\infty}^{+\infty} xyf_X(x)f_Y(y)\mathrm{d}x\mathrm{d}y \\ &= \int_{-\infty}^{+\infty} xf_X(x)\mathrm{d}x\int_{-\infty}^{+\infty} yf_Y(y)\mathrm{d}y = E(X)E(Y). \end{aligned}$$

例 4.1.15　设一电路中电流 I (单位: A)与电阻 R (单位: Ω)是相互独立的两个随机变量,其概率密度分别为

$$f_I(x) = \begin{cases} 3x^2, & 0 < x < 1, \\ 0, & \text{其他}, \end{cases} \qquad f_R(x) = \begin{cases} x/2, & 0 < x < 2, \\ 0, & \text{其他}, \end{cases}$$

求电压 $U=IR$ 的平均值.

解　所求的电压平均值为

$$E(U) = E(IR) = E(I)E(R) = \left(\int_0^1 3x^3\,\mathrm{d}x\right)\left(\int_0^2 \frac{x^2}{2}\mathrm{d}x\right) = 1.$$

§4.2　方　　差

数学期望反映了随机变量的平均取值,是一个很重要的数字特征. 但是在很多情况下,仅知道数学期望是不够的,我们还需要了解随机变量 X 与平均值 $E(X)$的偏离程度. 这也就是下面要讨论的方差问题.

一、方差的定义

在引入方差的概念之前,我们先来看一个例子.

例 4.2.1　为了比较甲、乙两台自动包装机的工作质量，今从这两台自动包装机所生产的产品中各抽查 10 包，得数据(单位：kg)如下：

甲的产品重量 X：0.52，0.48，0.53，0.47，0.56，0.51，0.44，0.52，0.48，0.49；

乙的产品重量 Y：0.61，0.46，0.60，0.40，0.52，0.39，0.58，0.45，0.57，0.42.

解　显然，甲、乙两台自动包装机所生产的产品平均重量均为 0.5 kg. 这样，仅靠平均值不能回答甲、乙两台自动包装机的工作质量问题，我们必须寻找新的数量指标(数字特征).

我们画出甲、乙的产品重量散点连线图，如图 4-1 所示. 从图 4-1 直观上看，我们会认为甲包装机的工作质量较好一些，因为 X 的取值更集中在它的均值 $E(X)$附近.

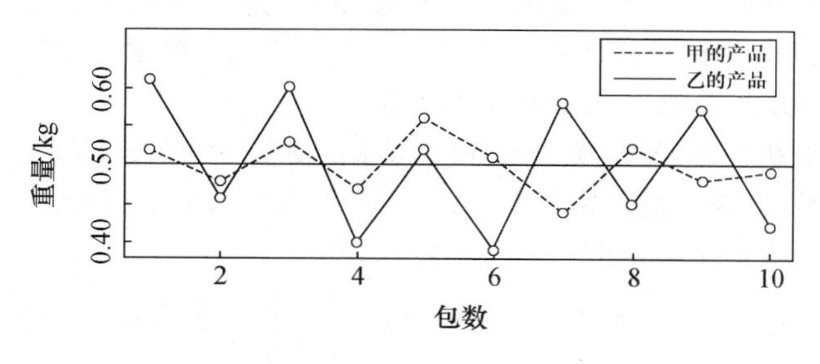

图　4-1

此例提示我们，需要定义一个数量指标来度量随机变量 X 和它的均值 $E(X)$之间的离散程度(偏离程度). 显然 $|X-E(X)|$ 反映了 X 与 $E(X)$的偏离程度，但 $|X-E(X)|$ 是一个随机变量，人们自然会想到采用 $|X-E(X)|$ 的平均值 $E|X-E(X)|$，但此式带有绝对值符号，运算不便，所以采用 $[X-E(X)]^2$ 的均值 $E\{[X-E(X)]^2\}$来代替. 显然 $E\{[X-E(X)]^2\}$的大小反映了 X 与 $E(X)$的偏离程度大小，这个值通常称为 X 的方差.

定义 4.2.1　设 X 为随机变量. 若 $E\{[X-E(X)]^2\}$存在，则称 $E\{[X-E(X)]^2\}$为随机变量 X 的**方差**，记为 $D(X)$或 DX，即

$$D(X)=E\{[X-E(X)]^2\}. \tag{4.2.1}$$

同时称 $\sqrt{D(X)}$ 为随机变量 X 的**标准差**或**均方差**，记为 $\sigma(X)$，即

$$\sigma(X)=\sqrt{D(X)}. \tag{4.2.2}$$

$D(X)$与 $\sigma(X)$均度量了 X 与 $E(X)$的偏离程度，但 $D(X)$与 X 的量纲不一致，而 $\sigma(X)$与 X 有相同的量纲，故在实际问题中常常采用标准差 $\sigma(X)$.

因为方差 $D(X)$实际上就是随机变量 X 的函数 $[X-E(X)]^2$ 的数学期望，所以由定理 4.1.1 就可以很方便地计算 $D(X)$：

(1) 若 X 为离散型随机变量，其分布律为

$$P(X=x_k)=p_k,\quad k=1,2,\cdots,$$

则

$$D(X)=E\{[X-E(X)]^2\}=\sum_k[x_k-E(X)]^2p_k;\tag{4.2.3}$$

(2) 若 X 为连续型随机变量,其概率密度为 $f(x)$,则

$$D(X)=E\{[X-E(X)]^2\}=\int_{-\infty}^{+\infty}[x-E(X)]^2f(x)\mathrm{d}x.\tag{4.2.4}$$

计算方差 $D(X)$ 还有一个常用的公式:

$$D(X)=E(X^2)-[E(X)]^2.\tag{4.2.5}$$

事实上,

$$\begin{aligned}D(X)&=E\{[X-E(X)]^2\}=E\{X^2-2XE(X)+[E(X)]^2\}\\&=E(X^2)-2E(X)E(X)+[E(X)]^2\\&=E(X^2)-[E(X)]^2.\end{aligned}$$

例 4.2.2 设随机变量 X 服从参数为 p 的 0-1 分布,其分布律如表 4.2.1 所示,求 X 的方差 $D(X)$ 和标准差 $\sigma(X)$.

表 4.2.1

X	0	1
P	$1-p$	p

解 因为

$$E(X)=0\times(1-p)+1\times p=p,\quad E(X^2)=0\times(1-p)+1\times p=p,$$

所以

$$D(X)=E(X^2)-[E(X)]^2=p-p^2=p(1-p),$$

$$\sigma(X)=\sqrt{D(X)}=\sqrt{p(1-p)}.$$

例 4.2.3 设随机变量 $X\sim N(\mu,\sigma^2)$,求 $D(X)$.

解 由例 4.1.7 知 $E(X)=\mu$. 令 $t=\dfrac{x-\mu}{\sigma}$,则

$$\begin{aligned}D(X)&=E\{[X-E(X)]^2\}=\int_{-\infty}^{+\infty}(x-\mu)^2\frac{1}{\sqrt{2\pi}\sigma}\mathrm{e}^{-(x-\mu)^2/(2\sigma^2)}\mathrm{d}x\\&=\frac{\sigma^2}{\sqrt{2\pi}}\int_{-\infty}^{+\infty}t^2\mathrm{e}^{-t^2/2}\mathrm{d}t=\sigma^2.\end{aligned}$$

例 4.2.4 设连续型随机变量 X 的分布函数为

$$F(x)=\begin{cases}0, & x<-1,\\ \dfrac{1}{2}+\dfrac{1}{\pi}\arcsin x, & -1\leqslant x<1,\\ 1, & x\geqslant 1,\end{cases}$$

试求 $D(X)$.

解 由题设知随机变量 X 的概率密度为

$$f(x) = F'(x) = \begin{cases} \dfrac{1}{\pi\sqrt{1-x^2}}, & -1 < x < 1, \\ 0, & \text{其他}, \end{cases}$$

于是

$$E(X) = \int_{-1}^{1} x f(x)\mathrm{d}x = \int_{-1}^{1} \frac{x}{\pi\sqrt{1-x^2}}\mathrm{d}x = 0,$$

$$\begin{aligned} E(X^2) &= \int_{-1}^{1} x^2 f(x)\mathrm{d}x = \int_{-1}^{1} \frac{x^2}{\pi\sqrt{1-x^2}}\mathrm{d}x \\ &= \frac{2}{\pi}\int_{0}^{1} \frac{x^2}{\sqrt{1-x^2}}\mathrm{d}x \xlongequal{\text{令 } x = \sin\theta} \frac{2}{\pi}\int_{0}^{\pi/2} \frac{\sin^2\theta}{\sqrt{1-\sin^2\theta}}\cos\theta\mathrm{d}\theta \\ &= \frac{2}{\pi}\int_{0}^{\pi/2} \sin^2\theta\mathrm{d}\theta = \frac{2}{\pi}\int_{0}^{\pi/2} \frac{1}{2}(1-\cos2\theta)\mathrm{d}\theta \\ &= \frac{2}{\pi}\cdot\frac{1}{2}\left[\theta - \frac{1}{2}\sin2\theta\right]\Big|_{0}^{\pi/2} = \frac{1}{2}, \end{aligned}$$

所以

$$D(X) = E(X^2) - [E(X)]^2 = 1/2.$$

二、方差的性质

假设以下讨论的随机变量的方差均存在,则随机变量的方差具有下列一些性质:

性质 1 设 X 为随机变量,则对于任意常数 a,b,有

$$D(aX+b) = a^2 D(X).$$

证

$$\begin{aligned} D(aX+b) &= E\{[aX+b-E(aX+b)]^2\} = E\{[aX+b-aE(X)-b]^2\} \\ &= E\{a^2[X-E(X)]^2\} = a^2E\{[X-E(X)]^2\} = a^2D(X). \end{aligned}$$

推论 1 设 b 为常数,则 $D(b)=0$,即常数的方差为零.

推论 2 设 X 为随机变量,a 为常数,则 $D(aX)=a^2D(X)$.

推论 3 设 X 为随机变量,则 $D(X)=D(-X)$,即 X 与 $-X$ 的方差相同.

例 4.2.5 已知 $E(X)=2, E(X^2)=6$,求 $D(1-3X)$.

解 因为 $D(X)=E(X^2)-[E(X)]^2=6-4=2$,所以由方差的性质 1 可知

$$D(1-3X) = 9D(X) = 9\times2 = 18.$$

性质 2 设 X,Y 为相互独立的随机变量,则有

$$D(X+Y) = D(X) + D(Y).$$

证 由方差的定义有

$$D(X+Y) = E\{[X+Y-E(X+Y)]^2\} = E\{[X+Y-E(X)-E(Y)]^2\}$$

$$= E\{\{[X-E(X)]+[Y-E(Y)]\}^2\}$$
$$= E\{[X-E(X)]^2\}+E\{[Y-E(Y)]^2\}+2E\{[X-E(X)][Y-E(Y)]\}$$
$$= D(X)+D(Y)+2E\{[X-E(X)][Y-E(Y)]\}.$$

由于 X 与 Y 相互独立,所以 $X-E(X)$ 与 $Y-E(Y)$ 也相互独立.故由数学期望性质知 $E\{[X-E(X)][Y-E(Y)]\}=0$.所以

$$D(X+Y)=D(X)+D(Y).$$

推论 1 设 X,Y 为相互独立的随机变量,a,b 为常数,则有

$$D(aX+bY)=a^2D(X)+b^2D(Y);$$

特别地,有

$$D(X-Y)=D(X)+D(Y).$$

推论 2 设 $X_1,X_2,\cdots,X_n$ 为 n 个相互独立的随机变量,$a_1,a_2,\cdots,a_n$ 为任意常数,则有

$$D\Big(\sum_{i=1}^{n}a_iX_i\Big)=\sum_{i=1}^{n}a_i^2D(X_i).$$

例 4.2.6 设随机变量 $X\sim B(n,p)$,求 $D(X)$.

解 令 $X_1,X_2,\cdots,X_n$ 相互独立,且同服从于 0-1 分布,则 $X=X_1+X_2+\cdots+X_n$,且

$$E(X_i)=p,\quad E(X_i^2)=p,\quad i=1,2,\cdots,n,$$
$$D(X_i)=E(X_i^2)-[E(X_i)]^2=p-p^2=p(1-p),\quad i=1,2,\cdots,n,$$

所以
$$D(X)=\sum_{i=1}^{n}D(X_i)=np(1-p).$$

例 4.2.7 设二维随机变量 (X,Y) 的联合概率密度为

$$f(x,y)=\frac{1}{2\pi}e^{-\frac{x^2+(y-1)^2}{2}},\quad -\infty<x,\ y<+\infty,$$

求 $E(2X\pm3Y),D(2X\pm3Y)$.

解 关于 X 的边缘概率密度为

$$f_X(x)=\int_{-\infty}^{+\infty}f(x,y)\mathrm{d}y=\int_{-\infty}^{+\infty}\frac{1}{2\pi}e^{-\frac{x^2+(y-1)^2}{2}}\mathrm{d}y=\frac{1}{\sqrt{2\pi}}e^{-x^2/2},\quad -\infty<x<+\infty.$$

显然 $X\sim N(0,1)$,且 $E(X)=0,D(X)=1$.同理可求得关于 Y 的边缘概率密度为

$$f_Y(y)=\frac{1}{\sqrt{2\pi}}e^{-(y-1)^2/2},\quad -\infty<y<+\infty.$$

显然 $Y\sim N(1,1)$,且 $E(Y)=1,D(Y)=1$.又由于对任意的 $x,y\in\mathbf{R}$,有

$$f(x,y)=f_X(x)f_Y(y),$$

所以 X 与 Y 相互独立.由期望与方差的性质可知

$$E(2X+3Y)=2E(X)+3E(Y)=3,\quad E(2X-3Y)=-3,$$

$$D(2X \pm 3Y) = 4D(X) + 9D(Y) = 4 \times 1 + 9 \times 1 = 13.$$

定理 4.2.1 设随机变量具有有限数学期望 $E(X)=\mu$ 和方差 $D(X)=\sigma^2$,则对于任意的正数 $\varepsilon>0$,有

$$P(|X-\mu| \geqslant \varepsilon) \leqslant \frac{\sigma^2}{\varepsilon^2}, \quad 即 \quad P(|X-\mu| < \varepsilon) \geqslant 1 - \frac{\sigma^2}{\varepsilon^2}.$$

该不等式称为**切比雪夫**(Chebyshev)**不等式**.

证 只证连续型随机变量情形. 设 X 的概率密度为 $f(x)$,则有

$$P(|X-\mu| \geqslant \varepsilon) = \int_{|x-\mu|\geqslant\varepsilon} f(x)\mathrm{d}x \leqslant \int_{|x-\mu|\geqslant\varepsilon} \frac{(x-\mu)^2}{\varepsilon^2} f(x)\mathrm{d}x$$

$$\leqslant \frac{1}{\varepsilon^2}\int_{-\infty}^{+\infty} [x - E(X)]^2 f(x)\mathrm{d}x = \frac{D(X)}{\varepsilon^2} = \frac{\sigma^2}{\varepsilon^2},$$

即

$$P(|X-\mu|<\varepsilon) \geqslant 1 - \frac{\sigma^2}{\varepsilon^2}.$$

切比雪夫不等式给出了在随机变量 X 的分布未知的情况下,事件 $\{|X-\mu|\geqslant\varepsilon\}$ 或事件 $\{|X-\mu|<\varepsilon\}$ 的概率的一种估计方法.

推论 $D(X)=0$ 的充分必要条件是随机变量 X 依概率 1 取常数 $C=E(X)$,即

$$P(X=E(X))=1.$$

证 设 $D(X)=\sigma^2=0$,则由切比雪夫不等式,对于任意正整数 n,有

$$P\left(|X-E(X)| \geqslant \frac{1}{n}\right) \leqslant \frac{\sigma^2}{(1/n)^2} = 0,$$

即

$$P\left(|X-E(X)| < \frac{1}{n}\right) \geqslant 1.$$

但概率不能大于 1,故对于任意正整数 n,有

$$P\left(|X-E(X)| < \frac{1}{n}\right) = 1.$$

所以 $P(X=E(X))=1$.

反之,若 $P(X=E(X))=1$,则可证明 $D(X)=0$. 事实上,不妨将随机变量 X 看做离散型,其分布列如表 4.2.2 所示,则由方差定义得

$$D(X)=E(X^2)-[E(X)]^2=[E(X)]^2\times1+0-[E(X)]^2=0.$$

所以当 $P(X=E(X))=1$ 时,有 $D(X)=0$.

表 4.2.2

X	$E(X)$	$\neq E(X)$
P	1	0

例 4.2.8 设 X 为随机变量,且 $E(X)=\mu$, $D(X)=\sigma^2$,试用切比雪夫不等式估计 $P(|X-\mu|\geqslant3\sigma)$.

解 由切比雪夫不等式有

$$P(|X-\mu|\geqslant 3\sigma)\leqslant\frac{D(X)}{(3\sigma)^2}=\frac{\sigma^2}{9\sigma^2}=\frac{1}{9}\approx 0.111.$$

在概率统计中,经常需要对随机变量"标准化",即对任何随机变量 X,若它的数学期望 $E(X)$,方差 $D(X)$都存在,且 $D(X)>0$,则称

$$X^*=\frac{X-E(X)}{\sqrt{D(X)}}$$

为 X 的**标准化随机变量**.易见 X^* 是一无量纲的随机变量,且 $E(X^*)=0,D(X^*)=1$.这正是标准化随机变量所具有的特征.特别地,若 $X\sim N(\mu,\sigma^2)$,则 X 的标准化随机变量为

$$X^*=\frac{X-\mu}{\sigma}\sim N(0,1).$$

最后简单介绍数理统计中广泛使用的一种数字特征——矩.

定义 4.2.2 对随机变量 X 及正整数 k,若 $E(X^k)$存在,则称 $E(X^k)$为 X 的 **k 阶原点矩**,简称 **k 阶矩**;若 $E\{[X-E(X)]^k\}$存在,则称 $E\{[X-E(X)]^k\}$为 X 的 **k 阶中心矩**.

易知随机变量 X 的 1 阶原点矩就是 X 的数学期望;X 的 1 阶中心矩为 0;X 的 2 阶中心矩为 X 的方差.

***定义 4.2.3** 对随机变量 X 和 Y 及正整数 k 和 l,若 $E(X^kY^l)$存在,则称它为 X 和 Y 的 **$k+l$ 阶混合矩**;若 $E\{[X-E(X)]^k[Y-E(Y)]^l\}$存在,则称它为 X 和 Y 的 **$k+l$ 阶混合中心矩**.

例 4.2.9 设随机变量 $X\sim N(\mu,\sigma^2)$,求 X 的 2 阶原点矩 $E(X^2)$和 3 阶原点矩 $E(X^3)$.

解 $E(X^2)=D(X)+[E(X)]^2=\sigma^2+\mu^2$.

令 $Y=\dfrac{X-\mu}{\sigma}$,则 $Y\sim N(0,1)$,$E(X^3)=E(\sigma Y+\mu)^3$,且 $E(Y)=0$,$E(Y^2)=D(Y)=1$,$E(Y^3)=0$(由奇函数特性可知).所以

$$\begin{aligned}E(\sigma Y+\mu)^3&=E(\sigma^3Y^3+3\sigma^2\mu Y^2+3\sigma\mu^2Y+\mu^3)\\&=\sigma^3E(Y^3)+3\sigma^2\mu E(Y^2)+3\sigma\mu^2E(Y)+\mu^3\\&=3\sigma^2\mu+\mu^3.\end{aligned}$$

三、几种常见分布的数学期望与方差

1. 0-1 分布的情形

设随机变量 X 服从 0-1 分布,其分布列如表 4.2.3 所示,其中 $0<p<1,q=1-p$,

则

$$E(X)=0\times q+1\times p=p,\quad E(X^2)=0^2\times q+1^2\times p=p,$$
$$D(X)=E(X^2)-[E(X)]^2=p-p^2=p(1-p)=pq.$$

表 4.2.3

X	0	1
P	q	p

2. 二项分布的情形

设随机变量 $X\sim B(n,p)$,其分布律为

$$P(X=k)=C_n^k p^k q^{n-k}\quad (k=0,1,2,\cdots,n;\ 0<p<1,\ q=1-p),$$

则由例 4.1.13 及例 4.2.6 知

$$E(X)=np,\quad D(X)=npq.$$

3. 泊松分布的情形

设随机变量 $X\sim P(\lambda)$,其分布律为

$$P(X=k)=\mathrm{e}^{-\lambda}\frac{\lambda^k}{k!}\quad (k=0,1,2,\cdots),$$

则由例 4.1.3 知 $E(X)=\lambda$,从而

$$\begin{aligned}E(X^2)&=E(X^2-X+X)=E[X(X-1)+X]\\&=E[X(X-1)]+E(X)=E[X(X-1)]+\lambda\\&=\sum_{k=0}^{\infty}k(k-1)\mathrm{e}^{-\lambda}\frac{\lambda^k}{k!}+\lambda=\lambda^2\mathrm{e}^{-\lambda}\sum_{k=2}^{\infty}\frac{\lambda^{k-2}}{(k-2)!}+\lambda\\&=\lambda^2\mathrm{e}^{-\lambda}\sum_{k=0}^{\infty}\frac{\lambda^k}{k!}+\lambda=\lambda^2\mathrm{e}^{-\lambda}\mathrm{e}^{\lambda}+\lambda=\lambda^2+\lambda,\end{aligned}$$
$$D(X)=E(X^2)-[E(X)]^2=\lambda^2+\lambda-\lambda^2=\lambda.$$

4. 几何分布的情形

设随机变量 $X\sim G(p)$,其分布律为

$$P(X=k)=pq^{k-1}\quad (q=1-p;\ k=1,2,\cdots).$$

由例 4.1.5 知 $E(X)=1/p$,而

$$E(X^2)=\sum_{k=1}^{\infty}k^2pq^{k-1}=p\sum_{k=1}^{\infty}k^2q^{k-1}=p\frac{1+q}{(1-q)^3}=\frac{2-p}{p^2},$$
$$D(X)=E(X^2)-[E(X)]^2=\frac{2-p}{p^2}-\frac{1}{p^2}=\frac{1-p}{p^2}.$$

5. 均匀分布的情形

设随机变量 $X\sim U[a,b]$,其概率密度为

$$f(x)=\begin{cases}\dfrac{1}{b-a}, & a<x<b,\\ 0, & \text{其他},\end{cases}$$

则

$$\begin{aligned}E(X)&=\int_{-\infty}^{+\infty}xf(x)\mathrm{d}x=\int_a^b x\,\frac{1}{b-a}\mathrm{d}x\\&=\left[\frac{x^2}{2(b-a)}\right]\bigg|_a^b=\frac{b^2-a^2}{2(b-a)}=\frac{a+b}{2},\\E(X^2)&=\int_a^b x^2\,\frac{1}{b-a}\mathrm{d}x=\frac{b^3-a^3}{3(b-a)}=\frac{1}{3}(a^2+ab+b^2),\\D(X)&=E(X^2)-[E(X)]^2=\frac{1}{12}(b-a)^2.\end{aligned}$$

6. 指数分布的情形

设随机变量 $X\sim E(\lambda)$,其概率密度为

$$f(x)=\begin{cases}\lambda\mathrm{e}^{-\lambda x}, & x>0,\\ 0, & x\leqslant 0,\end{cases}$$

则

$$\begin{aligned}E(X)&=\int_0^{+\infty}x\lambda\mathrm{e}^{-\lambda x}\mathrm{d}x=[-x\mathrm{e}^{-\lambda x}]\Big|_0^{+\infty}+\int_0^{+\infty}\mathrm{e}^{-\lambda x}\mathrm{d}x\\&=\left[-\frac{1}{\lambda}\mathrm{e}^{-\lambda x}\right]\bigg|_0^{+\infty}=\frac{1}{\lambda},\\E(X^2)&=\int_0^{+\infty}x^2\lambda\mathrm{e}^{-\lambda x}\mathrm{d}x=[-x^2\mathrm{e}^{-\lambda x}]\Big|_0^{+\infty}+\int_0^{+\infty}\mathrm{e}^{-\lambda x}\mathrm{d}x^2\\&=2\int_0^{+\infty}x\mathrm{e}^{-\lambda x}\mathrm{d}x=-\frac{2}{\lambda}\left([x\mathrm{e}^{-\lambda x}]\Big|_0^{+\infty}-\int_0^{+\infty}\mathrm{e}^{-\lambda x}\mathrm{d}x\right)\\&=\left[-\frac{2}{\lambda^2}\mathrm{e}^{-\lambda x}\right]\bigg|_0^{+\infty}=\frac{2}{\lambda^2},\\D(X)&=E(X^2)-[E(X)]^2=\frac{2}{\lambda^2}-\left(\frac{1}{\lambda}\right)^2=\frac{1}{\lambda^2}.\end{aligned}$$

7. 正态分布的情形

设随机变量 $X\sim N(\mu,\sigma^2)$,其概率密度为

$$f(x)=\frac{1}{\sqrt{2\pi}\sigma}\mathrm{e}^{-\frac{(x-\mu)^2}{2\sigma^2}},\quad -\infty<x<+\infty,$$

则由例 4.1.7 和例 4.2.3 知

$$E(X)=\mu,\quad D(X)=\sigma^2.$$

§4.3 协方差与相关系数

对于二维随机变量(X,Y),除了讨论随机变量X与Y的数学期望和方差外,还要讨论描述随机变量X与Y之间关系的数字特征——协方差与相关系数.

一、协方差

我们知道,如果随机变量X与Y相互独立,则

$$E\{[X-E(X)][Y-E(Y)]\}=0.$$

因此,对于任意两个随机变量X与Y,若

$$E\{[X-E(X)][Y-E(Y)]\}\neq 0,$$

则随机变量X与Y不相互独立,从而说明随机变量X与Y之间有一定关系.对此,我们引入如下定义:

定义 4.3.1 设(X,Y)为二维随机变量.若

$$E\{[X-E(X)][Y-E(Y)]\}$$

存在,则称它是随机变量X与Y的**协方差**,记为$\mathrm{cov}(X,Y)$,即

$$\mathrm{cov}(X,Y)=E\{[X-E(X)][Y-E(Y)]\}. \tag{4.3.1}$$

特别地,当$X=Y$时,有

$$\mathrm{cov}(X,X)=D(X). \tag{4.3.2}$$

显然,协方差$\mathrm{cov}(X,Y)$就是X与Y的2阶混合中心矩.

由数学期望的性质即得协方差的基本计算公式:

$$\mathrm{cov}(X,Y)=E(XY)-E(X)E(Y). \tag{4.3.3}$$

事实上,

$$\begin{aligned}\mathrm{cov}(X,Y)&=E\{[X-E(X)][Y-E(Y)]\}\\&=E(XY)-2E(X)E(Y)+E(X)E(Y)\\&=E(XY)-E(X)E(Y).\end{aligned}$$

由协方差的定义,可得下面关于协方差的性质.

性质 1 $\mathrm{cov}(X,Y)=\mathrm{cov}(Y,X)$.

性质 2 若a,b为常数,则$\mathrm{cov}(aX,bY)=ab\,\mathrm{cov}(X,Y)$.

性质 3 $\mathrm{cov}(X_1+X_2,Y)=\mathrm{cov}(X_1,Y)+\mathrm{cov}(X_2,Y)$.

性质 4 对任意二维随机变量(X,Y),有$D(X\pm Y)=D(X)+D(Y)\pm 2\mathrm{cov}(X,Y)$.

更一般地,对任意n个随机变量$X_1,X_2,\cdots,X_n$,有

$$D\Big(\sum_{i=1}^{n}X_i\Big)=\sum_{i=1}^{n}D(X_i)+2\sum_{i=1}^{n-1}\sum_{j=i+1}^{n}\mathrm{cov}(X_i,X_j). \tag{4.3.4}$$

例 4.3.1 设有二维随机变量(X,Y),且$D(X+Y)=10$,$D(X)=5$,$D(Y)=3$,求$\text{cov}(2X,3Y)$.

解 因为$D(X+Y)=D(X)+D(Y)+2\text{cov}(X,Y)=5+3+2\text{cov}(X,Y)=10$,所以

$$\text{cov}(X,Y)=1,\quad \text{从而} \quad \text{cov}(2X,3Y)=6\text{cov}(X,Y)=6.$$

例 4.3.2 设二维随机变量(X,Y)的联合分布列如表 4.3.1 所示,求$\text{cov}(2X,3Y)$.

表 4.3.1

X \ Y	-1	0	1
0	1/8	1/4	1/8
1	1/4	1/8	1/8

表 4.3.2

X \ Y	-1	0	1	$p_{i\cdot}$
0	1/8	1/4	1/8	1/2
1	1/4	1/8	1/8	1/2
$p_{\cdot j}$	3/8	3/8	2/8	1

解 由性质知$\text{cov}(2X,3Y)=6\text{cov}(X,Y)=6[E(XY)-E(X)E(Y)]$.先求出$(X,Y)$的边缘分布,见表 4.3.2.于是有

$$E(X)=0\times 1/2+1\times 1/2=1/2,$$

$$E(Y)=-1\times 3/8+0\times 3/8+1\times 2/8=-1/8,$$

$$E(XY)=-1\times 1/4+1\times 1/8=-1/8,$$

$$\text{cov}(2X,3Y)=6\text{cov}(X,Y)=6\times\left(-\frac{1}{8}+\frac{1}{2}\times\frac{1}{8}\right)=-\frac{3}{8}.$$

也可以不必求(X,Y)的边缘分布,直接利用求二维随机变量函数的数学期望方法计算,同样能求出X,Y的数学期望,即

$$E(X)=\sum_i\sum_j x_i p_{ij}=0\times\left(\frac{1}{8}+\frac{1}{4}+\frac{1}{8}\right)+1\times\left(\frac{1}{4}+\frac{1}{8}+\frac{1}{8}\right)=\frac{1}{2},$$

$$E(Y)=\sum_i\sum_j y_j p_{ij}=(-1)\times\left(\frac{1}{8}+\frac{1}{4}\right)+0\times\left(\frac{1}{4}+\frac{1}{8}\right)+1\times\left(\frac{1}{8}+\frac{1}{8}\right)=-\frac{1}{8}.$$

二、相关系数

协方差的数值虽然在一定程度上反映了随机变量X与Y相互间的关系,但它还受随机变量X与Y本身数值大小的影响.比如说,令随机变量X与Y各自增大k倍,即令$X_1=kX,Y_1=kY$,这时,随机变量X_1与Y_1之间的相互关系和随机变量X与Y之间的相互关系应该是一样的,可是反映这种关系的协方差却增大了k^2倍,即有

$$\text{cov}(X_1,Y_1)=k^2\text{cov}(X,Y).$$

这是协方差的一个缺陷.协方差另外一个明显缺点是它的数值大小依赖于随机变量X与Y的度量单位.为了克服这些缺点,我们引入相关系数的定义.

定义 4.3.2 设(X,Y)是二维随机变量. 若$D(X)>0, D(Y)>0$,则称$\dfrac{\mathrm{cov}(X,Y)}{\sqrt{D(X)D(Y)}}$为随机变量$X$与$Y$的**相关系数**,记为$\rho$或$\rho_{XY}$,即

$$\rho=\rho_{XY}=\frac{\mathrm{cov}(X,Y)}{\sqrt{D(X)D(Y)}}=\frac{E\{[X-E(X)][Y-E(Y)]\}}{\sqrt{D(X)D(Y)}}. \tag{4.3.5}$$

相关系数ρ与$\mathrm{cov}(X,Y)$在数值上只相差一个倍数,但相关系数是无量纲的绝对量,不受所有度量单位的影响,这样能更好地反映随机变量X与Y的关系. 实际上随机变量的相关系数就是随机变量"标准化"后的协方差,即

$$\begin{aligned}\rho=\rho_{XY}&=\frac{\mathrm{cov}(X,Y)}{\sqrt{D(X)D(Y)}}=E\left[\frac{X-E(X)}{\sqrt{D(X)}}\cdot\frac{Y-E(Y)}{\sqrt{D(Y)}}\right]\\&=\mathrm{cov}(X^*,Y^*)=\rho_{X^*Y^*}.\end{aligned}$$

定义 4.3.3 若$\rho_{XY}=0$,则称随机变量X与Y**不相关**. 否则,称随机变量X与Y**相关**,其中,若$\rho_{XY}>0$,则称随机变量X与Y**正相关**;若$\rho_{XY}<0$,则称随机变量X与Y**负相关**.

定理 4.3.1 随机变量X与Y的相关系数ρ_{XY}具有如下性质:

(1) $|\rho_{XY}|\leqslant 1$;

(2) $|\rho_{XY}|=1$的充分必要条件是存在常数$a\neq 0, b$,使得$P(Y=aX+b)=1$,即随机变量X与Y以概率1有线性关系.

证 (1) 令$g(t)=D(Y-tX)=D(Y)+t^2D(X)-2t\rho_{XY}\sqrt{D(X)}\sqrt{D(Y)}$. 易知$g(t)$是关于$t$的一元二次函数. 因为对任意的$t\in\mathbf{R}$,都有$g(t)\geqslant 0$,且$D(X)>0$,所以其判别式

$$\Delta=4\rho_{XY}^2D(X)D(Y)-4D(X)D(Y)\leqslant 0,$$

从而$\rho_{XY}^2\leqslant 1$,即$|\rho_{XY}|\leqslant 1$.

(2) $\exists\, a(\neq 0), b\in\mathbf{R}$,使得$P(Y=aX+b)=1$

$\Leftrightarrow \exists\, a\neq 0, b\in\mathbf{R}$,使得$P(Y-aX=b)=1$

$\Leftrightarrow \exists\, a\neq 0, b\in\mathbf{R}$,使得$D(Y-aX)=0$

$\Leftrightarrow g(t)=0$有实根a

$\Leftrightarrow g(t)$的判别式$\Delta=4\rho_{XY}^2D(X)D(Y)-4D(X)D(Y)=0$

$\Leftrightarrow |\rho_{XY}|=1$.

由上述证明中$g(t)=0$的实根$a=\rho_{XY}\dfrac{\sqrt{D(Y)}}{\sqrt{D(X)}}$,即$a$与$\rho_{XY}$取值同号. 此时,$a>0$时$\rho_{XY}=1$,$a<0$时$\rho_{XY}=-1$.

相关系数ρ_{XY}是刻画随机变量X与Y之间的线性关系程度的数字特征. $|\rho_{XY}|$越接近1,则Y与X的线性关系程度越强,且当$\rho_{XY}>0$时,Y就呈现出随着X的增加而增加的趋势;当$\rho_{XY}<0$时,Y就呈现出随着X的增加而减少的趋势. $|\rho_{XY}|$越接近0,

则 Y 与 X 的线性关系程度越弱. 当 $|\rho_{XY}|=1$ 时,Y 几乎可以由 X 的线性函数表示;当 $\rho_{XY}=0$ 时,Y 与 X 没有线性关系.

例 4.3.3 将一枚均匀硬币重复掷 n 次,以 X 和 Y 分别表示正面向上和反面向上的次数,求 X 和 Y 的相关系数 ρ_{XY}.

解 由题意知 $X+Y=n$,即 $Y=n-X$,于是由定理 4.3.1 可得 $\rho_{XY}=-1$.

例 4.3.4 设二维随机变量(X,Y)的联合概率密度为

$$f(x,y)=\begin{cases}x+y, & 0<x<1,0<y<1,\\ 0, & \text{其他},\end{cases}$$

求 ρ_{XY}.

解 因为

$$E(X)=\int_0^1\int_0^1 x(x+y)\mathrm{d}x\mathrm{d}y=\frac{7}{12},\quad E(Y)=\int_0^1\int_0^1 y(x+y)\mathrm{d}x\mathrm{d}y=\frac{7}{12},$$

$$D(X)=E(X^2)-[E(X)]^2=\int_0^1\int_0^1 x^2(x+y)\mathrm{d}x\mathrm{d}y-\frac{49}{144}=\frac{11}{144},$$

$$D(Y)=E(Y^2)-[E(Y)]^2=\int_0^1\int_0^1 y^2(x+y)\mathrm{d}x\mathrm{d}y-\frac{49}{144}=\frac{11}{144},$$

$$E(XY)=\int_0^1\int_0^1 xy(x+y)\mathrm{d}x\mathrm{d}y=\frac{1}{3},$$

$$\operatorname{cov}(X,Y)=E(XY)-E(X)E(Y)=\frac{1}{3}-\frac{7}{12}\times\frac{7}{12}=-\frac{1}{144},$$

所以

$$\rho_{XY}=\frac{\operatorname{cov}(X,Y)}{\sqrt{D(X)D(Y)}}=\frac{-\frac{1}{144}}{\sqrt{\frac{11}{144}\times\frac{11}{144}}}=-\frac{1}{11}.$$

定理 4.3.2 若随机变量 X 与 Y 相互独立,则 X 与 Y 不相关.

证 由于 X 与 Y 相互独立,所以 $\operatorname{cov}(X,Y)=0$,从而 $\rho_{XY}=0$,即 X 与 Y 不相关.

注 定理 4.3.2 的逆命题不成立,即 $\rho_{XY}=0$ 时,X 与 Y 不相关,但 X 与 Y 不一定相互独立.

例 4.3.5 设二维随机变量(X,Y)的联合分布律如表 4.3.3 所示,试讨论 X 与 Y 的相关性和独立性.

表 4.3.3

X \ Y	-1	0	1
-1	1/8	1/8	1/8
0	1/8	0	1/8
1	1/8	1/8	1/8

解 先求(X,Y)的边缘分布,见表 4.3.4.所以

$$E(X)=-1\times\frac{3}{8}+0\times\frac{2}{8}+1\times\frac{3}{8}=0,\quad E(Y)=-1\times\frac{3}{8}+0\times\frac{2}{8}+1\times\frac{3}{8}=0,$$

$$E(XY)=\frac{1}{8}+0+\frac{1}{8}+0+0+0-\frac{1}{8}-\frac{1}{8}=0,$$

因此
$$\mathrm{cov}(X,Y)=E(XY)-E(X)E(Y)=0,$$

即 X 与 Y 不相关.另外,从表 4.3.4 可知 $p_{22}=0\neq p_{2\cdot}p_{\cdot 2}=\frac{1}{16}$,所以 X 与 Y 不相互独立.

表 4.3.4

X \ Y	-1	0	1	$p_{i\cdot}$
-1	1/8	1/8	1/8	3/8
0	1/8	0	1/8	2/8
1	1/8	1/8	1/8	3/8
$p_{\cdot j}$	3/8	2/8	3/8	1

例 4.3.6 设随机变量 $X\sim U[0,2\pi]$,$Y=\cos X$,讨论 X 与 Y 的相关性.

解 由于

$$E(X)=\pi,\quad E(Y)=\int_0^{2\pi}\cos x\,\frac{1}{2\pi}\mathrm{d}x=0,$$

$$E(XY)=\int_0^{2\pi}x\cos x\cdot\frac{1}{2\pi}\mathrm{d}x=\frac{1}{2\pi}[x\sin x+\cos x]\Big|_0^{2\pi}=0,$$

$$\mathrm{cov}(X,Y)=E(XY)-E(X)E(Y)=0-\pi\times 0=0,$$

因此 X 与 Y 不相关.另外,因为 Y 是 X 的函数,所以 X 与 Y 不独立.

两个随机变量相互独立与不相关是两个不同的概念,“不相关”只说明两个随机变量之间没有线性关系,但这时的 X 与 Y 可能有某种别的函数关系;而“相互独立”说明两个随机变量之间没有任何关系,既无线性关系,也无非线性关系.至此我们就可以更好地理解“相互独立”必导致“不相关”,反之不一定成立.但对于二维正态随机变量而言,相互独立与互不相关是等价的.这也是二维正态随机变量的独特性质.

例 4.3.7 设二维随机变量$(X,Y)\sim N(\mu_1,\mu_2,\sigma_1^2,\sigma_2^2,\rho)$,证明:$\rho_{XY}=\rho$.

证 由例 3.2.4 得 $X\sim N(\mu_1,\sigma_1^2)$,$Y\sim N(\mu_2,\sigma_2^2)$,所以

$$E(X)=\mu_1,\quad D(X)=\sigma_1^2,\quad E(Y)=\mu_2,\quad D(Y)=\sigma_2^2.$$

于是

$$\begin{aligned}\operatorname{cov}(X,Y) &= \int_{-\infty}^{+\infty}\int_{-\infty}^{+\infty}(x-\mu_1)(y-\mu_2)f(x,y)\mathrm{d}x\mathrm{d}y \\ &= \frac{1}{2\pi\sigma_1\sigma_2\sqrt{1-\rho^2}}\int_{-\infty}^{+\infty}\int_{-\infty}^{+\infty}(x-\mu_1)(y-\mu_2) \\ &\quad\cdot \exp\left\{-\frac{1}{2(1-\rho^2)}\left[\left(\frac{x-\mu_1}{\sigma_1}\right)^2-2\rho\left(\frac{x-\mu_1}{\sigma_1}\right)\left(\frac{y-\mu_2}{\sigma_2}\right)+\left(\frac{y-\mu_2}{\sigma_2}\right)^2\right]\right\}\mathrm{d}x\mathrm{d}y.\end{aligned}$$

令 $s=\frac{x-\mu_1}{\sigma_1}$，$t=\frac{y-\mu_2}{\sigma_2}$，则有

$$\begin{aligned}\operatorname{cov}(X,Y) &= \frac{1}{2\pi\sqrt{1-\rho^2}}\int_{-\infty}^{+\infty}\int_{-\infty}^{+\infty}\sigma_1 s\sigma_2 t \mathrm{e}^{-\frac{(s-\rho t)^2+(1-\rho^2)t^2}{2(1-\rho^2)}}\mathrm{d}s\mathrm{d}t \\ &= \frac{\sigma_1\sigma_2}{\sqrt{2\pi}}\int_{-\infty}^{+\infty} t\mathrm{e}^{-t^2/2}\mathrm{d}t\int_{-\infty}^{+\infty}\frac{1}{\sqrt{2\pi}\sqrt{1-\rho^2}}s\mathrm{e}^{-\frac{(s-\rho t)^2}{2(1-\rho^2)}}\mathrm{d}s \\ &= \frac{\sigma_1\sigma_2}{\sqrt{2\pi}}\int_{-\infty}^{+\infty} t\mathrm{e}^{-t^2/2}\cdot\rho t\,\mathrm{d}t = \rho\sigma_1\sigma_2.\end{aligned}$$

因此
$$\rho_{XY}=\frac{\operatorname{cov}(X,Y)}{\sqrt{D(X)D(Y)}}=\rho.$$

由例 3.2.8 知，X 与 Y 相互独立的充分必要条件是参数 $\rho=0$，现在又知道 $\rho_{XY}=\rho$，故对二维正态分布随机变量而言，“X 与 Y 不相关”和“X 与 Y 相互独立”是等价的.

从上例我们知道，若二维随机变量 $(X,Y)\sim N(\mu_1,\mu_2,\sigma_1^2,\sigma_2^2,\rho)$，$X$ 与 Y 的相关系数就是参数 ρ，因此二维正态随机变量 (X,Y) 的分布完全由 X 与 Y 各自的数学期望、方差和它们的相关系数所确定.

例 4.3.8 设二维随机变量 $(X,Y)\sim N\left(1,0,9,16,-\frac{1}{2}\right)$，$Z=\frac{X}{3}+\frac{Y}{2}$.

(1) 求 Z 的数学期望 $E(Z)$ 和方差 $D(Z)$；

(2) 求 ρ_{XZ}，并判断 X 与 Z 是否不相关；

(3) 判断 X 与 Z 是否独立，为什么？

解 (1) 由题意知

$$E(X)=1,\quad D(X)=9,\quad E(Y)=0,\quad D(Y)=16,\quad \rho_{XY}=-1/2,$$

所以

$$\begin{aligned}E(Z) &= E\left(\frac{X}{3}+\frac{Y}{2}\right)=\frac{1}{3}, \\ D(Z) &= D\left(\frac{X}{3}+\frac{Y}{2}\right)=D\left(\frac{X}{3}\right)+D\left(\frac{Y}{2}\right)+2\operatorname{cov}\left(\frac{X}{3},\frac{Y}{2}\right) \\ &= \frac{1}{9}\times 9+\frac{1}{4}\times 16+2\times\frac{1}{3}\times\frac{1}{2}\operatorname{cov}(X,Y).\end{aligned}$$

又 $\operatorname{cov}(X,Y)=\rho_{XY}\sqrt{D(X)D(Y)}=-\frac{1}{2}\times 3\times 4=-6$,因此

$$D(Z)=1+4-6\times\frac{1}{3}=3.$$

(2) 因为

$$\begin{aligned}\operatorname{cov}(X,Z)&=\operatorname{cov}\left(X,\frac{X}{3}+\frac{Y}{2}\right)=\frac{1}{3}\operatorname{cov}(X,X)+\frac{1}{2}\operatorname{cov}(X,Y)\\&=\frac{1}{3}\times 9+\frac{1}{2}\times(-6)=0,\end{aligned}$$

所以 $\rho_{XZ}=\dfrac{\operatorname{cov}(X,Z)}{\sqrt{D(X)D(Z)}}=0$. 因此 X 与 Z 不相关.

(3) 因为(X,Z)由(X,Y)经线性变换所得,由第三章正态分布的性质知(X,Z)服从二维正态分布,又 X 与 Z 不相关,因此 X 与 Z 互相独立.

例 4.3.9 对于任意两事件 A 和 B,若 $0<P(A)<1,0<P(B)<1$,则称

$$\rho=\frac{P(AB)-P(A)P(B)}{\sqrt{P(A)P(B)P(\bar{A})P(\bar{B})}}$$

为事件 A 和 B 的**相关系数**.证明:

(1) 事件 A 和 B 独立的充分必要条件是 $\rho=0$; (2) $|\rho|\leqslant 1$.

证 (1) 由 ρ 的定义知 $\rho=0$ 当且仅当

$$P(AB)-P(A)P(B)=0,\quad 即\quad P(AB)=P(A)P(B),$$

而这恰是事件 A 和 B 独立的定义,因此 $\rho=0$ 是事件 A 和 B 独立的充分必要条件.

(2) 引入随机变量 X 与 Y 为

$$X=\begin{cases}1, & A\text{ 发生},\\0, & A\text{ 不发生},\end{cases}\qquad Y=\begin{cases}1, & B\text{ 发生},\\0, & B\text{ 不发生},\end{cases}$$

即 X 服从参数为 $P(A)$的 0-1 分布,Y 服从参数为 $P(B)$的 0-1 分布,且(X,Y)的联合分布律如表 4.3.4 所示,因此

$$\begin{aligned}&E(X)=P(A),\quad E(Y)=P(B),\quad E(XY)=P(AB),\\&D(X)=P(A)[1-P(A)]=P(A)P(\bar{A}),\\&D(Y)=P(B)[1-P(B)]=P(B)P(\bar{B}),\\&\operatorname{cov}(X,Y)=E(XY)-E(X)E(Y)=P(AB)-P(A)P(B).\end{aligned}$$

表 4.3.4

X \ Y	0	1
0	$P(\bar{A}\bar{B})$	$P(\bar{A}B)$
1	$P(A\bar{B})$	$P(AB)$

所以 X 与 Y 的相关系数为

$$\rho_{XY}=\frac{\operatorname{cov}(X,Y)}{\sqrt{D(X)}\sqrt{D(Y)}}=\frac{P(AB)-P(A)P(B)}{\sqrt{P(A)P(B)P(A)P(B)}}=\rho,$$

即 X 与 Y 的相关系数 ρ_{XY} 就是事件 A 与 B 的相关系数 ρ. 于是由二维随机变量相关系数的基本性质可得 $|\rho|\leqslant 1$.

综上所述,对于二维随机变量 (X,Y),一般有下列关系式:

$$\begin{aligned} X\text{ 与 }Y\text{ 相互独立 }\Rightarrow X\text{ 与 }Y\text{ 不相关} &\Longleftrightarrow \rho_{XY}=0 \\ &\Longleftrightarrow \operatorname{cov}(X,Y)=0 \\ &\Longleftrightarrow E(XY)=E(X)E(Y) \\ &\Longleftrightarrow D(X\pm Y)=D(X)+D(Y). \end{aligned}$$

内 容 小 结

本章讨论随机变量的数字特征. 概率分布全面地描述了随机变量取值的统计规律性,而数字特征则描述统计规律性的某些主要特征.

本章知识点网络图:

- 一维随机变量的数字特征
  - 数学期望
    - 定义
    - 函数的数学期望
      - 一维
      - 二维
    - 性质
  - 方差
    - 定义
    - 性质
  - 矩
    - k 阶原点矩
    - k 阶中心矩
    - 标准化随机变量
- 二维随机变量的数字特征
  - 协方差
    - 定义
    - 性质
  - 相关系数
    - 定义
    - 性质
  - 独立与相关
    - 独立一定不相关,反之不一定成立
    - 二维正态分布独立与不相关等价
- 常见分布的数字特征
  - 数学期望与方差:0-1 分布/二项分布/泊松分布/几何分布/均匀分布/指数分布/正态分布
  - 相关系数:二维正态分布

本章的基本要求：

1. 理解数学期望的概念，掌握数学期望的计算及性质；掌握随机变量函数(一维、二维)的数学期望计算方法.

2. 理解方差、标准差的概念，掌握方差的计算方法及性质；掌握切比雪夫不等式，会用切比雪夫不等式进行概率估算.

3. 熟记七种常见分布的数学期望和方差.

4. 理解协方差和相关系数的概念，掌握它们的计算方法及性质；熟练掌握随机变量不相关与相互独立的关系.

5. 了解随机变量的标准化及矩的概念.

习 题 四

第一部分 基本题

一、选择题：

1. 对于随机变量 X 与 Y，若 $E(XY)=E(X)E(Y)$，则( ).

(A) $D(XY)=D(X)D(Y)$ (B) $D(X+Y)=D(X)+D(Y)$

(C) X 与 Y 相互独立 (D) X 与 Y 不独立

2. 设随机变量 X 与 Y 独立同分布，$U=X+Y$，$V=X-Y$，则 U，V 必然( ).

(A) 独立 (B) 不独立 (C) 相关 (D) 不相关.

3. 设随机变量 X 与 Y 相互独立且方差分别为 3 和 2，则 $D(3X-2Y)=$( ).

(A) 5 (B) 13 (C) 19 (D) 35

4. 设 X 为随机变量，$E(X)=\mu$，$D(X)=\sigma^2$，则对于任意常数 C，有( ).

(A) $E[(X-C)^2]=E(X^2)-C$ (B) $E[(X-C)^2]=E[(X-\mu)^2]$

(C) $E[(X-C)^2]\leqslant E[(X-\mu)^2]$ (D) $E[(X-C)^2]\geqslant E[(X-\mu)^2]$

5. 设某人的一串钥匙上有 n 把钥匙，其中只有一把能打开他的家门. 他随意地试用这串钥匙中的某一把去开门，若每把钥匙试开一次后除去，则平均打开门时试用钥匙次数为( ).

(A) $\ln n$ (B) $\frac{n}{2}$ (C) $\frac{n+1}{2}$ (D) $\frac{n-1}{2}$

6. 设随机变量 $X\sim N(1,2)$，$Y\sim E(1/2)$，则下列等式不一定成立的是( ).

(A) $E(X+Y)=3$ (B) $D(2Y+2)=16$ (C) $D(X-Y)=6$ (D) $D(3X)=18$

二、填空题：

7. 设随机变量 X 的分布列如下：

X	0	2
P	0.7	0.3

则 $E(X)=$__________,$D(X)=$__________.

8. 设随机变量 X 的概率分布为 $P(X=k)=\dfrac{AB^k}{k!}$ $(k=0,1,2,\cdots)$. 若已知 $E(X)=2$,则常数 $A=$__________,$B=$__________.

9. 设随机变量 X 服从参数为 $\dfrac{1}{2}$ 的泊松分布,则 $E(2X+3)=$__________.

10. 设 X 为随机变量,$E(X)=-2$,$D(X)=3$,则 $E(3X^2-6)=$__________.

11. 设随机变量 X 服从区间$[-1,2]$上的均匀分布,随机变量

$$Y=\begin{cases}1, & X>0,\\ 0, & X=0,\\ -1, & X<0,\end{cases}$$

则 $D(Y)=$__________.

12. 设随机变量 $X_1,X_2,\cdots,X_n$ 相互独立,并且服从同一分布,数学期望为 μ,方差为 σ^2. 令 $\overline{X}=\dfrac{1}{n}\sum\limits_{i=1}^{n}X_i$,则 $E(\overline{X})=$__________,$D(\overline{X})=$__________.

13. 已知每毫升正常男性成人血液中,白细胞数平均是 7300,均方差是 700. 由切比雪夫不等式估计每毫升血液中白细胞数在 5200～9400 之间的概率不小于__________.

14. 设随机变量 X 与 Y 的方差分别为 25,36,相关系数为 0.4,则 $D(X+Y)=$__________,$D(X-Y)=$__________.

15. 设随机变量 X 与 Y 独立同分布,且 $X\sim N(0,1/2)$,则 $E|X-Y|=$__________.

三、计算题:

16. 设随机变量 X 的分布列如下:

X	-1	0	1	2
P	0.2	0.3	0.3	0.2

求 $E(X)$,$E(X^2)$.

17. 现有 10 张奖券,其中 8 张奖金额为 2 元,2 张奖金额为 5 元. 某人从中无放回地随机抽取 3 张,求此人抽得奖金额的数学期望.

18. 按规定,某车站每天 8:00～9:00 和 9:00～10:00 之间都恰有一辆客车到站,到站的时刻相互独立,其分布律如下:

8:00～9:00 到站时间	8:10	8:30	8:50
9:00～10:00 到站时间	9:10	9:30	9:50
到站概率	1/6	3/6	2/6

若一旅客 8:20 到达车站,求他候车时间的数学期望.

19. 设某客车载有 20 位旅客,自始发站开出,旅客有 10 个车站可以下车,如到达一个车站没有旅客下车,就不停车. 若每位旅客在各站下车是等可能的,求平均停车次数.

20. 把数字 $1,2,\cdots,n$ 任意地排成一行,如果数字 $i(i=1,2,\cdots,n)$ 恰好出现在第 i 个位置上,则称为一个巧合.求巧合个数的数学期望.

21. 掷 n 颗一样的骰子,求点数之和的数学期望和方差.

22. 设随机变量 X 的概率密度为 $f(x)=\dfrac{1}{\pi(1+x^2)}\ (-\infty<x<+\infty)$,求 $E(X)$.

23. 设随机变量 X 的概率密度为 $f(x)=\begin{cases}8(1-x)^7, & 0<x<1,\\ 0, & \text{其他},\end{cases}$ 求 $E(X),D(X)$.

24. 设二维随机变量 (X,Y) 的联合概率密度为

$$f(x,y)=\begin{cases}2, & 0<x<1,0<y<x,\\ 0, & \text{其他},\end{cases}$$

求 $E(X+Y),E(XY)$.

25. 设二维随机变量 (X,Y) 服从圆盘 $x^2+y^2\leqslant R^2$ 上的均匀分布,求点 (X,Y) 到圆心的距离的数学期望.

26. 设二维随机变量 (X,Y) 的联合概率密度为

$$f(x,y)=\begin{cases}4xy\mathrm{e}^{-x^2-y^2}, & x>0,y>0,\\ 0, & \text{其他},\end{cases}$$

求 $Z=\sqrt{X^2+Y^2}$ 的数学期望.

27. 将一枚均匀硬币连续抛 1000 次,利用切比雪夫不等式估计这 1000 次试验中出现正面的次数在 400~600 次之间的概率.

28. 设二维离散随机变量 (X,Y) 满足 $P(XY=0)=1$,且关于 X 和 Y 的边缘分布分别如下:

X	-1	0	1
P	$1/4$	$1/2$	$1/4$

Y	0	1
P	$1/2$	$1/2$

试求 (X,Y) 的相关系数 ρ_{XY},并判断随机变量 X 与 Y 是否相互独立.

29. 设二维随机变量 (X,Y) 的联合概率密度为

$$f(x,y)=\begin{cases}(x+y)/8, & 0<x<2,0<y<2,\\ 0, & \text{其他},\end{cases}$$

求 $E(X),E(Y),\operatorname{cov}(X,Y),\rho_{XY}$.

30. 设二维随机变量 (X,Y) 服从由 x 轴,y 轴及直线 $x+y+1=0$ 所围成的平面区域上的均匀分布,求相关系数 ρ_{XY}.

31. 设随机变量 X 与 Y 相互独立,均服从正态分布 $N(\mu,\sigma^2)$.令 $U=\alpha X+\beta Y,V=\alpha X-\beta Y$ (α,β 为常数),求相关系数 ρ_{UV}.

第二部分 提高题

1. 对某批产品进行抽查时,只要发现废品就认为这批产品不合格,并结束抽查;若抽查到第 n 件仍未发现废品,则认为这批产品合格.假设产品数量很大,每次抽查到废品的概率都是 p,求平均需抽查的件数.

2. 设有 n 个袋子，各装有 a 个白球和 b 个黑球. 现先从第 1 个袋中摸出一球，记下颜色后就把它放入第 2 个袋子中，再从第 2 个袋子中摸出一球，记下颜色后就把它放入第 3 个袋子中，依此下去，最后从第 n 个袋子中摸出一球并记下颜色. 设 S_n 表示这 n 次摸球中所得的白球总数，求 $E(S_n)$.

3. 设某种灯管的使用寿命 X 服从指数分布，其平均使用寿命为 3000 h. 现有 10 根这样的灯管(并联)每天工作 4 h，求 150 天内这 10 根灯管

(1) 至少有一根灯管需要更换的概率；

(2) 平均需要更换几根；

(3) 需要更换灯管数的方差.

4. 设随机变量 X 的分布函数如下，试求 $E(X)$：

$$F(x)=\begin{cases} e^x/2, & x<0, \\ 1/2, & 0\leqslant x<1, \\ 1-\dfrac{1}{2}e^{-(x-1)/2}, & x\geqslant 1, \end{cases}$$

5. 设连续型随机变量 X 的分布函数为 $F(x)$，称满足

$$P(X\leqslant m)=F(m)=1/2$$

的数 m 为 X 的**中位数**. 若 $X\sim E(\lambda)$，求 m 及 $E|X-m|$.

6. 设随机变量 $X\sim N(0,\sigma^2)$，求 $E(X^n)$，$n\geqslant 1$.

7. 游客乘电梯从底层到电视塔顶层观光，已知电梯于每个整点的第 5 min，25 min 和 55 min 从底层起行. 假设一游客在 8:00 的第 X 分钟到达底层候梯处，且 $X\sim U[0,60]$，求该游客等候时间的数学期望.

8. 设 a 为区间(0,1)上的一个定点，随机变量 X 服从(0,1)上的均匀分布，以 Y 表示点 X 到点 a 的距离，问：a 为何值时，随机变量 X 与 Y 不相关？

9. 设随机变量 X 与 Y 相互独立，且概率密度分别为

$$f_X(x)=\frac{1}{\sqrt{\pi}}e^{-x^2+2x-1}\ (-\infty<x<+\infty),\quad f_Y(y)=\begin{cases} 1/2, & 0<y<2, \\ 0, & \text{其他}, \end{cases}$$

求 $E(X+Y)$，$D(2X+Y)$.

10. 设随机变量 X 与 Y 相互独立，且均服从正态分布 $N(0,0.5)$，求 $E|X-Y|$.

11. 设随机变量 X,Y,Z 相互独立，且 $D(X)=25$，$D(Y)=144$，$D(Z)=81$. 若 $U=X+Y$，$V=Y+Z$，求相关系数 ρ_{UV}.

12. 设点 (X,Y) 服从以(0,0)，(1,0)和(0,1)为顶点的三角形区域上服从均匀分布，试求 X 与 Y 的相关系数.

13. 设随机变量 X 的概率密度为 $f(x)=\frac{1}{2}e^{-|x|}\ (-\infty<x<+\infty)$.

(1) 求 X 的数学期望 $E(X)$ 和方差 $D(X)$；

(2) 求 $\mathrm{cov}(X,|X|)$，并判断 X 与 $|X|$ 是否相关；

(3) 问：X 与 $|X|$ 是否相互独立？为什么？

14. 设随机变量 $X\sim N(50,1)$，$Y\sim N(60,4)$，X 与 Y 相互独立，$Z=3X-2Y-10$，求 $P(Z>10)$.

15. 对于两个随机变量 X,Y,若 $E(X^2)$,$E(Y^2)$存在,证明柯西-施瓦茨(Cauchy-Schwarz)不等式:$[E(XY)]^2\leqslant E(X^2)E(Y^2)$.

16. 设 $g(x)$为随机变量 X 取值的集合上的非负不减函数,且 $E[g(X)]$存在,证明:对任意的 $\varepsilon>0$,均有 $P(X>\varepsilon)\leqslant\frac{E[g(X)]}{g(\varepsilon)}$.

第五章 极限定理初步

对于自然界中的随机现象,虽然无法确切地判断其状态的变化,但如果对随机现象进行大量的重复试验,却呈现出明显的规律性.用极限方法讨论其规律性所导出的一系列重要命题统称为大数定律和中心极限定理.大数定律和中心极限定理是概率论中最基本的理论之一,它在概率论与数理统计的理论研究和实际应用中都有十分重要的地位.本章仅就一些最基本的内容进行简明扼要的介绍.

§5.1　随机变量序列的收敛性

极限定理主要研究随机变量序列的收敛性.随机变量序列的收敛性有多种,其中最常见的有两种:依概率收敛和依分布收敛.本节将给出这两种收敛的定义及有关性质.

一、依概率收敛

定义 5.1.1　设$\{X_n\}$为随机变量序列,X为随机变量.如果对任意的$\varepsilon>0$,有

$$\lim_{n\to\infty}P(|X_n-X|<\varepsilon)=1, \tag{5.1.1}$$

则称$\{X_n\}$**依概率收敛于**X,记做$X_n\xrightarrow{P}X$.

例 5.1.1　设随机变量序列$\{X_n\}$独立同分布,$X_n\sim U(0,1)$ $(n=1,2,\cdots)$,$X_{(n)}=\max\{X_1,X_2,\cdots,X_n\}$,证明:$X_{(n)}\xrightarrow{P}1$.

证　对任意i $(i=1,2,\cdots)$,X_i的分布函数为

$$F(x)=P(X_i\leqslant x)=\begin{cases}0, & x<0,\\ x, & 0\leqslant x<1,\\ 1, & x\geqslant 1,\end{cases}$$

所以有

$$P(X_{(n)} \leqslant x) = P(X_1 \leqslant x, \cdots, X_n \leqslant x) = \prod_{i=1}^{n} P(X_i \leqslant x) = \begin{cases} 0, & x < 0, \\ x^n, & 0 \leqslant x < 1, \\ 1, & x \geqslant 1. \end{cases}$$

对于任意 $\varepsilon > 0$ $(\varepsilon < 1)$,有

$$\begin{aligned} P(|X_{(n)} - 1| < \varepsilon) &= P(1 - \varepsilon < X_{(n)} < 1 + \varepsilon) \\ &= P(X_{(n)} < 1 + \varepsilon) - P(X_{(n)} \leqslant 1 - \varepsilon) \\ &= 1 - (1 - \varepsilon)^n \to 1 \quad (n \to \infty), \end{aligned}$$

所以 $X_{(n)} \xrightarrow{P} 1$.

定理 5.1.1 设 $\{X_n\}$, $\{Y_n\}$ 为两个随机变量序列, a, b 是两个常数. 如果

$$X_n \xrightarrow{P} a, \quad Y_n \xrightarrow{P} b,$$

则有

(1) $X_n \pm Y_n \xrightarrow{P} a \pm b$;

(2) $X_n Y_n \xrightarrow{P} ab$;

(3) $X_n / Y_n \xrightarrow{P} a/b$ $(b \neq 0)$.

证明从略.

*二、依分布收敛

定义 5.1.2 设随机变量序列 $\{X_n\}$ 和随机变量 X 的分布函数分别为 $\{F_n(x)\}$ 和 $F(x)$. 如果对 $F(x)$ 的任一连续点 x, 都有

$$\lim_{n \to \infty} F_n(x) = F(x), \tag{5.1.2}$$

则称 $\{X_n\}$ **依分布收敛**于 X, 记做 $X_n \xrightarrow{L} X$. 这时也称 $\{F_n(x)\}$ **弱收敛于** $F(x)$, 记做

$$F_n(x) \xrightarrow{W} F(x).$$

定理 5.1.2 设 $X_n \xrightarrow{P} X$, 则有 $X_n \xrightarrow{L} X$.

证明从略.

定理 5.1.3 设 a 为常数, 则 $X_n \xrightarrow{P} a \Leftrightarrow X_n \xrightarrow{L} a$.

证明从略.

§5.2 大数定律

一、大数定律的一般形式

定义 5.2.1 设 $\{X_n\}$ 为随机变量序列. 如果 $E(X_n)$ $(n = 1, 2, \cdots)$ 存在, 使得对

任意 $\varepsilon>0$,有

$$\lim_{n\to\infty}P\left(\left|\frac{1}{n}\sum_{i=1}^{n}X_i-\frac{1}{n}\sum_{i=1}^{n}E(X_i)\right|<\varepsilon\right)=1, \tag{5.2.1}$$

即 $\frac{1}{n}\sum_{i=1}^{n}X_i-\frac{1}{n}\sum_{i=1}^{n}E(X_i)\xrightarrow{P}0$,则称 $\{X_n\}$ **服从大数定律**.

大数定律有多种形式,不同的大数定律就是研究随机变量序列 $\{X_n\}$ 在满足不同的条件下服从大数定律.

二、伯努利大数定律

在第一章我们讲到概率的统计定义,即随着试验次数 n 的增加,事件 A 发生的频率 $f_n(A)=\frac{m}{n}$ (m 为事件 A 在 n 次试验中发生的次数)会越来越明显地稳定在某一常数值 p 附近,这个常数 p 就称为事件 A 发生的概率. 大量事实表明,频率的稳定性是普遍存在的客观规律. 下面介绍的伯努利大数定律,对此给出了理论上的证明.

定理 5.2.1(伯努利大数定律) 设 X 是 n 次独立试验(n 次伯努利试验)中随机事件 A 发生的次数,p 是每次试验时事件 A 发生的概率,则对任何 $\varepsilon>0$,有

$$\lim_{n\to\infty}P\left(\left|\frac{X}{n}-p\right|<\varepsilon\right)=1 \tag{5.2.2}$$

或

$$\frac{X}{n}\xrightarrow{P}p.$$

证 因为 X 是 n 次独立试验中事件 A 发生的次数,所以 $X\sim B(n,p)$. 令 $Y_n=\frac{X}{n}$,则

$$E(Y_n)=\frac{E(X)}{n}=\frac{np}{n}=p,$$

$$D(Y_n)=\frac{D(X)}{n^2}=\frac{np(1-p)}{n^2}=\frac{p(1-p)}{n}.$$

由切比雪夫不等式可知,对任意 $\varepsilon>0$,有

$$P(|Y_n-E(Y_n)|<\varepsilon)\geqslant 1-\frac{D(Y_n)}{\varepsilon^2},$$

即

$$P\left(\left|\frac{X}{n}-p\right|<\varepsilon\right)\geqslant 1-\frac{p(1-p)}{n\varepsilon^2}.$$

对上式两边取 $n\to\infty$ 的极限,则有

$$\lim_{n\to\infty}P\left(\left|\frac{X}{n}-p\right|<\varepsilon\right)\geqslant 1-\lim_{n\to\infty}\frac{p(1-p)}{n\varepsilon^2}=1.$$

因为概率不能大于1,所以

$$\lim_{n\to\infty}P\left(\left|\frac{X}{n}-p\right|<\varepsilon\right)=1.$$

伯努利大数定律表明,事件 A 发生的频率 $\frac{X}{n}$ 总是在它的概率 $P(A)=p$ 的附近摆动,随着试验次数的增多,频率 $\frac{X}{n}$ 与概率 p 发生很大偏差的可能性会越来越小.正是在这个意义上,我们就有概率的统计定义,即在实际应用中,当试验次数足够多时,我们往往用频率作为概率的近似.

伯努利大数定律也可以写成大数定律的一般形式.设 $\{X_n\}$ 为一独立同分布的随机变量序列,且 $X_i\sim B(1,p)$ $(i=1,2,\cdots)$,即有 $X=\sum_{i=1}^{n}X_i$,则随机变量序列 $\{X_n\}$ 服从大数定律.按此写法,伯努利大数定律可以看做以下两个大数定律(切比雪夫大数定律、辛钦大数定律)的特例.

三、切比雪夫大数定律

定理 5.2.2(切比雪夫大数定律) 设 $\{X_n\}$ 为两两不相关的随机变量序列.若每个随机变量 X_i 的方差存在,且有共同的上界,即 $D(X_i)\leqslant c$ (c 为常数,$i=1,2,\cdots$),则 $\{X_n\}$ 服从大数定律,即对任意 $\varepsilon>0$,有

$$\lim_{n\to\infty}P\left(\left|\frac{1}{n}\sum_{i=1}^{n}X_i-\frac{1}{n}\sum_{i=1}^{n}E(X_i)\right|<\varepsilon\right)=1 \tag{5.2.3}$$

或

$$\frac{1}{n}\sum_{i=1}^{n}X_i-\frac{1}{n}\sum_{i=1}^{n}E(X_i)\xrightarrow{P}0.$$

证 因为 $\{X_n\}$ 两两不相关,所以 $\operatorname{cov}(X_i,X_j)=0$ $(i\neq j)$,从而由(4.3.4)式有

$$D\left(\frac{1}{n}\sum_{i=1}^{n}X_i\right)=\frac{1}{n^2}\sum_{i=1}^{n}D(X_i)\leqslant\frac{c}{n}.$$

由切比雪夫不等式知,对任意 $\varepsilon>0$,有

$$P\left(\left|\frac{1}{n}\sum_{i=1}^{n}X_i-\frac{1}{n}\sum_{i=1}^{n}E(X_i)\right|<\varepsilon\right)\geqslant 1-\frac{D\left(\frac{1}{n}\sum_{i=1}^{n}X_i\right)}{\varepsilon^2}\geqslant 1-\frac{c}{n\varepsilon^2},$$

于是当 $n\to+\infty$ 时,有

$$\lim_{n\to\infty}P\left(\left|\frac{1}{n}\sum_{i=1}^{n}X_i-\frac{1}{n}\sum_{i=1}^{n}E(X_i)\right|<\varepsilon\right)=1.$$

设 $\{X_n\}$ 为独立同分布随机变量序列,且 $X_i\sim B(1,p)$ $(i=1,2,\cdots)$,则

$$D(X_i)=p(1-p)\leqslant 1/4,\quad i=1,2,\cdots,$$

即$\{X_n\}$满足切比雪夫大数定律的条件,从而$\{X_n\}$服从大数定律.所以伯努利大数定律是切比雪夫大数定律的特例.

四、辛钦大数定律

定理 5.2.3(辛钦大数定律) 设$\{X_n\}$为独立同分布随机变量序列.若每个随机变量X_i的数学期望存在,即$E(X_i)=\mu$ $(i=1,2,\cdots)$,则$\{X_n\}$服从大数定律,即对任意$\varepsilon>0$,有

$$\lim_{n\to\infty}P\left(\left|\frac{1}{n}\sum_{i=1}^{n}X_i-\mu\right|<\varepsilon\right)=1 \tag{5.2.4}$$

或

$$\frac{1}{n}\sum_{i=1}^{n}X_i\xrightarrow{P}\mu$$

证明从略.

设$\{X_n\}$为独立同分布随机变量序列,且$X_i\sim B(1,p)$ $(i=1,2,\cdots)$,则

$$E(X_i)=p,\quad i=1,2,\cdots,$$

即$\{X_n\}$满足辛钦大数定律的条件,从而$\{X_n\}$服从大数定律.所以伯努利大数定律是辛钦大数定律的特例.

辛钦大数定律为寻找随机变量的期望值提供了一条实际可行的途径.例如,要估计某地区的平均亩产量,可收割某些有代表性的地块,如n块,计算其平均亩产量,则当n较大时,可用它作为整个地区平均亩产量的一个估计.此类做法在实际应用中具有重要意义.

切比雪夫大数定律与辛钦大数定律的区别是随机变量序列满足的条件不同:切比雪夫大数定律只要求$\{X_n\}$两两不相关(不要求相互独立),但每个X_i的方差要存在,并且要有共同的上界;而辛钦大数定律要求$\{X_n\}$相互独立且同分布,但只要求每个X_i的数学期望存在(不要求方差存在).所以在使用这两个定律时,一定要看清条件.

例 5.2.1 设$\{X_n\}$为相互独立的随机变量序列,且其分布列如表5.2.1所示,问:$\{X_n\}$是否服从大数定律?

表 5.2.1

X_n	-2^n	0	2^n
P	$\frac{1}{2^{2n+1}}$	$1-\frac{1}{2^{2n}}$	$\frac{1}{2^{2n+1}}$

$(n=1,2,\cdots)$

解 因为

$$E(X_n) = (-2^n) \cdot \frac{1}{2^{2n+1}} + 0 \cdot \left(1 - \frac{1}{2^{2n}}\right) + 2^n \cdot \frac{1}{2^{2n+1}} = 0,$$

$$E(X_n^2) = (-2^n)^2 \cdot \frac{1}{2^{2n+1}} + 0^2 \cdot \left(1 - \frac{1}{2^{2n}}\right) + (2^n)^2 \cdot \frac{1}{2^{2n+1}} = 1,$$

$$D(X_n) = E(X_n^2) - E^2(X_n) = 1 \quad (n = 1, 2, \cdots),$$

所以$\{X_n\}$相互独立(必两两不相关),方差存在,且方差有共同上界,即$\{X_n\}$满足切比雪夫大数定律,从而$\{X_n\}$服从大数定律.

§5.3　中心极限定理

在第二章介绍正态分布时,我们曾经指出,正态分布是自然界中十分常见的一种分布.人们自然会提出这样的问题:为什么正态分布会如此广泛地存在?应该如何解释这一现象?经验表明,许许多多微小的偶然因素共同作用的结果必定导致正态分布.例如,影响产品质量的因素很多,除去产品的原材料构成及生产工艺等主要因素外,诸如生产中能源的波动、操作者情绪的波动、生产环境中的偶然干扰、测量误差等因素都会对产品的质量指标产生影响,于是这种质量指标总是呈现“两头小,中间大”的状态,即可认为它服从正态分布或近似服从正态分布.其他如人体身高、某学校的学生成绩等,许多实际问题中的随机变量,也都服从正态分布或近似服从正态分布,其原因也是因为它们都是许多微小的偶然因素共同作用的结果.对此能不能从理论上加以说明?这些问题曾经在一段时间内成了概率论研究的中心课题.作为研究的结果,人们提出和证明了一系列定理,这些定理称为“中心极限定理”.

中心极限定理的基本思想是:如果有一个随机变量,它受到大量微小的、独立的随机因素的影响,可以看做一系列相互独立的随机变量叠加的总和,其中每一个个别的随机变量对于总和的作用都是微小的,那么作为总和的随机变量的分布就会逼近于正态分布.

下面介绍两个条件比较简单且很常用的中心极限定理.

一、独立同分布中心极限定理

定理 5.3.1(林德伯格-列维中心极限定理)　设随机变量 $X_1, X_2, \cdots, X_n, \cdots$ 独立同分布,且具有有限数学期望和方差:$E(X_i)=\mu, D(X_i)=\sigma^2 \neq 0 \ (i=1,2,\cdots)$,则随机变量

$$Y_n = \frac{\sum_{i=1}^{n} X_i - n\mu}{\sqrt{n}\sigma}$$

的分布函数 $F_n(x)$ 收敛到标准正态分布函数 $\Phi(x)$，即对任意实数 x，有

$$\lim_{n\to\infty}F_n(x)=\lim_{n\to\infty}P(Y_n\leqslant x)=\lim_{n\to\infty}P\left(\frac{\sum_{i=1}^{n}X_i-n\mu}{\sqrt{n}\sigma}\leqslant x\right)$$

$$=\frac{1}{\sqrt{2\pi}}\int_{-\infty}^{x}e^{-t^2/2}dt=\Phi(x), \tag{5.3.1}$$

亦即

$$F_n(x)\xrightarrow{W}\Phi(x) \quad 或 \quad Y_n\xrightarrow{L}U\ (设\,U\sim N(0,1)).$$

证明从略.

林德伯格-列维中心极限定理的结论告诉我们，$Y_n=\dfrac{\sum_{i=1}^{n}X_i-n\mu}{\sqrt{n}\sigma}$ 的极限分布是标准正态分布 $N(0,1)$. 所以，当 n 充分大时，近似地有

$$Y_n=\frac{\sum_{i=1}^{n}X_i-n\mu}{\sqrt{n}\sigma}\sim N(0,1).$$

这也意味着，当 n 充分大时，近似地有

$$\sum_{i=1}^{n}X_i\sim N(n\mu,n\sigma^2),$$

即 $\sum_{i=1}^{n}X_i$ 近似服从正态分布 $N(n\mu,n\sigma^2)$. 由此可以推出，当 n 充分大时，对任意 x，有

$$P\Big(\sum_{i=1}^{n}X_i\leqslant x\Big)\approx\Phi\Big(\frac{x-n\mu}{\sqrt{n}\sigma}\Big); \tag{5.3.2}$$

对任意区间 $(a,b]$，有

$$P\Big(a<\sum_{i=1}^{n}X_i\leqslant b\Big)\approx\Phi\Big(\frac{b-n\mu}{\sqrt{n}\sigma}\Big)-\Phi\Big(\frac{a-n\mu}{\sqrt{n}\sigma}\Big). \tag{5.3.3}$$

例 5.3.1 做加法时，对每个加数四舍五入取整，各个加数的取整误差可以认为是相互独立的，都服从 $(-0.5,0.5)$ 上均匀分布. 若现在有 1200 个数相加，问：取整误差总和的绝对值超过 12 的概率是多少?

解 设各个加数的取整误差为 $X_i\,(i=1,2,\cdots,1200)$，则取整误差的总和为 $\sum_{i=1}^{n}X_i$. 因为 $X_i\sim U(-0.5,0.5)(i=1,2,\cdots,1200)$，所以

$$E(X_i)=\frac{-0.5+0.5}{2}=0,\quad i=1,2,\cdots,1200,$$

$$D(X_i)=\frac{(0.5+0.5)^2}{12}=\frac{1}{12},\quad i=1,2,\cdots,1200.$$

记 $\mu=E(X_i)$，$\sigma^2=D(X_i)(i=1,2,\cdots,1200)$。因为 $n=1200$ 数值很大，所以由定理 5.3.1 可知，这时近似地有

$$\sum_{i=1}^{n}X_i\sim N(n\mu,n\sigma^2),\quad \text{其中}\quad n\mu=1200\times 0=0,\ n\sigma^2=1200\times\frac{1}{12}=100.$$

所以，取整误差总和的绝对值超过 12 的概率为

$$\begin{aligned}P\left(\left|\sum_{i=1}^{n}X_i\right|>12\right)&=1-P\left(-12\leqslant\sum_{i=1}^{n}X_i\leqslant 12\right)\\&\approx 1-\left[\Phi\left(\frac{12-n\mu}{\sqrt{n}\sigma}\right)-\Phi\left(\frac{-12-n\mu}{\sqrt{n}\sigma}\right)\right]\\&=1-\left[\Phi\left(\frac{12-0}{\sqrt{100}}\right)-\Phi\left(\frac{-12-0}{\sqrt{100}}\right)\right]\\&=1-\Phi(1.2)+\Phi(-1.2)=2[1-\Phi(1.2)]\\&=2\times(1-0.8849)=0.2302.\end{aligned}$$

二、二项分布中心极限定理

定理 5.3.2(棣莫弗-拉普拉斯中心极限定理) 设 X 为 n 次伯努利试验中事件 A 发生的次数，$p\ (0<p<1)$ 是每次试验中事件 A 发生的概率，即 $X\sim B(n,p)$，则随机变量

$$Y_n=\frac{X-np}{\sqrt{np(1-p)}}$$

的分布函数 $F_n(x)$ 收敛到标准正态分布函数 $\Phi(x)$，即对任意实数 x，有

$$\begin{aligned}\lim_{n\to\infty}F_n(x)&=\lim_{n\to\infty}P(Y_n\leqslant x)=\lim_{n\to\infty}P\left(\frac{X-np}{\sqrt{np(1-p)}}\leqslant x\right)\\&=\frac{1}{\sqrt{2\pi}}\int_{-\infty}^{x}\mathrm{e}^{-t^2/2}\mathrm{d}t=\Phi(x),\end{aligned}\tag{5.3.4}$$

亦即

$$F_n(x)\xrightarrow{W}\Phi(x)\quad\text{或}\quad Y_n\xrightarrow{L}U\ (\text{设}\,U\sim N(0,1)).$$

证 令

$$X_i=\begin{cases}1, & \text{第 } i \text{ 次试验中 } A \text{ 发生},\\0, & \text{第 } i \text{ 次试验中 } A \text{ 不发生},\end{cases}\quad i=1,2,\cdots,$$

显然随机变量 $X_1,X_2,\cdots,X_n,\cdots$ 相互独立，都服从 0-1 分布，且

$$E(X_i)=p,\quad D(X_i)=p(1-p)\quad(i=1,2,\cdots),$$

而 $X=\sum_{i=1}^{n}X_i$，故由林德伯格-列维中心极限定理即得本定理成立.

同样，棣莫弗-拉普拉斯中心极限定理的结论告诉我们，$Y_n=\dfrac{X-np}{\sqrt{np(1-p)}}$的极限分布是标准正态分布 $N(0,1)$. 所以，当 n 充分大时，近似地有

$$Y_n=\frac{X-np}{\sqrt{np(1-p)}}\sim N(0,1).$$

这也意味着，当 n 充分大时，近似地有

$$X\sim N(np,np(1-p)),$$

即 X 近似服从正态分布 $N(np,np(1-p))$. 由此可以推出，当 n 充分大时，对任意 x，有

$$P(X\leqslant x)\approx\Phi\left(\frac{x-np}{\sqrt{np(1-p)}}\right);\tag{5.3.5}$$

对任意区间 $(a,b]$，有

$$P(a<X\leqslant b)\approx\Phi\left(\frac{b-np}{\sqrt{np(1-p)}}\right)-\Phi\left(\frac{a-np}{\sqrt{np(1-p)}}\right).\tag{5.3.6}$$

例 5.3.2 某互联网站有 10000 个相互独立的用户，已知每个用户在平时任一时刻访问网站的概率为 0.2，求：

(1) 在任一时刻有 1900～2100 个用户访问该网站的概率；

(2) 在任一时刻有 2100 个以上用户访问该网站的概率.

解 设 X 为访问网站的用户数，$A=\{$访问网站$\}$，$\overline{A}=\{$不访问网站$\}$，且记 $p=P(A)$，$q=P(\overline{A})$，则

$$p=P(A)=0.2,\quad q=P(\overline{A})=1-p=0.8,$$

且 $X\sim B(n,p)$. 由于 $n=10000$ 很大，故由棣莫弗-拉普拉斯中心极限定理可知，近似地有 $X\sim N(np,npq)$，其中 $np=10000\times0.2=2000$，$npq=2000\times0.8=1600$.

(1) 有 1900～2100 个用户访问该网站的概率为

$$\begin{aligned}P(1900\leqslant X\leqslant 2100)&\approx\Phi\left(\frac{2100-np}{\sqrt{npq}}\right)-\Phi\left(\frac{1900-np}{\sqrt{npq}}\right)\\&=\Phi\left(\frac{2100-2000}{\sqrt{1600}}\right)-\Phi\left(\frac{1900-2000}{\sqrt{1600}}\right)\\&=\Phi(2.5)-\Phi(-2.5)=2\Phi(2.5)-1\\&=2\times0.9938-1=0.9876.\end{aligned}$$

(2) 有 2100 个以上的用户访问该网站的概率为

$$P(X>2100)=1-P(X\leqslant 2100)\approx 1-\Phi\left(\frac{2100-np}{\sqrt{npq}}\right)$$

$$= 1 - \Phi\left(\frac{2100 - 2000}{\sqrt{1600}}\right) = 1 - \Phi(2.5)$$

$$= 1 - 0.9938 = 0.0062.$$

例 5.3.3 设某车间有 200 台独立工作的车床,各台车床开工的概率都是 0.6,每台车床开工时需功率 1 kW,问:供电所至少要供给这车间多少功率的电,才能以 99.9%的概率保证这个车间不会因为供电不足而影响生产?

解 200 台车床独立工作,可看做 200 次独立重复试验. 设事件 $A=\{$车床开工$\}$,$\overline{A}=\{$车床不开工$\}$,并记 $p=P(A)$,$q=P(\overline{A})$,则

$$p = P(A) = 0.6, \quad q = P(\overline{A}) = 1 - p = 0.4.$$

又设 X 是实际开工的车床数,则 $X \sim B(n,p)$. 由于 $n=200$ 较大,故由棣莫弗-拉普拉斯中心极限定理可知,近似地有 $X \sim N(np, npq)$,其中 $np=200\times 0.6=120$,$npq=120\times 0.4=48$.

设 b 是供电所供给电力的千瓦数,依题意得

$$P(X \leqslant b) \approx \Phi\left(\frac{b-120}{\sqrt{48}}\right) = 0.999.$$

查附表 2 可得 $\dfrac{b-120}{\sqrt{48}}=3.09$,所以

$$b = 120 + 3.09 \times \sqrt{48} = 141.408.$$

取 $b=142$,即供电 142 kW,就能以 99.9%的概率保证这个车间不会因供电不足而影响生产.

例 5.3.4 设在独立重复试验序列中,每次试验时事件 A 发生的概率为 0.75,分别用切比雪夫不等式和棣莫弗-拉普拉斯中心极限定理估计试验次数 n 需多大,才能使事件 A 发生的频率落在 0.74~0.76 之间的概率至少为 0.90.

解 设 X 为在 n 次独立重复试验中事件 A 发生的次数,$\dfrac{X}{n}$就是 A 发生的频率.

(1) 用切比雪夫不等式估计.

由于 $X \sim B(n,p)$,其中 $p=0.75$,因此

$$E(X) = np = 0.75n, \quad D(X) = np(1-p) = 0.1875n.$$

由切比雪夫不等式可得

$$P\left(0.74 \leqslant \frac{X}{n} \leqslant 0.76\right) = P(|X - 0.75n| \leqslant 0.01n)$$

$$= P(|X - E(X)| \leqslant 0.01n)$$

$$\geqslant 1 - \frac{D(X)}{(0.01n)^2} = 1 - \frac{0.1875n}{(0.01n)^2}$$

$$= 1 - \frac{1875}{n},$$

因此,要 $P\left(0.74 \leqslant \frac{X}{n} \leqslant 0.76\right) \geqslant 0.9$,就要 $1 - \frac{1875}{n} \geqslant 0.9$,即

$$n \geqslant \frac{1875}{1 - 0.9} = 18750.$$

可见,用切比雪夫不等式估计,需做 18750 次重复试验,才能保证 A 发生的频率在 0.74~0.76 之间的概率至少为 0.90.

(2) 用棣莫弗-拉普拉斯中心极限定理估计.

由于 $X \sim B(n, p)$,其中 $p = 0.75$,因此由棣莫弗-拉普拉斯中心极限定理可知,近似地有 $X \sim N(np, np(1-p))$,其中 $np = 0.75n$,$np(1-p) = n \times 0.75 \times 0.25 = 0.1875n$. 所以

$$\begin{aligned} P\left(0.74 \leqslant \frac{X}{n} \leqslant 0.76\right) &= P(0.74n \leqslant X \leqslant 0.76n) \\ &\approx \Phi\left(\frac{0.76n - 0.75n}{\sqrt{0.1875n}}\right) - \Phi\left(\frac{0.74n - 0.75n}{\sqrt{0.1875n}}\right) \\ &= 2\Phi\left(\sqrt{\frac{n}{1875}}\right) - 1. \end{aligned}$$

现在要求有 $P\left(0.74 \leqslant \frac{X}{n} \leqslant 0.76\right) \approx 2\Phi\left(\sqrt{\frac{n}{1875}}\right) - 1 \geqslant 0.9$,即要求有 $\Phi\left(\sqrt{\frac{n}{1875}}\right) \geqslant 0.95$.

查附表 2 可得 $\sqrt{\frac{n}{1875}} \geqslant 1.645$,所以有

$$n \geqslant 1.645^2 \times 1875 = 5073.8.$$

可见,用棣莫弗-拉普拉斯中心极限定理估计,只需做 5074 次试验,即可保证 A 发生的频率在 0.74~0.76 之间的概率至少为 0.90.

比较(1),(2)可知,用切比雪夫不等式的估计比较粗略,而用中心极限定理(例如棣莫弗-拉普拉斯中心极限定理)则能得到更为精确的估计. 因此,如果随机变量的分布或近似分布已知,一般不用切比雪夫不等式估计概率,只有在随机变量分布未知时,才用切比雪夫不等式估计.

内 容 小 结

本章讨论大数定律与中心极限定理,这是对随机现象的统计规律性在理论上较深入的论述,也是数理统计的理论基础之一.

本章知识点网络图：

- 随机变量序列极限
  - 依概率收敛
  - 依分布收敛
- 大数定律
  - 一般形式
  - 伯努利大数定律
  - 切比雪夫大数定律
  - 辛钦大数定律
- 中心极限定理
  - 林德伯格-列维中心极限定理(独立同分布)
  - 棣莫弗-拉普拉斯中心极限定理(二项分布)

本章的基本要求：

1. 知道切比雪夫大数定律、伯努利大数定律和辛钦大数定律的内容与含义.

2. 掌握林德伯格-列维中心极限定理和棣莫弗-拉普拉斯中心极限定理，会用中心极限定理近似计算有关事件的概率.

习　题　五

第一部分　基本题

一、选择题：

1. 设 X 为 n 次独立重复试验中事件 A 发生的次数，p 是事件 A 在每次试验中发生的概率，ε 为大于零的数，则 $\lim\limits_{n\to\infty}P\left(\left|\dfrac{X}{n}-p\right|<\varepsilon\right)=$(　　).

(A) 0　　(B) 1　　(C) $\dfrac{1}{2}$　　(D) $2\Phi\left(\varepsilon\sqrt{\dfrac{n}{p(1-p)}}\right)-1$

2. 设随机变量 $X_1,X_2,\cdots,X_n$ 独立同服从于指数分布 $E(\lambda)$，则下面选项中正确的是(　　).

(A) $\lim\limits_{n\to\infty}P\left[\dfrac{\lambda\sum\limits_{i=1}^{n}X_i-n}{\sqrt{n}}\leqslant x\right]=\Phi(x)$　　(B) $\lim\limits_{n\to\infty}P\left[\dfrac{\sum\limits_{i=1}^{n}X_i-n}{\sqrt{n}}\leqslant x\right]=\Phi(x)$

(C) $\lim\limits_{n\to\infty}P\left[\dfrac{\sum\limits_{i=1}^{n}X_i-\lambda}{\sqrt{n\lambda}}\leqslant x\right]=\Phi(x)$　　(D) $\lim\limits_{n\to\infty}P\left[\dfrac{\sum\limits_{i=1}^{n}X_i-n\lambda}{\sqrt{n\lambda}}\leqslant x\right]=\Phi(x)$

二、填空题：

3. 设 $\{X_n\}$ 为两两互不相关的随机变量序列. 若每个随机变量 X_i $(i=1,2,\cdots)$ 满足__________，则 $\{X_n\}$ 服从大数定律.

4. 设 $\{X_n\}$ 为__________的随机变量序列，且每个随机变量 X_i $(i=1,2,\cdots)$ 的数学期望存在，则 $\{X_n\}$ 服从大数定律.

5. 设随机变量序列$\{X_n\}$独立同服从于$U[0,1]$，则当n充分大时，$\sum\limits_{i=1}^{n}X_i$近似服从__________.

6. 设随机变量序列$\{X_n\}$相互独立，且每个X_i $(i=1,2,\cdots)$都服从参数为1/2的指数分布，则当n充分大时，$Y_n=\dfrac{1}{n}\sum\limits_{i=1}^{n}X_i$近似服从__________.

7. 设随机变量序列$\{X_n\}$独立同分布，且$E(X_1)=\mu$及$D(X_1)=\sigma^2(\sigma>0)$都存在，则当$n$充分大时，$P\left(\sum\limits_{i=1}^{n}X_i\geqslant a\right)$($a$为常数)的近似值为__________.

8. 从一大批发芽率为0.8的种子中随机抽取100粒，则这100粒种子中至少有88粒能发芽的概率为__________.

三、计算题：

9. 设随机变量序列$\{X_n\}$独立同服从于$U[0,1]$，问：$\{X_n\}$是否服从大数定律？

10. 某袋装茶叶用机器装袋，每袋的净重为随机变量，其期望值为100 g，标准差为10 g. 若该袋装茶叶一大盒内装200袋，求一大盒茶叶净重大于20.5 kg的概率.

11. 设某种电子器件的寿命(单位：h)服从参数为$\lambda=0.1$的指数分布，其使用情况是第一个损坏第二个立即使用，那么在年计划中一年至少需要多少个这种电子器件才能有95%的概率保证够用？(假定一年有306个工作日，每个工作日为8 h)

12. 某电站供应10000户居民用电，设在高峰时每户用电的概率为0.8，且各户的用电量是相互独立的，求：

(1) 同一时刻有8100户以上居民用电的概率；

(2) 若每户用电功率为100 W，则电站至少需要供应多少功率的电才能以0.975的概率保证供应居民用电？

13. 从装有3个白球与1个黑球的箱子中，有放回地取n个球. 设m是白球出现的次数，问：n需要多大时才能使得$P\left(\left|\dfrac{m}{n}-\dfrac{3}{4}\right|\leqslant 0.001\right)=0.9964$？

第二部分　提高题

1. 设随机变量序列$\{X_n\}$独立同分布，且$X_n\sim U(a,b)$ $(n=1,2,\cdots)$，$X_{(1)}=\min\{X_1,X_2,\cdots,X_n\}$，证明：$X_{(1)}\xrightarrow{P}a$.

2. 证明：(**马尔可夫大数定律**)若随机变量序列$\{X_n\}$满足**马尔可夫条件**：

$$\frac{1}{n^2}D\left(\sum_{i=1}^{n}X_i\right)\to 0,\quad n\to\infty,$$

则$\{X_n\}$服从大数定律，即对任意$\varepsilon>0$，有

$$\lim_{n\to\infty}P\left(\left|\frac{1}{n}\sum_{i=1}^{n}X_i-\frac{1}{n}\sum_{i=1}^{n}\mu_i\right|<\varepsilon\right)=1,$$

其中$\mu_i=E(X_i)$ $(i=1,2,\cdots)$.

3. 设随机变量序列$\{X_n\}$独立同分布，其分布为$P\left(X_n=\dfrac{2^k}{k^2}\right)=\dfrac{1}{2^k}$ $(k=1,2,\cdots)$，问：$\{X_n\}$是否

服从大数定律?

4. 设在一个罐子中装有10个编号分别为0~9的同样的球.从罐中放回地抽取若干次,每次抽一个球,并记下号码.设

$$X_n=\begin{cases}1, & \text{第 } n \text{ 次取到号码 } 0,\\ 0, & \text{否则},\end{cases}\quad n=1,2,\cdots,$$

问:$\{X_n\}$是否服从大数定律?

5. 设随机事件A在第i次独立试验中发生的概率为$p_i(i=1,2,\cdots,n)$,m表示事件A在n次试验中发生的次数,试计算$\lim\limits_{n\to\infty}P\left(\left|\frac{m}{n}-\frac{1}{n}\sum\limits_{i=1}^{n}p_i\right|<\varepsilon\right)$,其中$\varepsilon$为任意正数.

6. 甲、乙两戏院在竞争1000名观众,假如每个观众完全随意地选择一个戏院,且观众之间选择戏院是彼此独立的,问:每个戏院应该设有多少个座位才能保证因缺少座位而使观众离去的概率小于1%?

7. 设随机变量$X_1,X_2,\cdots,X_n$相互独立,服从同一分布,且$E(X_i^k)=a_k$ $(k=1,2,\cdots)$存在,问:当n充分大时,随机变量$Y_n=\frac{1}{n}\sum\limits_{i=1}^{n}X_i^2$近似服从什么分布?并指出其分布参数.

8. 已知某工厂有200台同类机器,每台机器发生故障的概率为0.02.设各台机器工作是相互独立的,分别用二项分布、泊松分布和正态分布计算发生故障的机器数不少于2的概率.

9. 假设生产线上组装每件成品的时间服从指数分布,各件产品的组装时间彼此独立.统计资料表明该生产线每件成品的组装时间平均为10 min.

(1) 求组装100件成品需要15~20 h的概率;

(2) 以95%的概率在16 h之内最多可以组装多少件成品?

10. 对于一个学校而言,来参加家长会的家长人数是一个随机变量.设一名学生无家长,有一位家长,有两位家长来参加会议的概率分别0.05,0.8,0.15.若学校共有400名学生,且各学生参加会议的家长数相互独立,服从同一分布,求:

(1) 参加会议的家长数X超过450的概率;

(2) 有一位家长来参加会议的学生数不多于340的概率.

第六章 数理统计的基本概念与抽样分布

前面五章讲述了概率论的基本概念、基本思想、基本方法，概括起来主要是随机变量的概率分布. 从本章开始，将转入本课程的第二部分——数理统计. 概率论与数理统计是数学科学中紧密联系的两个学科. 数理统计是以概率论为理论基础的具有广泛应用的一个数学分支. 粗略地讲，数理统计是一门分析带有随机影响数据的学科. 它研究如何有效地收集数据，并利用一定的统计模型对这些数据进行分析，提取数据中的有用信息，形成统计结论，为决策提供依据. 因此，只要处理受随机因素影响的数据，或者通过观察、调查、试验获得的数据，就需要数理统计. 这也就不难理解统计应用的广泛性. 事实上，它几乎渗透到人类活动的一切领域. 把数理统计应用到不同的领域就形成了适用于特定领域的统计方法，如农业、生物和医学领域的“生物统计”，教育和心理学领域的“教育统计”，经济和商业领域的“计量经济”，金融领域的“保险统计”，地质和地震领域的“地质数学”，等等.

本章主要介绍数理统计的一些基本概念和重要的统计量及其分布，它们是数理统计的基础.

§6.1 数理统计的基本概念

一、总体与样本

在数理统计中，把研究的问题所涉及的对象的全体称为**总体**或**母体**，而把总体中的每个成员称为**个体**. 例如，当研究一批灯管的寿命时，该批灯管寿命数据的集合就构成一个总体，其中每个灯管的寿命就是一个个体. 在实际问题中，我们真正关心的并不是总体或个体的本身，而是它们的某项数量指标 X（或某几个数量指标）. 每个个体某项数量指标所取的值一般是不同的，但从整体来看，个体的取值却有一定的概率分布，因而数量指标 X 是随机变量.所以,我们把总体和数量指标 X 可能取值的全体组成的集合等同起来.如果 X 的分布函数为 $F(x)$,则称这一总体为具有分布函数 $F(x)$的总体,故对总体的研究就归结为对表示总体某个数量指标 X 的研究,而所谓总体的分布及数字特征,就是指表示总体数量指标的随机变量 X 的分布及数字特征.例如,正态总体即表示总体数量指标的随机变量服从正态分布.为了方便,今后常用大写字母 X,Y,Z 等来表示总体.

要了解总体的性质与分布规律,如灯管的寿命、炸弹的杀伤半径等,通常的做法是从总体中随机地抽取一部分个体进行观测.每抽取一个个体就是对总体进行一次随机试验,每次抽取 n 个个体,这 n 个个体 $X_1,X_2,\cdots,X_n$ 就称为总体 X 的一个**样本**或**子样**,其中样本所包含的个体数量 n 称为**样本容量**或**样本大小**.

样本的一个重要性质是它的二重性.假设 $X_1,X_2,\cdots,X_n$ 是从总体 X 中抽取的样本,在一次具体的观测或试验中,它们是一批测量值,是一些已知的数,常记为 $x_1,x_2,\cdots,x_n$,称为**样本观测值**.这就是说,样本具有数的属性.但是,另一方面,由于在具体的试验或观测中受到各种随机因素的影响,因此在不同的观测中样本取值可能不同.也就是说,当脱离开特定的具体试验或观测时,我们并不知道样本 $X_1,X_2,\cdots,X_n$ 的具体取值到底是多少,因此又可以把它们看成随机变量.这时,样本就具有随机变量的属性.样本 $X_1,X_2,\cdots,X_n$ 既可被看成数又可被看成随机变量,这就是所谓的样本的二重性.这里,需要特别强调的是,以后凡是离开具体的一次试验来谈及样本 $X_1,X_2,\cdots,X_n$ 时,它们总是被看做随机变量.关于样本的这个基本认识对理解后面的内容十分重要.

既然样本 $X_1,X_2,\cdots,X_n$ 被看做随机变量,自然就需要研究它们的分布.例如,用一把尺子测量某物体的长度,如果是在完全相同的条件下,独立地测量 n 次,把这 n 次测量结果即样本记为 $X_1,X_2,\cdots,X_n$,那么完全有理由认为,这些样本相互独立且具有相同的分布.推广到一般情况,如果在相同条件下对总体 X 进行 n 次重复的独立观测或试验,那么可以认为所获得的样本 $X_1,X_2,\cdots,X_n$ 是相互独立且与总体 X 有相同分布的随机变量,且称这样的样本为简单随机样本.一般地,我们有如下定义:

定义 6.1.1　设 $X_1,X_2,\cdots,X_n$ 为总体 X 的一个容量为 n 的样本.若它满足

(1) 独立性,即 $X_1,X_2,\cdots,X_n$ 相互独立;

(2) 同分布性,即每一个 $X_i(i=1,2,\cdots,n)$都与总体 X 服从相同的分布,

则称这样的样本为**简单随机样本**,简称为**样本**.

今后,凡提到的样本均指简单随机样本.

定理 6.1.1　若 $X_1,X_2,\cdots,X_n$ 是来自总体 X 的样本,设 X 的分布函数为 $F(x)$,则样本 $X_1,X_2,\cdots,X_n$ 的联合分布函数为 $\prod_{i=1}^{n}F(x_i)$.

例 6.1.1　设 $X_1,X_2,\cdots,X_n$ 是来自总体 X 的样本,X 服从参数为 λ 的指数分布,

则 $X_1,X_2,\cdots,X_n$ 的联合分布函数为

$$F(x_1,x_2,\cdots,x_n)=\begin{cases}\prod_{i=1}^{n}(1-\mathrm{e}^{-\lambda x_i}), & x_i>0,i=1,2,\cdots,n,\\ 0, & \text{其他}.\end{cases}$$

二、统计量

样本是从总体中随机抽取的一部分个体,它反映或包含着总体的信息,但通常样本所含的信息不能直接用于解决我们所要研究的问题,而需对其进行必要的加工和计算.把样本中所包含的信息集中起来,这便是针对不同问题构造出样本的某种函数,这种函数在统计学中称为统计量.

定义 6.1.2 设 $X_1,X_2,\cdots,X_n$ 是来自总体 X 的样本,$T(X_1,X_2,\cdots,X_n)$是样本的实值函数,且不包含任何未知参数,则称 $T(X_1,X_2,\cdots,X_n)$为**统计量**.

由于样本具有二重性,统计量作为样本的函数也具有二重性,即对样本的一次具体观测值或试验值 $x_1,x_2,\cdots,x_n$,统计量 $T(X_1,X_2,\cdots,X_n)$就是一个具体的数值 $T(x_1,x_2,\cdots,x_n)$,但当脱离开具体的某次观测或试验,样本是随机变量,因此统计量 $T(X_1,X_2,\cdots,X_n)$也是随机变量,它应有确定的概率分布,称之为**抽样分布**.

例 6.1.2 设 X_1,X_2,X_3 是从总体 $X\sim N(\mu,\sigma^2)$中抽取的样本,其中参数 μ 未知,σ^2 已知,则 $X_1X_3-3\mu,X_1^2+4X_2^2+5\mu$ 都不是统计量(因为它包含了未知参数 μ),而 $X_1+X_2+X_3,\dfrac{X_1+5X_2^2}{\sigma^2},\dfrac{X_1}{X_2}+3\sigma X_3^2$ 都是统计量.

统计量是用来对总体分布参数进行估计或检验的,它包含了总体中有关参数的信息.在数理统计中,根据不同的目的构造了许多不同的统计量.下面介绍几种常用的统计量.

定义 6.1.3 设 $X_1,X_2,\cdots,X_n$ 是来自总体 X 的样本,则

(1) 统计量

$$\overline{X}=\frac{1}{n}\sum_{i=1}^{n}X_i \tag{6.1.1}$$

称为**样本均值**.

(2) 统计量

$$S^2=\frac{1}{n-1}\sum_{i=1}^{n}(X_i-\overline{X})^2 \tag{6.1.2}$$

称为**样本方差**.

(3) 统计量

$$S=\sqrt{S^2}=\sqrt{\frac{1}{n-1}\sum_{i=1}^{n}(X_i-\overline{X})^2} \tag{6.1.3}$$

称为**样本均方差**或**样本标准差**.

(4) 统计量

$$A_k=\frac{1}{n}\sum_{i=1}^{n}X_i^k \tag{6.1.4}$$

称为**样本 k 阶原点矩**.

(5) 统计量

$$M_k=\frac{1}{n}\sum_{i=1}^{n}(X_i-\overline{X})^k \tag{6.1.5}$$

称为**样本 k 阶中心矩**.

*(6) 统计量

$$G=\frac{M_3}{M_2^{3/2}} \tag{6.1.6}$$

称为**样本偏度**. 偏度是度量样本数据非对称程度的统计量. 若 $G=0$,则样本数据相对于样本均值是对称的,即样本数据位于样本均值左、右两边几乎一样;若 $G>0$,则样本数据相对于样本均值是右偏的,即样本数据位于样本均值右边的比位于左边的少,或右边的尾部较长,或样本中有少量的数据值很大;若 $G<0$,则情况与 $G>0$ 的相反.

*(7) 统计量

$$K=\frac{M_4}{M_2^2} \tag{6.1.7}$$

称为**样本峰度**. 峰度是度量样本数据在中心聚集程度的统计量. 若 $K=3$,则样本数据与正态总体的样本数据在中心聚集程度一样;若 $K>3$,则样本数据比正态总体的样本数据更集中;若 $K<3$,则样本数据比正态总体的样本数据更分散.

*(8) 统计量

$$V=\frac{S}{\overline{X}} \tag{6.1.8}$$

称为**样本变异系数**. 变异系数又称为**标准差率**,它是衡量样本变异程度的另一个统计量,它可以消除样本量纲(或样本均值)不同而引起的变异程度的影响.

定义 6.1.4 设 $X_1,X_2,\cdots,X_n$ 是来自总体 X 的样本. 记 $x_1,x_2,\cdots,x_n$ 是样本的任一个观测值,将它们按由小到大的顺序重新排列为 $x_{(1)}\leqslant x_{(2)}\leqslant\cdots\leqslant x_{(n)}$. 若记 $X_{(k)}=x_{(k)}\,(k=1,2,\cdots,n)$,则

(1) 统计量

$$X_{(1)},\ X_{(2)},\ \cdots,\ X_{(n)} \tag{6.1.9}$$

称为**样本的顺序统计量**，$X_{(k)}$ 称为第 k 个顺序统计量，$X_{(1)}=\min\{X_1,X_2,\cdots,X_n\}$ 和 $X_{(n)}=\max\{X_1,X_2,\cdots,X_n\}$ 分别称为**最小顺序统计量**(最小值)和**最大顺序统计量**(最大值).

(2) 统计量

$$R=X_{(n)}-X_{(1)} \tag{6.1.10}$$

称为**样本的极差**.

(3) 统计量

$$M_e=\begin{cases}X_{\left(\frac{n+1}{2}\right)}, & \text{当 } n \text{ 为奇数时},\\ \dfrac{1}{2}\left(X_{\left(\frac{n}{2}\right)}+X_{\left(\frac{n}{2}+1\right)}\right), & \text{当 } n \text{ 为偶数时},\end{cases} \tag{6.1.11}$$

称为**样本的中位数**.

由于顺序统计量 $X_{(k)}(k=1,2,\cdots,n)$ 由每个样品 $X_i\ (i=1,2,\cdots,n)$ 的相对位置所决定，所以 $X_{(1)},X_{(2)},\cdots,X_{(n)}$ 一般不是相互独立的.

例 6.1.3 设容量 $n=10$ 的样本的观测值为 8,7,6,5,9,8,7,5,9,6，求样本的均值、方差、最小值、最大值、中位数.

解 样本的均值为

$$\overline{X}=\frac{1}{n}\sum_{i=1}^{n}X_i=\frac{1}{10}(8+7+\cdots+6)=7;$$

样本的方差为

$$S^2=\frac{1}{n-1}\sum_{i=1}^{n}(X_i-\overline{X})^2=\frac{1}{9}[(8-7)^2+(7-7)^2+\cdots+(6-7)^2]=\frac{20}{9};$$

观测值从小到大排列为 5,5,6,6,7,7,8,8,9,9，于是样本的最大值 $X_{(10)}=9$，最小值 $X_{(1)}=5$，中位数 $M_e=7$.

三、经验分布函数与直方图

根据样本观测值估计总体的分布函数，是数理统计中要解决的一个重要问题. 为此，引进经验分布函数的概念.

1. 经验分布函数

定义 6.1.5 设 $X_1,X_2,\cdots,X_n$ 是来自总体 X 的样本，对应的顺序统计量为 $X_{(1)},X_{(2)},\cdots,X_{(n)}$. 当给定次序统计量的观测值 $x_{(1)}\leqslant x_{(2)}\leqslant\cdots\leqslant x_{(n)}$ 时，对任意实数 x，称函数

$$F_n(x)=\begin{cases}0, & x<x_{(1)},\\ \dfrac{k}{n}, & x_{(k)}\leqslant x<x_{(k+1)}\ (k=1,2,\cdots,n-1),\\ 1, & x_{(n)}\leqslant x\end{cases} \tag{6.1.12}$$

为总体 X 的**经验分布函数**.

***定理 6.1.2(格列汶科定理)** 设总体 X 的分布函数为 $F(x)$,经验分布函数为 $F_n(x)$,则有

$$P(\lim_{n\to\infty}(\sup_{-\infty<x<+\infty}|F_n(x)-F(x)|)=0)=1.$$

证明从略.

从这个定理可以看到,当 n 充分大时,事件"对所有 x 值,$F_n(x)$与 $F(x)$最大差异非常小"发生的概率近似等于 1. 这一性质说明,当 n 充分大时,可以用经验分布函数 $F_n(x)$来估计总体 X 的分布函数 $F(x)$. 这正是数理统计中用样本估计和推断总体的理论依据.

例 6.1.4 从总体 X 中抽取容量为 5 的样本,其观测值为 33,45,25,33,35. 试求 X 的经验分布函数.

解 将样本值由小到大排序得

$$25<33=33<35<45,$$

则由定义得经验分布函数为

$$F_n(x)=\begin{cases}0, & x<25,\\ 0.2, & 25\leqslant x<33,\\ 0.6, & 33\leqslant x<35,\\ 0.8, & 35\leqslant x<45,\\ 1, & 45\leqslant x,\end{cases}$$

其图形如图 6-1 所示.

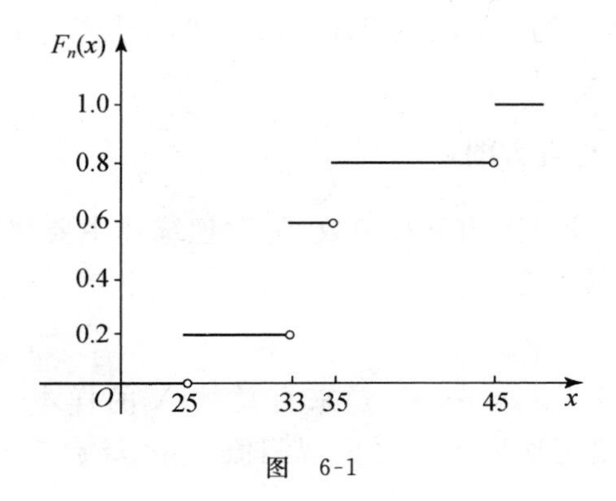

图 6-1

*2. 直方图

我们知道,经验分布函数 $F_n(x)$是总体分布函数 $F(x)$的近似. 为了更直观地了解总体分布情况,我们可以通过画直方图方法来近似描述总体概率密度的图形. 其具体步骤如下:

(1) 设 $X_1,X_2,\cdots,X_n$ 是来自总体 X 的一个样本,对应的顺序统计量为 $X_{(1)},X_{(2)},\cdots,X_{(n)}$,其观测值为 $x_{(1)}\leqslant x_{(2)}\leqslant\cdots\leqslant x_{(n)}$.

(2) 选取 a(略小于 $x_{(1)}$)和 b(略大于 $x_{(n)}$),则所有样本观测值全部落入区间 $(a,b]$ 内. 将区间 $(a,b]$ 等分成 m 个小区间 $(a_i,a_{i+1}]$ $(i=1,2,\cdots,m;a_1=a,a_{m+1}=b)$,每个小区间的长度 $h=\dfrac{b-a}{m}$ 称为**组距**.

(3) 计算样本观测值落在每一个小区间 $(a_i,a_{i+1}]$ 中的个数 n_i(也称为**频数**)及频率

$$f_i=\frac{n_i}{n}\quad(i=1,2,\cdots,m).$$

(4) 作"频数、频率与单位频率表",并作相应计算,见表 6.1.1.

表 6.1.1

小区间 $(a_i,a_{i+1}]$	组中值 $(a_i+a_{i+1})/2$	频数 n_i	频率 $f_i=n_i/n$	单位频率 f_i/h
$(a_1,a_2]$	$\dfrac{a_1+a_2}{2}$	n_1	$\dfrac{n_1}{n}$	$\dfrac{n_1}{n}\cdot\dfrac{m}{b-a}$
$(a_2,a_3]$	$\dfrac{a_2+a_3}{2}$	n_2	$\dfrac{n_2}{n}$	$\dfrac{n_2}{n}\cdot\dfrac{m}{b-a}$
$\vdots$	$\vdots$	$\vdots$	$\vdots$	$\vdots$
$(a_m,a_{m+1}]$	$\dfrac{a_m+a_{m+1}}{2}$	n_m	$\dfrac{n_m}{n}$	$\dfrac{n_m}{n}\cdot\dfrac{m}{b-a}$
$\sum$	—	n	1	—

(5) 画出"直方图". 在 Oxy 平面上以 x 轴上的每个小区间 $(a_i,a_{i+1}]$ 为底边,以单位频率 f_i/h 为高画出 m 个小矩形(柱状图),这种图形称为**直方图**,有时也称为**密度直方图**.

(6) 作总体 X 的概率密度 $f(x)$ 的近似曲线. 将密度直方图中的每个小矩形"顶边"的中点用一条光滑曲线 $y=f_n(x)$ 连接起来,它就是总体 X 的概率密度 $f(x)$ 的近似曲线.

关于区间数 m,通常取 $m\approx1.87(n-1)^{0.4}$ 或 $5\leqslant m\leqslant16$.

例 6.1.5 表 6.1.2 给出 30 个数据,请画出直方图.

表 6.1.2

909	1086	1120	999	1320	1091	1071	1081	1130	1336	1096	808	1224	1044	871
967	1572	825	914	992	1232	950	775	1203	1025	1164	971	950	866	738

解 本例中 $n=30$,选取 $a=700,b=1600,m=5,h=180$,得频数、频率和单位频率表及直方图,分别见表 6.1.3 和图 6-2.

表 6.1.3

小区间	频数	频率(%)	单位频率
(700,880]	6	20.00	0.00111
(880,1060]	10	33.33	0.00185
(1060,1240]	11	36.67	0.00204
(1240,1420]	2	6.67	0.00037
(1420,1600]	1	3.33	0.00019
$\sum$	30	100.00	

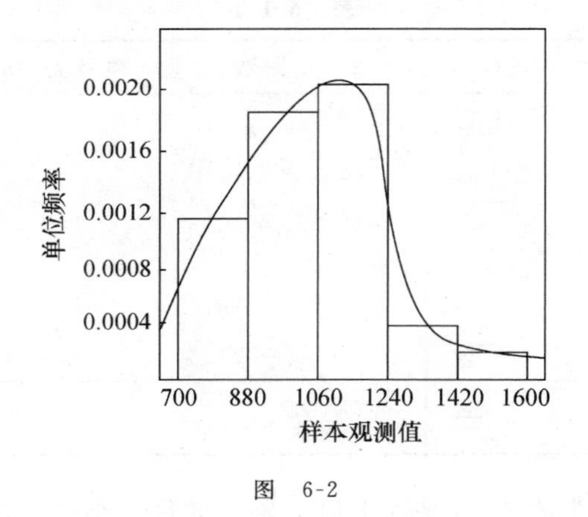

图 6-2

§6.2 抽 样 分 布

一、常用的分布

在概率论中我们已提到一些常见的随机变量分布及其性质,本节将再引进三个在数理统计中占有重要地位的随机变量分布,并给出它们的一些基本性质.

1. χ^2 分布

定义 6.2.1 设 $X_1,X_2,\cdots,X_n$ 为独立同分布的随机变量,且都服从标准正态分布 $N(0,1)$,则称统计量

$$X=X_1^2+X_2^2+\cdots+X_n^2=\sum_{i=1}^{n}X_i^2 \tag{6.2.1}$$

所服从的分布是**自由度为 n 的 χ^2 分布**,记做 $X\sim\chi^2(n)$.

显然,若 $X_1,X_2,\cdots,X_n$ 为来自总体 $X\sim N(0,1)$的样本,则统计量 $\sum_{i=1}^{n}X_i^2\sim\chi^2(n)$.

$\chi^2(n)$分布含有一个参数 n 作为自由度,所谓自由度是指独立随机变量的个数.经推导可知,$\chi^2(n)$分布的概率密度为

$$f_n(x)=\begin{cases}\dfrac{1}{2^{\frac{n}{2}}\Gamma\left(\dfrac{n}{2}\right)}x^{\frac{n}{2}-1}\mathrm{e}^{-\frac{x}{2}}, & x>0,\\ 0, & x\leqslant 0,\end{cases} \tag{6.2.2}$$

其中 $\Gamma(\cdot)$为伽玛函数(见第二章),而 $f_n(x)$的图形如图 6-3 所示.

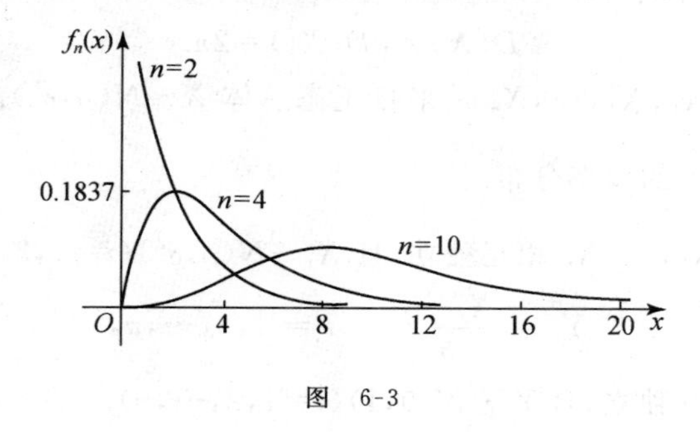

图 6-3

$\chi^2(n)$分布具有下面的重要性质.

性质 1(可加性) 设随机变量 $Y_1\sim\chi^2(m)$,$Y_2\sim\chi^2(n)$,且 Y_1 与 Y_2 相互独立,则

$$Y_1+Y_2\sim\chi^2(m+n).$$

证 根据 χ^2 分布的定义及 Y_1 与 Y_2 相互独立,我们可以把 Y_1 和 Y_2 分别表示为

$$Y_1=X_1^2+X_2^2+\cdots+X_m^2,$$
$$Y_2=X_{m+1}^2+X_{m+2}^2+\cdots+X_{m+n}^2,$$

其中 $X_1,X_2,\cdots,X_m,X_{m+1},\cdots,X_{m+n}$ 相互独立且均服从标准正态分布 $N(0,1)$,于是

$$Y_1+Y_2=X_1^2+X_2^2+\cdots+X_{m+n}^2.$$

再由 χ^2 分布的定义知,$Y_1+Y_2\sim\chi^2(m+n)$.

性质 2(数字特征) 若随机变量 $X\sim\chi^2(n)$,则

$$E(X)=n,\quad D(X)=2n.$$

证 由于 $X=X_1^2+X_2^2+\cdots+X_n^2$，而 $X_1,X_2,\cdots,X_n$ 都服从标准正态分布 $N(0,1)$，且相互独立，根据数学期望和方差的性质有

$$E(X)=E\Big(\sum_{i=1}^{n}X_i^2\Big)=\sum_{i=1}^{n}E(X_i^2)=nE(X_1^2),$$

$$D(X)=D\Big(\sum_{i=1}^{n}X_i^2\Big)=\sum_{i=1}^{n}D(X_i^2)=nD(X_1^2).$$

因为 $X_1\sim N(0,1)$，所以 $E(X_1)=0,D(X_1)=1$，从而有 $E(X_1^2)=1$. 故

$$E(X)=nE(X_1^2)=n.$$

由习题四提高题中第 6 题的结果可得 $E(X_1^4)=(4-1)!!=3$，因此

$$D(X_1^2)=E(X_1^4)-[E(X_1^2)]^2=3-1=2.$$

故
$$D(X)=nD(X_1^2)=2n.$$

例 6.2.1 设 $X_1,X_2,\cdots,X_n$ 是来自正态总体 $X\sim N(\mu,\sigma^2)$ 的样本，求随机变量 $Y=\dfrac{1}{\sigma^2}\sum\limits_{i=1}^{n}(X_i-\mu)^2$ 的概率分布.

解 因为 $X_1,X_2,\cdots,X_n$ 相互独立，且 $X_i\sim N(\mu,\sigma^2)(i=1,2,\cdots,n)$，故令

$$Y_i=\frac{X_i-\mu}{\sigma},\quad i=1,2,\cdots,n,$$

则 $Y_1,Y_2,\cdots,Y_n$ 相互独立，且 $Y_i\sim N(0,1)(i=1,2,\cdots,n)$.

根据定义 6.2.1 知，$Y=\dfrac{1}{\sigma^2}\sum\limits_{i=1}^{n}(X_i-\mu)^2=\sum\limits_{i=1}^{n}Y_i^2\sim\chi^2(n)$.

2. t 分布

定义 6.2.2 设随机变量 $X\sim N(0,1),Y\sim\chi^2(n)$，且 X 与 Y 相互独立，则称随机变量

$$T=\frac{X}{\sqrt{Y/n}} \tag{6.2.3}$$

所服从的分布是**自由度为 n 的 t 分布**，记做 $T\sim t(n)$.

根据定义，可以证明随机变量 $T\sim t(n)$ 的概率密度为

$$f_n(t)=\frac{\Gamma\left(\frac{n+1}{2}\right)}{\sqrt{n\pi}\,\Gamma\left(\frac{n}{2}\right)}\left(1+\frac{t^2}{n}\right)^{-\frac{n+1}{2}},\quad -\infty<t<+\infty, \tag{6.2.4}$$

其图形如图 6-4 所示. 由于 $f_n(t)$ 是偶函数，所以图形关于纵坐标对称. t 分布具有下列重要性质：

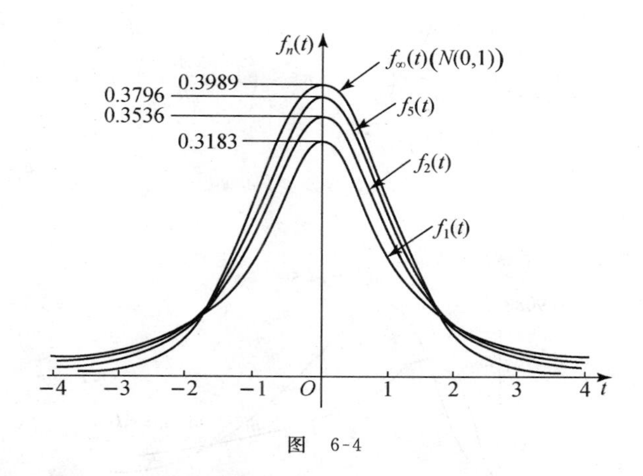

图 6-4

性质 1 设随机变量 $T \sim t(n)$，则 $E(T)=0\ (n>1)$.

性质 2 设随机变量 $T \sim t(n)$，则当 n 充分大时，T 近似服从标准正态分布 $N(0,1)$. 一般地，当 $n>45$ 时，$t(n)$ 分布与标准正态分布 $N(0,1)$ 就已经非常接近了.

例 6.2.2 设 $X_1,X_2,\cdots,X_n$ 是来自正态总体 $X \sim N(0,4)$ 的样本，试问：统计量 $\dfrac{\sqrt{n-1}X_1}{\sqrt{\sum\limits_{i=2}^{n} X_i^2}}$ 服从什么分布？

解 因为 $X_i \sim N(0,4)(i=1,2,\cdots,n)$，所以 $\dfrac{\sum\limits_{i=2}^{n} X_i^2}{4} \sim \chi^2(n-1)$，$\dfrac{X_1}{2} \sim N(0,1)$，且它们相互独立. 根据 t 分布的定义，有

$$\frac{\sqrt{n-1}X_1}{\sqrt{\sum\limits_{i=2}^{n} X_i^2}} = \frac{X_1/2}{\sqrt{\dfrac{\sum\limits_{i=2}^{n} X_i^2}{4}\Big/(n-1)}} \sim t(n-1).$$

3. F 分布

定义 6.2.3 设随机变量 $X \sim \chi^2(m)$，$Y \sim \chi^2(n)$，且 X 与 Y 相互独立，则称随机变量

$$F = \frac{X/m}{Y/n} \tag{6.2.5}$$

所服从的分布是**自由度为 (m,n) 的 F 分布**，记做 $F \sim F(m,n)$.

若随机变量 $F \sim F(m,n)$，则可以证明 F 的概率密度为

$$f(x)=\begin{cases}\dfrac{\Gamma\left(\dfrac{m+n}{2}\right)}{\Gamma\left(\dfrac{m}{2}\right)\Gamma\left(\dfrac{n}{2}\right)}\left(\dfrac{m}{n}\right)^{\frac{m}{2}}x^{\frac{m}{2}-1}\left(1+\dfrac{m}{n}x\right)^{-\frac{m+n}{2}}, & x>0,\\ 0, & x\leqslant 0,\end{cases} \tag{6.2.6}$$

其图形如图 6-5 所示.

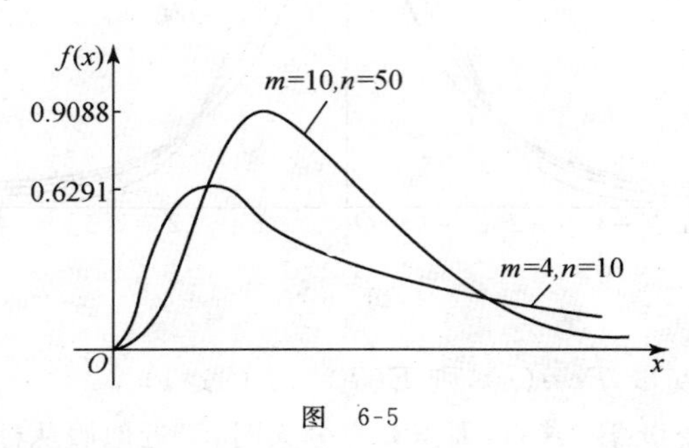

图　6-5

F 分布具有下列重要性质：

性质 1　若随机变量 $X\sim F(m,n)$，则 $1/X\sim F(n,m)$.

这个性质可以直接从 F 分布的定义推出.

性质 2　若随机变量 $X\sim t(n)$，则 $X^2\sim F(1,n)$.

证　根据 t 分布的定义，X 可表示为

$$X=\frac{Y}{\sqrt{Z/n}},$$

其中 $Y\sim N(0,1)$，$Z\sim\chi^2(n)$，且相互独立，于是

$$X^2=\frac{Y^2}{Z/n}.$$

而 $Y^2\sim\chi^2(1)$，根据 F 分布的定义知 $X^2\sim F(1,n)$.

例 6.2.3　设 $X_1,X_2,\cdots,X_n$ 是来自正态总体 $X\sim N(0,1)$ 的样本，试问：统计量 $\dfrac{(n-3)\sum\limits_{i=1}^{3}X_i^2}{3\sum\limits_{i=4}^{n}X_i^2}$ 服从什么分布？

解　因为 $\sum\limits_{i=1}^{3}X_i^2\sim\chi^2(3)$，$\sum\limits_{i=4}^{n}X_i^2\sim\chi^2(n-3)$，且二者相互独立，所以

$$\frac{(n-3)\sum\limits_{i=1}^{3}X_i^2}{3\sum\limits_{i=4}^{n}X_i^2}=\frac{\sum\limits_{i=1}^{3}X_i^2\Big/3}{\sum\limits_{i=4}^{n}X_i^2\Big/(n-3)}\sim F(3,n-3).$$

4. 概率分布的分位点

在实际应用中,上述三大分布的概率密度函数很少用到,而主要是用它们的分位点. 我们有如下关于分位点的定义:

定义 6.2.4 设随机变量 X 的分布函数为 $F(x)$. 对于给定的实数 α $(0<\alpha<1)$,若存在 x_α 满足

$$P(X > x_\alpha) = \alpha, \tag{6.2.7}$$

则称 x_α 为随机变量 X 关于 α 的(上侧)**分位点**;若存在 a,b $(a<b)$满足

$$P(X < a) = \alpha/2 \quad 且 \quad P(X > b) = \alpha/2, \tag{6.2.8}$$

则称 a,b 为随机变量 X 关于 α 的**双侧分位点**.

按(上侧)分位点 x_α 的记号,随机变量 X 关于 α 的双侧分位点 a,b 也可记为

$$a = x_{1-\alpha/2}, \quad b = x_{\alpha/2}, \tag{6.2.9}$$

即 $P(X>x_{\alpha/2})=\alpha/2$ 且 $P(X<x_{1-\alpha/2})=\alpha/2$.

下面我们介绍一下四种常见概率分布的分位点.

标准正态分布 $N(0,1)$关于 α 的(上侧)分位点记为 u_α(或 z_α),关于 α 的双侧分位点记为 $-u_{\alpha/2}, u_{\alpha/2}$,分别如图 6-6(a),(b)所示.

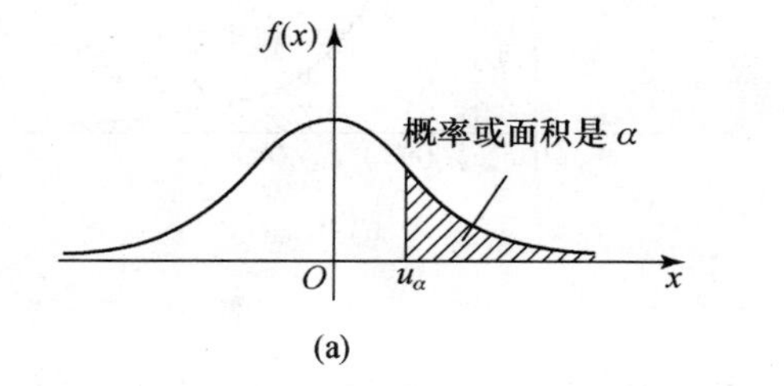

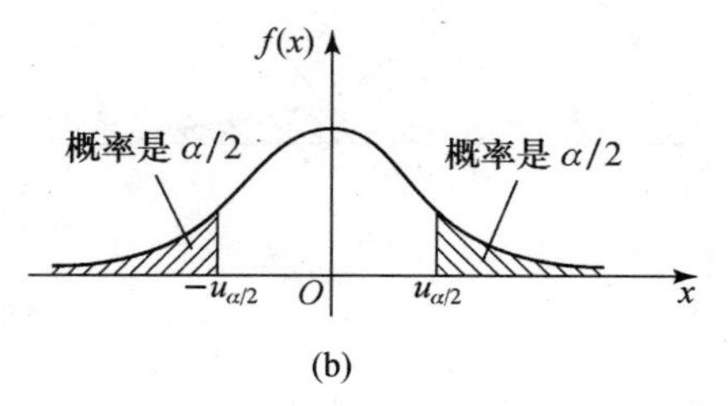

图 6-6

$\chi^2(n)$分布关于 α 的(上侧)分位点记为 $\chi^2_\alpha(n)$,关于 α 的双侧分位点记为 $\chi^2_{1-\alpha/2}(n), \chi^2_{\alpha/2}(n)$,分别如图 6-7(a),(b)所示.

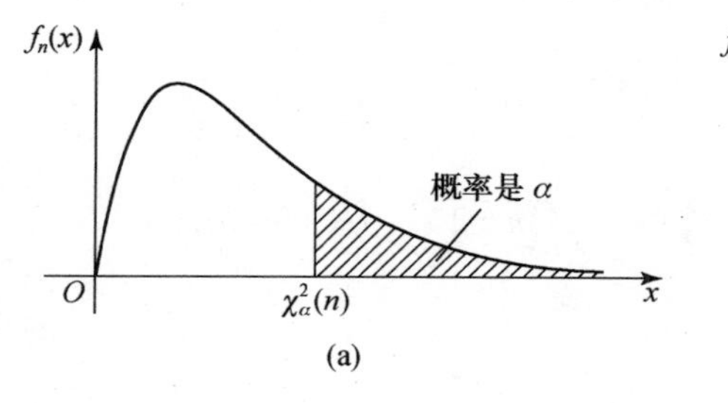

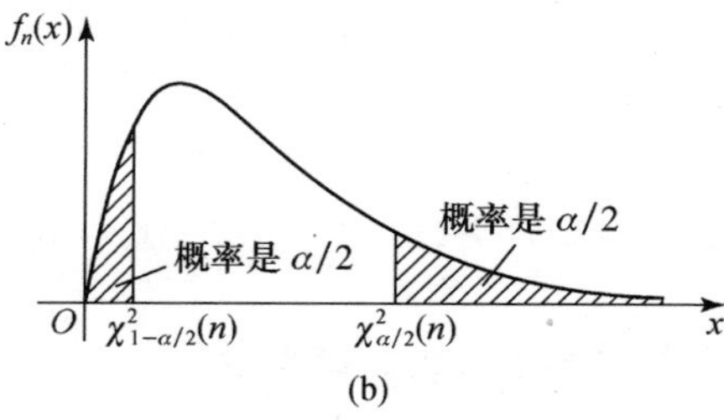

图 6-7

$t(n)$分布关于α的(上侧)分位点记为$t_\alpha(n)$，关于α的双侧分位点记为$-t_{\alpha/2}(n)$，$t_{\alpha/2}(n)$，分别如图6-8(a)，(b)所示.

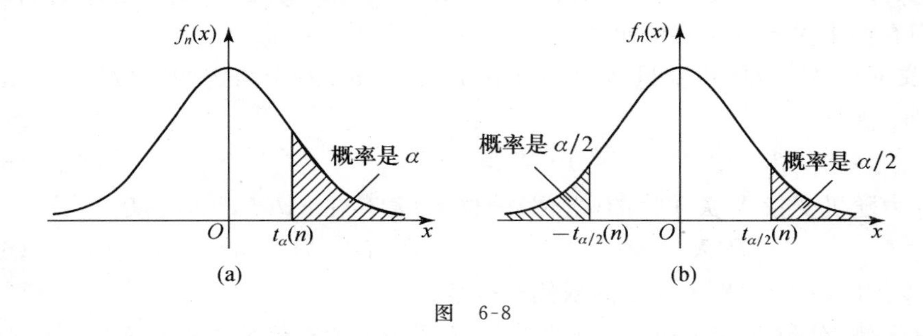

图　6-8

$F(m,n)$分布关于α的(上侧)分位点记为$F_\alpha(m,n)$，关于α的双侧分位点记为$F_{1-\alpha/2}(m,n)$，$F_{\alpha/2}(m,n)$，分别如图6-9(a)，(b)所示.

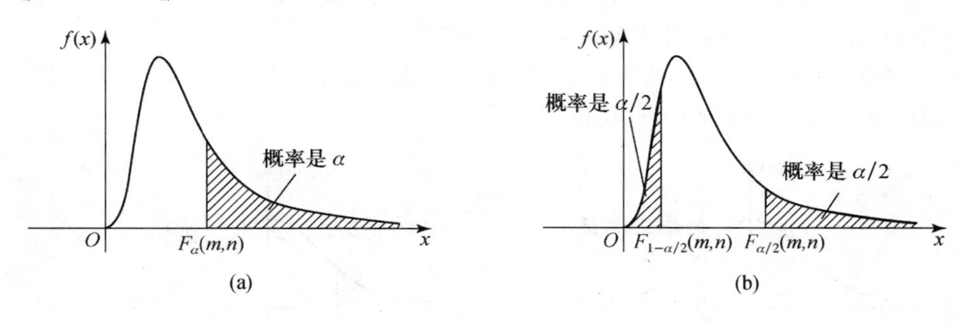

图　6-9

通常地，给定α时，可从附表中查出关于α的(上侧)分位点；反之，给定某个(上侧)分位点时，可以查出相应的概率.

关于分位点有如下一些**性质**：

(1) $u_{1-\alpha}=-u_\alpha$；

(2) $t_{1-\alpha}(n)=-t_\alpha(n)$；

(3) $F_\alpha(m,n)=\dfrac{1}{F_{1-\alpha}(n,m)}$；

(4) 当n较大($n>45$)时，有$\chi_\alpha^2(n)\approx\dfrac{1}{2}(u_\alpha+\sqrt{2n-1})^2$，$t_\alpha(n)\approx u_\alpha$.

二、正态总体的抽样分布

前面已经指出，统计量是随机变量，所以也有相应的概率分布——抽样分布.这一分布原则上可以从样本的概率分布计算出来.但是，一般说来，统计量的抽样分布的计算是很困难的,目前只对一些重要的特殊情形可以求出统计量的精确分布或近似分布.

对于正态总体,关于样本均值和样本方差以及某些重要统计量的抽样分布具有非常完善的理论结果,它们为讨论参数估计和假设检验奠定了坚实的基础. 我们将这些内容归纳成下面的定理.

定理 6.2.1(单总体) 设 $X_1,X_2,\cdots,X_n$ 是来自正态总体 $X\sim N(\mu,\sigma^2)$ 的样本,则

(1) $\overline{X}\sim N\left(\mu,\dfrac{\sigma^2}{n}\right)$; (2) $\dfrac{(n-1)S^2}{\sigma^2}\sim\chi^2(n-1)$;

(3) $\overline{X}$ 与 S^2 相互独立; (4) $\dfrac{\sqrt{n}(\overline{X}-\mu)}{S}\sim t(n-1)$,

这里 $\overline{X}$ 为样本均值,S^2 为样本方差,即

$$\overline{X}=\frac{1}{n}\sum_{i=1}^{n}X_i,\quad S^2=\frac{1}{n-1}\sum_{i=1}^{n}(X_i-\overline{X})^2.$$

证 (1) 因为 $X_i\sim N(\mu,\sigma^2)(i=1,2,\cdots,n)$,且独立正态随机变量的线性组合仍是正态随机变量,而根据数学期望和方差的性质知

$$E(\overline{X})=E\left(\frac{1}{n}\sum_{i=1}^{n}X_i\right)=\frac{1}{n}\sum_{i=1}^{n}E(X_i)=\mu,$$

$$D(\overline{X})=D\left(\frac{1}{n}\sum_{i=1}^{n}X_i\right)=\frac{1}{n^2}\sum_{i=1}^{n}D(X_i)=\frac{\sigma^2}{n},$$

所以 $\overline{X}\sim N\left(\mu,\dfrac{\sigma^2}{n}\right)$.

(2)和(3)的证明略.

(4) 因为 $\overline{X}\sim N\left(\mu,\dfrac{\sigma^2}{n}\right)$,所以 $\dfrac{\overline{X}-\mu}{\sigma/\sqrt{n}}\sim N(0,1)$. 又 $\dfrac{(n-1)S^2}{\sigma^2}\sim\chi^2(n-1)$,并且由于 $\overline{X}$ 与 S^2 相互独立,从而 $\dfrac{\overline{X}-\mu}{\sigma/\sqrt{n}}$ 与 $\dfrac{(n-1)S^2}{\sigma^2}$ 相互独立,因此

$$\frac{\sqrt{n}(\overline{X}-\mu)}{S}=\frac{\dfrac{\overline{X}-\mu}{\sigma/\sqrt{n}}}{\sqrt{\dfrac{(n-1)S^2}{\sigma^2}\Big/(n-1)}}\sim t(n-1).$$

定理 6.2.2(双总体) 设 $X_1,X_2,\cdots,X_m$ 是来自正态总体 $X\sim N(\mu_1,\sigma_1^2)$ 的样本,$Y_1,Y_2,\cdots,Y_n$ 是来自正态总体 $Y\sim N(\mu_2,\sigma_2^2)$ 的样本,且 X 与 Y 相互独立,则

(1) $\overline{X}-\overline{Y}\sim N\left(\mu_1-\mu_2,\dfrac{\sigma_1^2}{m}+\dfrac{\sigma_2^2}{n}\right)$;

(2) $\dfrac{S_1^2/\sigma_1^2}{S_2^2/\sigma_2^2}\sim F(m-1,n-1)$;

(3) 当 $\sigma_1^2=\sigma_2^2=\sigma^2$ 时,

$$\frac{(\overline{X}-\overline{Y})-(\mu_1-\mu_2)}{S_w\sqrt{\frac{1}{m}+\frac{1}{n}}}\sim t(m+n-2),$$

其中

$$\overline{X}=\frac{1}{m}\sum_{i=1}^{m}X_i,\quad S_1^2=\frac{1}{m-1}\sum_{i=1}^{m}(X_i-\overline{X})^2,$$

$$\overline{Y}=\frac{1}{n}\sum_{i=1}^{n}Y_i,\quad S_2^2=\frac{1}{n-1}\sum_{i=1}^{n}(Y_i-\overline{Y})^2,$$

$$S_w^2=\frac{(m-1)S_1^2+(n-1)S_2^2}{m+n-2}=\frac{m-1}{m+n-2}S_1^2+\frac{n-1}{m+n-2}S_2^2,$$

即 S_w^2 是 S_1^2 和 S_2^2 的加权平均,称为两样本的加权方差.

证 (1) 由定理 6.2.1 知

$$\overline{X}\sim N\left(\mu_1,\frac{\sigma_1^2}{m}\right),\quad \overline{Y}\sim N\left(\mu_2,\frac{\sigma_2^2}{n}\right).$$

因为 X 与 Y 相互独立,于是 $\overline{X}$ 与 $\overline{Y}$ 相互独立,从而

$$\overline{X}-\overline{Y}\sim N\left(\mu_1-\mu_2,\frac{\sigma_1^2}{m}+\frac{\sigma_2^2}{n}\right).$$

(2) 由定理 6.2.1 知

$$\frac{(m-1)S_1^2}{\sigma_1^2}\sim\chi^2(m-1),\quad \frac{(n-1)S_2^2}{\sigma_2^2}\sim\chi^2(n-1),$$

且二者相互独立,于是根据 F 分布的定义有

$$\frac{\dfrac{(m-1)S_1^2}{\sigma_1^2}\Big/(m-1)}{\dfrac{(n-1)S_2^2}{\sigma_2^2}\Big/(n-1)}=\frac{S_1^2/\sigma_1^2}{S_2^2/\sigma_2^2}\sim F(m-1,n-1).$$

(3) 当 $\sigma_1^2=\sigma_2^2=\sigma^2$ 时,由(1)得

$$\frac{(\overline{X}-\overline{Y})-(\mu_1-\mu_2)}{\sigma\sqrt{\frac{1}{m}+\frac{1}{n}}}\sim N(0,1),$$

再由(2)及 χ^2 分布的可加性得

$$\frac{(m+n-2)S_w^2}{\sigma^2}=\frac{(m-1)S_1^2+(n-1)S_2^2}{\sigma^2}\sim\chi^2(m+n-2).$$

又因为 $\dfrac{(m+n-2)S_w^2}{\sigma^2}$ 与 $\dfrac{(\overline{X}-\overline{Y})-(\mu_1-\mu_2)}{\sigma\sqrt{\frac{1}{m}+\frac{1}{n}}}$ 相互独立,所以根据 t 分布的定义知

$$\frac{(\overline{X}-\overline{Y})-(\mu_1-\mu_2)}{S_w\sqrt{\dfrac{1}{m}+\dfrac{1}{n}}}\sim t(m+n-2).$$

以上定理是第七章的理论基础，读者不但要熟悉定理的内容，更要掌握它们的推证方法.

内 容 小 结

本章介绍数理统计的基本概念，为数理统计的学习打下基础.

本章知识点网络图：

- 基本概念
  - 总体/样本/统计量
  - 常见统计量：均值/方差(标准差)/矩/顺序统计量
  - 经验分布函数与直方图*
- 抽样分布
  - 三种常见的分布
    - χ^2 分布：定义/概率密度图形/性质/分位点
    - t 分布：定义/概率密度图形/性质/分位点
    - F 分布：定义/概率密度图形/性质/分位点
  - 正态总体的抽样分布
    - 单总体
    - 双总体

本章的基本要求：

1. 理解总体、个体、样本、简单随机样本、样本容量的概念，了解总体分布与样本分布的概念，知道样本与样本观测值的联系与区别.

2. 理解统计量的概念，熟练掌握样本均值、样本方差、样本标准差的计算，知道样本(原点)矩、样本中心矩及次序统计量的定义.

3. 理解 χ^2 分布、t 分布、F 分布的定义及性质；会查表计算相应分布的概率及分位点.

4. 熟练掌握正态总体的抽样分布(两个定理)及它们的推证方法.

习 题 六

第一部分 基本题

一、选择题：

1. 设 X_1,X_2,X_3,X_4 是来自正态总体 $N(\mu,\sigma^2)$ 的样本，其中 σ 已知，μ 未知，则不是统计量的是(　　).

(A) $\max\limits_{1\leqslant i\leqslant 4} X_i - \min\limits_{1\leqslant i\leqslant 4} X_i$　　(B) $\frac{1}{4}\sum\limits_{i=1}^{4}(X_i-\mu)$

(C) $\sum\limits_{i=1}^{4}\frac{X_i^2}{\sigma^2}$　　(D) $\frac{1}{3}\sum\limits_{i=1}^{4}X_i^2-\frac{1}{12}\left(\sum\limits_{i=1}^{4}X_i\right)^2$

2. 设 $X_1,X_2,\cdots,X_n$ 是来自正态总体 $N(\mu,\sigma^2)$的样本,$\overline{X}$ 是样本均值,记

$$S_1^2=\frac{1}{n-1}\sum_{i=1}^{n}(X_i-\overline{X})^2,\quad S_2^2=\frac{1}{n}\sum_{i=1}^{n}(X_i-\overline{X})^2,$$

$$S_3^2=\frac{1}{n-1}\sum_{i=1}^{n}(X_i-\mu)^2,\quad S_4^2=\frac{1}{n}\sum_{i=1}^{n}(X_i-\mu)^2,$$

则服从自由度为 $n-1$ 的 t 分布的随机变量是(　　).

(A) $\frac{\overline{X}-\mu}{S_1}\sqrt{n-1}$　　(B) $\frac{\overline{X}-\mu}{S_2}\sqrt{n-1}$

(C) $\frac{\overline{X}-\mu}{S_3}\sqrt{n-1}$　　(D) $\frac{\overline{X}-\mu}{S_4}\sqrt{n-1}$

3. 对于给定的正数 α $(0<\alpha<1)$,设 $u_\alpha,\chi_\alpha^2(n),t_\alpha(n),F_\alpha(n_1,n_2)$分别是 $N(0,1),\chi^2(n),t(n)$, $F(n_1,n_2)$分布关于 α 的(上侧)分位点,则下面结论不正确的是(　　).

(A) $u_{1-\alpha}=-u_\alpha$　　(B) $\chi_{1-\alpha}^2(n)=-\chi_\alpha^2(n)$

(C) $t_\alpha(n)=-t_{1-\alpha}(n)$　　(D) $F_{1-\alpha}(n_1,n_2)=\frac{1}{F_\alpha(n_2,n_1)}$

4. 设 $X_1,X_2,\cdots,X_n$ 是来自正态总体 X 的样本,$E(X)=-1,E(X^2)=4,\overline{X}=\frac{1}{n}\sum\limits_{i=1}^{n}X_i$,则$\overline{X}$服从的分布为(　　).

(A) $N\left(-1,\frac{3}{n}\right)$　　(B) $N\left(-1,\frac{4}{n}\right)$

(C) $N\left(-\frac{1}{n},4\right)$　　(D) $N\left(-\frac{1}{n},\frac{3}{n}\right)$

5. 设 $X_1,X_2,\cdots,X_8$ 和 $Y_1,Y_2,\cdots,Y_{10}$分别是来自总体 $N(-1,2^2)$和 $N(2,5)$的两个样本,且相互独立,S_1^2,S_2^2 分别为这两个样本的方差,则服从 $F(7,9)$分布的统计量是(　　).

(A) $\frac{2S_1^2}{5S_2^2}$　　(B) $\frac{5S_1^2}{4S_2^2}$　　(C) $\frac{4S_2^2}{5S_1^2}$　　(D) $\frac{5S_1^2}{2S_2^2}$

6. 设随机变量 $X\sim N(0,1),Y\sim N(0,1)$,则(　　).

(A) $X+Y$ 服从正态分布　　(B) X^2 和 Y^2 都服从 χ^2 分布

(C) X^2+Y^2 服从 χ^2 分布　　(D) $\frac{X^2}{Y^2}$ 服从 F 分布

二、填空题:

7. 已知 F 分布的(上侧)分位点 $F_{0.05}(9,12)=2.7964,F_{0.05}(12,9)=3.0729$,则 $F_{0.95}(12,9)=$ ________.

8. 设随机变量 $X\sim N(0,2),Y\sim\chi^2(5)$,且 X,Y 独立,则当 $A=$ ________ $(A>0)$时,$Z=A\frac{X}{\sqrt{Y}}$

服从 t 分布,自由度为__________.

9. 设总体 X 服从正态分布 $N(0,4)$,而 $X_1,X_2,\cdots,X_{15}$ 是来自总体 X 的样本,则随机变量 $Y=\dfrac{X_1^2+\cdots+X_{10}^2}{2(X_{11}^2+\cdots+X_{15}^2)}$ 服从__________分布,参数为__________.

10. 设 X 与 Y 相互独立且均服从正态分布 $N(0,3^2)$,$X_1,X_2,\cdots,X_9$ 与 $Y_1,Y_2,\cdots,Y_9$ 分别来自总体 X 和 Y 的样本,则统计量 $U=(X_1+X_2+\cdots+X_9)/\sqrt{Y_1^2+Y_2^2+\cdots+Y_9^2}$ 服从__________分布.

11. 设 $X_1,X_2,\cdots,X_n$ 是来自标准正态总体 $X\sim N(0,1)$ 的样本,$\overline{X},S^2$ 分别为样本均值与样本方差,则 $(n-1)S^2$ 服从的分布是__________.

三、计算题:

12. 设 $X_1,X_2,\cdots,X_6$ 是来自正态总体 $N(0,4)$ 的样本,确定常数 a,b,使得

$$Y=a(X_1-X_2+2X_3)^2+b(3X_4+2X_5-X_6)^2\sim\chi^2(2).$$

13. 设 $X_1,X_2,\cdots,X_n$ 是来自总体 $X\sim U[-1,1]$ 的样本,$\overline{X},S^2$ 分别为样本均值和样本方差,试求 $D(\overline{X}),E(S^2)$.

14. 设 $X_1,X_2,\cdots,X_9$ 是来自总体 $X\sim N(2,1)$ 的样本,求样本均值 $\overline{X}$ 在区间 $[1,3]$ 中取值的概率.

15. 设总体 $X\sim N(\mu,4)$,$X_1,X_2,\cdots,X_n$ 是来自总体 X 的样本,$\overline{X}$ 为样本均值,试问:样本容量 n 应取多大,才能使 $P(|\overline{X}-\mu|<0.1)\geqslant 0.95$?

16. 设 $X_1,X_2,\cdots,X_{16}$ 是来自正态总体 $X\sim N(\mu,\sigma^2)$ 的样本,S^2 是样本方差,求 $P(S^2/\sigma^2\leqslant 2.04)$.

17. 设总体 X 与 Y 相互独立,且均服从正态分布 $N(30,3^2)$,$X_1,X_2,\cdots,X_{20}$ 与 $Y_1,Y_2,\cdots,Y_{25}$ 分别来自总体 X 和 Y 的样本,求 $|\overline{X}-\overline{Y}|>0.4$ 的概率,其中 $\overline{X},\overline{Y}$ 分别为这两个样本的均值.

第二部分　提高题

1. 设 $X_1,X_2,\cdots,X_n$ 是来自正态总体 $N(\mu,\sigma^2)$ 的样本,$\overline{X}$ 是样本均值,记

$$S_1^2=\frac{1}{n-1}\sum_{i=1}^{n}(X_i-\overline{X})^2,\quad S_2^2=\frac{1}{n}\sum_{i=1}^{n}(X_i-\overline{X})^2,$$

$$S_3^2=\frac{1}{n-1}\sum_{i=1}^{n}(X_i-\mu)^2,\quad S_4^2=\frac{1}{n}\sum_{i=1}^{n}(X_i-\mu)^2,$$

确定常数 a_i,使 $a_iS_i^2(i=1,2,3,4)$ 服从 χ^2 分布,并求其自由度.

2. 设 $X_1,X_2,\cdots,X_9$ 是来自正态总体 $X\sim N(\mu,\sigma^2)$ 的样本,令

$$Y_1=(X_1+X_2+\cdots+X_6)/6,\quad Y_2=(X_7+X_8+X_9)/3,$$

$$S^2=\frac{1}{2}\sum_{i=7}^{9}(X_i-Y_2)^2,\quad Z=\frac{\sqrt{2}(Y_1-Y_2)}{S},$$

求 Z 的分布,并求 $P(Z<5)$.

3. 设总体 $X\sim N(\mu,\sigma^2)$,$X_1,X_2,\cdots,X_n$ 是来自总体 X 样本,样本均值为 $\overline{X}$,样本方差为 S^2.

(1) 设 $n=25$,求 $P(\mu-0.2\sigma<\overline{X}<\mu+0.2\sigma)$;

(2) 要使 $P(|\overline{X}-\mu|>0.1\sigma)\leqslant 0.05$,问:$n$ 至少应等于多少?

(3) 设 $n=10$,求使 $P(\mu-\lambda S<\overline{X}<\mu+\lambda S)=0.90$ 的 λ;

(4) 设 $n=10$,求使 $P(S^2>\lambda\sigma^2)=0.95$ 的 λ.

4. 设总体 $X\sim N(\mu_1,\sigma^2)$,$Y\sim N(\mu_2,\sigma^2)$,X 与 Y 相互独立,$X_1,X_2,\cdots,X_n$ 和 $Y_1,Y_2,\cdots,Y_m$ 分别是来自总体 X 和 Y 的样本,$\overline{X}$,$\overline{Y}$ 分别是两个样本的均值,$S^2=\dfrac{1}{n-1}\sum\limits_{i=1}^{n}(X_i-\overline{X})^2$,试求统计量 $T=\dfrac{(\overline{X}-\overline{Y})-(\mu_1-\mu_2)}{S\sqrt{\dfrac{1}{n}+\dfrac{1}{m}}}$ 的分布.

5. 分别从方差为 20 和 35 的正态总体中抽取容量为 8 和 10 的两个独立样本,求第一个样本方差不小于第二个样本方差两倍的概率.

6. 设 X_1,X_2 是来自正态总体 $X\sim N(0,\sigma^2)$的样本,试求 $P\left(\dfrac{(X_1+X_2)^2}{(X_1-X_2)^2}<40\right)$.

7. 设随机变量 $X\sim F(m,n)$,证明:$F_\alpha(m,n)=\dfrac{1}{F_{1-\alpha}(n,m)}$.

8. 从同一总体中抽取两个容量分别为 n,m 的样本,其样本均值分别为 $\overline{X}_1$,$\overline{X}_2$,样本方差分别为 S_1^2,S_2^2.将两组样本合并,其均值、方差分别记为 $\overline{X}$,S^2.证明:

$$\overline{X}=\frac{n\overline{X}_1+m\overline{X}_2}{n+m},\quad S^2=\frac{(n-1)S_1^2+(m-1)S_2^2}{n+m-1}+\frac{nm(\overline{X}_1-\overline{X}_2)^2}{(n+m)(n+m-1)}.$$

第七章 参数估计与假设检验

数理统计的基本问题就是根据样本所提供的信息,对总体的分布或分布的数字特征等做出估计与推断,即本章所探讨的参数估计与假设检验.对于参数估计问题,总体所服从的分布类型是已知的,而它的某些参数(可能是总体的数字特征)却是未知的.在这一类问题中,要想确定总体的分布,关键是构造合理的方法将这些未知参数估计出来,故这类问题称为参数估计.对于假设检验,它的基本任务是,在总体的分布完全未知或只知其形式但不知其参数的情况下,为了推断总体的某些未知特性,提出某些关于总体的假设,然后根据样本所提供的信息,对所提假设做出拒绝或接受的决策.本章主要介绍参数估计的基本概念、求点估计量的方法、估计量的评判标准、假设检验的基本概念、正态总体参数的区间估计与假设检验以及分布拟合检验与独立性检验等.

§7.1 点估计

设总体 X 的分布函数 $F(x;\theta)$的形式已知,$\theta=(\theta_1,\theta_2,\cdots,\theta_k)\in\Theta$,其中 Θ 是未知参数 θ 的可能的取值范围,称为参数空间.借助于总体 X 的一个样本来估计总体未知参数 θ 的问题就称为**参数估计**.

定义 7.1.1 设总体 X 的分布函数为 $F(x;\theta)$,$\theta=(\theta_1,\theta_2,\cdots,\theta_k)\in\Theta$ 是未知参数,$X_1,X_2,\cdots,X_n$ 是来自总体 X 的样本,$x_1,x_2,\cdots,x_n$ 是样本观测值.构造统计量 $T=T(X_1,X_2,\cdots,X_n)$,以数值 $T(x_1,x_2,\cdots,x_n)$作为 θ 的估计值,则称统计量 $T(X_1,X_2,\cdots,X_n)$为 θ 的**估计量**,而称数值 $T(x_1,x_2,\cdots,x_n)$为 θ 的**估计值**.

在不至于混淆的情况下,统称估计量和估计值为**估计**,并记为 $\hat{\theta}$,即

$$\hat{\theta}=T(X_1,X_2,\cdots,X_n) \quad 或 \quad \hat{\theta}=T(x_1,x_2,\cdots,x_n).$$

这种估计称为参数 θ 的**点估计**.

那么,如何构造一个统计量 $T(X_1,X_2,\cdots,X_n)$ 作为 θ 的估计量呢?下面主要介绍两个常用的点估计方法:矩法和最大似然法.

一、矩法

矩法是英国统计学家皮尔逊(K. Pearson)在 1894 年提出的求点估计量的方法.由大数定律知道,对任意 $\varepsilon>0$,有 $\lim\limits_{n\to\infty}P\left(\left|\frac{1}{n}\sum\limits_{i=1}^{n}X_i^r-E(X^r)\right|<\varepsilon\right)=1$. 因此,当总体矩 $E(X^r)$ 存在时,只要样本的容量足够大,样本矩 $\frac{1}{n}\sum\limits_{i=1}^{n}X_i^r$ 在总体矩 $E(X^r)$ 附近的可能性就很大.

由于在许多分布中所含的参数都是总体矩的函数,因此很自然地会想到用样本矩来代替总体矩,从而得到总体分布中未知参数的一个估计.这种方法称为**矩估计法**,简称**矩法**.下面介绍用矩法求未知参数估计量的基本步骤.

设总体 X 的分布函数为 $F(x;\theta)$,$\theta=(\theta_1,\theta_2,\cdots,\theta_k)\in\Theta$ 是未知参数(k 为未知参数的个数),$X_1,X_2,\cdots,X_n$ 是来自 X 的样本,$x_1,x_2,\cdots,x_n$ 是样本观测值,则矩法求未知参数估计量的步骤如下:

(1) 计算总体分布的 r 阶原点矩 $E(X^r)$(一般为未知参数 θ 的函数),记为

$$E(X^r)=g_r(\theta)\quad(r=1,2,\cdots)\tag{7.1.1}$$

(2) 近似替换,即用样本 r 阶原点矩替换总体 r 阶原点矩,列出方程

$$g_r(\theta)=\frac{1}{n}\sum_{i=1}^{n}X_i^r\quad(r=1,2,\cdots).\tag{7.1.2}$$

(3) 解此方程得

$$\theta=h(X_1,X_2,\cdots,X_n),$$

则以 $h(X_1,X_2,\cdots,X_n)$ 作为 θ 的估计量 $\hat{\theta}$,并称

$$\hat{\theta}=h(X_1,X_2,\cdots,X_n)\tag{7.1.3}$$

为 θ 的**矩估计量**,而称 $h(x_1,x_2,\cdots,x_n)$ 为 θ 的**矩估计值**.

注 (1) 如果未知参数的个数 $k=1$,一般 r 取 1,即用样本 1 阶原点矩替换总体 1 阶原点矩,当然 r 也可以取 2,3,…,视计算方便而定.

(2) 如果未知参数的个数 $k>1$,就要选取不同的 r,构成 k 个方程,才能解出所有的未知参数.

例 7.1.1 设总体 X 的分布律如表 7.1.1 所示,其中 θ 为未知参数,求 θ 的矩估计量.

表 7.1.1

X	1	2	3
P	θ^2	$2\theta(1-\theta)$	$(1-\theta)^2$

解 由 X 的分布律求得

$$E(X)=1\times\theta^2+2\times 2\theta(1-\theta)+3\times(1-\theta)^2=3-2\theta.$$

设 $X_1,X_2,\cdots,X_n$ 为来自总体 X 的样本,根据(7.1.2)式建立方程

$$E(X)=3-2\theta=\frac{1}{n}\sum_{i=1}^{n}X_i=\overline{X},$$

解得 θ 的矩估计量为 $\hat{\theta}=\frac{3-\overline{X}}{2}$.

例 7.1.2 设总体 $X\sim N(\mu,\sigma^2)$,其中 μ,σ^2 是未知参数,试求 μ,σ^2 的矩估计量.

解 已知总体 X 的 $E(X)$ 和 $D(X)$ 均存在且有限,即

$$E(X)=\mu,\quad D(X)=\sigma^2.$$

现设 $X_1,X_2,\cdots,X_n$ 为来自总体 X 的样本,根据(7.1.2)式可得

$$\begin{cases}E(X)=\mu=\dfrac{1}{n}\sum\limits_{i=1}^{n}X_i=\overline{X},\\ E(X^2)=\sigma^2+\mu^2=\dfrac{1}{n}\sum\limits_{i=1}^{n}X_i^2.\end{cases}$$

解上述方程组,得 μ,σ^2 的矩估计量分别为

$$\begin{cases}\hat{\mu}=\overline{X},\\ \hat{\sigma}^2=\dfrac{1}{n}\sum\limits_{i=1}^{n}X_i^2-\overline{X}^2=\dfrac{1}{n}\sum\limits_{i=1}^{n}(X_i-\overline{X})^2=\dfrac{n-1}{n}S^2.\end{cases}$$

一般地,当总体中只含一个未知参数时,用方程

$$E(X)=\overline{X}$$

即可解出未知参数的矩估计量;当总体中含有两个未知参数时,可用方程组

$$\begin{cases}E(X)=\overline{X},\\ D(X)=\dfrac{n-1}{n}S^2\end{cases}$$

解出未知参数的矩估计量.

例 7.1.3 设总体 $X\sim E(\lambda)$,其中 $\lambda>0$ 为未知参数,试求 λ 的矩估计量.

解 设 $X_1,X_2,\cdots,X_n$ 为来自总体 X 的样本.由于总体只含一个未知参数 λ,一般用方程 $E(X)=\overline{X}$ 即可解得 λ 的矩估计量.因为 $E(X)=1/\lambda$,所以 λ 的矩估计量为

$$\hat{\lambda}=1/\overline{X}.$$

当然,也可以用样本的 2 阶矩估计总体的 2 阶矩,即用方程 $E(X^2)=\frac{1}{n}\sum_{i=1}^{n}X_i^2$ 解得 λ 的矩估计量. 因为 $E(X^2)=D(X)+E^2(X)=2/\lambda^2$,所以 λ 的矩估计量为

$$\hat{\lambda}=\sqrt{\frac{2n}{\sum_{i=1}^{n}X_i^2}}.$$

本例说明矩估计量可能是不唯一的,通常应尽量采用低阶矩求未知参数的矩估计量.

例 7.1.4　设总体 X 的概率密度为

$$f(x;\theta)=\frac{1}{2\theta}\mathrm{e}^{-|x|/\theta},\quad -\infty<x<+\infty,$$

其中 $\theta>0$ 为未知参数,$X_1,X_2,\cdots,X_n$ 为来自总体 X 的样本,试求参数 θ 的矩估计量.

解　由于总体只含一个未知参数 θ,一般只需求出 $E(X)$便能得到 θ 的矩估计量,但

$$E(X)=\int_{-\infty}^{+\infty}x\cdot\frac{1}{2\theta}\mathrm{e}^{-|x|/\theta}\mathrm{d}x=0$$

不含未知参数 θ,所以无法求出参数 θ 的估计量. 为此需要求

$$E(X^2)=\int_{-\infty}^{+\infty}x^2\cdot\frac{1}{2\theta}\mathrm{e}^{-|x|/\theta}\mathrm{d}x=\frac{1}{\theta}\int_{0}^{+\infty}x^2\cdot\mathrm{e}^{-x/\theta}\mathrm{d}x=2\theta^2,$$

用样本的 2 阶原点矩来替换,即有

$$2\theta^2=\frac{1}{n}\sum_{i=1}^{n}X_i^2,$$

所以参数 θ 的矩估计量为

$$\hat{\theta}=\sqrt{\frac{1}{2n}\sum_{i=1}^{n}X_i^2}.$$

二、最大似然法

最大似然估计法是求点估计的另一种方法,它是英国统计学家费歇(R. A. Fisher)在 1912 年提出来的,是一种最重要的点估计方法,所求的估计量有许多优良的性质. 下面先介绍似然函数的概念.

1. 似然函数

定义 7.1.2　设总体 X 的分布律或概率密度为 $f(x;\theta)$,$\theta=(\theta_1,\theta_2,\cdots,\theta_k)$是未知参数,$X_1,X_2,\cdots,X_n$ 是来自总体 X 的样本,则称 $X_1,X_2,\cdots,X_n$ 的联合分布律或概率密度函数

$$L(x_1,x_2,\cdots,x_n;\theta)=\prod_{i=1}^{n} f(x_i;\theta) \tag{7.1.4}$$

为样本的**似然函数**,简记为 $L(\theta)$.

注 (1) 当总体 X 为离散型随机变量时,$f(x;\theta)$为 X 的分布律 $P(X=x)$;

(2) 当总体 X 为连续型随机变量时,$f(x;\theta)$为 X 的概率密度.

例 7.1.5 设总体 $X\sim B(m,p)$,其中 m 已知,$p>0$ 为未知参数,$X_1,X_2,\cdots,X_n$ 是来自总体 X 的样本,试求样本的似然函数 $L(p)$.

解 由于总体 X 是离散型随机变量,所以

$$f(x;p)=P(X=x)=\mathrm{C}_m^x p^x(1-p)^{m-x} \quad (x=0,1,2,\cdots,m).$$

因此样本的似然函数为

$$\begin{aligned} L(p) &= \prod_{i=1}^{n} f(x_i;p)=\prod_{i=1}^{n}\mathrm{C}_m^{x_i} p^{x_i}(1-p)^{m-x_i} \\ &= \left(\prod_{i=1}^{n}\mathrm{C}_m^{x_i}\right) p^{\sum\limits_{i=1}^{n}x_i}(1-p)^{nm-\sum\limits_{i=1}^{n}x_i} \quad (x_i=0,1,\cdots,m;\ i=1,2,\cdots,n). \end{aligned}$$

例 7.1.6 设总体 $X\sim U(0,\theta)$,其中 $\theta>0$ 为未知参数,$X_1,X_2,\cdots,X_n$ 是来自总体 X 的样本,试求样本的似然函数 $L(\theta)$.

解 总体 X 的概率密度为

$$f(x;\theta)=\begin{cases}1/\theta, & 0<x<\theta,\\ 0, & \text{其他},\end{cases}$$

因此样本的似然函数为

$$L(\theta)=\prod_{i=1}^{n} f(x_i;\theta)=\begin{cases}1/\theta^n, & 0<x_1,x_2,\cdots,x_n<\theta,\\ 0, & \text{其他}.\end{cases}$$

2. 最大似然法

下面结合例子来介绍最大似然法的基本思想.

例 7.1.7 设在一个箱子中装有若干个白色和黄色乒乓球,且已知两种球的数目之比为 1∶3,但不知是白球多还是黄球多.现从中有放回地任取 3 个球,发现有 2 个白球.问:白球所占的比例是多少?

解 设白球所占的比例为 p,则 $p=\frac{1}{4}$或$\frac{3}{4}$.又设 X 为任取 3 个球中所含白球的个数,则 $X\sim B(3,p)$,所以

$$P(X=2)=\mathrm{C}_3^2 p^2(1-p)=3p^2(1-p).$$

于是,当 $p=\frac{1}{4}$时,$P(X=2)=\frac{9}{64}$;当 $p=\frac{3}{4}$时,$P(X=2)=\frac{27}{64}$.因为$\frac{9}{64}<\frac{27}{64}$,这意味着使"$X=2$"的样本来自 $p=\frac{3}{4}$的总体比来自 $p=\frac{1}{4}$的总体的可能性要大,因而取$\frac{3}{4}$作为

p 的估计值比取 $\frac{1}{4}$ 作为 p 的估计值更合理,故我们认为白球所占的比例是 $\frac{3}{4}$.

上例中选取 p 的估计值 $\hat{p}$ 的原则是:对每个样本观测值,选取 $\hat{p}$ 使得样本观测值出现的概率最大.这种选择使得概率最大的那个 $\hat{p}$ 作为参数 p 的估计的方法,就是最大似然估计法.用同样的思想方法也可以估计连续型总体的参数.这种方法的基本思想是利用"概率最大的事件最可能发生"这一直观想法,即对 $L(\theta)$ 固定样本观测值 $x_i(i=1,2,\cdots,n)$,在 Θ 内选择适当的参数 $\hat{\theta}=(\theta_1,\theta_2,\cdots,\theta_k)$,使 $L(\theta)$ 达到最大值,并把 $\hat{\theta}$ 作为参数 θ 的估计值.为此引入下面的定义.

定义 7.1.3 对于固定的样本观测值 $x_1,x_2,\cdots,x_n$,如果有 $\hat{\theta}(x_1,x_2,\cdots,x_n)\in\Theta$(这里 Θ 是 θ 的取值范围),使得

$$L(\hat{\theta})=\max_{\theta\in\Theta}L(\theta)\quad(\text{或 } L(\hat{\theta})=\sup_{\theta\in\Theta}L(\theta)),$$

则称 $\hat{\theta}(x_1,x_2,\cdots,x_n)$ 为 θ 的**最大似然估计值**,而称相应的统计量 $\hat{\theta}(X_1,X_2,\cdots,X_n)$ 为**最大似然估计量**,有时也称其为**极大似然估计**.

我们知道,$\ln x$ 是 x 的严格单调增加函数,因此 $\ln x$ 与 x 有相同的最大值点.由于似然函数 $L(\theta)$ 的表达式中含有 n 个乘积项,而 $\ln L(\theta)$ 将 n 个乘积项变为和项,便于求解最大值点,所以一般选择求 $\ln L(\theta)$ 的最大值点较为方便.通常称 $\ln L(\theta)$ 为**对数似然函数**.

求最大似然估计量的步骤如下:

(1) 根据总体 X 的分布律或概率密度 $f(x;\theta)$,写出似然函数

$$L(\theta)=\prod_{i=1}^{n}f(x_i;\theta).$$

(2) 对似然函数取对数 $\ln L(\theta)=\sum_{i=1}^{n}\ln f(x_i;\theta)$.

(3) 写出方程

$$\frac{\partial \ln L}{\partial \theta}=0$$

(此方程称为**似然方程**).若方程有解,则求出 $L(\theta)$ 的最大值点 $\theta=\hat{\theta}(x_1,x_2,\cdots,x_n)$,于是 $\hat{\theta}=\hat{\theta}(X_1,X_2,\cdots,X_n)$ 即为 θ 的最大似然估计量.设 $x_1,x_2,\cdots,x_n$ 为样本的观测值,则 $\hat{\theta}(x_1,x_2,\cdots,x_n)$ 为 θ 的最大似然估计值.

注 (1) 若似然函数中含有多个未知参数,则可解方程组

$$\frac{\partial \ln L(\theta)}{\partial \theta_i}=0,\quad i=1,2,\cdots,k.$$

设解得 $\hat{\theta}_i(x_1,x_2,\cdots,x_n)$,则 $\hat{\theta}_i(X_1,X_2,\cdots,X_n)$ 为 $\theta_i(i=1,2,\cdots,k)$ 的最大似然估计量.

(2) 若似然方程无解,即似然函数没有驻点时,通常在边界点上达到最大值,可由

定义通过对边界点的分析直接推求.

(3) 若 $\hat{\theta}$ 是未知参数的最大似然估计, $y(\theta)$ 是 θ 的严格单调函数,则 $y(\theta)$ 的最大似然估计为 $y(\hat{\theta})$.

例 7.1.8 设随机变量 $X \sim B(1,p)$,其中 $p(0<p<1)$ 为未知参数, $X_1,X_2,\cdots,X_n$ 是来自总体 X 的样本,试求参数 p 的最大似然估计量.如果 p 表示某一批产品的次品率,今从中随机抽取 85 件产品,发现次品 10 件,试估计这批产品的次品率.

解 X 的分布律为 $P(X=x)=p^x(1-p)^{1-x}(x=0,1)$,所以样本的似然函数为

$$L(p)=L(x_1,x_2,\cdots,x_n;p)=\prod_{i=1}^{n} p^{x_i}(1-p)^{1-x_i}=p^{\sum\limits_{i=1}^{n}x_i}(1-p)^{n-\sum\limits_{i=1}^{n}x_i}.$$

取对数得

$$\ln L(p)=\left(\sum_{i=1}^{n}x_i\right)\ln p+\left(n-\sum_{i=1}^{n}x_i\right)\ln(1-p),$$

再对 p 求导数得

$$\frac{\mathrm{d}\ln L(p)}{\mathrm{d}p}=\sum_{i=1}^{n}x_i\frac{1}{p}-\left(n-\sum_{i=1}^{n}x_i\right)\frac{1}{1-p}=\frac{\sum\limits_{i=1}^{n}x_i-np}{p(1-p)}.$$

令 $\dfrac{\mathrm{d}\ln L(p)}{\mathrm{d}p}=0$,解得 p 的最大似然估计量为 $\hat{p}=\dfrac{1}{n}\sum\limits_{i=1}^{n}X_i=\overline{X}$.

从一批产品中随机抽取 85 件,发现次品 10 件,即样本的容量 $n=85$,样本的均值 $\overline{X}=\dfrac{1}{n}\sum\limits_{i=1}^{n}X_i=\dfrac{10}{85}=\dfrac{2}{17}$,故 p 的最大似然估计值为 $\hat{p}=\dfrac{2}{17}$,即这批产品次品率的估计值为 $\dfrac{2}{17}$.

例 7.1.9 设 $X_1,X_2,\cdots,X_n$ 为来自正态总体 $X\sim N(\mu,\sigma^2)$ 的样本,求参数 μ,σ^2 的最大似然估计.

解 由题意可知, X 的概率密度为

$$f(x;\mu,\sigma^2)=\frac{1}{\sqrt{2\pi}\sigma}\exp\left\{-\frac{1}{2\sigma^2}(x-\mu)^2\right\}.$$

(1) 样本的似然函数为

$$\begin{aligned}L(\mu,\sigma^2)&=\prod_{i=1}^{n}\frac{1}{\sqrt{2\pi}\sigma}\exp\left\{-\frac{1}{2\sigma^2}(x_i-\mu)^2\right\}\\&=(2\pi)^{-n/2}(\sigma^2)^{-n/2}\exp\left\{-\frac{1}{2\sigma^2}\sum_{i=1}^{n}(x_i-\mu)^2\right\};\end{aligned}$$

(2) 对似然函数取对数得

$$\ln L(\mu,\sigma^2)=-\frac{n}{2}\ln(2\pi)-\frac{n}{2}\ln\sigma^2-\frac{1}{2\sigma^2}\sum_{i=1}^{n}(x_i-\mu)^2;$$

(3) 似然方程组为

$$\begin{cases}\dfrac{\partial\ln L}{\partial\mu}=\dfrac{1}{\sigma^2}\left(\sum\limits_{i=1}^{n}x_i-n\mu\right)=0,\\ \dfrac{\partial\ln L}{\partial\sigma^2}=-\dfrac{n}{2\sigma^2}+\dfrac{1}{2(\sigma^2)^2}\sum\limits_{i=1}^{n}(x_i-\mu)^2=0,\end{cases}$$

解得 $$\hat{\mu}=\frac{1}{n}\sum_{i=1}^{n}x_i=\bar{x},\quad \hat{\sigma^2}=\frac{1}{n}\sum_{i=1}^{n}(x_i-\bar{x})^2.$$

因此 μ,σ^2 的最大似然估计量分别为

$$\hat{\mu}=\overline{X},\quad \hat{\sigma^2}=\frac{1}{n}\sum_{i=1}^{n}(X_i-\overline{X})^2=\frac{n-1}{n}S^2.$$

由于 $\sigma=\sqrt{\sigma^2}$ 是 σ^2 的严格单调函数,根据上述注(3)知,标准差 σ 的最大似然估计量为

$$\hat{\sigma}=\sqrt{\hat{\sigma^2}}=\sqrt{\frac{1}{n}\sum_{i=1}^{n}(X_i-\overline{X})^2}=\sqrt{\frac{n-1}{n}S^2}.$$

例 7.1.10 设 $X_1,X_2,\cdots,X_n$ 为来自总体 $X\sim U[0,\theta]$ 的样本,其中 $\theta>0$ 未知,分别用矩法和最大似然法求参数 θ 的估计量.

解 由于 $X\sim U(0,\theta)$,X 的概率密度为

$$f(x;\theta)=\begin{cases}1/\theta, & 0<x<\theta,\\ 0, & \text{其他}.\end{cases}$$

(1) 矩法:因为 $E(X)=\theta/2$,根据(7.1.2)式可得 $\theta/2=\overline{X}$,所以 θ 的矩估计量为

$$\hat{\theta}_1=2\overline{X}.$$

(2) 最大似然法:样本的似然函数为

$$L(\theta)=\begin{cases}1/\theta^n, & 0<\min\limits_{1\leqslant i\leqslant n}x_i\leqslant x_i\leqslant\max\limits_{1\leqslant i\leqslant n}x_i<\theta\ (i=1,2,\cdots,n),\\ 0, & \text{其他}.\end{cases}\tag{7.1.5}$$

若通过对似然函数取对数,再列出似然方程进行求解,显然似然方程无解. 由注(2),可直接对 θ 的边界点进行分析,使

$$L(\hat{\theta})=\sup_{\theta\in\Theta}L(\theta).$$

由(7.1.5)式可知,只要取 $\hat{\theta}=\max\limits_{1\leqslant i\leqslant n}x_i$,则 $L(\hat{\theta})=\sup\limits_{\theta\in\Theta}L(\theta)$,所以 θ 的最大似然估计量为

$$\hat{\theta}_2=\max_{1\leqslant i\leqslant n}X_i.$$

例 7.1.11 设总体 X 的概率密度为

$$f(x)=\begin{cases}(\theta+1)x^{\theta}, & 0<x<1,\\ 0, & \text{其他},\end{cases}$$

其中 $\theta>-1$ 是未知参数,$X_1,X_2,\cdots,X_n$ 是来自总体 X 的样本,分别用矩法和最大似然法求 θ 的估计量.

解 (1) 矩法:因为

$$E(X)=\int_{-\infty}^{+\infty}xf(x)\mathrm{d}x=\int_0^1 x(\theta+1)x^{\theta}\mathrm{d}x=\frac{\theta+1}{\theta+2},$$

根据(7.1.2)式可得

$$\frac{\theta+1}{\theta+2}=\overline{X},$$

故求得 θ 的矩估计量为

$$\hat{\theta}_1=\frac{2\overline{X}-1}{1-\overline{X}}.$$

(2) 最大似然法:θ 的似然函数为

$$L(\theta)=(\theta+1)^n\Big(\prod_{i=1}^{n}x_i\Big)^{\theta}\quad(0<x_i<1;\ i=1,2,\cdots,n).$$

当 $0<x_i<1(i=1,2,\cdots,n)$ 时,恒有 $L(\theta)>0$,故

$$\ln L(\theta)=n\ln(\theta+1)+\theta\sum_{i=1}^{n}\ln x_i.$$

令 $\dfrac{\mathrm{d}\ln L(\theta)}{\mathrm{d}\theta}=\dfrac{n}{\theta+1}+\sum\limits_{i=1}^{n}\ln x_i=0$,则有

$$\theta+1=-\frac{n}{\sum\limits_{i=1}^{n}\ln x_i},$$

从而求得 θ 的最大似然估计量为

$$\hat{\theta}_2=-1-\frac{n}{\sum\limits_{i=1}^{n}\ln X_i}.$$

§7.2 估计量的评价标准

从上面的讨论可知,对于总体 X 的同一参数,用不同的估计方法求出的估计量可能不相同,即使用相同的方法也可能得到不同的估计量.也就是说,同一参数可能具有多种不同的估计量.原则上来说,任何统计量都可以作为未知参数的估计量.那么到底采用哪个估计量较好呢?确定估计量好坏必须在大量观察的基础上从统计的意义来评价.也就是说,估计量的好坏取决于估计量的统计性质.设总体未知参数 θ 的估计量

为$\hat{\theta}=\hat{\theta}(X_1,X_2,\cdots,X_n)$，很自然地，我们认为一个“好”的估计量应该由如下的标准来衡量：

(1) $\hat{\theta}$与被估计参数θ的真值越近越好. 由于$\hat{\theta}$是随机变量，它有一定的波动性，因此只能在统计的意义上要求$\hat{\theta}$的平均值离θ的真值越近越好，最好是能满足$E(\hat{\theta})=\theta$. 这就是无偏性的要求.

(2) $\hat{\theta}$围绕θ的真值波动幅度越小越好. 下面我们将会看到，同一个参数的满足无偏性要求的估计量往往也不止一个. 无偏性只对估计量波动的平均值提出了要求，但是对波动的“振幅”(即估计量的方差)没有提出进一步的要求. 当然，我们希望估计量方差尽可能的小. 这就是无偏估计量的有效性要求.

(3) 当样本容量越来越大时，$\hat{\theta}$靠近θ的真值的可能性也应该越来越大，最好是当样本容量趋于无穷时，$\hat{\theta}$在概率的意义上收敛于θ的真值. 这就是一致性的要求.

无偏性、有效性和一致性是对估计量的三条最基本的要求. 下面就这三条性质分别予以介绍.

一、无偏性

定义 7.2.1　设$\hat{\theta}=\hat{\theta}(X_1,X_2,\cdots,X_n)$是未知参数$\theta$的估计量. 若

$$E(\hat{\theta})=\theta, \tag{7.2.1}$$

则称$\hat{\theta}=\hat{\theta}(X_1,X_2,\cdots,X_n)$是$\theta$的**无偏估计量**. 若$E(\hat{\theta})\neq\theta$，则$E(\hat{\theta})-\theta$称为估计量$\hat{\theta}$的**偏差**. 若

$$\lim_{n\to\infty}E(\hat{\theta})=\theta, \tag{7.2.2}$$

则称$\hat{\theta}=\hat{\theta}(X_1,X_2,\cdots,X_n)$是$\theta$的**渐近无偏估计量**.

例 7.2.1　设$X_1,X_2,\cdots,X_n$来自有有限数学期望μ和方差σ^2的总体，证明：

(1) $\hat{\mu}=\overline{X}=\dfrac{1}{n}\sum\limits_{i=1}^{n}X_i$是总体均值$\mu$的无偏估计量；

(2) $\widehat{\sigma_1^2}=S^2=\dfrac{1}{n-1}\sum\limits_{i=1}^{n}(X_i-\overline{X})^2$是总体方差$\sigma^2$的无偏估计量；

(3) $\widehat{\sigma_2^2}=\dfrac{1}{n}\sum\limits_{i=1}^{n}(X_i-\overline{X})^2$是总体方差$\sigma^2$的渐近无偏估计量.

证　(1) 由于$E(X_i)=\mu\ (i=1,2,\cdots,n)$，因此

$$E(\overline{X})=\frac{1}{n}E\Big(\sum_{i=1}^{n}X_i\Big)=\frac{1}{n}\sum_{i=1}^{n}E(X_i)=\mu.$$

由无偏估计量的定义可知，$\hat{\mu}=\overline{X}$是μ的无偏估计量.

(2) 由于$D(X_i)=\sigma^2$，$D(\overline{X})=\dfrac{\sigma^2}{n}$，所以

$$E(X_i^2)=D(X_i)+[E(X_i)]^2=\sigma^2+\mu^2,\quad i=1,2,\cdots,n,$$

$$E(\overline{X}^2)=D(\overline{X})+[E(\overline{X})]^2=\frac{\sigma^2}{n}+\mu^2.$$

因此

$$\begin{aligned}E(S^2)&=\frac{1}{n-1}E\left(\sum_{i=1}^{n}X_i^2-n\overline{X}^2\right)=\frac{1}{n-1}\left[\sum_{i=1}^{n}E(X_i^2)-nE(\overline{X}^2)\right]\\&=\frac{1}{n-1}\left[n(\sigma^2+\mu^2)-n\left(\frac{\sigma^2}{n}+\mu^2\right)\right]\\&=\frac{1}{n-1}(n\sigma^2-\sigma^2)=\sigma^2.\end{aligned}$$

由无偏估计量的定义可知,$\widehat{\sigma_1^2}=S^2$ 是 σ^2 的无偏估计量.

(3) 因为 $\widehat{\sigma_2^2}=\frac{n-1}{n}S^2$,$E(\widehat{\sigma_2^2})=\frac{n-1}{n}E(S^2)=\frac{n-1}{n}\sigma^2$,所以

$$\lim_{n\to\infty}E(\widehat{\sigma_2^2})=\lim_{n\to\infty}\left(\frac{n-1}{n}\sigma^2\right)=\sigma^2.$$

故 $\widehat{\sigma_2^2}$ 是 σ^2 的渐近无偏估计量.

例 7.2.2 设 $X_1,X_2,\cdots,X_n$ 是来自总体 X 的样本,$E(X)=\mu$,$D(X)=\sigma^2$ 存在但未知,试证下列统计量都是 μ 的无偏估计量:

(1) $\hat{\mu}_1=X_1$; (2) $\hat{\mu}_2=\overline{X}$; (3) $\hat{\mu}_3=\frac{1}{4}X_1+\frac{3}{4}X_2$.

证 由于

$$E(\hat{\mu}_1)=E(X_1)=E(X)=\mu,$$

$$E(\hat{\mu}_2)=E(\overline{X})=\frac{1}{n}\sum_{i=1}^{n}E(X_i)=E(X)=\mu,$$

$$E(\hat{\mu}_3)=E\left(\frac{1}{4}X_1+\frac{3}{4}X_2\right)=\frac{1}{4}E(X_1)+\frac{3}{4}E(X_2)=E(X)=\mu,$$

由无偏估计量的定义可知,$\hat{\mu}_1,\hat{\mu}_2,\hat{\mu}_3$ 均为 μ 的无偏估计量.

无偏估计量是对估计量的一个最基本要求,而且在许多场合是合理的、必要的.但是仅要求估计量具有无偏性是不够的,无偏性仅仅反映了估计量在参数 θ 真值的周围波动,并没有反映出波动的幅度.而方差的大小就能反映估计量围绕参数 θ 真值波动的幅度,这就是下面要介绍的有效性.

二、有效性

定义 7.2.2 设 $\hat{\theta}_1(X_1,X_2,\cdots,X_n)$和 $\hat{\theta}_2(X_1,X_2,\cdots,X_n)$均是未知参数 θ 的无偏估计量.若

$$D(\hat{\theta}_1) < D(\hat{\theta}_2), \tag{7.2.3}$$

则称 $\hat{\theta}_1$ 比 $\hat{\theta}_2$ **有效**.

由有效性的定义容易看出,在 θ 的无偏估计量中,方差越小者越有效.

例 7.2.3 评价例 7.2.2 中 $\hat{\mu}_1,\hat{\mu}_2,\hat{\mu}_3$ 哪个估计量比较有效.

解 由例 7.2.2 可知,$\hat{\mu}_1,\hat{\mu}_2,\hat{\mu}_3$ 均是 μ 的无偏估计. 下面考虑其方差的大小:

$$D(\hat{\mu}_1) = D(X_1) = D(X) = \sigma^2,$$

$$D(\hat{\mu}_2) = D(\overline{X}) = \frac{1}{n^2}\sum_{i=1}^{n} D(X_i) = \frac{1}{n}\sigma^2,$$

$$D(\hat{\mu}_3) = D\left(\frac{1}{4}X_1 + \frac{3}{4}X_2\right) = \frac{1}{16}D(X_1) + \frac{9}{16}D(X_2) = \frac{5}{8}\sigma^2.$$

因此,当 $n \geqslant 2$ 时,$D(\hat{\mu}_2) < D(\hat{\mu}_3) < D(\hat{\mu}_1)$. 根据有效性的定义可知,$\hat{\mu}_2$ 比较有效.

三、一致性

对于一个估计量,我们不仅希望它是无偏的,同时也希望它是有效的. 然而估计量的无偏性和有效性都是在样本容量固定的条件下提出的. 因此,随着样本容量的增大,我们也希望其估计值能稳定于待估参数的真值. 为此,引入了如下一致性(相合性)的概念:

定义 7.2.3 设 $\hat{\theta}$ 是未知参数 θ 的估计量. 若对 $\forall \varepsilon > 0$,有

$$\lim_{n\to\infty} P(|\hat{\theta} - \theta| < \varepsilon) = 1 \tag{7.2.4}$$

则称 $\hat{\theta}$ 是 θ 的**一致估计量或相合估计量**,记为 $\hat{\theta} \xrightarrow{P} \theta$. 这时也称估计量 $\hat{\theta}$ 具有**一致性或相合性**.

估计量的一致性是对于极限性质而言的,它只在样本容量 n 较大时才有意义.

例 7.2.4 设有一批产品,为估计其次品率 p,随机取一样本 $X_1,X_2,\cdots,X_n$,其中

$$X_i = \begin{cases} 0, & \text{取得合格品}, \\ 1, & \text{取得次品}, \end{cases} \quad i = 1,2,\cdots,n.$$

证明 $\hat{p} = \overline{X} = \dfrac{1}{n}\sum\limits_{i=1}^{n} X_i$ 是 p 的无偏估计量,并讨论该估计量的一致性.

证 由题设可知,$X_i(i=1,2,\cdots,n)$服从参数为 p 的 0-1 分布,故

$$E(X_i) = p, \quad D(X_i) = p(1-p), \quad i = 1,2,\cdots,n.$$

于是

$$E(\hat{p}) = E(\overline{X}) = E\left(\frac{1}{n}\sum_{i=1}^{n} X_i\right) = \frac{1}{n}\sum_{i=1}^{n} E(X_i) = \frac{1}{n} \times np = p.$$

根据无偏估计的定义,$\hat{p}$ 是 p 的无偏估计量.

下面讨论估计量 $\hat{p}$ 的一致性. 由切比雪夫不等式知,对任意 $\varepsilon > 0$,有

$$P(|\hat{p}-p|<\varepsilon)\geqslant 1-\frac{D(\overline{X})}{\varepsilon^2}=1-\frac{p(1-p)}{n\varepsilon^2}.$$

因此,当 $n\to\infty$ 时,$P(|\hat{p}-p|<\varepsilon)=1$,即 $\hat{p}$ 是 p 的一致估计量.

例 7.2.5 设 $X_1,X_2,\cdots,X_n$ 是来自总体 X 的样本,且 $E(X^k)$存在但未知,证明:$\frac{1}{n}\sum_{i=1}^{n}X_i^k$ 为 $E(X^k)$ $(k=1,2,\cdots)$ 的一致(相合)估计量.

证 因为样本 $X_1,X_2,\cdots,X_n$ 相互独立且与总体 X 同分布,所以对于任一 k $(k=1,2,\cdots)$,$X_1^k,X_2^k,\cdots,X_n^k$ 也相互独立同分布,且 $E(X_i^k)=E(X^k)$ $(i=1,2,\cdots,n)$存在. 由辛钦大数定律可得

$$\lim_{n\to\infty}P\left(\left|\frac{1}{n}\sum_{i=1}^{n}X_i^k-E(X^k)\right|<\varepsilon\right)=1,$$

因此 $\frac{1}{n}\sum_{i=1}^{n}X_i^k$ 为 $E(X^k)$ $(k=1,2,\cdots)$ 的一致(相合)估计量.

要用定义检验一个估计量是否无偏、有效,相对地说是比较容易的,但是想用一致性的定义来检验一个估计量的一致性(除了矩估计量外),往往就不是那么简单了. 下面的定理用来检验一致性估计量是有用的.

*__定理 7.2.1__ 设 $\hat{\theta}$ 是 θ 的一个估计量. 若

$$\lim_{n\to\infty}E(\hat{\theta})=\theta, \tag{7.2.5}$$

且

$$\lim_{n\to\infty}D(\hat{\theta})=0, \tag{7.2.6}$$

则 $\hat{\theta}$ 是 θ 的一致(相合)估计量.

证明从略.

*__定理 7.2.2__ 如果 $\hat{\theta}$ 是 θ 的一致估计量,$g(x)$在 $x=\theta$ 处连续,则 $g(\hat{\theta})$是 $g(\theta)$的一致估计量.

证 由于 $g(x)$在 $x=\theta$ 处连续,所以,对任意 $\varepsilon>0$,存在 $\delta>0$,使得当 $|x-\theta|<\delta$ 时,$|g(x)-g(\theta)|<\varepsilon$. 由此推得

$$P(|g(\hat{\theta})-g(\theta)|\geqslant\varepsilon)\leqslant P(|\hat{\theta}-\theta|\geqslant\delta).$$

因为 $\hat{\theta}$ 是 θ 的一致估计量,所以

$$0\leqslant\lim_{n\to\infty}P(|g(\hat{\theta})-g(\theta)|\geqslant\varepsilon)\leqslant\lim_{n\to\infty}P(|\hat{\theta}-\theta|\geqslant\delta)=0,$$

即 $g(\hat{\theta})$是 $g(\theta)$的一致估计量.

例 7.2.6 设 $X_1,X_2,\cdots,X_n$ 是来自总体 X 的样本,且 $D(X)=\sigma^2$ 存在. 在下面两种情况下,证明$\frac{n-1}{n}S^2$ 是 σ^2 的一致估计量,其中 S^2 为样本方差:

(1) 总体 $X\sim N(\mu,\sigma^2)$;　　(2) 总体 X 的分布未知.

证　(1) 因为总体 $X\sim N(\mu,\sigma^2)$,所以 $\frac{(n-1)S^2}{\sigma^2}\sim\chi^2(n-1)$. 故

$$E\left(\frac{n-1}{n}S^2\right)=\frac{n-1}{n}\sigma^2,\quad D\left(\frac{n-1}{n}S^2\right)=\frac{2(n-1)\sigma^4}{n^2},$$

从而有

$$\lim_{n\to\infty}E\left(\frac{n-1}{n}S^2\right)=\lim_{n\to\infty}\frac{n-1}{n}\sigma^2=\sigma^2,\quad \lim_{n\to\infty}D\left(\frac{n-1}{n}S^2\right)=\lim_{n\to\infty}\frac{2(n-1)\sigma^4}{n^2}=0.$$

由定理 7.2.1 知,$\frac{n-1}{n}S^2$ 是 σ^2 的一致估计量.

(2) 因为总体的分布未知,所以 S^2 的方差无法计算,故不能像上题一样证明.

由于 $\frac{n-1}{n}S^2=\frac{1}{n}\sum_{i=1}^{n}X_i^2-\overline{X}^2$,其中 $\overline{X}=\frac{1}{n}\sum_{i=1}^{n}X_i$ 为样本均值,而 $X_1,X_2,\cdots,X_n$ 独立同分布,且 $E(X_i)=\mu\ (i=1,2,\cdots,n)$ 存在(因为 $D(X)=\sigma^2$ 存在),所以 $X_1^2,X_2^2,\cdots,X_n^2$ 独立同分布,且

$$E(X_i^2)=D(X_i)+E^2(X_i)=\sigma^2+\mu^2\quad(i=1,2,\cdots,n).$$

由辛钦大数定律得

$$\overline{X}=\frac{1}{n}\sum_{i=1}^{n}X_i\xrightarrow{P}\mu,\quad \frac{1}{n}\sum_{i=1}^{n}X_i^2\xrightarrow{P}\sigma^2+\mu^2,$$

再由定理 5.1.1 得

$$\frac{n-1}{n}S^2=\frac{1}{n}\sum_{i=1}^{n}X_i^2-\overline{X}^2\xrightarrow{P}(\sigma^2+\mu^2)-\mu^2=\sigma^2,$$

因此 $\frac{n-1}{n}S^2$ 是 σ^2 的一致估计量.

对于上述三个评价估计量的标准,在实际问题中难以同时兼顾. 无偏性在直观上比较合理,但并不是每个参数都有无偏估计量;而有效性又要建立在存在无偏估计量的前提下;用一致性评价估计量好坏时要求样本容量足够大,才有意义. 因此,应根据实际情况合理地选择评价标准.

§7.3　区间估计

从§7.1可看出,点估计是一种很有用的形式,即只要得到样本观测值 $x_1,x_2,\cdots,x_n$,点估计 $\hat{\theta}(x_1,x_2,\cdots,x_n)$ 就能对 θ 的值给出一个明确的数量概念. 但是,点估计 $\hat{\theta}(x_1,x_2,\cdots,x_n)$ 仅给出了 θ 的一个近似值,它并没有反映出这个近似值的范围,这在实际工作中可能会带来不便. 而区间估计正好弥补了点估计的这个缺点. 区间估计是指找两个取值于 Θ (Θ 为未知参数 θ 的可能取值范围)的统计量 $\hat{\theta}_1,\hat{\theta}_2\,(\hat{\theta}_1<\hat{\theta}_2)$,使区间

$(\hat{\theta}_1,\hat{\theta}_2)$尽可能地覆盖参数$\theta$.

事实上,由于$\hat{\theta}_1,\hat{\theta}_2$是两个统计量,所以$(\hat{\theta}_1,\hat{\theta}_2)$实际上是一个随机区间,它覆盖$\theta$(即$\theta\in(\hat{\theta}_1,\hat{\theta}_2)$)就是一个随机事件,即这个随机事件发生的概率$P(\theta\in(\hat{\theta}_1,\hat{\theta}_2))$(或$P(\hat{\theta}_1<\theta<\hat{\theta}_2)$)就反映了这个区间估计的可信程度,称之为区间估计$(\hat{\theta}_1,\hat{\theta}_2)$的**置信度**(或**可信度**);另一方面,区间的长度$\hat{\theta}_2-\hat{\theta}_1$也是一个随机变量,$E(\hat{\theta}_2-\hat{\theta}_1)$反映了区间估计的精确程度.我们自然希望反映可信程度的概率越大越好,反映精确程度的区间长度越小越好,但在实际问题中,二者常常不能同时兼顾,从而考虑在一定的可信程度下使区间的平均长度最短.下面引入置信区间的概念,并给出在一定可信程度的前提下求置信区间的方法.

定义 7.3.1 设总体X的分布函数为$F(x;\theta)$,其中θ是未知参数,$X_1,X_2,\cdots,X_n$是来自总体X的样本.对于给定的α $(0<\alpha<1)$,构造两个统计量$\hat{\theta}_1(X_1,X_2,\cdots,X_n)$和$\hat{\theta}_2(X_1,X_2,\cdots,X_n)$,如果满足

$$P(\hat{\theta}_1\leqslant\theta\leqslant\hat{\theta}_2)=1-\alpha, \tag{7.3.1}$$

则称随机区间$(\hat{\theta}_1,\hat{\theta}_2)$是参数$\theta$的置信度为$1-\alpha$的**双侧置信区间**,其中$\hat{\theta}_1$和$\hat{\theta}_2$分别称为双侧置信区间的**置信下限**和**置信上限**,$1-\alpha$称为**置信度**.

(7.3.1)式的直观意义是:若反复抽样多次,每个样本值确定一个区间$(\hat{\theta}_1,\hat{\theta}_2)$,每个这样的区间可能包含$\theta$的真值,也可能不包含$\theta$的真值.根据伯努利大数定律,在这么多的区间中,包含θ真值的约占$100(1-\alpha)\%$,不包含θ真值的约占$100\alpha\%$.比如,反复抽样N次,则得到N个区间中不包含θ真值的区间约为$N\alpha$个.

在解决某些问题时,我们可能不是同时关心“上限”和“下限”,即有时“上限”和“下限”的重要性是不对称的,可能只关心某一个界限.例如,对产品的寿命,就平均寿命这个参数而言,由于寿命越长越好,当然重要的只是“下限”;还有次品率,重要的只是“上限”.由此实际背景,我们引进单侧置信区间的概念.

定义 7.3.2 设总体X的分布函数为$F(x;\theta)$,其中θ是未知参数,$X_1,X_2,\cdots,X_n$是来自总体X的样本.对于给定的α $(0<\alpha<1)$,构造一个统计量$\hat{\theta}_1(X_1,X_2,\cdots,X_n)$或$\hat{\theta}_2(X_1,X_2,\cdots,X_n)$,如果满足

$$P(\hat{\theta}_1\leqslant\theta)=1-\alpha \tag{7.3.2}$$

或

$$P(\theta\leqslant\hat{\theta}_2)=1-\alpha \tag{7.3.3}$$

则称随机区间$(\hat{\theta}_1,+\infty)$或$(-\infty,\hat{\theta}_2)$(有时是$(0,\hat{\theta}_2)$,视θ的取值范围而定)是θ的置信度为$1-\alpha$的**单侧置信区间**,其中$\hat{\theta}_1$称为**单侧置信下限**,$\hat{\theta}_2$称为**单侧置信上限**(为了区别,有时也将$(\hat{\theta}_1,+\infty)$称为单侧下限置信区间,而将$(-\infty,\hat{\theta}_2)$称为单侧上限置信区间).

对于给定的置信度,根据样本来确定未知参数θ的置信区间,称为参数θ的**区间估计**.

求未知参数 θ 的置信区间的一般步骤如下：

(1) 先选择一个合适的估计方法对总体的未知参数 θ 做出点估计，然后由参数 θ 的点估计量出发，构造一个样本的函数 $T=T(X_1,X_2,\cdots,X_n;\theta)$，它包含待估计参数 θ，而不含有其他未知参数，并要求 T 的精确分布(小样本情况)或极限分布已知且不依赖于任何未知参数(一般是标准正态分布，χ^2 分布，t 分布或 F 分布).

(2) 对于给定的置信度 $1-\alpha$，如果求双侧置信区间，需要定出两个临界值 a,b，使得 $P(a\leqslant T\leqslant b)=1-\alpha$；如果求单侧置信区间，只需定出一个临界值 a 或 b(视样本函数 T 的形式及所求上限或下限置信区间而定)，使得 $P(a\leqslant T)=1-\alpha$ 或 $P(T\leqslant b)=1-\alpha$ (如果要定出两个临界值 a,b，可由 T 所服从分布的双侧分位点来确定，即 b 为 T 所服从分布关于 $\alpha/2$ 的分位点，a 为 T 所服从分布关于 $1-\alpha/2$ 的分位点；如果只定出一个临界值 a 或 b，则 a 为 T 所服从分布关于 $1-\alpha$ 的分位点，而 b 为 T 所服从分布关于 α 的分位点).

(3) 对不等式"$a\leqslant T\leqslant b$"，"$a\leqslant T$"或"$T\leqslant b$"进行变形，得到不等式 $\hat{\theta}_1\leqslant\theta\leqslant\hat{\theta}_2$，$\hat{\theta}_1\leqslant\theta$ 或 $\theta\leqslant\hat{\theta}_2$，则区间 $(\hat{\theta}_1,\hat{\theta}_2)$，$(\hat{\theta}_1,+\infty)$ 或 $(-\infty,\hat{\theta}_2)$(有时是 $(0,\hat{\theta}_2)$，视参数 θ 的取值范围而定)就是 θ 的一个置信度为 $1-\alpha$ 的置信区间.

例 7.3.1 设某校男生的身高服从正态分布 $N(\mu,\sigma^2)$，其中 $\mu,\sigma^2(\sigma>0)$ 未知. 今从该校男生中随机抽取 10 名学生，测量其身高(单位：m)如下：

1.70，1.75，1.77，1.72，1.85，1.65，1.68，1.75，1.86，1.78.

对给定的置信度 0.90，试估计该校男生平均身高所在的范围.

解 设 X 表示该校男生的身高，则 $X\sim N(\mu,\sigma^2)$. 又设 $X_1,X_2,\cdots,X_n$ 为其样本，$\overline{X},S^2$ 分别为样本均值和样本方差. 要估计男生平均身高所在的范围，实际上就是求未知参数 μ 的置信区间. 根据需要，我们可以求双侧置信区间，也可以求单侧置信区间.

根据求置信区间的一般步骤，从参数 μ 的点估计量 $\overline{X}$ 出发，由于方差 σ^2 未知，由定理 6.2.1 有

$$T=\frac{\sqrt{n}(\overline{X}-\mu)}{S}\sim t(n-1).$$

T 就是我们所构造的样本函数. 对给定的置信度 $1-\alpha$，如果求双侧置信区间，需要定出两个临界值 a,b，它们分别为 t 分布关于 α 的双侧分位点，即 $b=-a=t_{\alpha/2}(n-1)$，且有

$$P(|T|\leqslant t_{\alpha/2}(n-1))=1-\alpha.$$

对不等式 $|T|\leqslant t_{\alpha/2}(n-1)$ 作等价变形得

$$\overline{X}-t_{\alpha/2}(n-1)\frac{S}{\sqrt{n}}\leqslant\mu\leqslant\overline{X}+t_{\alpha/2}(n-1)\frac{S}{\sqrt{n}},$$

因此 μ 的双侧置信区间为

$$\left(\overline{X}-t_{\alpha/2}(n-1)\frac{S}{\sqrt{n}},\ \overline{X}+t_{\alpha/2}(n-1)\frac{S}{\sqrt{n}}\right).$$

经计算得 $\overline{X}=1.751$,$S^2=0.00463$.对给定的置信度 $1-\alpha=0.90$,有 $\alpha=0.1$,经查附表3得 $t_{\alpha/2}(n-1)=t_{0.05}(9)=1.8331$,所以双侧置信区间为(1.7115,1.7905).

如果求单侧置信区间,需要定出一个临界值 a 或 b.当求 μ 的单侧下限置信区间时,由所构造的样本统计量 T 的形式,应该定出临界值 a,它是 t 分布关于 $1-\alpha$ 的分位点,即 $a=-t_\alpha(n-1)$,且有

$$P(T\geqslant-t_\alpha(n-1))=1-\alpha.$$

对不等式 $T\geqslant-t_\alpha(n-1)$ 作等价变形得

$$\overline{X}-t_\alpha(n-1)\frac{S}{\sqrt{n}}\leqslant\mu,$$

因此 μ 的单侧下限置信区间为

$$\left(\overline{X}-t_\alpha(n-1)\frac{S}{\sqrt{n}},+\infty\right).$$

当求 μ 的单侧上限置信区间时,由所构造的样本统计量 T 的形式,应该定出临界值 b,它是 t 分布关于 α 的分位点,即 $b=t_\alpha(n-1)$,且有

$$P(T\leqslant t_\alpha(n-1))=1-\alpha.$$

对不等式 $T\leqslant t_\alpha(n-1)$ 作等价变形得

$$\mu\leqslant\overline{X}+t_\alpha(n-1)\frac{S}{\sqrt{n}},$$

因此 μ 的单侧上限置信区间为(因为 μ 的取值都是正的,所以下端应为0):

$$\left(0,\ \overline{X}+t_\alpha(n-1)\frac{S}{\sqrt{n}}\right).$$

经计算得 μ 的单侧下限置信区间为(1.7212,$+\infty$),μ 的单侧上限置信区间为(0,1.7808).

综上所述,我们可以得到该校男生平均身高在1.7115~1.7905 m之间,或平均身高不低于1.7212 m,或平均身高不高于1.7808 m.

本例实际上是求正态总体参数的置信区间,我们根据求未知参数 θ 的置信区间的一般步骤,容易求出相应参数的置信区间.至于正态总体其他参数的置信区间,可以用同样的方法推出,本节就不重复讲述,我们将在§7.5中与正态总体参数的假设检验问题一同叙述.

§7.4　假设检验的基本概念

一、问题的提出

为了对假设检验有一个初步的了解,我们先看几个例子.

例 7.4.1　某茶厂自动包装茶叶,设每包茶叶重量(单位:g)服从正态分布 $N(100,1.15^2)$. 某日开工后,随机抽测了 9 包,其重量分别为(单位:g):

$$99.3,\ 98.7,\ 100.5,\ 101.2,\ 98.3,\ 99.7,\ 99.5,\ 102.1,\ 100.5.$$

假设每包茶叶重量的方差保持不变,问:这天包装机工作是否正常?

例 7.4.2　某卷烟厂生产甲、乙两种香烟,分别对它们所生产香烟的尼古丁含量做了 6 次测定,测定结果(单位:10^{-3} g)为

甲:25,28,23,26,29,22;

乙:28,23,30,25,21,27.

试问:这两种香烟的尼古丁含量有无显著差异(设两种香烟的尼古丁含量服从正态分布,且方差相等)?

例 7.4.3　从某校 2004 年 250 名应届毕业生的高考成绩中随机抽取了 50 个,问:能否根据这 50 个成绩判断该校在 2004 年高考成绩服从正态分布?

以上这些例子都需要根据问题的题意提出假设,然后根据样本的信息对假设进行检验,做出判断.为此,我们需要建立检验假设的方法.

关于总体的假设通常是提出两个相互对立的假设,我们把需要检验是否为真的假设称为**原假设**或**零假设**,用 H_0 表示,而把与之对立的另一个假设称为**备择假设**,用 H_1 表示.如例 7.4.1 中原假设为 H_0: $\mu=100$,备择假设为 H_1: $\mu\neq100$;例 7.4.2 中原假设为 H_0:两种香烟的尼古丁含量无差异,备择假设为 H_1:两种香烟的尼古丁含量有差异;例 7.4.3 中原假设为 H_0: X 服从 $N(\mu,\sigma^2)$,备择假设为 H_1: X 不服从 $N(\mu,\sigma^2)$.

如果原假设是关于总体参数的,则称之为**参数假设**,检验参数假设的问题称为**参数检验**,如例 7.4.1 和例 7.4.2;如果原假设是关于总体的某个性质的(如分布类型、独立性等),则称之为**非参数假设**,检验非参数假设的问题为**非参数检验**,如例 7.4.3.

二、假设检验的基本思想

假设检验的基本思想实质上是带有某种概率性质的反证法.为了检验一个假设 H_0 是否正确,首先假定该假设 H_0 正确,然后根据样本对假设 H_0 做出接受或拒绝的决策.如果样本观测值导致了“不合理”的现象发生,就应拒绝假设 H_0;否则应接受假

设 H_0. 所谓“不合理”,并非逻辑中的绝对矛盾,而是基于人们在实践中广泛采用的“小概率事件”原理,即小概率事件在一次试验中是几乎不可能发生的.

为了更深刻地理解这个原理,我们看下面的例子.

例 7.4.4 某厂提供的资料表明该厂的产品合格率 p 为 99%. 为了检验厂方的资料是否属实,可先作原假设 H_0: $p=99\%$,在 H_0 成立的条件下,事件 $A=\{$任意抽取一个产品为不合格品$\}$为一小概率事件. 然后进行一次试验,即从该厂的产品中随机抽取一个产品,如果抽到不合格品,这表示小概率事件 A 在一次试验中发生了,与小概率事件在一次试验中几乎不可能发生相矛盾,说明原假设 H_0 不能成立. 如果抽到合格品,则小概率事件 A 没有发生,我们没有理由拒绝 H_0,只能认为它是成立的.

从上例可以看出,假设检验实际上是建立在“小概率事件”原理上的反证法. 它的基本思想是: 首先根据问题的要求提出原假设 H_0,然后在原假设 H_0 成立的条件下,构造与问题相关的小概率事件 A,再进行一次试验或抽样,观察其结果,若事件 A 发生了,则与“小概率事件”原理相矛盾,说明原假设 H_0 不成立,从而拒绝原假设 H_0;若事件 A 没有发生,则没有充分的理由认为原假设 H_0 不成立,从而接受原假设 H_0.

例 7.4.5(续例 7.4.1) 为了检验该天包装机工作是否正常,可提出原假设 H_0: $\mu=100$(记为 μ_0)及相应的备择假设 H_1: $\mu\neq 100$.

为了检验假设,从总体中抽取容量为 9 的样本 $X_1, X_2, \cdots, X_9$,可知在原假设 H_0 成立的条件下

$$\overline{X}=\frac{1}{9}\sum_{i=1}^{9} X_i \sim N\left(100,\left(\frac{1.15}{3}\right)^2\right).$$

对 $\overline{X}$ 标准化得

$$T_0=\frac{\overline{X}-\mu_0}{\sigma/\sqrt{n}}=\frac{\overline{X}-100}{1.15/\sqrt{9}} \sim N(0,1).$$

我们把 $T_0=\dfrac{\overline{X}-\mu_0}{\sigma/\sqrt{n}}$称为**检验统计量**.

在原假设 H_0 成立的条件下,$\overline{X}$ 偏离 100 较远的可能性较小,即统计量 T_0 偏离 0 较远的可能性较小,所以可构造小概率事件 A 如下: 选一个较小的概率 α(称之为**检验的显著性水平**),寻找 a,b,使得 $P(\{T_0<a\}\cup\{T_0>b\})=\alpha$. 由于检验统计量服从标准正态分布 $N(0,1)$(对称的),所以 a,b 取对称值: $a=-b$,即在 H_0 成立的条件下,事件 $A=\{T_0<-b$ 或 $T_0>b\}=\{|T_0|>b\}$是小概率事件.

根据试验或抽样的结果计算 $\overline{X}=\dfrac{1}{9}\sum\limits_{i=1}^{9} X_i$,进而计算 T_0 的值. 若 $|T_0|>b$,则小概率事件 A 在一次试验中发生了,从而拒绝原假设 H_0,接受备择假设 H_1;否则,接受原假设 H_0.

在本例中,取 $\alpha=0.05$,查标准正态分布表可得 $b=u_{\alpha/2}=1.96$,满足

$$P(|T_0|>u_{\alpha/2})=\alpha,$$

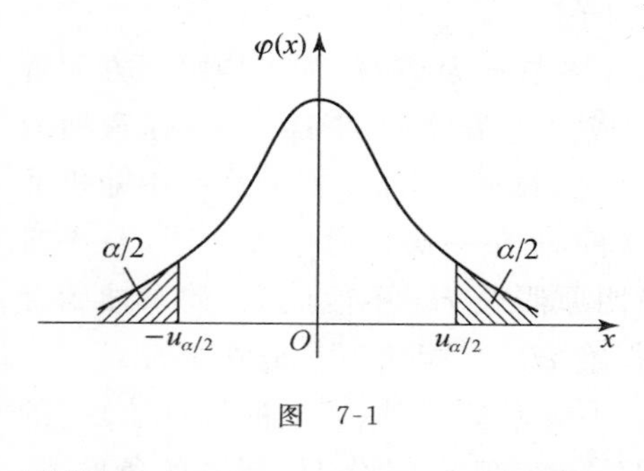

图　7-1

如图 7-1 所示. 根据抽取的样本计算得

$$\begin{aligned}\overline{X}&=\frac{1}{9}\sum_{i=1}^{9}X_i\\&=\frac{1}{9}\times(99.3+98.7+100.5+101.2\\&\quad+98.3+99.7+99.5+102.1+100.5)\\&=99.98,\end{aligned}$$

$$T_0=\frac{\overline{X}-100}{1.15/3}=\frac{99.98-100}{1.15/3}\approx-0.052.$$

因为 $|T_0|=0.052<u_{\alpha/2}=1.96$,所以接受原假设 H_0: $\mu=100$,即认为这天自动包装机的工作是正常的.

是否接受原假设 H_0 是通过比较统计量 T_0 和常数 a,b 的值来判断的,当 T_0 的观测值落在区间 $(-\infty,a)$ 或 $(b,+\infty)$ 内时,则拒绝原假设 H_0. 通常把这样的区间称为**关于原假设 H_0 的拒绝域**,简称**拒绝域**;而把区间 $[a,b]$ 称为**关于原假设 H_0 的接受域**,简称**接受域**,其中 a 和 b 称为**临界值**. 通常将拒绝域记为 W,且表示成关于统计量 T_0 的不等式的形式,如对于本例有 $W=\{T_0<a$ 或 $T_0>b\}$.

三、假设检验的两类错误

假设检验的理论依据是"小概率事件原理". 然而,小概率事件不管其概率多小,还是有可能发生的,所以假设检验的结果有可能是错误的. 这种错误有如下两种情况:

1. 第一类错误

原假设 H_0 实际上是正确的,由于样本的随机性,检验统计量观测值落入了拒绝域,于是我们错误地拒绝了原假设 H_0,即犯"弃真"的错误,我们称之为**第一类错误**. 犯第一类错误的概率实际上就是小概率事件发生的概率,记为 α,即

$$\alpha=P(\text{拒绝 } H_0 \mid H_0 \text{ 为真}).$$

2. 第二类错误

原假设 H_0 实际上是错误的,由于样本的随机性,检验统计量的观测值落入了接受域,于是我们错误地接受了原假设 H_0,即犯了"取伪"的错误,我们称之为**第二类错误**. 犯第二类错误的概率记为 β,即

$$\beta=P(\text{接受 } H_0 \mid H_0 \text{ 不真}).$$

当然我们希望犯这两类错误的概率 α 和 β 越小越好. 但当样本容量 n 不变时,减小犯第一类错误的概率 α 会使得犯第二类错误的概率 β 增大;反之亦然. 通过图

7-2 我们可以很清楚地看到这种变化. 设 $y=f_1(x)$ 是 H_0 为真时的统计量 T_0 的概率密度曲线, $y=f_2(x)$ 是 H_0 不真时的统计量 T_0 的概率密度曲线, 如果 H_0 的拒绝域在临界值 λ 的右边, 则 α 为犯第一类错误的概率, β 为犯第二类错误的概率. 当临界值 λ 往右移动时, α 变小, β 变大; 反之亦然. 只有增加样本容量 n, 才能使 α 和 β 同时变小.

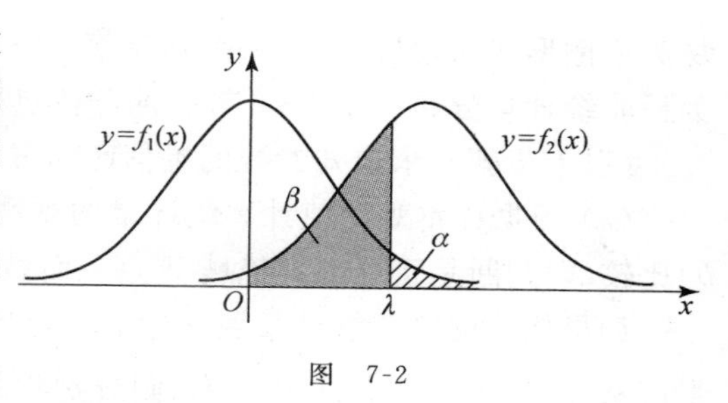

图 7-2

鉴于上述情况, 奈曼(Neyman)和皮尔逊提出, 首先控制犯第一类错误的概率, 在这个条件下寻找犯第二类错误的概率尽可能小的检验, 即奈曼和皮尔逊原则. 实际上寻找犯第二类错误的概率尽可能小的检验, 在理论和计算上都并非易事. 为了方便起见, 当样本容量 n 固定时, 我们着重对犯第一类错误的概率 α 加以控制. 在实际应用中, 常取 α 为一些标准化的值, 如 0.01, 0.05, 0.10 等.

上面提到关于总体的假设通常是两个相互对立的假设, 那么到底应该选择哪一个作为原假设, 哪一个作为备择假设呢? 由于犯第一类错误的概率 α 很小, 这说明当原假设 H_0 为真时, 它被拒绝的概率很小, 只有 α, 所以原假设是一个受保护的假设, 不会被轻易否定. 检验结果如果是拒绝了原假设而接受了备择假设, 这是需要非常充分的理由的, 即在样本观测结果与原假设所描述的情况相差很多的条件下, 才会做出上述结论. 因此, 如果希望从样本的观测结果对某一陈述取得有力的支持, 我们就把这一陈述作为备择假设, 而把这一陈述的否定作为原假设. 有时, 原假设的选定还要考虑到数学上的处理方便, 如相等性假设都作为原假设. 在下面几节中我们将结合具体例子说明如何选择原假设与备择假设.

四、假设检验的一般步骤

通过上面的分析讨论, 我们可以把假设检验的一般步骤归纳如下:

(1) 根据实际问题提出原假设 H_0 与备择假设 H_1, 即说明所要检验假设的具体内容.

(2) 构造检验统计量(实际上它就是相应参数做区间估计时所构造的样本函数, 然后把原假设中已知参数代入即为检验统计量), 在原假设 H_0 为真的条件下, 该统计量的精确分布(小样本情况)或极限分布(大样本情况)已知(一般是标准正态分布、χ^2 分布、t 分布或 F 分布).

(3) 根据原假设与备择假设的形式, 确定拒绝域 W 的形式, 即双侧或单侧的.

(4) 对给定的显著性水平 α, 确定对应于 α 的临界值 a, b (当拒绝域为双侧形式时, 需要定出两个临界值 a, b, 且 a, b 为检验统计量分布关于 α 的双侧分位点; 当拒绝域为单侧形式时,只需定出一个临界值 a 或 b(视拒绝域在左、右侧而定),且 a,b 分别为检验统计量分布关于 $1-\alpha$ 和 α 的分位点).

(以上步骤与求未知参数的置信区间方法相一致)

(5) 根据样本观测值计算统计量的观测值,并与临界值 a,b(或一个临界值 a 或 b)比较(即判断是否落入拒绝域 W),从而做出拒绝或接受原假设 H_0 的结论.

如果构造的检验统计量服从标准正态分布,则称此检验为 U **检验**;如果检验统计量服从 χ^2 分布,t 分布或 F 分布,则分别称此检验为 χ^2 **检验**,t **检验**或 F **检验**.

五、参数的区间估计与假设检验的关系

对于区间估计,一般描述为:总体 $X\sim F(x;\theta)$ 的分布形式已知,但参数 $\theta\in\Theta$ 未知,此时有三种区间估计问题,即求双侧置信区间、单侧下限置信区间和单侧上限置信区间.

对于参数假设检验,一般描述为:总体 $X\sim F(x;\theta)$ 的分布形式已知,但参数 $\theta\in\Theta$ 未知,此时也有以下三种基本的假设检验问题:

(1) $H_0: \theta=\theta_0, H_1: \theta\neq\theta_0$;

(2) $H_0: \theta\leqslant\theta_0, H_1: \theta>\theta_0$;

(3) $H_0: \theta\geqslant\theta_0, H_1: \theta<\theta_0$,

其中 θ_0 为已知常数. 对于问题(1),备择假设分散在原假设的两侧,我们称这类假设检验为**双侧检验**. 而对于问题(2),(3),其备择假设在原假设的一侧,我们称这类假设检验为**单侧检验**,其中如果备择假设在原假设的右侧,则称为**右侧检验**(如问题(2));如果备择假设在原假设的左侧,则称为**左侧检验**(如问题(3)).

从求置信区间与假设检验的一般步骤可以看出,这二者之间存在一定的联系. 事实上,区间估计与相应的假设检验其计算方法及结果都一致,它们只是两种不同的表达形式;对于假设检验问题,也可以用相应的区间估计的方法来检验. 那么三种区间估计分别对应哪种假设检验问题呢? 下面简要说明一下三种区间估计与三种假设检验的相互对应:

(1) 求双侧置信区间对应于双侧检验(问题(1)).

对于给定的显著性水平 α,即置信度为 $1-\alpha$,如果参数 θ 的双侧置信区间为 (T_1, T_2),则

$$P(T_1\leqslant\theta\leqslant T_2)=1-\alpha.$$

构造事件 $A=\{\theta_0<T_1\}\cup\{\theta_0>T_2\}$,在原假设 H_0 成立条件下($\theta=\theta_0$),我们有

$$\{T_1\leqslant\theta_0\leqslant T_2\}=\{T_1\leqslant\theta\leqslant T_2\},$$

所以 $$P(A)=P(\theta_0<T_1)+P(\theta_0>T_2)=1-P(T_1\leqslant\theta\leqslant T_2)=\alpha,$$

即 A 为小概率事件. 如果 A 发生,则拒绝 H_0;否则,接受 H_0. 我们也可以直接利用双

侧置信区间推导出双侧检验(问题(1))的拒绝域：如果 $\theta_0\in(T_1,T_2)$，说明小概率事件 A 不发生，所以接受 H_0；如果 $\theta_0\notin(T_1,T_2)$，说明小概率事件 A 发生，所以拒绝 H_0. 故双侧检验(问题(1))的拒绝域为

$$W=\{\theta_0<T_1 \text{ 或 } \theta_0>T_2\}. \tag{7.4.1}$$

由上述可见，求双侧置信区间与双侧检验(问题(1))相对应.

(2) 求单侧下限置信区间对应于右侧检验(问题(2)).

对于给定的显著性水平 α，即置信度为 $1-\alpha$，如果参数 θ 的单侧下限置信区间为 $(T_1,+\infty)$，则

$$P(T_1\leqslant\theta)=1-\alpha.$$

构造事件 $A=\{\theta_0<T_1\}$，在原假设 H_0 成立条件下($\theta\leqslant\theta_0$)，我们有

$$\{\theta_0<T_1\}\subset\{\theta<T_1\},$$

所以 $$P(A)=P(\theta_0<T_1)\leqslant P(\theta<T_1)=1-P(\theta\geqslant T_1)=\alpha,$$

即 A 为小概率事件. 如果 A 发生，则拒绝 H_0；否则，接受 H_0. 同样，我们也可以直接利用单侧下限置信区间推导出右侧检验(问题(2))的拒绝域：如果 $\theta_0\in(T_1,+\infty)$，说明小概率事件 A 不发生，所以接受 H_0；如果 $\theta_0\notin(T_1,+\infty)$，说明小概率事件 A 发生，所以拒绝 H_0. 故右侧检验(问题(2))的拒绝域为

$$W=\{\theta_0<T_1\}. \tag{7.4.2}$$

可见，求单侧下限置信区间与右侧检验(问题(2))相对应.

(3) 求单侧上限置信区间对应于左侧检验(问题(3)).

对于给定的显著性水平 α，即置信度为 $1-\alpha$，如果参数 θ 的单侧上限置信区间为 $(-\infty,T_2)$，则

$$P(\theta\leqslant T_2)=1-\alpha.$$

构造事件 $A=\{\theta_0>T_2\}$，在原假设 H_0 成立条件下($\theta\geqslant\theta_0$)，我们有

$$\{\theta_0>T_2\}\subset\{\theta>T_2\},$$

所以 $$P(A)=P(\theta_0>T_2)\leqslant P(\theta>T_2)=1-P(\theta\leqslant T_2)=\alpha,$$

即 A 为小概率事件. 如果 A 发生，则拒绝 H_0；否则，接受 H_0. 同样，我们也可以直接利用单侧上限置信区间推导出左侧检验(问题(3))的拒绝域：如果 $\theta_0\in(-\infty,T_2)$，说明小概率事件 A 不发生，所以接受 H_0；如果 $\theta_0\notin(-\infty,T_2)$，说明小概率事件 A 发生，所以拒绝 H_0. 故左侧检验(问题(3))的拒绝域为

$$W=\{\theta_0>T_2\}. \tag{7.4.3}$$

可见，求单侧上限置信区间与左侧检验(问题(3))相对应.

读者可以从下一节内容中更直观地理解区间估计与相应假设检验的一致性.

§7.5　单个正态总体参数的区间估计与假设检验

设总体 $X \sim N(\mu,\sigma^2)$，从总体 X 中抽取一个容量为 n 的样本 $X_1, X_2, \cdots, X_n$，样本均值和样本方差分别为

$$\overline{X} = \frac{1}{n}\sum_{i=1}^{n} X_i, \quad S^2 = \frac{1}{n-1}\sum_{i=1}^{n}(X_i - \overline{X})^2.$$

一、单个正态总体均值的区间估计与假设检验

此时，常见的区间估计与假设检验问题有以下三种：

(1) 求 μ 的双侧置信区间与双侧检验“$H_0: \mu=\mu_0, H_1: \mu\neq\mu_0$”；

(2) 求 μ 的单侧下限置信区间与单侧(右侧)检验“$H_0: \mu\leqslant\mu_0, H_1: \mu>\mu_0$”；

(3) 求 μ 的单侧上限置信区间与单侧(左侧)检验“$H_0: \mu\geqslant\mu_0, H_1: \mu<\mu_0$”，

其中 μ_0 为已知常数.

1. 总体方差 σ^2 已知时

从参数 μ 的点估计量 $\overline{X}$ 出发，根据定理 6.2.1 有

$$\overline{X} \sim N\left(\mu, \frac{\sigma^2}{n}\right), \quad 即 \quad \frac{\overline{X}-\mu}{\sigma/\sqrt{n}} \sim N(0,1).$$

对问题(1)，按区间估计的步骤，构造样本函数：

$$T = \frac{\overline{X}-\mu}{\sigma/\sqrt{n}} \sim N(0,1).$$

对给定的置信度 $1-\alpha$，其临界值为双侧的，记为 a, b，它们是标准正态分布关于 α 的双侧分位点，即 $b=-a=u_{\alpha/2}$，且有 $P(|T|\leqslant u_{\alpha/2})=1-\alpha$. 对不等式“$|T|\leqslant u_{\alpha/2}$”进行变形，得 μ 的双侧置信区间为

$$\left(\overline{X} - u_{\alpha/2}\frac{\sigma}{\sqrt{n}}, \ \overline{X} + u_{\alpha/2}\frac{\sigma}{\sqrt{n}}\right).$$

按假设检验的步骤，当原假设 H_0 成立时，构造检验统计量：

$$T_0 = \frac{\overline{X}-\mu_0}{\sigma/\sqrt{n}} \sim N(0,1).$$

在原假设 H_0 成立的条件下，统计量 T_0 偏离 0 较远的可能性很小，所以拒绝域应取双侧的. 对给定的显著性水平 α，其临界值为双侧的，记为 a, b，它们是标准正态分布关于 α 的双侧分位点，即 $b=-a=u_{\alpha/2}$，且有 $P(|T_0|>u_{\alpha/2})=\alpha$. 当 $|T_0|>u_{\alpha/2}$ 时，小概率事件发生，拒绝原假设 H_0；当 $|T_0|\leqslant u_{\alpha/2}$ 时，接受原假设 H_0. 所以拒绝域为

$$W = \{|T_0| > u_{\alpha/2}\}.$$

也可以直接从双侧置信区间推出拒绝域. 由(7.4.1)式得拒绝域为

$$W=\left\{\mu_0<\overline{X}-u_{\alpha/2}\frac{\sigma}{\sqrt{n}}\text{或}\mu_0>\overline{X}+u_{\alpha/2}\frac{\sigma}{\sqrt{n}}\right\},$$

整理得

$$W=\left\{\frac{\overline{X}-\mu_0}{\sigma/\sqrt{n}}>u_{\alpha/2}\text{或}\frac{\overline{X}-\mu_0}{\sigma/\sqrt{n}}<-u_{\alpha/2}\right\},$$

即拒绝域为 $W=\{|T_0|>u_{\alpha/2}\}$,它与上面用假设检验的步骤得到的拒绝域一致. 所以求双侧置信区间与双侧检验所采用的方法实际上是相同的统计推断方法,只是表达的形式不同.

对问题(2),按区间估计的步骤,同样构造样本函数:

$$T=\frac{\overline{X}-\mu}{\sigma/\sqrt{n}}\sim N(0,1).$$

对给定的置信度 $1-\alpha$,根据样本函数的形式(参数 μ 前面有负号),其临界值是单侧(上侧)的,记为 b,它是标准正态分布关于 α 的分位点,即 $b=u_\alpha$,且有 $P(T\leqslant u_\alpha)=1-\alpha$. 对不等式 $T\leqslant u_\alpha$ 进行变形,得 μ 单侧下限置信区间为

$$\left(\overline{X}-u_\alpha\frac{\sigma}{\sqrt{n}},+\infty\right).$$

按假设检验的步骤,当原假设 H_0 成立时,同样构造检验统计量 $T_0=\dfrac{\overline{X}-\mu_0}{\sigma/\sqrt{n}}$,此时

$$T_0=\frac{\overline{X}-\mu_0}{\sigma/\sqrt{n}}\leqslant\frac{\overline{X}-\mu}{\sigma/\sqrt{n}}\sim N(0,1).$$

在原假设 H_0 成立条件下,统计量 $T_0\gg 0$ 的可能性很小,所以拒绝域应取单侧(右边)的. 对给定的显著性水平 α,其临界值是单侧(上侧)的,记为 b,它是标准正态分布关于 α 的分位点,即 $b=u_\alpha$,且有 $P\left\{\dfrac{\overline{X}-\mu}{\sigma/\sqrt{n}}>u_\alpha\right\}=\alpha$,从而

$$P\left\{\frac{\overline{X}-\mu_0}{\sigma/\sqrt{n}}>u_\alpha\right\}\leqslant P\left\{\frac{\overline{X}-\mu}{\sigma/\sqrt{n}}>u_\alpha\right\}=\alpha,\quad\text{即}\quad P(T_0>u_\alpha)\leqslant\alpha.$$

当 $T_0>u_\alpha$ 时,小概率事件发生,拒绝原假设 H_0;当 $T_0\leqslant u_\alpha$ 时,接受原假设 H_0. 所以拒绝域为 $W=\{T_0>u_\alpha\}$.

也可以直接从单侧下限置信区间推出拒绝域. 由(7.4.2)式得拒绝域为

$$W=\left\{\mu_0<\overline{X}-u_\alpha\frac{\sigma}{\sqrt{n}}\right\},\quad\text{整理得}\quad W=\left\{\frac{\overline{X}-\mu_0}{\sigma/\sqrt{n}}>u_\alpha\right\},$$

即拒绝域为 $W=\{T_0>u_\alpha\}$,它与上面用假设检验的步骤得到的拒绝域一致. 所以求单侧下限置信区间与右侧检验所采用的方法实际上是相同的统计推断方法,只是表达的形式不同.

对问题(3),按区间估计的步骤,同样构造样本函数:

$$T=\frac{\overline{X}-\mu}{\sigma/\sqrt{n}}\sim N(0,1).$$

对给定的置信度 $1-\alpha$,根据样本函数的形式(参数 μ 前面有负号),其临界值是单侧(下侧)的,记为 a,它是标准正态分布关于 $1-\alpha$ 的分位点,即 $a=u_{1-\alpha}=-u_\alpha$,且有 $P(-u_\alpha\leqslant T)=1-\alpha$. 对不等式 $-u_\alpha\leqslant T$ 进行变形,得 μ 单侧上限置信区间为

$$\left(-\infty,\ \overline{X}+u_\alpha\frac{\sigma}{\sqrt{n}}\right).$$

按假设检验的步骤,当原假设 H_0 成立时,同样构造检验统计量 $T_0=\frac{\overline{X}-\mu_0}{\sigma/\sqrt{n}}$,此时

$$T_0=\frac{\overline{X}-\mu_0}{\sigma/\sqrt{n}}\geqslant\frac{\overline{X}-\mu}{\sigma/\sqrt{n}}\sim N(0,1).$$

在原假设 H_0 成立条件下,统计量 $T_0\ll 0$ 的可能性较小,所以拒绝域应取单侧(左边)的. 对给定的显著性水平 α,其临界值是单侧(下侧)的,记为 a,它是标准正态分布关于 $1-\alpha$ 的分位点,即 $a=u_{1-\alpha}=-u_\alpha$,且有 $P\left\{\frac{\overline{X}-\mu}{\sigma/\sqrt{n}}<-u_\alpha\right\}=\alpha$,从而

$$P\left\{\frac{\overline{X}-\mu_0}{\sigma/\sqrt{n}}<-u_\alpha\right\}\leqslant P\left\{\frac{\overline{X}-\mu}{\sigma/\sqrt{n}}<-u_\alpha\right\}=\alpha,\quad 即\quad P(T_0<-u_\alpha)\leqslant\alpha.$$

当 $T_0<-u_\alpha$ 时,小概率事件发生,拒绝原假设 H_0;当 $T_0\geqslant -u_\alpha$ 时,接受原假设 H_0. 所以拒绝域为 $W=\{T_0<-u_\alpha\}$.

也可以直接从单侧上限置信区间推出拒绝域. 由(7.4.3)式得拒绝域为

$$W=\left\{\mu_0>\overline{X}+u_\alpha\frac{\sigma}{\sqrt{n}}\right\},\quad 整理得\quad W=\left\{\frac{\overline{X}-\mu_0}{\sigma/\sqrt{n}}<-u_\alpha\right\},$$

即拒绝域为 $W=\{T_0<-u_\alpha\}$,它与上面用假设检验的步骤得到的拒绝域一致. 所以求单侧上限置信区间与左侧检验所采用的方法实际上是相同的统计推断方法,只是表达的形式不同.

特别说明:对于假设检验,在原假设 H_0 成立时,问题(1)中统计量 T_0 服从标准正态分布 $N(0,1)$,而问题(2),(3)中的统计量 T_0 不一定服从标准正态分布 $N(0,1)$ $\left(而是样本函数 \frac{\overline{X}-\mu}{\sigma/\sqrt{n}} 服从标准正态分布 N(0,1)\right)$,但它们的临界值都是由标准正态分布的分位点决定的,所以为了叙述方便,也便于记忆,对于这三种假设检验问题我们通常做如下叙述:在原假设 H_0 成立时,构造检验统计量 $T_0=\frac{\overline{X}-\mu_0}{\sigma/\sqrt{n}}\sim N(0,1)$,对于

给定的显著性水平 α，问题(1)的拒绝域为 $W=\{|T_0|>u_{\alpha/2}\}$，问题(2)的拒绝域为 $W=\{T_0>u_\alpha\}$，问题(3)的拒绝域为 $W=\{T_0<-u_\alpha\}$.

综上所述，总体方差 σ^2 已知时，总体均值 μ 的三种区间估计与假设检验的方法可以归结为以下步骤：

(1) 构造样本函数与检验统计量：三种区间估计所构造的样本函数一样，即样本函数为

$$T=\frac{\overline{X}-\mu}{\sigma/\sqrt{n}}\sim N(0,1); \tag{7.5.1}$$

把样本函数中参数 μ 换成已知常数 μ_0，就成为三种假设检验问题所需的检验统计量，即检验统计量为

$$T_0=\frac{\overline{X}-\mu_0}{\sigma/\sqrt{n}}\sim N(0,1). \tag{7.5.2}$$

(2) 对于给定的显著性水平 α（置信度为 $1-\alpha$），定出临界值：

对问题(1)，其临界值是双侧的，记为 a,b，它们是标准正态分布关于 α 的双侧分位点，即 $b=-a=u_{\alpha/2}$，且有

$$P(-u_{\alpha/2}\leqslant T\leqslant u_{\alpha/2})=1-\alpha \quad 和 \quad P(|T_0|>u_{\alpha/2})=\alpha.$$

对问题(2)，其临界值是单侧(上侧)的，记为 b，它是标准正态分布关于 α 的分位点，即 $b=u_\alpha$，且有

$$P(T\leqslant u_\alpha)=1-\alpha \quad 和 \quad P(T_0>u_\alpha)\leqslant\alpha.$$

对问题(3)，其临界值是单侧(下侧)的，记为 a，它是标准正态分布关于 $1-\alpha$ 的分位点，即 $a=u_{1-\alpha}=-u_\alpha$，且有

$$P(T\geqslant -u_\alpha)=1-\alpha \quad 和 \quad P(T_0<-u_\alpha)\leqslant\alpha.$$

(3) 确定置信区间(对不等式进行变形)与拒绝域：

对问题(1)，双侧置信区间为

$$\left(\overline{X}-u_{\alpha/2}\frac{\sigma}{\sqrt{n}},\ \overline{X}+u_{\alpha/2}\frac{\sigma}{\sqrt{n}}\right), \tag{7.5.3}$$

假设检验的拒绝域为 $W=\{|T_0|>u_{\alpha/2}\}$.

对问题(2)，单侧下限置信区间为

$$\left(\overline{X}-u_\alpha\frac{\sigma}{\sqrt{n}},\ +\infty\right), \tag{7.5.4}$$

假设检验的拒绝域为 $W=\{T_0>u_\alpha\}$.

对问题(3)，单侧上限置信区间为

$$\left(-\infty,\ \overline{X}+u_\alpha\frac{\sigma}{\sqrt{n}}\right), \tag{7.5.5}$$

假设检验的拒绝域为$W=\{T_0<-u_\alpha\}$.

实际上区间估计也是假设检验的另一种表示形式.例如,对于问题(1)中的双侧检验

$$H_0: \mu=\mu_0, \quad H_1: \mu\neq\mu_0,$$

我们可以通过求μ的置信度为$1-\alpha$双侧置信区间$\left(\overline{X}-u_{\alpha/2}\frac{\sigma}{\sqrt{n}},\overline{X}+u_{\alpha/2}\frac{\sigma}{\sqrt{n}}\right)$来进行检验:如果已知参数$\mu_0\in\left(\overline{X}-u_{\alpha/2}\frac{\sigma}{\sqrt{n}},\overline{X}+u_{\alpha/2}\frac{\sigma}{\sqrt{n}}\right)$,则接受原假设$H_0$;否则,拒绝原假设$H_0$.

对于问题(2)中的单侧检验

$$H_0: \mu\leqslant\mu_0, \quad H_1: \mu>\mu_0,$$

我们可以通过求μ的置信度为$1-\alpha$的单侧下限置信区间$\left(\overline{X}-u_\alpha\frac{\sigma}{\sqrt{n}},+\infty\right)$来进行检验:如果已知参数$\mu_0\in\left(\overline{X}-u_\alpha\frac{\sigma}{\sqrt{n}},+\infty\right)$,则接受原假设$H_0$;否则,拒绝原假设$H_0$.

对于问题(3)中的单侧检验

$$H_0: \mu\geqslant\mu_0, \quad H_1: \mu<\mu_0,$$

我们可以通过求μ的置信度为$1-\alpha$的单侧上限置信区间$\left(-\infty,\overline{X}+u_\alpha\frac{\sigma}{\sqrt{n}}\right)$来进行检验:如果已知参数$\mu_0\in\left(-\infty,\overline{X}+u_\alpha\frac{\sigma}{\sqrt{n}}\right)$,则接受原假设$H_0$;否则,拒绝原假设$H_0$.

例 7.5.1 现随机地从一批服从正态分布$N(\mu,0.02^2)$的零件中抽取16个,分别测得其长度(单位:cm)如下:

2.14, 2.10, 2.13, 2.15, 2.13, 2.12, 2.13, 2.10,
2.15, 2.12, 2.14, 2.10, 2.13, 2.11, 2.14, 2.11.

(1) 试估计该批零件的平均长度μ,并求μ的双侧置信区间;

(2) 试问:该批零件的平均长度与$\mu_0=2.15$有无差异?($\alpha=0.05$)

解 (1) 根据矩估计得该批零件的平均长度为$\hat{\mu}=\overline{X}=\frac{2.14+\cdots+2.11}{16}=2.125$.

由题意,$\alpha=0.05$,$1-\alpha=0.95$,查附表2得$u_{\alpha/2}=u_{0.025}=1.96$,又$\sigma=0.02$,$n=16$,$\overline{X}=2.125$,所以

$$\overline{X}-u_{\alpha/2}\frac{\sigma}{\sqrt{n}}=2.125-1.96\times\frac{0.02}{4}=2.115, \quad \overline{X}+u_{\alpha/2}\frac{\sigma}{\sqrt{n}}=2.125+1.96\times\frac{0.02}{4}=2.135.$$

故μ的置信度为95%的双侧置信区间为(2.115,2.135).

(2) 依题意提出假设:

$$H_0: \mu = \mu_0, \quad H_1: \mu \neq \mu_0 \quad (\mu_0 = 2.15).$$

由于$\sigma=0.02$已知,在原假设H_0成立时,构造检验统计量

$$T_0 = \frac{\overline{X} - \mu_0}{\sigma / \sqrt{n}} \sim N(0,1),$$

则拒绝域为$W=\{|T_0|>u_{\alpha/2}\}$. 根据上面的计算结果得$|T_0| = \left|\frac{\sqrt{16}(2.125-2.15)}{0.02}\right| = 5$.

因为$|T_0|=5>1.96=u_{0.025}$,所以拒绝H_0. 这说明该批零件的平均长度与$\mu_0=2.15$存在显著差异.

也可以用区间估计的方法来检验. 因为已知参数$\mu_0=2.15\notin(2.115,2.135)$,所以拒绝原假设$H_0$.

例 7.5.2 根据以往的资料得知,我国健康成年男子的每分钟脉搏次数服从正态分布$N(72,6.4^2)$. 现从某体院男生中随机抽出 25 人,测得平均脉搏为 68.6 次/分钟. 假设标准差不变.

(1) 求该体院男生脉搏的单侧上限置信区间;

(2) 是否可以认为该体院男生的脉搏明显低于一般健康成年男子的脉搏? ($\alpha=0.05$)

解 (1) 由题意,$\alpha=0.05$,$1-\alpha=0.95$,查附表 2 得$u_\alpha=u_{0.05}=1.645$,又$\sigma=6.4$, $n=25$,$\overline{X}=68.6$,所以

$$\overline{X} + u_\alpha \frac{\sigma}{\sqrt{n}} = 68.6 + 1.645 \times \frac{6.4}{5} = 70.7056.$$

故该体院男生脉搏的单侧上限置信区间为$(0,70.7056)$(因为脉搏的取值是大于 0,所以置信区间的下限应为 0).

(2) 设该体院男生的脉搏$X\sim N(\mu,\sigma^2)$,依题意提出假设:

$$H_0: \mu \geqslant \mu_0, \quad H_1: \mu < \mu_0 \quad (\mu_0 = 72).$$

由于$\sigma=6.4$已知,在原假设H_0成立时,构造检验统计量

$$T_0 = \frac{\overline{X} - \mu_0}{\sigma / \sqrt{n}} \sim N(0,1),$$

则拒绝域为$\{T_0<-u_\alpha\}$. 根据上面的计算结果得$T_0=\frac{\sqrt{25}(68.6-72)}{6.4}=-2.656$. 因为$T_0=-2.656<-1.645=-u_{0.05}$,所以拒绝$H_0$,即可以认为该体院男生的脉搏明显低于一般健康成年男子的脉搏.

也可以用区间估计的结果进行检验. 因为$\mu_0=72\notin(0,70.7056)$,所以拒绝原假设$H_0$(注意:一般不提倡用区间估计的方法进行检验,因为对单侧检验问题,一定要选对相应的单侧置信区间,否则,检验结果就是错误的).

2. 总体方差 σ^2 未知时

从参数 μ 的点估计量 $\overline{X}$ 出发，由于 σ^2 未知，根据定理 6.2.1 有

$$\frac{\overline{X}-\mu}{S/\sqrt{n}} \sim t(n-1).$$

于是，总体方差 σ^2 未知时，总体均值 μ 的三种区间估计与假设检验的方法可以归结为以下步骤：

(1) 构造样本函数与检验统计量：三种区间估计所构造样本函数一样，即样本函数为

$$T=\frac{\overline{X}-\mu}{S/\sqrt{n}} \sim t(n-1); \tag{7.5.6}$$

把样本函数中的参数 μ 换成已知常数 μ_0，就成为三种假设检验问题所需的检验统计量，即检验统计量为

$$T_0=\frac{\overline{X}-\mu_0}{S/\sqrt{n}} \sim t(n-1). \tag{7.5.7}$$

(2) 对于给定的显著性水平 α（置信度为 $1-\alpha$），定出临界值：

对问题(1)，其临界值是双侧的，记为 a,b，它们是 t 分布关于 α 的双侧分位点，即 $b=-a=t_{\alpha/2}(n-1)$，且有

$$P(|T| \leqslant t_{\alpha/2}(n-1))=1-\alpha \quad 和 \quad P(|T_0|>t_{\alpha/2}(n-1))=\alpha.$$

对问题(2)，其临界值是单侧(上侧)的，记为 b，它是 t 分布关于 α 的分位点，即 $b=t_\alpha(n-1)$，且有

$$P(T \leqslant t_\alpha(n-1))=1-\alpha \quad 和 \quad P(T_0>t_\alpha(n-1)) \leqslant \alpha.$$

对问题(3)，其临界值是单侧(下侧)的，记为 a，它是 t 分布关于 $1-\alpha$ 的分位点，即 $a=t_{1-\alpha}(n-1)=-t_\alpha(n-1)$，且有

$$P(T \geqslant -t_\alpha(n-1))=1-\alpha \quad 和 \quad P(T_0<-t_\alpha(n-1)) \leqslant \alpha.$$

(3) 确定置信区间(对不等式进行变形)与拒绝域：

对问题(1)，双侧置信区间为

$$\left(\overline{X}-t_{\alpha/2}(n-1)\frac{S}{\sqrt{n}},\ \overline{X}+t_{\alpha/2}(n-1)\frac{S}{\sqrt{n}}\right), \tag{7.5.8}$$

假设检验的拒绝域为 $W=\{|T_0|>t_{\alpha/2}(n-1)\}$.

对问题(2)，单侧下限置信区间为

$$\left(\overline{X}-t_\alpha(n-1)\frac{S}{\sqrt{n}},\ +\infty\right), \tag{7.5.9}$$

假设检验的拒绝域为 $W=\{T_0>t_\alpha(n-1)\}$.

对问题(3),单侧上限置信区间为

$$\left(-\infty,\ \overline{X}+t_{\alpha}(n-1)\frac{S}{\sqrt{n}}\right), \tag{7.5.10}$$

假设检验的拒绝域为 $W=\{T_0<-t_{\alpha}(n-1)\}$.

例 7.5.3 为考察某大学男性教师的胆固醇水平,现抽取了样本容量为 16 的一个样本,并计算得样本均值 $\overline{X}=4.8$,样本标准差 $S=0.4$.假定该大学男性教师的胆固醇水平 $X\sim N(\mu,\sigma^2)$,其中 μ 与 σ^2 均未知,试求 μ 的置信度为 95%的双侧置信区间.

解 因为 σ^2 未知,因此由(7.5.8)式可知,μ 对应于置信度 $1-\alpha$ 的置信区间为

$$\left(\overline{X}-t_{\alpha/2}(n-1)\frac{S}{\sqrt{n}},\ \overline{X}+t_{\alpha/2}(n-1)\frac{S}{\sqrt{n}}\right).$$

由题给定的样本值可得 $n=16$,$\overline{X}=4.8$,$S=0.4$.对给定的置信度 $1-\alpha=0.95$,$\alpha=0.05$,查附表 3 得 $t_{\alpha/2}(n-1)=t_{0.025}(15)=2.1315$,所以

$$\overline{X}-t_{\alpha/2}(n-1)\frac{S}{\sqrt{n}}=4.8-2.1315\times\frac{0.4}{4}=4.5869,$$

$$\overline{X}+t_{\alpha/2}(n-1)\frac{S}{\sqrt{n}}=4.8+2.1315\times\frac{0.4}{4}=5.0132.$$

故所求的双侧置信区间为(4.5869,5.0132).

例 7.5.4 某部门对当前市场的价格情况进行调查.以鸡蛋为例,所抽查的全省 20 个集市上,售价分别为(单位:元/500 克):

3.05, 3.31, 3.34, 3.82, 3.30, 3.16, 3.84, 3.10, 3.90, 3.18,

3.88, 3.22, 3.28, 3.34, 3.62, 3.28, 3.30, 3.22, 3.54, 3.30.

已知鸡蛋的售价服从正态分布,且往年的平均售价一直稳定在 3.25 元/500 克左右,问:能否认为全省当前的鸡蛋售价明显高于往年?($\alpha=0.05$)

解 设鸡蛋的售价 $X\sim N(\mu,\sigma^2)$,依题意提出假设

$$H_0:\mu\leqslant\mu_0,\quad H_1:\mu>\mu_0\quad(\mu_0=3.25).$$

由于 σ 未知,在原假设 H_0 成立时,构造检验统计量

$$T_0=\frac{\overline{X}-\mu_0}{S/\sqrt{n}}\sim t(n-1),$$

则拒绝域为 $W=\{T_0>t_{\alpha}(n-1)\}$.已知 $n=20$,计算得 $\overline{X}=3.399$,$S=0.2622$,$T_0=\dfrac{3.399-3.25}{0.2622/\sqrt{20}}=2.563$.对于 $\alpha=0.05$,查附表 3 得 $t_{0.05}(19)=1.7291$.因为 $T_0=2.563>1.7291=t_{0.05}(19)$,所以拒绝 H_0,即认为当前鸡蛋的价格较往年明显上涨.

二、单个正态总体方差的区间估计与假设检验

此时,常见的区间估计与假设检验问题有以下三种:

(1) 求 σ^2 的双侧置信区间与双侧检验"$H_0: \sigma^2=\sigma_0^2, H_1: \sigma^2\neq\sigma_0^2$";

(2) 求 σ^2 的单侧下限置信区间与单侧(右侧)检验"$H_0: \sigma^2\leqslant\sigma_0^2, H_0: \sigma^2>\sigma_0^2$";

(3) 求 σ^2 的单侧上限置信区间与单侧(左侧)检验"$H_0: \sigma^2\geqslant\sigma_0^2, H_1: \sigma^2<\sigma_0^2$",

其中 σ_0^2 为已知常数.

1. 总体均值 μ 未知时

从参数 σ^2 的点估计量 $\frac{n-1}{n}S^2$ 出发,根据定理 6.2.1 有

$$\frac{n-1}{\sigma^2}S^2 \sim \chi^2(n-1).$$

于是,总体均值 μ 未知时,总体方差 σ^2 的三种区间估计与假设检验的方法可以归结为以下步骤:

(1) 构造样本函数与检验统计量:三种区间估计所构造的样本函数一样,即样本函数为

$$T=\frac{n-1}{\sigma^2}S^2 \sim \chi^2(n-1); \tag{7.5.11}$$

把样本函数中的参数 σ^2 换成已知常数 σ_0^2,就成为三种假设检验问题所需的检验统计量,即检验统计量为

$$T_0=\frac{n-1}{\sigma_0^2}S^2 \sim \chi^2(n-1). \tag{7.5.12}$$

(2) 对于给定的显著性水平 α(置信度为 $1-\alpha$),定出临界值:

对问题(1),其临界值是双侧的,记为 a,b,它们是 χ^2 分布关于 α 的双侧分位点,即 $b=\chi^2_{\alpha/2}(n-1), a=\chi^2_{1-\alpha/2}(n-1)$,且有

$$P(\chi^2_{1-\alpha/2}(n-1)\leqslant T\leqslant \chi^2_{\alpha/2}(n-1))=1-\alpha,$$
$$P(\{T_0>\chi^2_{\alpha/2}(n-1)\}\cup\{T_0<\chi^2_{1-\alpha/2}(n-1)\})=\alpha.$$

对问题(2),其临界值是单侧(上侧)的,记为 b,它是 χ^2 分布关于 α 的分位点,即 $b=\chi^2_\alpha(n-1)$,且有

$$P(T\leqslant\chi^2_\alpha(n-1))=1-\alpha \quad 和 \quad P(T_0>\chi^2_\alpha(n-1))\leqslant\alpha.$$

对问题(3),其临界值是单侧(下侧)的,记为 a,它是 χ^2 分布关于 $1-\alpha$ 的分位点,即 $a=\chi^2_{1-\alpha}(n-1)$,且有

$$P(T\geqslant\chi^2_{1-\alpha}(n-1))=1-\alpha \quad 和 \quad P(T_0<\chi^2_{1-\alpha}(n-1))\leqslant\alpha.$$

(3) 确定置信区间(对不等式进行变形)与拒绝域:

对问题(1),双侧置信区间为

$$\left(\frac{(n-1)S^2}{\chi^2_{\alpha/2}(n-1)},\ \frac{(n-1)S^2}{\chi^2_{1-\alpha/2}(n-1)}\right), \tag{7.5.13}$$

而标准差 σ 的双侧置信区间为

$$\left[\sqrt{\frac{(n-1)}{\chi^2_{\alpha/2}(n-1)}}S,\ \sqrt{\frac{(n-1)}{\chi^2_{1-\alpha/2}(n-1)}}S\right]; \tag{7.5.14}$$

假设检验的拒绝域为 $W=\{T_0>\chi^2_{\alpha/2}(n-1)$ 或 $T_0<\chi^2_{1-\alpha/2}(n-1)\}$.

对问题(2),单侧下限置信区间为

$$\left(\frac{(n-1)S^2}{\chi^2_{\alpha}(n-1)},\ +\infty\right), \tag{7.5.15}$$

而标准差 σ 的单侧下限置信区间为

$$\left[\sqrt{\frac{(n-1)}{\chi^2_{\alpha}(n-1)}}S,\ +\infty\right]; \tag{7.5.16}$$

假设检验的拒绝域为 $W=\{T_0>\chi^2_{\alpha}(n-1)\}$.

对问题(3),单侧上限置信区间为

$$\left(0,\ \frac{(n-1)S^2}{\chi^2_{1-\alpha}(n-1)}\right), \tag{7.5.17}$$

而标准差 σ 的单侧上限置信区间为

$$\left[0,\sqrt{\frac{(n-1)}{\chi^2_{1-\alpha}(n-1)}}S\right]; \tag{7.5.18}$$

假设检验的拒绝域为 $W=\{T_0<\chi^2_{1-\alpha}(n-1)\}$.

例 7.5.5 已知某炼铁厂炼出的铁水每炉含碳量(单位:kg)在正常情况下服从正态分布 $N(\mu,0.112^2)$. 现对操作工艺进行某些改变,从中抽取了 7 炉铁水的试样,测得含碳量数据(单位:kg)如下:

4.421, 4.052, 4.357, 4.394, 4.326, 4.287, 4.683.

(1) 求新工艺炼出的铁水每炉含碳量方差的双侧置信区间;

(2) 是否可以认为新工艺炼出的铁水每炉含碳量的方差仍为 0.112^2? ($\alpha=0.05$)

解 设新工艺炼出的铁水每炉含碳量 $X\sim N(\mu,\sigma^2)$.

(1) 因为 μ 未知,由(7.5.13)式得 σ^2 对应于置信度 $1-\alpha$ 的双侧置信区间为

$$\left(\frac{(n-1)S^2}{\chi^2_{\alpha/2}(n-1)},\ \frac{(n-1)S^2}{\chi^2_{1-\alpha/2}(n-1)}\right).$$

由给定的样本得 $n=7,\overline{X}=4.36,S^2=0.0351$. 对于 $\alpha=0.05$,查附表 4 得 $\chi^2_{\alpha/2}(n-1)=$

$\chi^2_{0.025}(6)=14.4492$，$\chi^2_{1-\alpha/2}(n-1)=\chi^2_{0.975}(6)=1.2373$. 所以 σ^2 的双侧置信区间为

$$\left(\frac{6\times 0.0351}{14.4492},\frac{6\times 0.0351}{1.2373}\right),\quad 即\quad (0.0146,0.1702).$$

(2) 依题意提出假设

$$H_0:\sigma^2=\sigma_0^2,\quad H_1:\sigma^2\neq\sigma_0^2\quad(\sigma_0^2=0.112^2).$$

由于 μ 未知，在原假设 H_0 成立时，构造统计量

$$T_0=\frac{n-1}{\sigma_0^2}S^2\sim\chi^2(n-1),$$

则拒绝域为 $W=\{T_0>\chi^2_{\alpha/2}(n-1)$ 或 $T_0<\chi^2_{1-\alpha/2}(n-1)\}$. 根据上面的计算结果得 $T_0=16.7889$. 因为 $T_0=16.7889>14.4492=\chi^2_{0.025}(6)$，所以拒绝原假设 H_0，即认为新工艺炼出的铁水每炉含碳量的方差发生了变化.

2. 总体均值 μ 已知时

此时，同样可以构造样本函数 $T=\frac{n-1}{\sigma^2}S^2\sim\chi^2(n-1)$ 与检验统计量 $T_0=\frac{n-1}{\sigma_0^2}S^2\sim\chi^2(n-1)$，但由于样本函数与检验统计量中未充分利用总体均值 μ 的信息，所以通常我们构造其他含有已知信息 μ 的样本函数与检验统计量. 因为 $\frac{X_i-\mu}{\sigma}\sim N(0,1)$ $(i=1,2,\cdots,n)$，所以有

$$\frac{1}{\sigma^2}\sum_{i=1}^{n}(X_i-\mu)^2\sim\chi^2(n).$$

于是总体均值 μ 已知时，总体方差 σ^2 的三种区间估计与假设检验的方法可以归结为以下步骤：

(1) 构造样本函数与检验统计量：三种区间估计所构造的样本函数一样，即样本函数为

$$T=\frac{1}{\sigma^2}\sum_{i=1}^{n}(X_i-\mu)^2\sim\chi^2(n);\tag{7.5.19}$$

把样本函数中的参数 σ^2 换成已知常数 σ_0^2，就成为三种假设检验问题所需的检验统计量，即检验统计量为

$$T_0=\frac{1}{\sigma_0^2}\sum_{i=1}^{n}(X_i-\mu)^2\sim\chi^2(n).\tag{7.5.20}$$

(2) 对于给定的显著性水平 α（置信度为 $1-\alpha$），定出临界值：

对问题(1)，其临界值是双侧的，记为 a,b，它们是 χ^2 分布关于 α 的双侧分位点，即 $b=\chi^2_{\alpha/2}(n)$，$a=\chi^2_{1-\alpha/2}(n)$，且有

$$P(\chi^2_{1-\alpha/2}(n)\leqslant T\leqslant\chi^2_{\alpha/2}(n))=1-\alpha\quad 和\quad P(\{T_0>\chi^2_{\alpha/2}(n)\}\cup\{T_0<\chi^2_{1-\alpha/2}(n)\})=\alpha.$$

对问题(2),其临界值是单侧(上侧)的,记为 b,它是 χ^2 分布关于 α 的分位点,即 $b=\chi_\alpha^2(n)$,且有

$$P(T \leqslant \chi_\alpha^2(n)) = 1-\alpha \quad 和 \quad P(T_0 > \chi_\alpha^2(n)) \leqslant \alpha.$$

对问题(3),其临界值是单侧(下侧)的,记为 a,它是 χ^2 分布关于 $1-\alpha$ 的分位点,即 $a=\chi_{1-\alpha}^2(n)$,且有

$$P(T \geqslant \chi_{1-\alpha}^2(n)) = 1-\alpha \quad 和 \quad P(T_0 < \chi_{1-\alpha}^2(n)) \leqslant \alpha.$$

(3) 确定置信区间(对不等式进行变形)与拒绝域:

对问题(1),双侧置信区间为

$$\left[\frac{\sum_{i=1}^{n}(X_i-\mu)^2}{\chi_{\alpha/2}^2(n)}, \frac{\sum_{i=1}^{n}(X_i-\mu)^2}{\chi_{1-\alpha/2}^2(n)}\right], \tag{7.5.21}$$

而标准差 σ 的双侧置信区间为

$$\left[\sqrt{\frac{\sum_{i=1}^{n}(X_i-\mu)^2}{\chi_{\alpha/2}^2(n)}}, \sqrt{\frac{\sum_{i=1}^{n}(X_i-\mu)^2}{\chi_{1-\alpha/2}^2(n)}}\right]; \tag{7.5.22}$$

假设检验的拒绝域为 $W=\{T_0>\chi_{\alpha/2}^2(n)$ 或 $T_0<\chi_{1-\alpha/2}^2(n)\}$.

对问题(2),单侧下限置信区间为

$$\left[\frac{\sum_{i=1}^{n}(X_i-\mu)^2}{\chi_\alpha^2(n)}, +\infty\right), \tag{7.5.23}$$

而标准差 σ 的单侧下限置信区间为

$$\left[\sqrt{\frac{\sum_{i=1}^{n}(X_i-\mu)^2}{\chi_\alpha^2(n)}}, +\infty\right); \tag{7.5.24}$$

假设检验的拒绝域为 $W=\{T_0>\chi_\alpha^2(n)\}$.

对问题(3),单侧上限置信区间为

$$\left[0, \frac{\sum_{i=1}^{n}(X_i-\mu)^2}{\chi_{1-\alpha}^2(n)}\right], \tag{7.5.25}$$

而标准差 σ 的单侧上限置信区间为

$$\left[0, \sqrt{\frac{\sum_{i=1}^{n}(X_i-\mu)^2}{\chi_{1-\alpha}^2(n)}}\right]; \tag{7.5.26}$$

假设检验的拒绝域为 $W=\{T_0<\chi^2_{1-\alpha}(n)\}$.

例 7.5.6　设某维尼纶纤度在正常生产条件下服从正态分布 $N(1.405,0.048^2)$. 某日抽出 5 根该种维尼纶纤维,测得其纤度如下:

$$1.32,\ 1.36,\ 1.55,\ 1.44,\ 1.40.$$

(1) 求这一天生产的维尼纶纤度方差的双侧置信区间;

(2) 这一天生产的维尼纶纤度的方差是否正常(设其均值保持不变)? $(\alpha=0.10)$

解　设这一天生产的维尼纶纤度 $X\sim N(\mu,\sigma^2)$.

(1) 因为 $\mu=1.405$ 已知,所以由(7.5.21)式得 σ^2 对应于置信度 $1-\alpha$ 的双侧置信区间为

$$\left(\frac{\sum_{i=1}^{n}(X_i-\mu)^2}{\chi^2_{\alpha/2}(n)},\ \frac{\sum_{i=1}^{n}(X_i-\mu)^2}{\chi^2_{1-\alpha/2}(n)}\right).$$

由给定的样本得 $n=5$, $\sum_{i=1}^{5}(X_i-\mu)^2=0.0315$. 对于 $\alpha=0.10$,查附表 4 得 $\chi^2_{0.95}(5)=1.1455$, $\chi^2_{0.05}(5)=11.0703$. 所以 σ^2 的置信度为 90% 的双侧置信区间为 $(0.0028,0.0275)$.

(2) 依题意提出假设

$$H_0:\sigma^2=\sigma_0^2,\quad H_1:\sigma^2\neq\sigma_0^2\quad(\sigma_0^2=0.048^2).$$

由于 $\mu=1.405$ 已知,在原假设 H_0 成立时,构造统计量

$$T_0=\frac{1}{\sigma_0^2}\sum_{i=1}^{n}(X_i-\mu)^2\sim\chi^2(n),$$

则拒绝域为 $W=\{T_0>\chi^2_{\alpha/2}(n)$ 或 $T_0\leqslant\chi^2_{1-\alpha/2}(n)\}$. 根据上面的计算结果得 $T_0=\dfrac{0.0315}{0.048^2}=13.67$. 因为 $T_0=13.67>11.0703=\chi^2_{0.05}(5)$,所以拒绝 H_0,即认为这一天生产的维尼纶纤度的方差不正常.

现将单个正态总体参数的区间估计与假设检验总结在表 7.5.1 中.

§7.6　两个正态总体参数的区间估计与假设检验

在实际问题中,常常需要知道两个正态总体均值之间或方差之间是否有差异,从而需要研究两个正态总体参数的区间估计与假设检验问题. 这类问题的解决类似于单个正态总体的情况.

设总体 $X\sim N(\mu_1,\sigma_1^2)$, $Y\sim N(\mu_2,\sigma_2^2)$, X 与 Y 相互独立, $X_1,X_2,\cdots,X_m$ 为来自 X 的样本, $Y_1,Y_2,\cdots,Y_n$ 为来自 Y 的样本,这两样本的均值、方差分别记为

表 7.5.1

估计与检验的参数	条件	区间估计	原假设 H_0	备择假设 H_1	样本函数与检验统计量	服从分布	置信区间	拒绝域
μ	σ^2 已知	双侧	$\mu=\mu_0$	$\mu\neq\mu_0$	$T=\dfrac{\overline{X}-\mu}{\sigma/\sqrt{n}}$ $T_0=\dfrac{\overline{X}-\mu_0}{\sigma/\sqrt{n}}$	$N(0,1)$	$\left(\overline{X}-u_{\alpha/2}\dfrac{\sigma}{\sqrt{n}},\overline{X}+u_{\alpha/2}\dfrac{\sigma}{\sqrt{n}}\right)$	$\lvert T_0\rvert>u_{\alpha/2}$
		单侧下限	$\mu\leqslant\mu_0$	$\mu>\mu_0$			$\left(\overline{X}-u_\alpha\dfrac{\sigma}{\sqrt{n}},+\infty\right)$	$T_0>u_\alpha$
		单侧上限	$\mu\geqslant\mu_0$	$\mu<\mu_0$			$\left(-\infty,\overline{X}+u_\alpha\dfrac{\sigma}{\sqrt{n}}\right)$	$T_0<-u_\alpha$
	σ^2 未知	双侧	$\mu=\mu_0$	$\mu\neq\mu_0$	$T=\dfrac{\overline{X}-\mu}{S/\sqrt{n}}$ $T_0=\dfrac{\overline{X}-\mu_0}{S/\sqrt{n}}$	$t(n-1)$	$\left(\overline{X}-t_{\alpha/2}(n-1)\dfrac{S}{\sqrt{n}},\overline{X}+t_{\alpha/2}(n-1)\dfrac{S}{\sqrt{n}}\right)$	$\lvert T_0\rvert>t_{\alpha/2}(n-1)$
		单侧下限	$\mu\leqslant\mu_0$	$\mu>\mu_0$			$\left(\overline{X}-t_\alpha(n-1)\dfrac{S}{\sqrt{n}},+\infty\right)$	$T_0>t_\alpha(n-1)$
		单侧上限	$\mu\geqslant\mu_0$	$\mu<\mu_0$			$\left(-\infty,\overline{X}+t_\alpha(n-1)\dfrac{S}{\sqrt{n}}\right)$	$T_0<-t_\alpha(n-1)$
σ^2	μ 已知	双侧	$\sigma^2=\sigma_0^2$	$\sigma^2\neq\sigma_0^2$	$T=\dfrac{1}{\sigma^2}\sum\limits_{i=1}^{n}(X_i-\mu)^2$ $T_0=\dfrac{1}{\sigma_0^2}\sum\limits_{i=1}^{n}(X_i-\mu)^2$	$\chi^2(n)$	$\left(\dfrac{\sum\limits_{i=1}^{n}(X_i-\mu)^2}{\chi^2_{\alpha/2}(n)},\dfrac{\sum\limits_{i=1}^{n}(X_i-\mu)^2}{\chi^2_{(1-\alpha/2)}(n)}\right)$	$T_0>\chi^2_{\alpha/2}(n)$ 或 $T_0<\chi^2_{1-\alpha/2}(n)$
		单侧下限	$\sigma^2\leqslant\sigma_0^2$	$\sigma^2>\sigma_0^2$			$\left(\dfrac{\sum\limits_{i=1}^{n}(X_i-\mu)^2}{\chi^2_\alpha(n)},+\infty\right)$	$T_0>\chi^2_\alpha(n)$
		单侧上限	$\sigma^2\geqslant\sigma_0^2$	$\sigma^2<\sigma_0^2$			$\left(0,\dfrac{\sum\limits_{i=1}^{n}(X_i-\mu)^2}{\chi^2_{(1-\alpha)}(n)}\right)$	$T_0<\chi^2_{1-\alpha}(n)$
	μ 未知	双侧	$\sigma^2=\sigma_0^2$	$\sigma^2\neq\sigma_0^2$	$T=\dfrac{1}{\sigma^2}\sum\limits_{i=1}^{n}(X_i-\overline{X})^2$ $T_0=\dfrac{1}{\sigma_0^2}\sum\limits_{i=1}^{n}(X_i-\overline{X})^2$	$\chi^2(n-1)$	$\left(\dfrac{(n-1)S^2}{\chi^2_{\alpha/2}(n-1)},\dfrac{(n-1)S^2}{\chi^2_{1-\alpha/2}(n-1)}\right)$	$T_0>\chi^2_{\alpha/2}(n-1)$ 或 $T_0<\chi^2_{1-\alpha/2}(n-1)$
		单侧下限	$\sigma^2\leqslant\sigma_0^2$	$\sigma^2>\sigma_0^2$			$\left(\dfrac{(n-1)S^2}{\chi^2_\alpha(n-1)},+\infty\right)$	$T_0>\chi^2_\alpha(n-1)$
		单侧上限	$\sigma^2\geqslant\sigma_0^2$	$\sigma^2<\sigma_0^2$			$\left(0,\dfrac{(n-1)S^2}{\chi^2_{1-\alpha}(n-1)}\right)$	$T_0<\chi^2_{1-\alpha}(n-1)$

$$\overline{X}=\frac{1}{m}\sum_{i=1}^{m}X_i,\quad S_1^2=\frac{1}{m-1}\sum_{i=1}^{m}(X_i-\overline{X})^2;\quad \overline{Y}=\frac{1}{n}\sum_{i=1}^{n}Y_i,\quad S_2^2=\frac{1}{n-1}\sum_{i=1}^{n}(Y_i-\overline{Y})^2,$$

又记

$$S_w^2=\frac{(m-1)S_1^2+(n-1)S_2^2}{m+n-2}=\frac{m-1}{m+n-2}S_1^2+\frac{n-1}{m+n-2}S_2^2.$$

一、两个正态总体均值的区间估计与假设检验

此时,常见的区间估计与假设检验问题有以下三种:

(1) 求 $\mu_1-\mu_2$ 的双侧置信区间与双侧检验"$H_0: \mu_1=\mu_2, H_1: \mu_1\neq\mu_2$";

(2) 求 $\mu_1-\mu_2$ 的单侧下限置信区间与单侧(右侧)检验"$H_0: \mu_1\leqslant\mu_2, H_1: \mu_1>\mu_2$";

(3) 求 $\mu_1-\mu_2$ 的单侧上限置信区间与单侧(左侧)检验"$H_0: \mu_1\geqslant\mu_2, H_1: \mu_1<\mu_2$".

1. σ_1^2,σ_2^2 均已知时

从参数 μ_1,μ_2 的点估计量 $\overline{X},\overline{Y}$ 出发,根据定理 6.2.2 有

$$\overline{X}-\overline{Y}\sim N\left(\mu_1-\mu_2,\frac{\sigma_1^2}{m}+\frac{\sigma_2^2}{n}\right),\quad 即\quad \frac{(\overline{X}-\overline{Y})-(\mu_1-\mu_2)}{\sqrt{\frac{\sigma_1^2}{m}+\frac{\sigma_2^2}{n}}}\sim N(0,1).$$

于是,在 σ_1^2,σ_2^2 均已知时,对上述常见的三种区间估计与假设检验问题,其求解步骤可以归结如下:

(1) 构造样本函数与检验统计量:三种区间估计所构造的样本函数一样,即样本函数为

$$T=\frac{(\overline{X}-\overline{Y})-(\mu_1-\mu_2)}{\sqrt{\frac{\sigma_1^2}{m}+\frac{\sigma_2^2}{n}}}\sim N(0,1);\tag{7.6.1}$$

把样本函数中的参数 $\mu_1-\mu_2$ 换成常数 0,就成为三种假设检验问题所需的检验统计量,即检验统计量为

$$T_0=\frac{\overline{X}-\overline{Y}}{\sqrt{\frac{\sigma_1^2}{m}+\frac{\sigma_2^2}{n}}}\sim N(0,1).\tag{7.6.2}$$

(2) 对于给定的显著性水平 α(置信度为 $1-\alpha$),定出临界值:

对问题(1),其临界值是双侧的,记为 a,b,它们是标准正态分布关于 α 的双侧分位点,即 $b=-a=u_{\alpha/2}$,且有

$$P(-u_{\alpha/2}\leqslant T\leqslant u_{\alpha/2})=1-\alpha\quad 和\quad P(|T_0|>u_{\alpha/2})=\alpha.$$

对问题(2),其临界值是单侧(上侧)的,记为 b,它是标准正态分布关于 α 的分位点,即 $b=u_\alpha$,且有

$$P(T\leqslant u_\alpha)=1-\alpha\quad 和\quad P(T_0>u_\alpha)\leqslant\alpha.$$

对问题(3),其临界值是单侧(下侧)的,记为 a,它是标准正态分布关于 $1-\alpha$ 的分位点,即 $a=u_{1-\alpha}=-u_\alpha$,且有

$$P(T\geqslant -u_\alpha)=1-\alpha \quad 和 \quad P(T_0<-u_\alpha)\leqslant\alpha.$$

(3) 确定置信区间(对不等式进行变形)与拒绝域:

对问题(1),双侧置信区间为

$$\left(\overline{X}-\overline{Y}-u_{\alpha/2}\sqrt{\frac{\sigma_1^2}{m}+\frac{\sigma_2^2}{n}},\ \overline{X}-\overline{Y}+u_{\alpha/2}\sqrt{\frac{\sigma_1^2}{m}+\frac{\sigma_2^2}{n}}\right), \tag{7.6.3}$$

假设检验的拒绝域为 $W=\{|T_0|>u_{\alpha/2}\}$.

对问题(2),单侧下限置信区间为

$$\left(\overline{X}-\overline{Y}-u_\alpha\sqrt{\frac{\sigma_1^2}{m}+\frac{\sigma_2^2}{n}},\ +\infty\right), \tag{7.6.4}$$

假设检验的拒绝域为 $W=\{T_0>u_\alpha\}$.

对问题(3),单侧上限置信区间为

$$\left(-\infty,\ \overline{X}-\overline{Y}+u_\alpha\sqrt{\frac{\sigma_1^2}{m}+\frac{\sigma_2^2}{n}}\right), \tag{7.6.5}$$

假设检验的拒绝域为 $W=\{T_0<-u_\alpha\}$.

例 7.6.1 已知 A 行业职工月工资 $X\sim N(\mu_1,1.5^2)$(单位:千元);B 行业职工月工资 $Y\sim N(\mu_2,1.2^2)$(单位:千元). 2005 年在某地区分行业调查职工平均工资情况,从总体 X,Y 中分别调查 25,30 人,算得其平均月工资分别为 4.8,4.2 千元.

(1) 求这两行业职工月平均工资之差的双侧置信区间;

(2) 问:这两行业职工月平均工资是否有显著差异?($\alpha=0.05$)

解 (1) 因为 $\sigma_1^2=1.5^2,\sigma_2^2=1.2^2$ 都已知,所以由(7.6.3)式得 $\mu_1-\mu_2$ 的双侧置信区间为

$$\left(\overline{X}-\overline{Y}-u_{\alpha/2}\sqrt{\frac{\sigma_1^2}{m}+\frac{\sigma_2^2}{n}},\ \overline{X}-\overline{Y}+u_{\alpha/2}\sqrt{\frac{\sigma_1^2}{m}+\frac{\sigma_2^2}{n}}\right).$$

由题知 $m=25,n=30,\overline{X}=4.8,\overline{Y}=4.2$. 对于 $\alpha=0.05$,查附表 2 得 $u_{\alpha/2}=u_{0.025}=1.96$. 代入得

$$\overline{X}-\overline{Y}-u_{\alpha/2}\sqrt{\frac{\sigma_1^2}{m}+\frac{\sigma_2^2}{n}}=4.8-4.2-1.96\sqrt{\frac{1.5^2}{25}+\frac{1.2^2}{30}}=-0.1281,$$

$$\overline{X}-\overline{Y}+u_{\alpha/2}\sqrt{\frac{\sigma_1^2}{m}+\frac{\sigma_2^2}{n}}=4.8-4.2+1.96\sqrt{\frac{1.5^2}{25}+\frac{1.2^2}{30}}=1.3281,$$

故这两行业职工月平均工资之差的置信度为 95%的双侧置信区间为

$$(-0.1281,1.3281).$$

(2) 依题意提出假设

$$H_0: \mu_1 = \mu_2, \quad H_1: \mu_1 \neq \mu_2.$$

由于 $\sigma_1^2 = 1.5^2$, $\sigma_2^2 = 1.2^2$ 都已知,在原假设 H_0 成立时,构造检验统计量

$$T_0 = \frac{\overline{X} - \overline{Y}}{\sqrt{\dfrac{\sigma_1^2}{m} + \dfrac{\sigma_2^2}{n}}} \sim N(0,1),$$

则拒绝域为 $W = \{|T_0| > u_{\alpha/2}\}$. 根据上面的计算结果得 $|T_0| = \dfrac{|4.8-4.2|}{\sqrt{\dfrac{1.5^2}{25} + \dfrac{1.2^2}{30}}} = 1.615$.

因为 $|T_0| = 1.615 < 1.96 = u_{0.025}$,所以接受 H_0,即认为这两行业职工月平均工资无显著差异.

2. σ_1^2, σ_2^2 未知,但 $\sigma_1^2 = \sigma_2^2 = \sigma^2$ 时

从参数 μ_1, μ_2 的点估计量 $\overline{X}, \overline{Y}$ 出发,由于 $\sigma_1^2 = \sigma_2^2 = \sigma^2$ 未知,根据定理 6.2.2 有

$$\frac{(\overline{X} - \overline{Y}) - (\mu_1 - \mu_2)}{S_w \sqrt{\dfrac{1}{m} + \dfrac{1}{n}}} \sim t(m+n-2).$$

于是,在 $\sigma_1^2 = \sigma_2^2 = \sigma^2$ 未知时,对于前面三种常见的区间估计与假设检验问题,其求解步骤可以归结如下:

(1) 构造样本函数与检验统计量:三种区间估计所构造的样本函数一样,即样本函数为

$$T = \frac{(\overline{X} - \overline{Y}) - (\mu_1 - \mu_2)}{S_w \sqrt{\dfrac{1}{m} + \dfrac{1}{n}}} \sim t(m+n-2); \tag{7.6.6}$$

把样本函数中的参数 $\mu_1 - \mu_2$ 换成常数 0,就成为三种假设检验问题所需的检验统计量,即检验统计量为

$$T_0 = \frac{\overline{X} - \overline{Y}}{S_w \sqrt{\dfrac{1}{m} + \dfrac{1}{n}}} \sim t(m+n-2). \tag{7.6.7}$$

(2) 对于给定的显著性水平 α (置信度为 $1-\alpha$),定出临界值:

对问题(1),其临界值是双侧的,记为 a, b,它们是 t 分布关于 α 的双侧分位点,即 $b = -a = t_{\alpha/2}(m+n-2)$,且有

$$P(|T| \leqslant t_{\alpha/2}(m+n-2)) = 1-\alpha \quad 和 \quad P(|T_0| > t_{\alpha/2}(m+n-2)) = \alpha.$$

对问题(2),其临界值是单侧(上侧)的,记为 b,它是 t 分布关于 α 的分位点,即 $b = t_\alpha(m+n-2)$,且有

$$P(T \leqslant t_\alpha(m+n-2)) = 1-\alpha \quad 和 \quad P(T_0 > t_\alpha(m+n-2)) \leqslant \alpha.$$

对问题(3),其临界值是单侧(下侧)的,记为 a,它是 t 分布关于 $1-\alpha$ 的分位点,即

$a=t_{1-\alpha}(m+n-2)=-t_{\alpha}(m+n-2)$，且有

$$P(T\geqslant -t_{\alpha}(m+n-2))=1-\alpha \quad 和 \quad P(T_0<-t_{\alpha}(m+n-2))\leqslant \alpha.$$

(3) 确定置信区间(对不等式进行变形)与拒绝域：

对问题(1)，双侧置信区间为

$$\left(\overline{X}-\overline{Y}-t_{\alpha/2}(m+n-2)\sqrt{\frac{1}{m}+\frac{1}{n}}S_w,\ \overline{X}-\overline{Y}+t_{\alpha/2}(m+n-2)\sqrt{\frac{1}{m}+\frac{1}{n}}S_w\right), \tag{7.6.8}$$

假设检验的拒绝域为 $W=\{|T_0|>t_{\alpha/2}(m+n-2)\}$.

对问题(2)，单侧下限置信区间为

$$\left(\overline{X}-\overline{Y}-t_{\alpha}(m+n-2)\sqrt{\frac{1}{m}+\frac{1}{n}}S_w,\ +\infty\right), \tag{7.6.9}$$

假设检验的拒绝域为 $W=\{T_0>t_{\alpha}(m+n-2)\}$.

对问题(3)，单侧上限置信区间为

$$\left(-\infty,\ \overline{X}-\overline{Y}+t_{\alpha}(m+n-2)\sqrt{\frac{1}{m}+\frac{1}{n}}S_w\right), \tag{7.6.10}$$

假设检验的拒绝域为 $W=\{T_0<-t_{\alpha}(m+n-2)\}$.

例 7.6.2 某公司利用两条自动化流水线灌装矿泉水，设所装矿泉水的体积 X,Y (单位：ml)分别服从正态分布 $N(\mu_1,\sigma^2)$ 和 $N(\mu_2,\sigma^2)$. 现从这两条生产线上分别随机抽取容量为 12 和 17 的两个样本，计算得样本均值分别为 501.1 和 499.7，样本方差分别为 2.4 和4.7. 求 $\mu_1-\mu_2$ 的置信度为 0.95 的双侧置信区间.

解 由题意，σ_1,σ_2 未知，但 $\sigma_1=\sigma_2=\sigma$，$m=12$，$n=17$，$\overline{X}=501.1$，$\overline{Y}=499.7$，$S_1^2=2.4$，$S_2^2=4.7$，因此可计算得

$$S_w=\sqrt{\frac{(m-1)S_1^2+(n-1)S_2^2}{m+n-2}}=\sqrt{\frac{11\times 2.4+16\times 4.7}{12+17-2}}=1.940.$$

由于 $1-\alpha=0.95$，查附表 3 得 $t_{\alpha/2}(m+n-2)=t_{\alpha/2}(27)=2.0518$. 根据(7.6.8)式，因

$$\overline{X}-\overline{Y}-t_{\alpha/2}(m+n-2)\sqrt{\frac{1}{m}+\frac{1}{n}}S_w=501.1-499.7-2.0518\times\sqrt{\frac{1}{12}+\frac{1}{17}}\times 1.940=-0.1008,$$

$$\overline{X}-\overline{Y}+t_{\alpha/2}(m+n-2)\sqrt{\frac{1}{m}+\frac{1}{n}}S_w=501.1-499.7+2.0518\times\sqrt{\frac{1}{12}+\frac{1}{17}}\times 1.940=2.9008,$$

故 $\mu_1-\mu_2$ 的置信度为 0.95 的双侧置信区间为(−0.1008,2.9008).

例 7.6.3 某中学从经常参加体育锻炼的男生中随机地选出 50 名，测得平均身高为 174.34 cm，标准差为 5.35 cm；从不经常参加体育锻炼的男生中随机地选出 50 名，测得平均身高为 172.02 cm，标准差为 6.11 cm. 据统计资料表明这两类男生的身高都服从正态分布，且有相同的方差. 问：该校经常参加体育锻炼的男生是否明显比

不常参加体育锻炼的男生平均身高要高?($\alpha=0.05$)

解 设 X,Y 分别表示经常锻炼和不常锻炼男生的身高,则 $X\sim N(\mu_1,\sigma_1^2)$,$Y\sim N(\mu_2,\sigma_2^2)$,且 $\sigma_1^2=\sigma_2^2$. 依题意提出假设

$$H_0:\mu_1\leqslant\mu_2,\quad H_1:\mu_1>\mu_2.$$

由于两总体的方差相等,但未知,在原假设 H_0 成立时,构造统计量

$$T_0=\frac{\overline{X}-\overline{Y}}{S_w\sqrt{\frac{1}{m}+\frac{1}{n}}}\sim t(m+n-2),$$

则拒绝域为 $W=\{T_0>t_\alpha(m+n-2)\}$. 由题意知 $\overline{X}=174.34,\overline{Y}=172.02,S_1=5.35$,$S_2=6.11,m=n=50$,经计算得

$$S_w=\sqrt{\frac{49\times5.35^2+49\times6.11^2}{50+50-2}}=5.7426,\quad T_0=\frac{174.34-172.02}{5.7426\times\sqrt{\frac{2}{50}}}=2.02.$$

对于 $\alpha=0.05$,查附表 3 得 $t_{0.05}(50+50-2)=t_{0.05}(98)=1.6602$. 因为 $T_0=2.02>1.6602=t_{0.05}(98)$,所以拒绝 H_0,即可以认为经常参加体育锻炼的男生明显比不经常参加体育锻炼的男生平均身高要高.

二、两个正态总体方差的区间估计与假设检验

此时,常见的区间估计与假设检验问题有以下三种:

(1) 求 $\frac{\sigma_1^2}{\sigma_2^2}$ 的双侧置信区间与双侧检验"$H_0:\sigma_1^2=\sigma_2^2,H_1:\sigma_1^2\neq\sigma_2^2$";

(2) 求 $\frac{\sigma_1^2}{\sigma_2^2}$ 的单侧下限置信区间与单侧(右侧)检验"$H_0:\sigma_1^2\leqslant\sigma_2^2,H_1:\sigma_1^2>\sigma_2^2$";

(3) 求 $\frac{\sigma_1^2}{\sigma_2^2}$ 的单侧上限置信区间与单侧(左侧)检验"$H_0:\sigma_1^2\geqslant\sigma_2^2,H_1:\sigma_1^2<\sigma_2^2$".

1. 两正态总体均值 μ_1,μ_2 未知时

从参数 σ_1^2,σ_2^2 的点估计量 $\frac{m-1}{m}S_1^2,\frac{n-1}{n}S_2^2$ 出发,根据定理 6.2.2 有

$$\frac{S_1^2/\sigma_1^2}{S_2^2/\sigma_2^2}\sim F(m-1,n-1).$$

于是,在 μ_1,μ_2 未知时,上述常见的三种区间估计与假设检验问题的求解步骤可以归结如下:

(1) 构造样本函数与检验统计量:三种区间估计所构造的样本函数一样,即样本函数为

$$T=\frac{S_1^2/S_2^2}{\sigma_1^2/\sigma_2^2}\sim F(m-1,n-1);\tag{7.6.11}$$

把样本函数中的参数 $\frac{\sigma_1^2}{\sigma_2^2}$ 换成常数 1,就成为三种假设检验问题所需的检验统计量,即检验统计量为

$$T_0=\frac{S_1^2}{S_2^2}\sim F(m-1,n-1). \tag{7.6.12}$$

(2) 对于给定的显著性水平 α(置信度为 $1-\alpha$),定出临界值:

对问题(1),其临界值是双侧的,记为 a,b,它们是 F 分布关于 α 的双侧分位点,即 $b=F_{\alpha/2}(m-1,n-1)$,$a=F_{1-\alpha/2}(m-1,n-1)$,且有

$$P(F_{1-\alpha/2}(m-1,n-1)\leqslant T\leqslant F_{\alpha/2}(m-1,n-1))=1-\alpha,$$

$$P(\{T_0>F_{\alpha/2}(m-1,n-1)\}\cup\{T_0<F_{1-\alpha/2}(m-1,n-1)\})=\alpha.$$

对问题(2),其临界值是单侧(上侧)的,记为 b,它是 F 分布关于 α 的分位点,即 $b=F_\alpha(m-1,n-1)$,且有

$$P(T\leqslant F_\alpha(m-1,n-1))=1-\alpha \quad 和 \quad P(T_0>F_\alpha(m-1,n-1))\leqslant\alpha.$$

对问题(3),其临界值是单侧(下侧)的,记为 a,它是 F 分布关于 $1-\alpha$ 的分位点,即 $a=F_{1-\alpha}(m-1,n-1)$,且有

$$P(T\geqslant F_{1-\alpha}(m-1,n-1))=1-\alpha \quad 和 \quad P(T_0<F_{1-\alpha}(m-1,n-1))\leqslant\alpha.$$

(3) 确定置信区间(对不等式进行变形)与拒绝域:

对问题(1),双侧置信区间为

$$\left(\frac{S_1^2}{S_2^2}\cdot\frac{1}{F_{\alpha/2}(m-1,n-1)},\ \frac{S_1^2}{S_2^2}\cdot\frac{1}{F_{1-\alpha/2}(m-1,n-1)}\right) \tag{7.6.13}$$

或

$$\left(\frac{S_1^2}{S_2^2}F_{1-\alpha/2}(n-1,m-1),\ \frac{S_1^2}{S_2^2}F_{\alpha/2}(n-1,m-1)\right), \tag{7.6.14}$$

假设检验的拒绝域为

$$W=\{T_0>F_{\alpha/2}(m-1,n-1)或\ T_0<F_{1-\alpha/2}(m-1,n-1)\}.$$

对问题(2),单侧下限置信区间为

$$\left(\frac{S_1^2}{S_2^2}\cdot\frac{1}{F_\alpha(m-1,n-1)},+\infty\right) \tag{7.6.15}$$

或

$$\left(\frac{S_1^2}{S_2^2}F_{1-\alpha}(n-1,m-1),+\infty\right), \tag{7.6.16}$$

假设检验的拒绝域为 $W=\{T_0>F_\alpha(m-1,n-1)\}$.

对问题(3),单侧上限置信区间为

$$\left(0,\ \frac{S_1^2}{S_2^2}\cdot\frac{1}{F_{1-\alpha}(m-1,n-1)}\right) \tag{7.6.17}$$

或

$$\left(0,\ \frac{S_1^2}{S_2^2}F_\alpha(n-1,m-1)\right), \tag{7.6.18}$$

假设检验的拒绝域为 $W=\{T_0<F_{1-\alpha}(m-1,n-1)\}$.

2. 两正态总体均值 μ_1,μ_2 已知时

此时,同样可以构造样本函数 $T=\dfrac{S_1^2/S_2^2}{\sigma_1^2/\sigma_2^2}\sim F(m-1,n-1)$,但由于所构造的样本函数中未充分利用 μ_1,μ_2 的信息,所以通常我们构造其他含有已知信息 μ_1,μ_2 的样本函数. 因为

$$\frac{1}{\sigma_1^2}\sum_{i=1}^{m}(X_i-\mu_1)^2\sim\chi^2(m),\quad \frac{1}{\sigma_2^2}\sum_{i=1}^{n}(Y_i-\mu_2)^2\sim\chi^2(n),$$

且它们相互独立,所以有

$$\frac{\dfrac{1}{\sigma_1^2}\sum_{i=1}^{m}(X_i-\mu_1)^2\Big/m}{\dfrac{1}{\sigma_2^2}\sum_{i=1}^{n}(Y_i-\mu_2)^2\Big/n}\sim F(m,n).$$

于是,在 μ_1,μ_2 已知时,前面常见的三种区间估计与假设检验问题的求解步骤可以归结如下:

(1) 构造样本函数与检验统计量:三种区间估计所构造的样本函数一样,即样本函数为

$$T=\frac{n\sum_{i=1}^{m}(X_i-\mu_1)^2/m\sum_{i=1}^{n}(Y_i-\mu_2)^2}{\sigma_1^2/\sigma_2^2}\sim F(m,n);\qquad(7.6.19)$$

把样本函数中的参数 $\dfrac{\sigma_1^2}{\sigma_2^2}$ 换成常数 1,就成为三种假设检验问题所需的检验统计量,即检验统计量为

$$T_0=\frac{n\sum_{i=1}^{m}(X_i-\mu_1)^2}{m\sum_{i=1}^{n}(Y_i-\mu_2)^2}\sim F(m,n).\qquad(7.6.20)$$

(2) 对于给定的显著性水平 α(置信度为 $1-\alpha$),定出临界值:

对问题(1),其临界值是双侧的,记为 a,b,它们是 F 分布关于 α 的双侧分位点,即 $b=F_{\alpha/2}(m,n)$,$a=F_{1-\alpha/2}(m,n)$,且有

$$P(F_{1-\alpha/2}(m,n)\leqslant T\leqslant F_{\alpha/2}(m,n))=1-\alpha,$$
$$P(\{T_0>F_{\alpha/2}(m,n)\}\cup\{T_0<F_{1-\alpha/2}(m,n)\})=\alpha.$$

对问题(2),其临界值是单侧(上侧)的,记为 b,它是 F 分布关于 α 的分位点,即 $b=F_\alpha(m,n)$,且有

$$P(T\leqslant F_\alpha(m,n))=1-\alpha\quad 和\quad P(T_0>F_\alpha(m,n))\leqslant\alpha.$$

对问题(3),其临界值是单侧(下侧)的,记为 a,它是 F 分布关于 $1-\alpha$ 的分位点,即 $a=F_{1-\alpha}(m,n)$,且有

$$P(T \geqslant F_{1-\alpha}(m,n)) = 1-\alpha \quad 和 \quad P(T_0 < F_{1-\alpha}(m,n)) \leqslant \alpha.$$

(3) 确定置信区间(对不等式进行变形)与拒绝域:

对问题(1),双侧置信区间为

$$\left[\frac{n\sum_{i=1}^{m}(X_i-\mu_1)^2}{m\sum_{i=1}^{n}(Y_i-\mu_2)^2}\cdot\frac{1}{F_{\alpha/2}(m,n)},\ \frac{n\sum_{i=1}^{m}(X_i-\mu_1)^2}{m\sum_{i=1}^{n}(Y_i-\mu_2)^2}\cdot\frac{1}{F_{1-\alpha/2}(m,n)}\right] \quad (7.6.21)$$

或

$$\left[\frac{n\sum_{i=1}^{m}(X_i-\mu_1)^2}{m\sum_{i=1}^{n}(Y_i-\mu_2)^2}F_{1-\alpha/2}(n,m),\ \frac{n\sum_{i=1}^{m}(X_i-\mu_1)^2}{m\sum_{i=1}^{n}(Y_i-\mu_2)^2}F_{\alpha/2}(n,m)\right], \quad (7.6.22)$$

假设检验的拒绝域为 $W=\{T_0>F_{\alpha/2}(m,n)$ 或 $T_0<F_{1-\alpha/2}(m,n)\}$.

对问题(2),单侧下限置信区间为

$$\left[\frac{n\sum_{i=1}^{m}(X_i-\mu_1)^2}{m\sum_{i=1}^{n}(Y_i-\mu_2)^2}\cdot\frac{1}{F_{\alpha}(m,n)},\ +\infty\right] \quad (7.6.23)$$

或

$$\left[\frac{n\sum_{i=1}^{m}(X_i-\mu_1)^2}{m\sum_{i=1}^{n}(Y_i-\mu_2)^2}F_{1-\alpha}(n,m),\ +\infty\right], \quad (7.6.24)$$

假设检验的拒绝域为 $W=\{T_0>F_{\alpha}(m,n)\}$.

对问题(3),单侧上限置信区间为

$$\left[0,\ \frac{n\sum_{i=1}^{m}(X_i-\mu_1)^2}{m\sum_{i=1}^{n}(Y_i-\mu_2)^2}\cdot\frac{1}{F_{1-\alpha}(m,n)}\right] \quad (7.6.25)$$

或

$$\left[0,\ \frac{n\sum_{i=1}^{m}(X_i-\mu_1)^2}{m\sum_{i=1}^{n}(Y_i-\mu_2)^2}F_{\alpha}(n,m)\right], \quad (7.6.26)$$

假设检验的拒绝域为 $W=\{T_0<F_{1-\alpha}(m,n)\}$.

例 7.6.4 请检验例 7.6.3 中两个总体的方差是否相等.($\alpha=0.1$)

解 检验假设

$$H_0: \sigma_1^2 = \sigma_2^2, \quad H_1: \sigma_1^2 \neq \sigma_2^2.$$

由于 μ_1, μ_2 未知,在原假设 H_0 成立时,构造统计量

$$T_0 = \frac{S_1^2}{S_2^2} \sim F(m-1, n-1),$$

则拒绝域为 $W=\{T_0>F_{\alpha/2}(m-1,n-1)$ 或 $T_0<F_{1-\alpha/2}(m-1,n-1)\}$. 已知 $m=n=50$, $S_1=5.35, S_2=6.11$,计算得 $T_0=\frac{5.35^2}{6.11^2}=0.7667$. 对于 $\alpha=0.1$,查附表 5 得 $F_{0.05}(49,49)=1.5995$, $F_{0.95}(49,49)=\frac{1}{F_{0.05}(49,49)}=\frac{1}{1.60}=0.6252$. 因为 $F_{0.95}(49,49)=0.6252\leqslant T_0=0.7667\leqslant 1.5995=F_{0.05}(49,49)$,所以接受原假设 H_0,即认为这两个总体的方差无明显差异.

例 7.6.5 某自动机床加工同类型零件,假设其所生产零件的直径(单位: cm)服从正态分布 $N(2.06, \sigma^2)$. 现在从两个不同班次的产品中各抽验了 5 个零件,测定它们的直径,得如下数据(单位: cm):

A 班: 2.066, 2.063, 2.068, 2.060, 2.067;

B 班: 2.058, 2.057, 2.063, 2.059, 2.060.

若两个班次所生产零件直径的均值保持不变,试求两个班次所生产零件直径的方差之比 σ_A^2/σ_B^2 的置信度为 0.90 的双侧置信区间.

解 由于 $\mu_A=\mu_B=2.06$ 已知,由(7.6.22)式得两班所加工零件直径的方差之比 σ_A^2/σ_B^2 所对应的置信度为 $1-\alpha$ 的双侧置信区间为

$$\left(\frac{n\sum_{i=1}^{m}(X_i-\mu_A)^2}{m\sum_{i=1}^{n}(Y_i-\mu_B)^2}F_{1-\alpha/2}(n,m),\ \frac{n\sum_{i=1}^{m}(X_i-\mu_A)^2}{m\sum_{i=1}^{n}(Y_i-\mu_B)^2}F_{\alpha/2}(n,m)\right).$$

由题意,知 $1-\alpha=0.9, m=5, n=5$. 查附表 5 得

$$F_{\alpha/2}(n,m)=F_{0.05}(5,5)=5.0503, \quad F_{1-\alpha/2}(n,m)=F_{0.95}(5,5)=\frac{1}{F_{0.05}(5,5)}=\frac{1}{5.0503},$$

又计算得

$$n\sum_{i=1}^{m}(X_i-\mu_A)^2 = 0.000079, \quad m\sum_{i=1}^{n}(Y_i-\mu_B)^2 = 0.000115,$$

因此方差之比 σ_A^2/σ_B^2 的置信度为 0.90 的双侧置信区间为

$$\left(\frac{0.000079}{0.000115}\times\frac{1}{5.0503}, \frac{0.000079}{0.000115}\times 5.0503\right), \quad 即 \quad (0.1360, 3.4693).$$

现将两个正态总体参数的区间估计与假设检验总结在表 7.6.1 中.

表 7.6.1

估计与检验的参数	条件	区间估计	原假设 H_0	备择假设 H_1	样本函数与检验统计量	服从分布	置信区间	拒绝域
$\mu_1-\mu_2$	σ_1^2,σ_2^2 已知	双侧	$\mu_1=\mu_2$	$\mu_1\neq\mu_2$	$T=\dfrac{\overline{X}-\overline{Y}-(\mu_1-\mu_2)}{\sqrt{\dfrac{\sigma_1^2}{m}+\dfrac{\sigma_2^2}{n}}}$, $T_0=\dfrac{\overline{X}-\overline{Y}}{\sqrt{\dfrac{\sigma_1^2}{m}+\dfrac{\sigma_2^2}{n}}}$	$N(0,1)$	$\left(\overline{X}-\overline{Y}-u_{\alpha/2}\sqrt{\dfrac{\sigma_1^2}{m}+\dfrac{\sigma_2^2}{n}},\overline{X}-\overline{Y}+u_{\alpha/2}\sqrt{\dfrac{\sigma_1^2}{m}+\dfrac{\sigma_2^2}{n}}\right)$	$\lvert T_0\rvert>u_{\alpha/2}$
		单侧下限	$\mu_1\leqslant\mu_2$	$\mu_1>\mu_2$			$\left(\overline{X}-\overline{Y}-u_\alpha\sqrt{\dfrac{\sigma_1^2}{m}+\dfrac{\sigma_2^2}{n}},+\infty\right)$	$T_0>u_\alpha$
		单侧上限	$\mu_1\geqslant\mu_2$	$\mu_1<\mu_2$			$\left(-\infty,\overline{X}-\overline{Y}+u_\alpha\sqrt{\dfrac{\sigma_1^2}{m}+\dfrac{\sigma_2^2}{n}}\right)$	$T_0<-u_\alpha$
	σ_1^2,σ_2^2 相等未知	双侧	$\mu_1=\mu_2$	$\mu_1\neq\mu_2$	$T=\dfrac{\overline{X}-\overline{Y}-(\mu_1-\mu_2)}{S_w\sqrt{\dfrac{1}{m}+\dfrac{1}{n}}}$, $T_0=\dfrac{\overline{X}-\overline{Y}}{S_w\sqrt{\dfrac{1}{m}+\dfrac{1}{n}}}$	$t(m+n-2)$	$\left(\overline{X}-\overline{Y}-t_{\alpha/2}S_w\sqrt{\dfrac{1}{m}+\dfrac{1}{n}},\overline{X}-\overline{Y}+t_{\alpha/2}S_w\sqrt{\dfrac{1}{m}+\dfrac{1}{n}}\right)$	$\lvert T_0\rvert>t_{\alpha/2}(m+n-2)$
		单侧下限	$\mu_1\leqslant\mu_2$	$\mu_1>\mu_2$			$\left(\overline{X}-\overline{Y}-t_\alpha S_w\sqrt{\dfrac{1}{m}+\dfrac{1}{n}},+\infty\right)$	$T_0>t_\alpha(m+n-2)$
		单侧上限	$\mu_1\geqslant\mu_2$	$\mu_1<\mu_2$			$\left(-\infty,\overline{X}-\overline{Y}+t_\alpha S_w\sqrt{\dfrac{1}{m}+\dfrac{1}{n}}\right)$	$T_0<-t_\alpha(m+n-2)$
$\dfrac{\sigma_1^2}{\sigma_2^2}$	μ_1,μ_2 已知	双侧	$\sigma_1^2=\sigma_2^2$	$\sigma_1^2\neq\sigma_2^2$	$T=\dfrac{n\sum\limits_{i=1}^m(X_i-\mu_1)^2}{m\sum\limits_{i=1}^n(Y_i-\mu_2)^2}\Big/\dfrac{\sigma_1^2}{\sigma_2^2}$, $T_0=\dfrac{n\sum\limits_{i=1}^m(X_i-\mu_1)^2}{m\sum\limits_{i=1}^n(Y_i-\mu_2)^2}$	$F(m,n)$	$\left(\dfrac{n\sum\limits_{i=1}^m(X_i-\mu_1)^2}{m\sum\limits_{i=1}^n(Y_i-\mu_2)^2}F_{1-\alpha/2}(n,m),\dfrac{n\sum\limits_{i=1}^m(X_i-\mu_1)^2}{m\sum\limits_{i=1}^n(Y_i-\mu_2)^2}F_{\alpha/2}(n,m)\right)$	$T_0<F_{1-\alpha/2}(m,n)$ 或 $T_0>F_{\alpha/2}(m,n)$
		单侧下限	$\sigma_1^2\leqslant\sigma_2^2$	$\sigma_1^2>\sigma_2^2$			$\left(\dfrac{n\sum\limits_{i=1}^m(X_i-\mu_1)^2}{m\sum\limits_{i=1}^n(Y_i-\mu_2)^2}F_{1-\alpha}(n,m),+\infty\right)$	$T_0>F_\alpha(m,n)$
		单侧上限	$\sigma_1^2\geqslant\sigma_2^2$	$\sigma_1^2<\sigma_2^2$			$\left(0,\dfrac{n\sum\limits_{i=1}^m(X_i-\mu_1)^2}{m\sum\limits_{i=1}^n(Y_i-\mu_2)^2}F_\alpha(n,m)\right)$	$T_0<F_{1-\alpha}(m,n)$
	μ_1,μ_2 未知	双侧	$\sigma_1^2=\sigma_2^2$	$\sigma_1^2\neq\sigma_2^2$	$T=\dfrac{S_1^2}{S_2^2}\Big/\dfrac{\sigma_1^2}{\sigma_2^2}$, $T_0=\dfrac{S_1^2}{S_2^2}$	$F(m-1,n-1)$	$\left(F_{1-\alpha/2}(n-1,m-1)\dfrac{S_1^2}{S_2^2},F_{\alpha/2}(n-1,m-1)\dfrac{S_1^2}{S_2^2}\right)$	$T_0<F_{1-\alpha/2}(m-1,n-1)$ 或 $T_0>F_{\alpha/2}(m-1,n-1)$
		单侧下限	$\sigma_1^2\leqslant\sigma_2^2$	$\sigma_1^2>\sigma_2^2$			$\left(F_{1-\alpha}(n-1,m-1)\dfrac{S_1^2}{S_2^2},+\infty\right)$	$T_0>F_\alpha(m-1,n-1)$
		单侧上限	$\sigma_1^2\geqslant\sigma_2^2$	$\sigma_1^2<\sigma_2^2$			$\left(0,F_\alpha(n-1,m-1)\dfrac{S_1^2}{S_2^2}\right)$	$T_0<F_{1-\alpha}(m-1,n-1)$

*§7.7　非参数假设检验

非参数假设检验是非参数统计中的一个重要分支.有关非参数假设检验的方法很多,本节只介绍两种最常见的非参数假设检验——χ^2 拟合优度检验和独立性检验.

一、χ^2 拟合优度检验

设总体 X 的分布函数为 $F(x)$,$F(x)$未知,$X_1,X_2,\cdots,X_n$ 是来自总体 X 的样本,样本观测值记为 $x_1,x_2,\cdots,x_n$.考虑如下的假设检验问题:

$$H_0: F(x)=F_0(x;\theta),\quad H_1: F(x)\neq F_0(x;\theta),\tag{7.7.1}$$

其中 $F_0(x;\theta)$为某已知的分布函数,$\theta=(\theta_1,\theta_2,\cdots,\theta_k)$为含有 k $(k\geqslant 0)$个未知参数的向量.当然在进行拟合检验之前,$F_0(x;\theta)$中的未知参数 θ 必须先进行估计.通常以最大似然估计值 $\hat{\theta}$ 代入 $F_0(x;\theta)$,则 $F_0(x;\hat{\theta})$就不含未知参数了.如何对假设检验问题(7.7.1)进行检验呢?检验的方法有很多,这里只介绍 χ^2 拟合优度检验方法.这种方法可以分为以下三个步骤:

(1) 构造统计量:

① 划分子区间:

把数轴$(-\infty,+\infty)$划分为 m 个互不相交的子区间:

$$D_i=(a_{i-1},a_i],\quad i=1,2,\cdots,m,$$

其中 $a_0<a_1<\cdots<a_{m-1}<a_m$,$a_0$ 取$-\infty$,a_m 取$+\infty$.划分子区间的方法:一般先按第六章§6.1中画直方图的方法,构造等距小区间,然后对那些包含样本点个数少于5个的小区间进行合并.区间数 m 的取值一般为

$$m\approx 1.87(n-1)^{0.4}\quad 或\quad 5\leqslant m\leqslant 16.$$

② 计算频率与概率:

记 n_i 表示样本点落入区间 D_i 的个数,则 $f_i=n_i/n$ 表示样本点落入区间 D_i 的频率;记 $p_i=P(X\in D_i)$表示随机变量 X 落入区间 D_i 的概率,当 H_0 为真时,

$$p_i=F_0(a_i;\hat{\theta})-F_0(a_{i-1};\hat{\theta}),\quad i=1,2,\cdots,m.$$

③ 构造统计量:

由大数定律揭示的概率和频率的关系,当 H_0 为真时,$f_i=n_i/n$ 与 p_i 的差距应该比较小,即$\left(\dfrac{n_i}{n}-p_i\right)^2$ 应很小,从而构造统计量

$$T_0=\sum_{i=1}^{m}\left(\frac{n_i}{n}-p_i\right)^2\cdot\frac{n}{p_i}=\sum_{i=1}^{m}\frac{(n_i-np_i)^2}{np_i}$$

$$= \sum_{i=1}^{m} \frac{(n_i^2 - 2nn_i p_i + n^2 p_i^2)}{np_i} = \sum_{i=1}^{m} \frac{n_i^2}{np_i} - n. \tag{7.7.2}$$

该统计量的值应该也比较小,如果 T_0 太大,则 H_0 可能不成立. T_0 称为**皮尔逊 χ^2 统计量**.

(2) 确定统计量的分布:

统计量 T_0 服从什么分布? 对此,皮尔逊于 1900 年证明了如下重要结论:

定理 7.7.1 当 H_0 为真时,T_0 以 $\chi^2(m-k-1)$ 为极限分布,其中 k 为 $F_0(x;\theta)$ 中未知参数的个数(注: 如果 $F_0(x;\theta)$ 中不包含任何未知参数,则 T_0 以 $\chi^2(m-1)$ 为极限分布).

证明从略.

因此,当 n 较大时($n\geqslant 50$),可以近似地认为 $T_0 \sim \chi^2(m-k-1)$.

(3) 确定拒绝域:

对于给定的显著性水平 α,假设检验问题(7.7.1)的拒绝域为

$$W = \{T_0 > \chi_\alpha^2(m-k-1)\}. \tag{7.7.3}$$

代入样本观测值,计算得 T_0,当 $T_0 > \chi_\alpha^2(m-k-1)$ 时,拒绝原假设 H_0,否则接受 H_0.

如果总体 X 为离散型随机变量,假设检验问题(7.7.1)一般写成概率分布的形式,即

$$\begin{aligned} &H_0: p_i = p_{0i} \ (i = 1,2,\cdots), \\ &H_1: p_i \text{ 不全等于 } p_{0i} \ (i = 1,2,\cdots), \end{aligned} \tag{7.7.4}$$

其中 $p_{0i}(i=1,2,\cdots)$ 为某一已知分布律. 此时,划分子区间的方法为: 把数轴 $(-\infty,+\infty)$ 按离散型随机变量 X 的取值来划分,即每个小区间 D_i $(i=1,2,\cdots)$ 中包含着 X 的取值就行. (7.7.2)式中 p_i 就直接用 p_{0i} $(i=1,2,\cdots)$ 来计算.

如果总体 X 为连续型随机变量,假设检验问题(7.7.1)也可写成概率密度的形式,即

$$H_0: f(x) = f_0(x;\theta), \quad H_1: f(x) \neq f_0(x;\theta), \tag{7.7.5}$$

其中 $f_0(x;\theta)$ 为某已知的概率密度. 此时(7.7.2)式中

$$p_i = \int_{a_{i-1}}^{a_i} f(x,\theta)\mathrm{d}x \quad (i = 1,2,\cdots,m).$$

例 7.7.1 某厂生产了一批白炽灯泡,其光通亮(单位: 流明)用 X 表示. 现从该总体中抽取容量 $n=120$ 的样本,观测值如表 7.7.1 所示. 试问: X 是否服从正态分布 $N(\mu,\sigma^2)$? ($\alpha=0.05$)

表 7.7.1 (单位：流明)

216	206	193	213	210	211	218	206	210	211	202	200
203	213	213	203	208	209	190	217	216	201	205	202
197	218	208	206	211	218	219	214	204	216	206	203
208	207	208	207	211	214	211	201	221	211	216	208
206	208	204	196	214	219	208	212	208	209	206	216
209	202	206	201	220	211	199	213	209	208	213	206
206	194	204	208	211	208	214	211	214	209	206	222
208	203	206	207	203	221	207	212	214	202	207	213
202	213	208	213	216	211	207	216	199	211	200	209
203	211	209	208	224	218	214	206	204	207	198	219

解 本题的假设检验问题为

$$H_0: F(x) = F_0(x;\theta), \quad H_1: F(x) \neq F_0(x;\theta),$$

其中 $F_0(x;\theta)$为正态分布 $N(\mu,\sigma^2)$的分布函数.

该例中 $n=120$,$\theta=(\mu,\sigma^2)$有两个未知参数,用最大似然估计法得

$$\hat{\mu} = \overline{X} = 208.8167, \quad \hat{\sigma}^2 = \frac{n-1}{n}S^2 = 39.6497.$$

数据中的最小值为 190,最大值为 224,理论分组数 m 为 12.64,即取 $m=13$. 可取 189.5 为下界,228.5 为上界,将区间(189.5,228.5)按等间距 3 划分为 13 个小区间,发现前 3 个小区间与后 3 个小区间的 n_i 值都小于 5,应适当合并小区间,使得每个小区间的 n_i 值都大于 5. 经过适当合并区间后,取 $m=9$,具体结果如下表 7.7.2 所示.

表 7.7.2

i	区间 $(a_{i-1},a_i]$	频数 n_i	$p_i=F(a_i)-F(a_{i-1}) =\Phi\left(\frac{a_i-\hat{\mu}}{\hat{\sigma}}\right)-\Phi\left(\frac{a_{i-1}-\hat{\mu}}{\hat{\sigma}}\right)$	np_i	$\frac{(n_i-np_i)^2}{np_i}$
1	$(-\infty,198.50]$	6	0.0505	6.060	0.0006
2	$(198.50,201.50]$	7	0.0725	8.700	0.3322
3	$(201.50,204.50]$	15	0.1237	14.844	0.0016
4	$(204.50,207.50]$	20	0.1392	16.704	0.6504
5	$(207.50,210.50]$	23	0.2186	26.232	0.3982
6	$(210.50,213.50]$	22	0.1674	20.088	0.1820
7	$(213.50,216.50]$	14	0.1169	14.028	0.0001
8	$(216.50,219.50]$	8	0.0662	7.944	0.0004
9	$(219.50,+\infty)$	5	0.0450	5.400	0.0296
$\sum$	$(-\infty,+\infty)$	120	1.0000	120.000	1.5951

由于 n 较大,$F_0(x;\theta)$ 含有两个未知参数,所以近似地有 $T_0 \sim \chi^2(9-2-1)$. 从表 7.7.2 中的数据可知 $T_0=1.5951$. 经查附表 4 得 $\chi^2_{0.05}(6)=12.5918$. 因为 $T_0<\chi^2_{0.05}(6)$,所以接受原假设 H_0,即认为 X 服从正态分布 $N(208.8167, 6.2968^2)$.

例 7.7.2 在数 $\pi=3.14159265\cdots$ 的前 800 位小数中,数字 0,1,2,…,9 出现的频数如表 7.7.3 所示,检验这些数字是否等可能出现. ($\alpha=0.05$)

表 7.7.3

数字	0	1	2	3	4	5	6	7	8	9
频数	74	92	83	79	80	73	77	75	76	91

解 要检验每个数字出现的概率都相等,即检验假设(即离散型均匀分布)

$$H_0: p_1=p_2=\cdots=p_{10}=0.1, \quad H_1: p_1, p_2, \cdots, p_{10} \text{ 不全相等},$$

此时相当于把 $(-\infty, +\infty)$ 划分成 10 个小区间,每个小区间包含着数字 i $(i=0,1,\cdots,9)$,即 $m=10$. 从表 7.7.3 中的数据易得 $n=800$,当 H_0 为真时,$p_i=0.1$ $(i=1,2,\cdots,10)$,则

$$T_0=\sum_{i=1}^{m}\frac{n_i^2}{np_i}-n=\frac{74^2+92^2+\cdots+91^2}{80}-800=5.125.$$

未知参数个数 $k=0$,$n=800$ 较大,故近似有 $T_0 \sim \chi^2(10-1)$. 查附表 4 得 $\chi^2_{0.05}(9)=16.9189$. 因为 $T_0=5.125<16.9189=\chi^2_{0.05}(9)$,故接受原假设 H_0,即认为这些数字是等可能出现的.

二、列联表的独立性检验

在实际应用中,经常要检验两个随机变量 X 与 Y 之间是否独立的问题,并且这两个变量的取值都为定性值,例如研究收入与学历是否有关、饮料的口味与性别是否有关、数学课程通过率与教师性别是否有关等. 这些问题都可通过列联表(Contingency Table)的独立性检验来实现.

设随机变量 X,Y 各有 r 和 s 个类别(水平),对 (X,Y) 进行 n 次独立观测,用 n_{ij} $(i=1,2,\cdots,r; j=1,2,\cdots,s)$ 表示样本观测值中"$X=i, Y=j$"(即 X 取 i 水平且 Y 取 j 水平)的样品数,把这些数据排成表 7.7.4 的形式,称之为 $r\times s$ **列联表**,其中 $n_{i\cdot}=\sum_{j=1}^{s}n_{ij}$, $n_{\cdot j}=\sum_{i=1}^{r}n_{ij}$ 分别是随机变量 X,Y 在 i 水平和 j 水平的样品数,$n=\sum_{i=1}^{r}\sum_{j=1}^{s}n_{ij}$.

表　7.7.4

频数 X \ Y	1	2	…	s	$\sum$
1	n_{11}	n_{12}	…	n_{1s}	$n_{1\cdot}$
2	n_{21}	n_{22}	…	n_{2s}	$n_{2\cdot}$
⋮	⋮	⋮	…	⋮	⋮
r	n_{r1}	n_{r2}	…	n_{rs}	$n_{r\cdot}$
$\sum$	$n_{\cdot 1}$	$n_{\cdot 2}$	…	$n_{\cdot s}$	n

使用列联表来检验随机变量 X 与 Y 是否相互独立就是检验假设

$$H_0: X\text{与}Y\text{相互独立}, \quad H_1: X\text{与}Y\text{不相互独立}. \tag{7.7.6}$$

记 $p_{ij}=P(X=i,Y=j)$, $p_{i\cdot}=P(X=i)$, $p_{\cdot j}=P(Y=j)(i=1,2,\cdots,r;j=1,2,\cdots,s)$, 则假设(7.7.6)可表示为

$$\begin{aligned} &H_0: p_{ij} = p_{i\cdot}p_{\cdot j}, \\ &H_1: p_{ij} = p_{i\cdot}p_{\cdot j}\text{不都成立} \end{aligned} \quad (i = 1,2,\cdots,r;j = 1,2,\cdots,s), \tag{7.7.7}$$

其中 $p_{i\cdot}, p_{\cdot j}$ $(i=1,2,\cdots,r;j=1,2,\cdots,s)$都是未知参数.

对于假设(7.7.7),可以按如下步骤进行检验:

(1) 构造统计量:

当 H_0 为真时,n_{ij} 与 $np_{ij}=np_{i\cdot}p_{\cdot j}$之间差距应该较小,类似皮尔逊 χ^2 统计量的构造,先构造样本函数

$$T = \sum_{i=1}^{r}\sum_{j=1}^{s}\frac{(n_{ij}-np_{ij})^2}{np_{ij}} = \sum_{i=1}^{r}\sum_{j=1}^{s}\frac{(n_{ij}-np_{i\cdot}p_{\cdot j})^2}{np_{i\cdot}p_{\cdot j}},$$

其中 $p_{i\cdot}, p_{\cdot j}$为未知参数. 因为 $\sum_{i=1}^{r}p_{i\cdot} = \sum_{j=1}^{s}p_{\cdot j} = 1$, 所以独立参数个数总和为 $(r-1)+(s-1)$. 对于未知参数 $p_{i\cdot}, p_{\cdot j}$的估计一般采用最大似然法估计,即 $\hat{p}_{i\cdot}=\frac{n_{i\cdot}}{n}$, $\hat{p}_{\cdot j}=\frac{n_{\cdot j}}{n}$. 故上述样本函数转化检验统计量

$$T_0 = \sum_{i=1}^{r}\sum_{j=1}^{s}\frac{(n_{ij}-n_{i\cdot}n_{\cdot j}/n)^2}{n_{i\cdot}n_{\cdot j}/n} = \sum_{i=1}^{r}\sum_{j=1}^{s}\frac{(nn_{ij}-n_{i\cdot}n_{\cdot j})^2}{nn_{i\cdot}n_{\cdot j}}. \tag{7.7.8}$$

通常将 n_{ij} 称为**实际频数**,$np_{i\cdot}p_{\cdot j}$称为**理论频数**(或**期望频数**),而 $n\hat{p}_{i\cdot}\hat{p}_{\cdot j}$称为**期望频数的估计**.

(2) 确定统计量的分布:

由定理7.7.1知,统计量T_0近似服从$\chi^2(rs-(r-1)-(s-1)-1)=\chi^2((r-1)(s-1))$分布. 特别地,当$r=2,s=2$时,(7.7.8)式可表示为

$$T_0=\frac{n(n_{11}n_{22}-n_{12}n_{21})^2}{n_{1.}n_{2.}n_{.1}n_{.2}}, \tag{7.7.9}$$

其近似服从$\chi^2(1)$分布.

(3) 确定拒绝域:

给定显著性水平α,检验问题(7.7.6)的拒绝域为

$$W=\{T_0>\chi_\alpha^2((r-1)(s-1))\}. \tag{7.7.10}$$

代入样本观测值,计算得T_0,当$T_0>\chi_\alpha^2((r-1)(s-1))$时,拒绝原假设$H_0$,否则接受$H_0$.

例 7.7.3 已知某学校高等数学课程考试通过率与教师性别的数据如表7.7.5所示,试分析考试通过率与教师性别是否有关.($\alpha=0.05$)

表 7.7.5

考试 性别	未通过	通过	合计
男	717	1124	1841
女	660	1498	2158
合计	1317	2553	3999

解 检验假设

H_0:考试通过率与教师性别无关(独立),

H_1:考试通过率与教师性别有关(不独立).

由表7.7.5中的数据可知$n=3999,r=2,s=2,n_{11}=717,n_{12}=1124,n_{21}=660,n_{22}=1498,n_{1.}=1841,n_{2.}=2158,n_{.1}=1317,n_{.2}=2553$,利用(7.7.9)式代入上述数据,计算统计量的值得$T_0=30.7714$. 查附表4得$\chi_{0.05}^2(1)=3.8418$. 因为$T_0=30.7714>3.8418=\chi_{0.05}^2(1)$,所以拒绝原假设$H_0$,即认为该校高等数学成绩的通过率与教师性别有密切关系.

内容小结

本章介绍数理统计的两个基本问题——参数估计与假设检验. 在很多情况下,总体分布的类型是已知的(如正态分布),但包含若干未知参数,这些未知参数需要用样本加以估计或假设检验. 而在许多实际问题中,总体的分布往往是未知的,此

时只能用假设检验对总体的分布或某些性质做出推断(分布拟合检验与独立性检验).

本章知识点网络图：

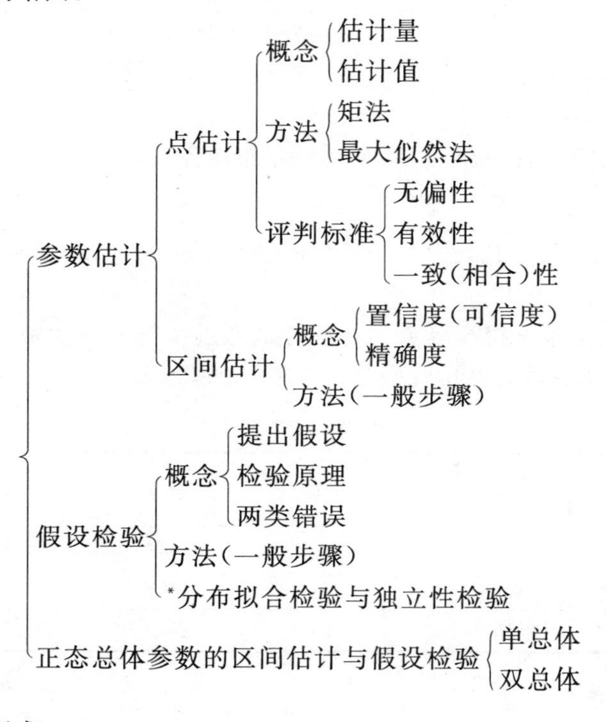

本章的基本要求：

1. 理解参数点估计、估计量、估计值的概念，掌握矩法与最大似然法，会求参数的矩估计量(值)和最大似然估计量(值).

2. 理解估计量的评选标准(无偏性、有效性、一致性).

3. 理解区间估计、置信区间、置信度、精确度的概念.

4. 理解假设检验的基本思想和方法，会根据实际问题合理地提出原假设和备择假设，理解假设检验中两类错误的概念，掌握假设检验的基本步骤，理解单侧与双侧假设检验及拒绝域、接受域的概念，知道假设检验问题与区间估计问题的密切联系.

5. 熟练掌握正态总体(单总体、双总体)参数的区间估计与假设检验方法，熟练掌握相应问题所构造的样本函数与检验统计量及其分布、置信区间(双侧、单侧)、拒绝域.

6. 了解分布拟合检验与独立性检验的方法.

习 题 七

第一部分 基本题

一、选择题：

1. 设 n 个随机变量 $X_1,X_2,\cdots,X_n$ 独立同分布，且 $D(X_1)=\sigma^2$，又记 $\overline{X}=\frac{1}{n}\sum_{i=1}^{n}X_i$，$S^2=\frac{1}{n-1}\sum_{i=1}^{n}(X_i-\overline{X})^2$，则(　　).

(A) S 是 σ 的无偏估计量　　(B) S 是 σ 的最大似然估计量

(C) S^2 是 σ^2 的无偏估计量　　(D) S 与 $\overline{X}$ 相互独立

2. 单个正态总体期望未知时，对取定的样本观测值及给定的 α $(0<\alpha<1)$，欲求总体方差的置信度为 $1-\alpha$ 的置信区间，使用的样本函数服从(　　).

(A) F 分布　　(B) t 分布　　(C) χ^2 分布　　(D) 标准正态分布

3. 设 $\hat{\theta}$ 是参数 θ 的无偏估计，且 $D(\hat{\theta})>0$，则 $\hat{\theta}^2$ 是 θ^2 的(　　)估计量.

(A) 无偏估计量　　(B) 有偏估计量　　(C) 有效估计量　　(D) A 和 B 同时成立

4. 设 $X_1,X_2,\cdots,X_n$ 来自正态总体 $N(\mu,\sigma^2)$ 的样本，其中 μ 未知，则 σ^2 的最大似然估计量为(　　).

(A) $\frac{1}{n}\sum_{i=1}^{n}(X_i-\mu)^2$　　(B) $\frac{1}{n}\sum_{i=1}^{n}(X_i-\overline{X})^k$ $(k=1,2,\cdots)$

(C) $\frac{1}{n-1}\sum_{i=1}^{n}(X_i-\overline{X})^2$　　(D) $\frac{1}{n}\sum_{i=1}^{n}(X_i-\overline{X})^2$

5. 设总体 $X\sim N(\mu,\sigma^2)$，其中 σ^2 已知，则总体均值 μ 的置信区间长度 l 与置信度 $1-\alpha$ 的关系是(　　).

(A) 当 $1-\alpha$ 缩小时，l 缩短　　(B) 当 $1-\alpha$ 缩小时，l 增大

(C) 当 $1-\alpha$ 缩小时，l 不变　　(D) 以上说法都不对

6. 在假设检验中，用 α 和 β 分别表示犯第一类错误和第二类错误的概率，则当样本容量一定时，下列说法正确的是(　　).

(A) α 减小，β 也减小　　(B) α 增大，β 也增大

(C) α 与 β 不能同时减少，减小其中一个，另一个往往就会增大

(D) (A)和(B)同时成立

7. 在假设检验问题中，一旦检验法选择正确，计算无误，则(　　).

(A) 不可能做出错误判断　　(B) 增加样本容量就不会做出错误判断

(C) 仍有可能做出错误判断　　(D) 计算精确些就可避免做出错误判断

8. 在假设检验中，U 检验和 t 检验都是关于总体均值的假设检验. 当总体方差未知时，可选用(　　).

(A) t 检验　　(B) U 检验

(C) t 检验或 U 检验　　(D) 其他检验法

9. 在假设检验中,对于显著水平 α,如果检验结果是拒绝原假设 H_0,则下列说法正确是(　　).

(A) 适当加大 α 可能接受原假设 H_0　　(B) 适当加大 α 可能使拒绝域变小

(C) 适当减少 α 可能接受原假设 H_0　　(D) 减少 α 不可能接受原假设 H_0

10. 在假设检验中,记 H_0 为原假设,H_1 为备选假设,则第一类错误是指(　　).

(A) H_1 为真,接受 H_1　　(B) H_1 不真,接受 H_1

(C) H_1 为真,接受 H_0　　(D) H_1 不真,接受 H_0

二、填空题:

11. 设总体 X 服从区间 $[0,\theta]$ 上的均匀分布,则未知参数 θ 的矩估计量为________.

12. 设总体 X 服从二项分布,它的概率分布为 $P(X=k)=C_m^k p^k(1-p)^{m-k}(k=0,1,2,\cdots,m)$,其中 $0<p<1$,则未知参数 p 的极大似然估计量为__________.

13. 设 $X_1,X_2,\cdots,X_n$ 是来自总体 $X\sim N(0,\sigma^2)$ 的样本,则常数 $C=$__________时,$C\sum\limits_{i=1}^{n}X_i^2$ 为 σ^2 的无偏估计.

14. 设总体 $X\sim P(\lambda)$,X_1,X_2,X_3 为来自总体 X 的样本,当用 $2\overline{X}-X_1$,$\overline{X}$ 及 $\frac{1}{2}X_1+\frac{2}{3}X_2-\frac{1}{6}X_3$ 作为 λ 的估计时,最有效的是__________.

15. 设总体 $X\sim N(\mu,10^2)$. 若使 μ 的置信度为 0.95 的置信区间长度不超过 5,则样本容量 n 最小应为__________.

16. 在假设检验中,记 H_0 为原假设,H_1 为备选假设,则称__________为第二类错误.

17. 设 $X_1,X_2,\cdots,X_n$ 是来自正态分布 $N(\mu,\sigma^2)$ 的样本,且 σ^2 已知,$\overline{X}$ 是样本均值,则检验假设 $H_0:\mu=\mu_0$,$H_1:\mu\neq\mu_0$ 所用的统计量是__________,它服从__________分布.

18. 在假设检验中,为了同时减少犯第一类错误和犯第二类错误的概率,必须__________.

19. 检验假设是建立在__________原理上的反证法.

三、计算题:

20. 设总体 X 具有分布律 $P(X=k)=(1-p)^{k-1}p\ (k=1,2,\cdots)$,求 p 的矩估计量和最大似然估计量.

21. 设电话总机在某段时间内接到呼唤的次数服从参数未知的泊松分布. 现在收集了如下 42 个数据:

接到呼唤次数	0	1	2	3	4	5
出现的频数	7	10	12	8	3	2

分别用矩法和最大似然法估计上述的未知参数.

22. 设 $X_1,X_2,\cdots,X_n$ 为来自总体 X 的样本,X 的概率密度 $f(x)$ 如下所示,试求其中未知参数的矩估计量和极大似然估计量:

(1) $f(x;\theta)=\begin{cases}\theta^2 x\mathrm{e}^{-\theta x} & x>0,\\ 0, & 其他,\end{cases}$ 其中 $\theta>0$ 为未知参数;

(2) $f(x;\theta)=\begin{cases}\theta x^{\theta-1}, & 0<x<1,\\ 0, & \text{其他},\end{cases}$ 其中 $\theta>0$ 为未知参数.

23. 设总体 $X\sim N(\mu,1)$,X_1,X_2 是来自总体 X 的样本,验证

$$\hat{\mu}_1=\frac{2}{3}X_1+\frac{1}{3}X_2,\quad \hat{\mu}_2=\frac{1}{4}X_1+\frac{3}{4}X_2,\quad \hat{\mu}_3=\frac{1}{2}X_1+\frac{1}{2}X_2$$

都是 μ 的无偏估计量,并判断哪一个更有效.

24. 设总体 X 服从泊松分布 $P(X=x)=\frac{\lambda^x}{x!}e^{-\lambda}$ $(x=0,1,2,\cdots)$,证明:样本均值 $\overline{X}$ 是 λ 的一致(相合)估计量.

25. 某厂用自动装罐机装罐头,已知每瓶罐头重量(单位:kg)服从正态分布 $N(\mu,0.02^2)$.随机抽取25瓶罐头进行测量,算得其样本均值 $\overline{X}=1.01$ kg.试求总体期望 μ 的置信度为95%的双侧置信区间.

26. 从某商店一年来的发票存根中随机抽取26张,算得平均金额为78.5元,样本标准差为20元.假定发票金额服从正态分布,试求该商店一年来发票平均金额的置信度为90%的双侧置信区间.

27. 抽查某种油漆的5个样品,检测得其干燥时间(单位:h)分别为:6.0,5.8,6.2,6.4,5.5.设该种油漆的干燥时间服从正态分布 $N(6,\sigma^2)$,求总体方差 σ^2 的置信度为0.95的双侧置信区间.

28. 随机抽取某种炮弹9发做试验,计算得炮口速度的样本标准差为 $S=11$ m/s.设炮口速度服从正态分布,求这种炮弹炮口速度的方差 σ^2 和标准差 σ 的置信度为0.95的双侧置信区间.

29. 设来自总体 $X\sim N(\mu_1,16)$ 的一个容量为15的样本,其中样本均值为 $\overline{X}=14.6$;来自总体 $Y\sim N(\mu_2,9)$ 的一个容量为20的样本,其样本均值为 $\overline{Y}=13.2$.若两样本是相互独立的,试求 $\mu_1-\mu_2$ 的置信度为95%的双侧置信区间.

30. 对某农作物两个品种A,B计算了8个地区的亩产量如下:

品种A:86,87,56,93,84,93,75,79;

品种B:80,79,58,91,77,82,74,66.

假定这两个品种的亩产量都服从正态分布,并且方差相同,试求A,B品种平均亩产量之差的置信度为95%的双侧置信区间.

31. 设两位化验员甲、乙独立地对某种化合物的含氯量用相同的方法各做了10次测量,其测量值的样本方差分别为 $S_1^2=0.5419$,$S_2^2=0.6065$.若甲、乙所测量的测量值总体为 X,Y,并且均服从正态分布,方差分别为 σ_1^2,σ_2^2,求方差比 σ_1^2/σ_2^2 的置信度为0.95的双侧置信区间.

32. 设抽查某批矿砂的5个样品中的镍含量,经测定为3.25%,3.27%,3.24%,3.26%,3.24%.若该批矿砂的镍含量服从正态分布,问:能否认为这批矿砂的含镍量的均值为3.25?($\alpha=0.01$)

33. 要求某种元件使用寿命不得低于1000 h.今从一批这种元件中随机抽取25件,测得其寿命的平均值为950 h.若这种元件寿命服从标准差为 $\sigma=100$ h 的正态分布,是否可以认为这批元件合格?($\alpha=0.05$)

34. 某种导线,要求其电阻的标准差不得超过0.005 Ω.今在所生产的一批这种导线中取样品9根,测得样本标准差为0.007 Ω.设总体为正态分布,问:在显著水平 $\alpha=0.05$ 下能否认为这批导线的标准差显著地偏大?

35. 由累积资料知道,甲、乙两煤矿的含灰率分别服从正态分布 $N(\mu_1,7.5)$及 $N(\mu_2,2.6)$. 现分别从这两煤矿各抽几个样品,分析其含灰率(%)如下:

甲:24.3, 20.8, 23.7, 21.3, 17.4;

乙:18.2, 16.9, 20.2, 16.7.

问:甲、乙两煤矿所采煤的含灰率的平均值有无显著差异?($\alpha=0.1$)

36. 某苗圃采用甲、乙两种育苗方案作杨树的育苗试验. 在两组育苗试验中,已知两组苗高均服从正态分布,且方差相等. 现各抽取 30 株苗作为样本,求得甲、乙两种育苗试验中苗高的样本均值与标准差分别为 $\overline{X}=59.34, S_1=20; \overline{Y}=47.16, S_2=18$(单位: cm). 试问: 甲种试验方案的平均苗高是否明显高于乙种试验方案的平均苗高?($\alpha=0.05$)

37. 设从甲、乙相邻两地段各取了 50 块和 52 块岩心进行磁化率测定,算出样本方差分别为 $S_1^2=0.014, S_2^2=0.005$. 假设两地段岩心的磁化率均服从正态分布,试问: 甲、乙两地段岩心的磁化率的方差是否有显著差异?($\alpha=0.05$)

38. 将一颗骰子掷 60 次,所得数据如下:

点数 i	1	2	3	4	5	6
出现次数 n_i	8	8	12	11	9	12

问:这颗骰子是否均匀、对称?($\alpha=0.05$)

39. 调查 339 名 50 岁以上的人的吸烟习惯与患慢性气管炎的关系,得数据如下:

	患慢性气管炎者	未患慢性气管炎者	$\sum$
吸烟	43	162	205
不吸烟	13	121	134
$\sum$	56	283	339

试问:吸烟与患慢性气管炎之间是否有关系?($\alpha=0.01$)

第二部分 提高题

1. 设 $X_1, X_2, \cdots, X_n$ 是来自总体 $X\sim P(\lambda)(\lambda>0)$的样本,$\overline{X}, S^2$ 分别为样本均值和样本方差,试证: S^2 是 λ 的无偏估计量;并且对一切 $\alpha\ (0<\alpha<1)$,$\alpha\overline{X}+(1-\alpha)S^2$ 也为 λ 的无偏估计量.

2. 设统计量 $\hat{\theta}_n=\hat{\theta}(X_1, X_2, \cdots, X_n)$是 θ 的估计量,其满足 $\lim\limits_{n\to\infty}E(\hat{\theta}_n-\theta)^2=0$,证明: $\hat{\theta}_n$ 是 θ 的一致(相合)估计量.

3. 设 $X_1, X_2, \cdots, X_n$ 是来自总体 $X\sim N(\mu,\sigma^2)$的样本,问: 常数 C 取何值时,能使统计量 $\sum\limits_{i=1}^{n-1}C(X_{i+1}-X_i)^2$ 是 σ^2 的无偏估计量?

4. 设一个罐子里装有黑球和白球. 现从中有放回地取出一个容量为 n 的样本,其中有 k 个白球. 求罐子里黑球数和白球数之比 R 的最大似然估计.

5. 设某种型号的电子管寿命(单位: h)服从正态分布. 现从中任取一个容量为 10 的样本,计算

得 $S^2=45\ \mathrm{h}^2$. 试求这批电子管寿命标准差 σ 的置信度为 0.95 的单侧上限置信区间.

6. 设总体 $X\sim N(\mu,8)$，其中 μ 为未知参数，$X_1,X_2,\cdots,X_{36}$ 是来自总体 X 的样本. 如果以区间 $(\overline{X}-1,\overline{X}+1)$ 作为 μ 的双侧置信区间，那么置信度是多少？

7. 设总体 X 的概率密度为

$$f(x;a,b)=\begin{cases}\dfrac{1}{b}\mathrm{e}^{-\frac{x-a}{b}}, & x>a,b>0,\\ 0, & 其他,\end{cases}$$

求 a,b 的矩估计和最大似然估计.

8. 设总体 $X\sim U(0,\theta)$，其中 $\theta>0$ 为未知参数，$X_1,X_2,\cdots,X_n$ 为来自总体 X 的样本，求 θ 的最大似然估计量，并将其修正为无偏估计量.

9. 设湖中有 N 条鱼. 现从中捕出 r 条，做上记号后放回. 一段时间后，再从此湖中捕起 n 条鱼，其中有标记的有 k 条. 试据此信息估计湖中鱼的条数 N.

10. 设检查了一本书的 100 页，记录各页中印刷错误的个数，其结果如下：

各页错误个数 f_i	0	1	2	3	4	5	$\geqslant 6$
错误个数 f_i 所对应的页数	35	40	20	2	1	2	0

问：能否认为各页的印刷错误个数服从泊松分布. $(\alpha=0.05)$

11. 设随机抽取某次考试中 100 名学生的某门课程成绩，成绩统计如下：

成绩区间	人数	成绩区间	人数
40 以下	3	70～79	35
40～49	7	80～89	13
50～59	10	90～100	7
60～69	25		

试估计这门课程的平均成绩，并检验这门课程的成绩是否服从正态分布. $(\alpha=0.05)$

12. 设总体 $X\sim N(\mu_1,\sigma^2)$，$Y\sim N(\mu_2,\sigma^2)$. 从这两总体中分别取容量为 n 的样本(即两样本容量相等)，假设两样本相互独立，试设计一种较简易的检验法，做假设检验：

$$H_0:\mu_1=\mu_2,\quad H_1:\mu_1\neq\mu_2.$$

13. 一药厂生产一种新的止痛片，厂家希望验证服用新药后至开始起作用的时间间隔较原有止痛片至少缩短一半，因此厂家提出如下的假设：

$$H_0:\mu_1\leqslant 2\mu_2,\quad H_1:\mu_1>2\mu_2,$$

此处 μ_1,μ_2 分别是服用原有止痛片和服用新止痛片后至开始起作用的时间间隔的总体的均值. 设两总体均服从正态分布且方差分别为已知值 σ_1^2,σ_2^2. 现分别在两总体中各抽取一个样本 $X_1,X_2,\cdots,X_m$ 和 $Y_1,Y_2,\cdots,Y_n$，假设两个样本相互独立，试给出上述假设 H_0 的拒绝域(取显著性水平为 α).

习题答案

习 题 一

第一部分 基本题

一、选择题：

1. D. **2.** C. **3.** B. **4.** B. **5.** D. **6.** B. **7.** C.

二、填空题：

8. $\overline{B}$. **9.** 1/4. **10.** 7/8. **11.** 0.3.

12. 0.2. **13.** 0.8. **14.** 19/27. **15.** 2/3.

三、计算题：

16. (1) $\Omega=\{(H,H,H),(H,H,T),(H,T,H),(H,T,T),(T,H,H),(T,H,T),(T,T,H),(T,T,T)\}$；

(2) $\Omega=\{0,1,2,3\}$； (3) $\Omega=\{(x,y)\mid x^2+y^2\leqslant 1\}$；

(4) $\Omega=\{5:0,5:1,5:2,5:3,5:4,4:5,3:5,2:5,1:5,0:5\}$.

17. (1) $A\cup B\cup C$； (2) $\overline{A}(B\cup C)$；

(3) $A\overline{B}\overline{C}\cup\overline{A}B\overline{C}\cup\overline{A}\overline{B}C$； (4) $AB\cup BC\cup AC$；

(5) $\overline{A}\overline{B}\overline{C}$； (6) $\overline{A}\cup\overline{B}\cup\overline{C}$； (7) $\overline{ABC}$.

18. $\dfrac{C_{20}^4 9^{16}}{10^{20}}$. **19.** (1) $\dfrac{1}{10^6}$； (2) $\dfrac{1}{A_{10}^6}$.

20. (1) 3/8； (2) 3/8； (3) 3/4.

21. (1) $\dfrac{1}{7^6}$； (2) $\left(\dfrac{6}{7}\right)^6$； (3) $1-\dfrac{1}{7^6}$.

22. $\dfrac{2}{9}+\dfrac{2}{9}\ln\dfrac{9}{2}$. **23.** $\dfrac{1}{3}$. **24.** 0.7.

25. (1) $1-c$； (2) $1-a-b+c$； (3) $b-c$； (4) $1-a+c$.

26. 略. **27.** 23/24. **28.** 6/11.

29. (1) 0.785； (2) 0.372. **30.** 0.00448；0.000125.

31. 0.5. **32.** 299.

33. (1) p； (2) $(1-p)^{k-1}p$； (3) $C_{k-1}^{r-1}p^r(1-p)^{k-r}$； (4) $C_{k+r-1}^{r}p^k(1-p)^r$.

第二部分 提高题

1. 由于 n 阶行列式展开式共有 $n!$ 项，其中含有第 1 行、第 1 列元素 a_{11} 的共有 $(n-1)!$ 项，所以从展开式中任取一项，此项含有 a_{11} 的概率是 $\dfrac{(n-1)!}{n!}=\dfrac{1}{n}$.

如果已知从展开式中任取一项,此项不含有 a_{11} 的概率是 $\frac{8}{9}$,那么 $1-\frac{1}{n}=\frac{8}{9}$,解得 $n=9$.

2. 如图 1 所示,样本空间可表示成 $\Omega=\{(x,y)\mid 0<y<\sqrt{2ax-x^2}\}$.

设事件 A 表示"原点和该点的连线与 x 轴的夹角小于 $\pi/4$",那么 A 为图 1 中阴影部分. 事件 A 可表示成

$$A=\{(x,y)\mid y<x, 0<y<\sqrt{2ax-x^2}\},$$

故

$$P(A)=\frac{S_A}{S_\Omega}=\frac{\frac{1}{2}a^2+\frac{1}{4}\pi a^2}{\frac{1}{2}\pi a^2}=\frac{1}{2}+\frac{1}{\pi}.$$

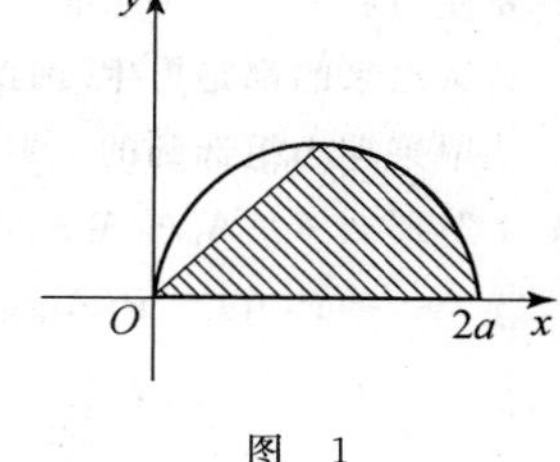

图 1

3. 设 A 表示"先取出的产品为一等品",B 表示"后取出的产品为一等品",那么 $A\cup B$ 表示"至少有 1 件是一等品",AB 表示"2 件都是一等品",因此题目求的是 $P(AB|A\cup B)$. 因为

$$P(A)=P(B)=\frac{2}{5},\quad P(AB)=\frac{C_4^2}{C_{10}^2}=\frac{2}{15},$$

$$P(A\cup B)=P(A)+P(B)-P(AB)=\frac{2}{3},$$

所以

$$P(AB|A\cup B)=\frac{P(AB)}{P(A\cup B)}=\frac{1}{5}.$$

4. 设 $A_i=\{$第 i 封信正确$\}$ $(i=1,2,\cdots,n)$.

(1) 所求的概率为

$$P_n=P(\overline{A_1}\,\overline{A_2}\cdots\overline{A_n})=P\left(\overline{\bigcup_{i=1}^{n}A_i}\right)=1-P\left(\bigcup_{i=1}^{n}A_i\right)$$

$$=1-\sum_{i=1}^{n}P(A_i)+\sum_{1\leqslant i<j\leqslant n}P(A_iA_j)-\sum_{1\leqslant i<j<k\leqslant n}P(A_iA_jA_k)\cdots+(-1)^nP(A_1A_2\cdots A_n).$$

将 n 封信放入 n 个信封中相当于将 n 个元素进行全排列,有 $n!$ 种放法. 对于 A_i,将第 i 封信放入第 i 个信封中,将剩下的 $n-1$ 封信放入 $n-1$ 个信封中,有 $(n-1)!$ 种放法,故 $P(A_i)=\frac{(n-2)!}{n!}$. 对于 A_iA_j,将第 i,j 封信放入第 i,j 个信封中,将剩下的 $n-2$ 封信放入 $n-2$ 个信封中,有 $(n-2)!$ 种放法,故 $P(A_iA_j)=\frac{(n-2)!}{n!}$. 同理 $P(A_{i_1}A_{i_2}\cdots A_{i_k})=\frac{(n-k)!}{n!}$. 因此

$$\begin{aligned}P_n&=P(\overline{A_1}\,\overline{A_2}\cdots\overline{A_n})\\&=1-C_n^1\frac{(n-1)!}{n!}+C_n^2\frac{(n-2)!}{n!}-C_n^3\frac{(n-3)!}{n!}+\cdots+(-1)^n\frac{(n-n)!}{n!}\\&=1-\frac{1}{1!}+\frac{1}{2!}-\frac{1}{3!}\cdots+(-1)^n\frac{1}{n!}\approx e^{-1}\quad(n\text{ 较大时}).\end{aligned}$$

(2) 从 n 封信中选出 r 封有 C_n^r 种选法,而选出的 r 封信放入它们正确信封的概率为 $\frac{(n-r)!}{n!}$,又知其余 $n-r$ 封信全部放错信封的概率为

$$P_{n-r}=1-\frac{1}{1!}+\frac{1}{2!}-\frac{1}{3!}\cdots+(-1)^{n-r}\frac{1}{(n-r)!}=\sum_{k=0}^{n-r}\frac{(-1)^k}{k!},$$

故恰好有 r 封信放正确的概率为

$$C_n^r \frac{(n-r)!}{n!}\sum_{k=0}^{n-r}\frac{(-1)^k}{k!}=\frac{1}{r!}\sum_{k=0}^{n-r}\frac{(-1)^k}{k!}.$$

5. 要使最后甲兴趣小组有 4 个女生，必须 4 次从乙兴趣小组选出来的都是女生，且 4 次从甲兴趣小组选出来的都是男生. 因此，设事件 A_i 表示“在第 i 次交换过程，从乙兴趣小组选到的是女生，而从甲兴趣小组选到的是男生”($i=1,2,3,4$)，事件 A 表示“经过 4 次交换后，甲兴趣小组有 4 个女生”，那么 $A=A_1A_2A_3A_4$，因此

$$\begin{aligned}P(A)&=P(A_1A_2A_3A_4)=P(A_1)P(A_2\,|\,A_1)P(A_3\,|\,A_1A_2)P(A_4\,|\,A_1A_2A_3)\\&=\left(\frac{4}{8}\times\frac{4}{5}\right)\left(\frac{3}{8}\times\frac{3}{5}\right)\left(\frac{2}{8}\times\frac{2}{5}\right)\left(\frac{1}{8}\times\frac{1}{5}\right)=\frac{9}{40000}.\end{aligned}$$

6. 第 m 次再从袋中取出一球的情况取决于前 $m-1$ 次取球的情况，但 $m-1$ 次取球后袋中要么全部为黑球，要么有 1 个白球和 $n-1$ 个黑球. 因此可以这样假设随机事件：A 表示“$m-1$ 次取球后袋中全部为黑球”，$\overline{A}$ 表示“$m-1$ 次取球后袋中有 1 个白球和 $n-1$ 个黑球”，B 表示“第 m 次再从袋中取出一球为黑球”. 由全概率公式得

$$P(B)=P(A)P(B|A)+P(\overline{A})P(B|\overline{A}),$$

其中 $P(B|A)=1$，$P(B|\overline{A})=\dfrac{n-1}{n}$，而事件 $\overline{A}$ 意味前 $m-1$ 次从袋中取出的球都是黑球，所以

$$P(\overline{A})=\left(\frac{n-1}{n}\right)^{m-1},\quad 从而\quad P(B)=1-\frac{(n-1)^{m-1}}{n^m}.$$

7. 设事件 A_i 表示“放入甲盒的 4 个球中有 i 个白球”($i=0,1,2,3,4$)，事件 B 表示“在两盒中各任取一球，颜色相同”，那么

$$P(A_0)=\frac{1}{C_8^4}=\frac{1}{70},\quad P(A_1)=\frac{C_4^1C_4^3}{C_8^4}=\frac{16}{70},\quad P(A_2)=\frac{C_4^2C_4^2}{C_8^4}=\frac{36}{70},$$

$$P(A_3)=\frac{C_4^3C_4^1}{C_8^4}=\frac{16}{70},\quad P(A_4)=\frac{1}{C_8^4}=\frac{1}{70},$$

$$P(B\,|\,A_0)=0,\quad P(B\,|\,A_1)=\frac{1}{4}\times\frac{3}{4}\times 2=\frac{3}{8},\quad P(B\,|\,A_2)=\frac{2}{4}\times\frac{2}{4}\times 2=\frac{1}{2},$$

$$P(B\,|\,A_3)=\frac{3}{4}\times\frac{1}{4}\times 2=\frac{3}{8},\quad P(B\,|\,A_4)=0,$$

$$P(B)=\sum_{i=0}^{4}P(A_i)P(B\,|\,A_i)=\frac{1}{70}\times 0+\frac{16}{70}\times\frac{3}{8}+\frac{36}{70}\times\frac{1}{2}+\frac{16}{70}\times\frac{3}{8}+\frac{1}{70}\times 0=\frac{3}{7}$$

$$P(A_0\,|\,B)=0,\quad P(A_1\,|\,B)=\frac{P(A_1B)}{P(B)}=\frac{P(A_1)P(B\,|\,A_1)}{P(B)}=\frac{\frac{16}{70}\times\frac{3}{8}}{\frac{3}{7}}=\frac{1}{5},$$

$$P(A_2\,|\,B)=\frac{P(A_2B)}{P(B)}=\frac{P(A_2)P(B\,|\,A_2)}{P(B)}=\frac{\frac{36}{70}\times\frac{1}{2}}{\frac{3}{7}}=\frac{3}{5},$$

$$P(A_3\,|\,B)=\frac{P(A_3B)}{P(B)}=\frac{P(A_3)P(B\,|\,A_3)}{P(B)}=\frac{\frac{16}{70}\times\frac{3}{8}}{\frac{3}{7}}=\frac{1}{5},\quad P(A_4\,|\,B)=0.$$

所以，放入甲盒的 4 个球中有 2 个白球的概率最大，概率为 0.6.

8. 设 A_i, B_i 分别表示甲、乙在第 i 次投篮中投中，i 为甲、乙两人投篮的总次数，$(i=1,2,\cdots)$，又设 A, B 分别表示甲、乙获胜，甲每次投篮的命中率为 p，那么

$$A=A_1\cup\overline{A}_1\overline{B}_2\overline{B}_3A_4\cup\overline{A}_1\overline{B}_2\overline{B}_3\overline{A}_4\overline{B}_5\overline{B}_6A_7\cup\cdots,$$

且 A 每项中的各事件相互独立. 所以

$$\begin{aligned}P(A)&=P(A_1)+P(\overline{A}_1\overline{B}_2\overline{B}_3A_4)+P(\overline{A}_1\overline{B}_2\overline{B}_3\overline{A}_4\overline{B}_5\overline{B}_6A_7)+\cdots\\&=P(A_1)+P(\overline{A}_1)P(\overline{B}_2)P(\overline{B}_3)P(A_4)+P(\overline{A}_1)P(\overline{B}_2)P(\overline{B}_3)P(\overline{A}_4)P(\overline{B}_5)P(\overline{B}_6)P(A_7)+\cdots\\&=p+0.5^2(1-p)p+0.5^4(1-p)^2p+\cdots.\end{aligned}$$

上式是一个公比为 $0.25(1-p)$ 的几何级数，而且 $0<0.25(1-p)<1$，从而该级数收敛，因此

$$P(A)=\frac{p}{1-0.25(1-p)}.$$

如果甲、乙胜负概率相同，那么 $\dfrac{p}{1-0.25(1-p)}=P(A)=P(B)=0.5$，解得 $p=\dfrac{3}{7}$.

9. 设 A 表示“一批产品被认为合格”.

解法 1　依题意可知，若 50 件产品中恰好有 0 件或 1 件次品，均可认为这一批产品合格. 设 A_i 表示“50 件产品中恰好有 i 件次品”$(i=0,1)$，那么，由伯努利定理可得

$$P(A)\approx P(A_0)+P(A_1)=C_{50}^0\times0.05^0\times0.95^{50}+C_{50}^1\times0.05^1\times0.95^{49}\approx0.279.$$

解法 2　由统计概率，因为次品率为 5%，所以可近似认为 100 件产品中有 95 件合格品和 5 件次品. 因此

$$P(A)\approx\frac{C_{95}^{50}+C_{95}^{49}C_5^1}{C_{100}^{50}}\approx0.181.$$

备注：这里两种解法的答案差距较大，是由于产品总数还不是很大，建议采用解法 1，只有当每批产品数足够大时(比如超过 1000 件)才用解法 2.

10. 设事件 A 表示“任投的一点落在区域 D_1 内”，$P(A)$ 是一个几何型概率的计算问题. 由于样本空间 $\Omega=\{(x,y)\mid 0\leqslant x\leqslant1,0\leqslant y\leqslant1\}$，事件 $A=\{(x,y)\mid x^2\leqslant y\leqslant x\}$，由几何概率可计算得

$$P(A)=\frac{S_A}{S_\Omega}=\frac{1}{6},\quad 其中\quad S_A=\int_0^1(x-x^2)\mathrm{d}x=\frac{1}{6}.$$

因此，10 个点中恰好有 2 个点落在 D_1 内的概率为 $C_{10}^2\left(\dfrac{1}{6}\right)^2\left(\dfrac{5}{6}\right)^8$；10 个点中至少有 1 个点不落在 D_1 内的概率为 $1-\left(\dfrac{1}{6}\right)^{10}$.

习　题　二

第一部分　基本题

一、选择题：

1. A.　**2.** C.　**3.** B.　**4.** C.　**5.** A.

二、填空题：

6. 2.　**7.** 0.4.　**8.** 8.　**9.** 3/4.　**10.** 31.25.　**11.** 0.72.

三、计算题:

12.

X	2	3	4	5	6	7	8	9	10	11	12
P	1/36	2/36	3/36	4/36	5/36	6/36	5/36	4/36	3/36	2/36	1/36

13.

X	1	2	3	4
P	1/1024	93/1024	540/1024	390/1024

14. $P(X=k)=\frac{1}{n}\ (k=1,2,\cdots,n)$. **15.** 不是.

16. $C_1=\frac{N(N+1)}{2}$, $C_2=\frac{27}{38}$, $C_3=\frac{1}{e^{\lambda}-1}$.

17.

X	-1	1	3
P	0.4	0.4	0.2

18. (1) 0.1042; (2) 0.0214. **19.** 0.7622(泊松近似). **20.** $n\geqslant 8$.

21. (1) $C=\frac{1}{\pi}$; (2) $F(x)=\begin{cases}0, & x<-1,\\ \frac{1}{\pi}\arcsin x+\frac{1}{2}, & -1\leqslant x<1,\\ 1, & x\geqslant 1.\end{cases}$

22. (1) $F(x)=\begin{cases}0, & x<0,\\ \frac{x^2}{2}, & 0\leqslant x<1,\\ -\frac{x^2}{2}+2x-1, & 1\leqslant x<2,\\ 1, & x\geqslant 2;\end{cases}$ (2) $\frac{27}{32}$.

23. (1) $c=-3/8$; (2) 5/8.

24. (1) $A=1$; (2) $f(x)=\frac{e^{-x}}{(1+e^{-x})^2}\ (-\infty<x<+\infty)$; (3) 0.5.

25. (1) e^{-2}; (2) $1-(1-e^{-2})^3$. **26.** e^{-3}. **27.** (1) e^{-1}; (2) $e^{-0.5}$.

28. (1) 0.5328; (2) 0.9996; (3) 0.6977; (4) 0.4987; (5) $C=3$.

29. 0.0454. **30.** 0.6826.

31. (1) $f_Y(y)=\begin{cases}\frac{1}{\sqrt{2\pi}y}e^{-\ln^2 y/2}, & y>0,\\ 0, & \text{其他};\end{cases}$ (2) $f_Y(y)=\begin{cases}\frac{2}{\sqrt{2\pi}}e^{-y^2/2}, & y>0,\\ 0, & \text{其他}.\end{cases}$

32. (1) $f_Y(y)=\begin{cases}1/8, & -5<y<3,\\ 0, & \text{其他};\end{cases}$ (2) $f_Y(y)=\begin{cases}\frac{1}{4\sqrt{y}}, & 0<y\leqslant 1,\\ \frac{1}{8\sqrt{y}}, & 1<y\leqslant 9,\\ 0, & \text{其他}.\end{cases}$

33. $f_Y(y)=\begin{cases}1/\sqrt{\pi y}, & 25/4\pi<y<9\pi,\\ 0, & \text{其他}.\end{cases}$

第二部分　提高题

1. (1) 将一颗骰子抛两次,共有 36 种等可能的结果. 两次中的最大点数 X 的所有可能取值为 1,2,3,4,5,6,且由古典概率计算可得

$$P(X=1)=1/36,\quad P(X=2)=3/36,\quad P(X=3)=5/36,$$
$$P(X=4)=7/36,\quad P(X=5)=9/36,\quad P(X=6)=11/36,$$

即 X 的分布列为

X	1	2	3	4	5	6
P	1/36	3/36	5/36	7/36	9/36	11/36

(2) 由定义可求得 X 的分布函数为

$$F(x)=P(X\leqslant x)=\begin{cases}0, & x<1.\\ 1/36, & 1\leqslant x<2.\\ 4/36, & 2\leqslant x<3.\\ 9/36, & 3\leqslant x<4.\\ 16/36, & 4\leqslant x<5.\\ 25/36, & 5\leqslant x<6.\\ 1, & x\geqslant 6.\end{cases}$$

2. 由概率密度的性质有

$$\int_{-\infty}^{+\infty}f(x)\mathrm{d}x=\int_0^1(ax+b)\mathrm{d}x=\frac{a}{2}+b=1,$$

又由 $P\left(X<\frac{1}{3}\right)=P\left(X>\frac{1}{3}\right)$,则 $P\left(X<\frac{1}{3}\right)=\frac{1}{2}$,即

$$P\left(X<\frac{1}{3}\right)=\int_0^{1/3}(ax+b)\mathrm{d}x=\frac{a}{18}+\frac{b}{3}=\frac{1}{2},$$

可解得 $a=-\frac{3}{2}$,$b=\frac{7}{4}$.

3. (1) 由 $\int_{-\infty}^{+\infty}f(x)\mathrm{d}x=C\int_{-\infty}^{+\infty}\mathrm{e}^{-|x|}\mathrm{d}x=2C\int_0^{+\infty}\mathrm{e}^{-x}\mathrm{d}x=2C=1$,可得 $C=\frac{1}{2}$.

(2) $P(0<X<1)=\int_0^1 f(x)\mathrm{d}x=\int_0^1\frac{1}{2}\mathrm{e}^{-x}\mathrm{d}x=\frac{1}{2}(1-\mathrm{e}^{-1})$.

(3) X 的概率密度为 $f(x)=\begin{cases}\mathrm{e}^{x}/2, & x\leqslant 0,\\ \mathrm{e}^{-x}/2, & x>0.\end{cases}$

当 $x\leqslant 0$ 时,$F(x)=\int_{-\infty}^{x}f(t)\mathrm{d}t=\int_{-\infty}^{x}\frac{1}{2}\mathrm{e}^{t}\mathrm{d}t=\frac{1}{2}\mathrm{e}^{x}$;

当 $x>0$ 时,$F(x)=\int_{-\infty}^{x}f(t)\mathrm{d}t=\int_{-\infty}^{0}\frac{1}{2}\mathrm{e}^{t}\mathrm{d}t+\int_0^{x}\frac{1}{2}\mathrm{e}^{-t}\mathrm{d}t=1-\frac{1}{2}\mathrm{e}^{-x}$.

所以 X 的分布函数为

$$F(x)=\begin{cases}\frac{1}{2}e^{x}, & x\leqslant 0,\\ 1-\frac{1}{2}e^{-x}, & x>0.\end{cases}$$

4. (1) 令 $A_1=\{X\leqslant 200\}$, $A_2=\{200<X<240\}$, $A_3=\{X\geqslant 240\}$,又令事件 B 表示"电子元件损坏".由全概率公式可得

$$P(B)=\sum_{i=1}^{3}P(A_i)P(B|A_i),$$

其中

$$P(A_1)=P(X\leqslant 200)=\Phi\left(\frac{200-220}{25}\right)=\Phi(-0.8)=0.2119,$$

$$P(A_3)=P(X\geqslant 240)=1-\Phi\left(\frac{240-220}{25}\right)=1-\Phi(0.8)=0.2119,$$

$$P(A_2)=P(200<X<240)=1-2\times 0.2119=0.5762,$$

$$P(B|A_1)=0.1,\quad P(B|A_2)=0.001,\quad P(B|A_2)=0.2,$$

因此电子元件损坏的概率为

$$P(B)=0.2119\times 0.1+0.5762\times 0.001+0.2119\times 0.2=0.0641.$$

(2) 该电子元件损坏时,电源电压在 200～240 V 之间的概率为

$$P(A_2|B)=\frac{P(A_2B)}{P(B)}=\frac{0.5762\times 0.001}{0.0641}=0.0090.$$

5. 设事件 A 表示"在一次测量中误差的绝对值不超过 10 m",其发生的概率为

$$P(|X|\leqslant 10)=\Phi\left(\frac{10-7.5}{10}\right)-\Phi\left(\frac{-10-7.5}{10}\right)=\Phi(0.25)-\Phi(-1.75)=0.5586,$$

则 n 次测量中事件 A 发生的次数 $Y\sim B(n,0.5586)$,从而 n 次测量中事件 A 至少发生一次的概率为

$$1-P(Y=0)=1-(1-0.5586)^n=1-0.4414^n.$$

要使该概率大于 0.9,则 n 至少为 3.

6. 由 X 的取值范围(0,2)知 $Y=(X-1)^2$ 的取值范围为(0,1).因此,当 $0<y<1$ 时,$Y=(X-1)^2$ 的分布函数和概率密度分别为

$$F_Y(y)=P((X-1)^2\leqslant y)=P(1-\sqrt{y}\leqslant X\leqslant 1+\sqrt{y})=F_X(1+\sqrt{y})-F_X(1+\sqrt{y}),$$

$$f_Y(y)=F'_Y(y)=f_X(1+\sqrt{y})\frac{1}{2\sqrt{y}}+f_X(1-\sqrt{y})\frac{1}{2\sqrt{y}}=\frac{3(1+y)}{8\sqrt{y}}.$$

故 Y 的概率密度为 $f_Y(y)=\begin{cases}\frac{3(1+y)}{8\sqrt{y}}, & 0<y<1,\\ 0, & \text{其他}.\end{cases}$

7. 由题意知该动物后代个数 Y 的可能取值为 0,1,2,….由全概率公式有

$$P(Y=k)=\sum_{n=k}^{\infty}P(X=n)P(Y=k|X=n),$$

其中 $P(X=n)=\dfrac{\lambda^n e^{-\lambda}}{n!}$ $(n=0,1,2,\cdots)$，而条件概率 $P(Y=k|X=n)$ 是已知蛋的数量为 n 时，动物后代个数 Y 恰为 k 的概率. 由于若每一个蛋能孵化成小动物的概率为 p，因此

$$P(Y=k|X=n)=C_n^k p^k(1-p)^{n-k},\quad k=0,1,\cdots,n.$$

所以

$$\begin{aligned}P(Y=k)&=\sum_{n=k}^{\infty}P(X=n)P(Y=k|X=n)=\sum_{n=k}^{\infty}\frac{\lambda^n e^{-\lambda}}{n!}C_n^k p^k(1-p)^{n-k}\\&=\sum_{n=k}^{\infty}\frac{\lambda^n e^{-\lambda}}{k!(n-k)!}p^k(1-p)^{n-k}=\frac{e^{-\lambda}(\lambda p)^k}{k!}\sum_{n=k}^{\infty}\frac{[\lambda(1-p)]^{n-k}}{(n-k)!}\\&=\frac{e^{-\lambda}(\lambda p)^k}{k!}e^{\lambda(1-p)}=\frac{e^{-\lambda p}(\lambda p)^k}{k!},\end{aligned}$$

即该动物后代个数 Y 服从参数为 λp 的泊松分布.

8. 由分布函数的性质可知随机变量 $Y=F(X)$ 的取值范围是 $[0,1]$. 因为 $F(x)$ 是严格单调递增的连续函数，所以其反函数存在. 因此，当 $0\leqslant y\leqslant 1$ 时，$Y=F(X)$ 的分布函数为

$$F_Y(y)=P(Y\leqslant y)=P(F(X)\leqslant y)=P(X\leqslant F^{-1}(y))=F(F^{-1}(y))=y.$$

故 $Y=F(X)$ 的概率密度为 $f_Y(y)=\begin{cases}1, & 0<y<1,\\ 0, & 其他,\end{cases}$ 即 $Y=F(X)$ 服从区间 $[0,1]$ 上的均匀分布.

习 题 三

第一部分 基本题

一、选择题：

1. A. **2.** A. **3.** D. **4.** B. **5.** A.

二、填空题：

6. $a=2/9$, $\beta=1/9$. **7.** $5/7$. **8.** $3e^{-3x}$.

9. $f_X(x)=\begin{cases}1/2, & |x|<1,\\ 0, & 其他,\end{cases}$ $f_Y(y)=\begin{cases}1/2, & |y|<1,\\ 0, & 其他,\end{cases}$ $f_{X|Y}(x|y)=\dfrac{1}{2}$ $(|x|<1,|y|<1)$.

10. $f_Z(z)=\dfrac{1}{2\sqrt{\pi}}e^{-z^2/4}$ $(-\infty<x<+\infty)$.

三、计算题：

11.

X \ Y	1	2	3
1	0	1/6	1/12
2	1/6	1/6	1/6
3	1/12	1/6	0

12. $P(X=i,Y=j)=\dfrac{5!\times 0.5^i\times 0.3^j\times 0.2^{5-i-j}}{i!j!(5-i-j)!}$ $(i,j=0,1,\cdots,5;i+j\leqslant 5)$.

13.

X \ Y	1	2	3	$p_{i\cdot}$
1	1/3	0	0	1/3
2	1/6	1/6	0	1/3
3	1/9	1/9	1/9	1/3
$p_{\cdot j}$	11/18	5/18	1/9	1

14. (1) $A=2$； (2) $1-\mathrm{e}^{-1}$； (3) $F(x,y)=\begin{cases}y^2(1-\mathrm{e}^{-x}), & x>0,0<y<1,\\ 1-\mathrm{e}^{-x}, & x>0,y\geqslant 1,\\ 0, & \text{其他}.\end{cases}$

15. (1) $f(x,y)=\begin{cases}6, & (x,y)\in G,\\ 0, & \text{其他};\end{cases}$

(2) $f_X(x)=\begin{cases}6(x-x^2), & 0<x<1,\\ 0, & \text{其他},\end{cases}$ $f_Y(y)=\begin{cases}6(\sqrt{y}-y), & 0<y<1,\\ 0, & \text{其他}.\end{cases}$

16. (1) $C=8$； (2) 2/3； (3) 独立.

17. (1) $C=24$；

(2) $f_X(x)=\begin{cases}12(x^2-x^3), & 0<x<1,\\ 0, & \text{其他},\end{cases}$ $f_Y(y)=\begin{cases}12y(y-1)^2, & 0<y<1,\\ 0, & \text{其他},\end{cases}$ 不相互独立.

18. (1) $f(x,y)=\begin{cases}\dfrac{1}{2\sqrt{2}}, & (x,y)\in G,\\ 0, & \text{其他};\end{cases}$ (2) $\dfrac{1}{2}+\dfrac{\sqrt{2}}{8}$；

(3) $f_X(x)=\begin{cases}1, & 0<x<1,\\ 0, & \text{其他},\end{cases}$ $f_Y(y)=\begin{cases}\dfrac{1}{2\sqrt{2}}, & -\sqrt{2}<y<\sqrt{2},\\ 0, & \text{其他}.\end{cases}$

19. $P(X=m)=\sum\limits_{n=m+1}^{\infty}p^2q^{n-2}=pq^{m-1}\ (m=1,2,\cdots)$,

$P(Y=n)=\sum\limits_{m=1}^{n-1}p^2q^{n-2}=(n-1)p^2q^{n-2}\ (n=2,3,\cdots)$.

20. (1)

X \ Y	−1	1	2	$p_{i\cdot}$
−1	0.06	0.09	0.15	0.3
0	0.08	0.12	0.20	0.4
1	0.06	0.09	0.15	0.3
$p_{\cdot j}$	0.2	0.3	0.5	1

(2)

Z_1	−2	−1	0	1	2	3
P	0.06	0.08	0.15	0.27	0.29	0.15

Z_2	−2	−1	0	1	2
P	0.15	0.15	0.4	0.15	0.15

21.

U \ V	0	1	$p_{i\cdot}$
0	1/4	0	1/4
1	1/2	1/4	3/4
$p_{\cdot j}$	3/4	1/4	1

U 与 V 不相互独立

22. (1) $f_Z(z)=\begin{cases} z, & 0\leqslant z<1, \\ 2-z, & 1\leqslant z<2, \\ 0, & 其他; \end{cases}$

(2) $f_Z(z)=\begin{cases} 2(1-z), & 0<z<1, \\ 0, & 其他. \end{cases}$

23. $f_Z(z)=\begin{cases} \dfrac{2z}{R^2}, & 0<z<R, \\ 0, & 其他. \end{cases}$

24. $f_Z(z)=\begin{cases} \dfrac{3}{2}-\dfrac{3}{2}z^2, & 0<z<1, \\ 0, & 其他. \end{cases}$

25. $f_{X|Y}(x|y)=(y+1)^2xe^{-x(y+1)}\ (x>0)$，$f_{Y|X}(y|x)=xe^{-xy}\ (y>0)$. X 与 Y 不相互独立.

第二部分　提高题

1. X,Y 的所有可能取值均为 0,1,2,3,且有

$$P(X=i,Y=j)=\frac{C_3^iC_{3-i}^j}{3^3}\quad (i=0,1,2,3;j=0,1,2,3).$$

具体地,(X,Y)的联合分布列如表 1 所示.

表　1

X \ Y	0	1	2	3
0	1/27	1/9	1/9	1/27
1	1/9	2/9	1/9	0
2	1/9	1/9	0	0
3	1/27	0	0	0

表　2

X	0	1	2	3
P	8/27	4/9	2/9	1/27

表　3

Y	0	1	2	3
P	8/27	4/9	2/9	1/27

在表 1 中按行相加,得关于 X 的边缘分布列如表 2 所示.

在表 1 中按列相加,得关于 Y 的边缘分布列如表 3 所示.

2. (1) 令(X,Y)的联合分布列如下表 4 所示,其中最右列和最后一行分别为关于 X 和 Y 的边缘分布列.由 $P(XY=0)=1$ 知 $P(XY\neq 0)=P(X=-1,Y=1)+P(X=1,Y=1)=0$,则有

$$p_{12}=P(X=-1,Y=1)=0,\quad p_{32}=P(X=1,Y=1)=0.$$

又由 $p_{11}+p_{12}=1/4$ 得 $p_{11}=1/4$,由$_{31}+p_{32}=1/4$ 得 $p_{31}=1/4$,由 $p_{11}+p_{21}+p_{31}=1/2$ 得 $p_{21}=0$,由 $p_{12}+p_{22}+p_{32}=1/2$ 得 $p_{22}=1/2$,所以(X,Y)的联合分布列为表 5.

表　4

X \ Y	0	1	$p_{i\cdot}$
−1	p_{11}	p_{12}	1/4
0	p_{21}	p_{22}	1/2
1	p_{31}	p_{32}	1/4
$p_{\cdot j}$	1/2	1/2	1

表　5

X \ Y	0	1
−1	1/4	0
0	0	1/2
1	1/4	0

(2) 因为 $P(X=-1,Y=1)=p_{12}=0$，而 $P(X=-1)P(Y=1)=1/8$，所以 X 与 Y 不相互独立.

(3) $Z=\max\{X,Y\}$ 的可能取值为 0，1，且

$$P(Z=0)=P(X=-1,Y=0)+P(X=0,Y=0)=1/4,$$

$$P(Z=1)=1-P(Z=0)=3/4,$$

所以 $Z=\max\{X,Y\}$ 的概率分布为表 6.

表 6

Z	0	1
P	1/4	3/4

3. (1) 因为

$$\int_{-\infty}^{+\infty}\int_{-\infty}^{+\infty}f(x,y)\mathrm{d}x\mathrm{d}y=\iint\limits_{x^2+y^2<R^2}C(R-\sqrt{x^2+y^2}\mathrm{d}x\mathrm{d}y)\xlongequal[y=\rho\sin\theta]{\text{令 }x=\rho\cos\theta}C\int_0^{2\pi}\mathrm{d}\theta\int_0^R(R-\rho)\rho\mathrm{d}\rho=\frac{C\pi R^3}{3}=1,$$

所以 $C=\dfrac{3}{\pi R^3}$.

(2) $$P(X^2+Y^2\leqslant a^2)=\iint\limits_{x^2+y^2<a^2}\frac{3}{\pi R^3}(R-\sqrt{x^2+y^2})\mathrm{d}x\mathrm{d}y\xlongequal[y=\rho\sin\theta]{\text{令 }x=\rho\cos\theta}\frac{3}{\pi R^3}\int_0^{2\pi}\mathrm{d}\theta\int_0^a(R-\rho)\rho\mathrm{d}\rho$$

$$=\frac{6}{R^3}\int_0^a(R-\rho)\rho\mathrm{d}\rho=\frac{3a^2}{R^2}\left(1-\frac{2a}{3R}\right).$$

4. (1) 易知 $A\neq 0$，所以对于任意 x,y，有

$$F(x,-\infty)=A\left(B+\arctan\frac{x}{2}\right)\left(C-\frac{\pi}{2}\right)=0,$$

$$F(-\infty,y)=A\left(B-\frac{\pi}{2}\right)\left(C+\arctan\frac{y}{3}\right)=0,$$

从而有 $B=C=\pi/2$. 于是

$$F(+\infty,+\infty)=A\left(\frac{\pi}{2}+\frac{\pi}{2}\right)\left(\frac{\pi}{2}+\frac{\pi}{2}\right)=1,$$

则有 $A=1/\pi^2$. 故

$$F(x,y)=\frac{1}{\pi^2}\left(\frac{\pi}{2}+\arctan\frac{x}{2}\right)\left(\frac{\pi}{2}+\arctan\frac{y}{3}\right).$$

(2) 由 $f(x,y)=\dfrac{\partial^2F(x,y)}{\partial x\partial y}$ 得

$$f(x,y)=\frac{6}{\pi^2(4+x^2)(9+y^2)}\quad(-\infty<x,y<+\infty).$$

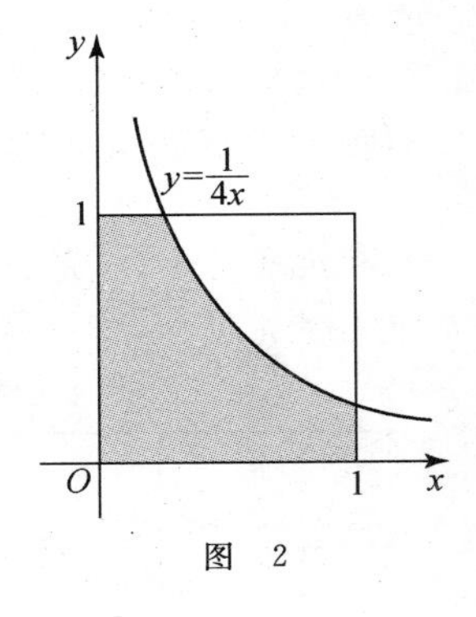

图 2

5. (1) $P(X<0.5,Y<0.5)=4\int_0^{0.5}x\mathrm{d}x\int_0^{0.5}y\mathrm{d}y=\dfrac{1}{16}$.

(2) $P(XY<1/4)$ 是 (X,Y) 落在图 2 中阴影部分的概率，则

$$P(XY<1/4)=4\int_0^{1/4}x\mathrm{d}x\int_0^1y\mathrm{d}y+4\int_{1/4}^1x\mathrm{d}x\int_0^{1/(4x)}y\mathrm{d}y$$

$$=\frac{1}{16}+\int_{1/4}^1\frac{1}{8x}\mathrm{d}x=\frac{1}{16}+\frac{\ln 2}{4}.$$

(3) 由于 (X,Y) 的联合概率密度只在区域

$$G=\{(x,y)\mid 0<x<1,0<x<1\}$$

中取非零值，因此分以下五个区域讨论：

当 $x\leqslant 0$ 或 $y\leqslant 0$ 时，$F(x,y)=0$；

当 $0<x<1,0<y<1$ 时，$F(x,y)=\int_{-\infty}^{y}\int_{-\infty}^{x}f(u,v)\mathrm{d}u\mathrm{d}v=\int_{0}^{x}\mathrm{d}u\int_{0}^{y}4uv\mathrm{d}v=x^{2}y^{2}$；

当 $0<x<1,y\geqslant 1$ 时，$F(x,y)=\int_{-\infty}^{y}\int_{-\infty}^{x}f(u,v)\mathrm{d}u\mathrm{d}v=\int_{0}^{x}\mathrm{d}u\int_{0}^{1}4uv\mathrm{d}v=x^{2}$；

当 $x\geqslant 1,0<y<1$ 时，$F(x,y)=\int_{-\infty}^{y}\int_{-\infty}^{x}f(u,v)\mathrm{d}u\mathrm{d}v=\int_{0}^{1}\mathrm{d}u\int_{0}^{y}4uv\mathrm{d}v=y^{2}$；

当 $x\geqslant 1,y\geqslant 1$ 时，$F(x,y)=1$.

所以(X,Y)的联合分布函数为

$$F(x,y)=\begin{cases}0, & x\leqslant 0 \text{ 或 } y\leqslant 0,\\ x^{2}y^{2}, & 0<x<1,0<y<1,\\ x^{2}, & 0<x<1,y\geqslant 1,\\ y^{2}, & x\geqslant 1,0<y<1,\\ 1, & x\geqslant 1,y\geqslant 1.\end{cases}$$

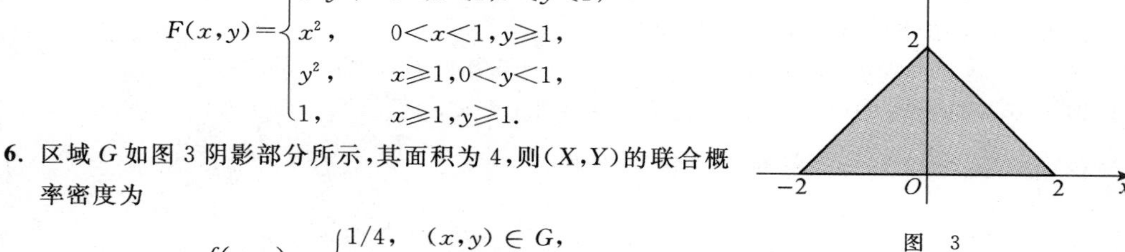

图 3

6. 区域 G 如图 3 阴影部分所示，其面积为 4，则(X,Y)的联合概率密度为

$$f(x,y)=\begin{cases}1/4, & (x,y)\in G,\\ 0, & (x,y)\notin G.\end{cases}$$

因此(X,Y)的边缘概率密度 $f_X(x)$，$f_Y(y)$分别为

$$f_X(x)=\int_{-\infty}^{+\infty}f(x,y)\mathrm{d}y=\begin{cases}\int_{0}^{2-|x|}\frac{1}{4}\mathrm{d}y, & -2<x<2,\\ 0, & \text{其他}\end{cases}$$

$$=\begin{cases}\frac{2-|x|}{4}, & -2<x<2,\\ 0, & \text{其他},\end{cases}$$

$$f_Y(y)=\int_{-\infty}^{+\infty}f(x,y)\mathrm{d}x=\begin{cases}\int_{y-2}^{2-y}\frac{1}{4}\mathrm{d}x, & 0<y<2,\\ 0, & \text{其他}\end{cases}$$

$$=\begin{cases}1-\frac{y}{2}, & 0<y<2,\\ 0, & \text{其他}.\end{cases}$$

由于 $f(x,y)$，$f_X(x)$，$f_Y(y)$在点$(0,1/2)$处皆连续，但

$$f(0,1/2)=1/4,\quad f_X(0)=1/2,\quad f_Y(1/2)=3/4,$$

即 $f(0,1/2)\neq f_X(0)f_Y(1/2)$，因此 X 与 Y 不相互独立.

7. (1) 因为联合概率密度 $f(x,y)$的非零区域如图 4 中的阴影部分，所以

当$-1<x<1$ 时，有

$$f_X(x)=\int_{0}^{1-x^{2}}\frac{5}{4}(x^{2}+y)\mathrm{d}y=\frac{5}{4}x^{2}(1-x^{2})+\frac{5}{8}(1-x^{2})^{2}=\frac{5}{8}(1-x^{4}).$$

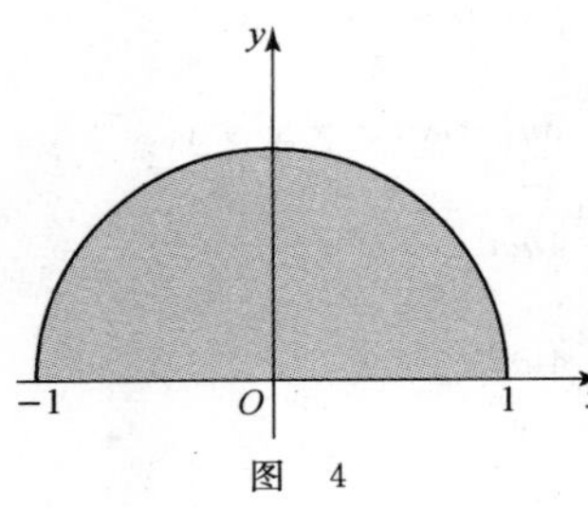

图 4

因此 X 的边缘概率密度为 $f_X(x)=\begin{cases}\dfrac{5}{8}(1-x^4), & -1<x<1,\\ 0, & 其他.\end{cases}$

当 $0<y<1$ 时,有

$$f_Y(y)=\int_{-\sqrt{1-y}}^{\sqrt{1-y}}\frac{5}{4}(x^2+y)\mathrm{d}x=\left[\frac{5}{12}x^3\right]\Bigg|_{x=-\sqrt{1-y}}^{\sqrt{1-y}}+\frac{5}{2}y\sqrt{1-y}$$
$$=\frac{5}{6}\sqrt{1-y}(1+2y).$$

因此 Y 的边缘概率密度为 $f_Y(y)=\begin{cases}\dfrac{5}{6}\sqrt{1-y}(1+2y), & 0<y<1,\\ 0, & 其他.\end{cases}$

由于 $f(x,y)$ 在点 $(0,3/4)$ 处连续,但

$$f(0,3/4)=15/16,\quad f_X(0)=5/8,\quad f_Y(3/4)=25/24,$$

即 $f(0,3/4)\neq f_X(0)f_Y(3/4)$,因此 X 与 Y 不相互独立.

(2) 由 $f_{Y|X}(y|x)=\dfrac{f(x,y)}{f_X(x)}$ 知,当 $-1<x<1$ 时,

$$f_{Y|X}(y|x)=\begin{cases}2\dfrac{x^2+y}{1-x^4}, & 0<y<1-x^2,\\ 0, & 其他.\end{cases}$$

8. 因为 $X\sim U(0,1)$,$Y\sim E(1)$,所以 X,Y 的概率密度分别为

$$f_X(x)=\begin{cases}1, & 0<x<1,\\ 0, & 其他,\end{cases}\qquad f_Y(y)=\begin{cases}\mathrm{e}^{-y}, & y>0,\\ 0, & 其他.\end{cases}$$

由于 X 与 Y 相互独立,则 $Z=X+Y$ 的概率密度为

$$f_Z(z)=\int_{-\infty}^{+\infty}f_X(x)f_Y(z-x)\mathrm{d}x.$$

上式中被积函数大于零的区域是 $\{0<x<1\}$ 与 $\{z-x>0\}$ 的交集,所以

当 $z\leqslant 0$ 时,$f_Z(z)=0$;

当 $0<z<1$ 时,$f_Z(z)=\int_0^z\mathrm{e}^{-(z-x)}\mathrm{d}x=1-\mathrm{e}^{-z}$;

当 $z\geqslant 1$ 时,$f_Z(z)=\int_0^1\mathrm{e}^{-(z-x)}\mathrm{d}x=\mathrm{e}^{z}(\mathrm{e}-1)$.

因此 $Z=X+Y$ 的概率密度为 $f_Z(z)=\begin{cases}1-\mathrm{e}^{-z}, & 0<z<1,\\ \mathrm{e}^{-z}(\mathrm{e}-1), & z\geqslant 1,\\ 0, & 其他.\end{cases}$

9. 由题意 X 与 Y 相互独立,且均服从 $(0,1)$ 上的均匀分布,则它们的概率密度和分布函数分别为

$$f_X(x)=f_Y(x)=\begin{cases}1, & 0<x<1,\\ 0, & 其他,\end{cases}\qquad F_X(x)=F_Y(x)=\begin{cases}0, & x<0,\\ x, & 0\leqslant x<1,\\ 1, & x\geqslant 1.\end{cases}$$

(1) $Z_1=\max\{X,Y\}$ 的分布函数为

$$F_{Z_1}(z)=P(Z_1\leqslant z)=P(\max\{X,Y\}\leqslant z)=P(X\leqslant z,Y\leqslant z)$$

$$= P(X \leqslant z)P(Y \leqslant z) = F_X(z)F_Y(z) = \begin{cases} 0, & z < 0, \\ z^2, & 0 \leqslant z < 1, \\ 1, & z \geqslant 1, \end{cases}$$

所以 $Z_1 = \max\{X, Y\}$ 的概率密度为 $f_{Z_1}(z) = \begin{cases} 2z, & 0<z<1, \\ 0, & \text{其他}. \end{cases}$

(2) 易见 $Z_2 = |X-Y|$ 的可能取值范围是区间 $(0,1)$. 当 $0<z<1$ 时,

$$F_{Z_2}(z) = P(Z_2 \leqslant z) = P(|X-Y| \leqslant z),$$

即为 (X,Y) 落在图 5 中阴影部分的概率. 又因为

$$f(x,y) = f_X(x)f_Y(y) = \begin{cases} 1, & 0<x<1, 0<y<1, \\ 0, & \text{其他}, \end{cases}$$

即 (X,Y) 在区域 $\{(x,y) \mid 0<x<1, 0<y<1\}$ 上服从均匀分布, 所以 $0<z<1$ 时有

$$F_{Z_2}(z) = P(Z_2 \leqslant z) = P(|X-Y| \leqslant z) = 1-(1-z)^2,$$

从而 $Z_2 = |X-Y|$ 的概率密度为

$$f_{Z_2}(z) = \begin{cases} 2(1-z), & 0<z<1, \\ 0, & \text{其他}. \end{cases}$$

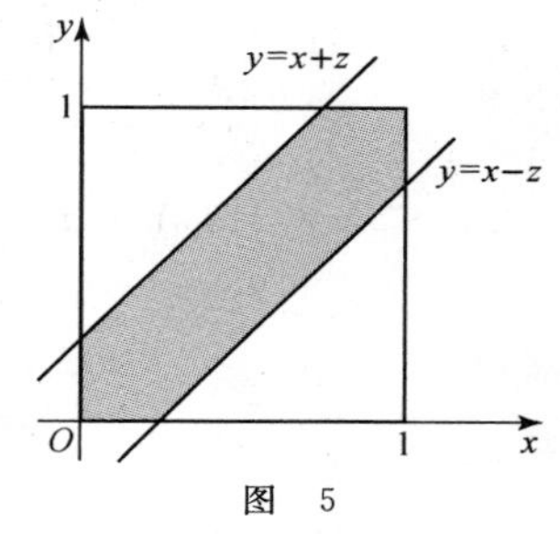

图 5

10. $Z = X+Y$ 的分布函数为

$$F_Z(z) = P(Z \leqslant z) = P(X+Y \leqslant z) = P(Y=0, X \leqslant z) + P(Y=1, X \leqslant z-1).$$

因为 X 与 Y 相互独立且 $P(Y=0) = P(Y=1) = 1/2$, 所以

$$F_Z(z) = P(Z \leqslant z) = \frac{1}{2}P(X \leqslant z) + \frac{1}{2}P(X \leqslant z-1) = \frac{1}{2}[F_X(z) + F_X(z-1)].$$

又因为 $X \sim U[0,1]$, 所以

$$F_X(z) = \begin{cases} 0, & z<0, \\ z, & 0 \leqslant z<1, \\ 1, & z \geqslant 1, \end{cases} \quad F_X(z-1) = \begin{cases} 0, & z<1, \\ z-1, & 1 \leqslant z<2, \\ 1, & z \geqslant 2, \end{cases}$$

故

$$F_Z(z) = \begin{cases} 0, & z<0, \\ z/2, & 0 \leqslant z<2, \\ 1, & z \geqslant 2. \end{cases}$$

对上式求导数得 Z 的概率密度为

$$f_Z(z) = \begin{cases} 1/2, & 0<z<2, \\ 0, & \text{其他}. \end{cases}$$

可见 $Z = X+Y \sim U(0,2)$.

11. (1) $f_X(x) = \int_{-\infty}^{+\infty} f(x,y)\mathrm{d}y$, 从而

当 $x \leqslant 0$ 时, $f_X(x) = 0$; 当 $x > 0$ 时, $f_X(x) = \int_x^{+\infty} \mathrm{e}^{-y}\mathrm{d}y = \mathrm{e}^{-x}$. 所以

$$f_X(x) = \begin{cases} \mathrm{e}^{-x}, & x>0, \\ 0, & x \leqslant 0. \end{cases}$$

同理可得
$$f_Y(y)=\begin{cases}ye^{-y}, & y>0,\\0, & y\leqslant 0.\end{cases}$$

取 $x_0=1, y_0=2$，则

$$f(x_0,y_0)=e^{-2},\quad f_X(x_0)=e^{-1},\quad f_Y(y_0)=2e^{-2}.$$

显然 $f(x_0,y_0)\neq f_X(x_0)f_Y(y_0)$，所以 X 与 Y 不相互独立.

(2) $P(X+2Y\leqslant 1)=\iint\limits_{x+2y\leqslant 1} f(x,y)\mathrm{d}x\mathrm{d}y=\int_0^{1/3}\int_x^{(1-x)/2}e^{-y}\mathrm{d}y\mathrm{d}x=\int_0^{1/3}\int_x^{(1-x)/2}e^{-y}\mathrm{d}y\mathrm{d}x$
$$=\int_0^{1/3}(e^{-x}-e^{(x-1)/2})\mathrm{d}x=1+2e^{-1/2}-3e^{-1/3},$$

$$P(0\leqslant X\leqslant 1/2\,|\,Y\leqslant 1)=\frac{P\left(0\leqslant X\leqslant \frac{1}{2}, Y\leqslant 1\right)}{P(Y\leqslant 1)}=\frac{\iint\limits_{0\leqslant x\leqslant 1/2,\,y\leqslant 1} f(x,y)\mathrm{d}x\mathrm{d}y}{\int_{-\infty}^{1} f_Y(y)\mathrm{d}y}$$

$$=\frac{\int_0^{1/2}\int_x^1 e^{-y}\mathrm{d}y\mathrm{d}x}{\int_0^1 ye^{-y}\mathrm{d}y}=\frac{1-e^{-0.5}-\frac{1}{2}e^{-1}}{1-2e^{-1}}.$$

因为 $P(X\geqslant 2\,|\,Y=4)=\int_2^{+\infty} f_{X|Y}(x\,|\,4)\mathrm{d}x$，而

$$f_{X|Y}(x\,|\,4)=\frac{f(x,4)}{f_Y(4)}=\begin{cases}\dfrac{e^{-4}}{4e^{-4}}=\dfrac{1}{4}, & 0<x<4,\\0, & \text{其他},\end{cases}$$

所以 $P(X\geqslant 2\,|\,Y=4)=\int_2^4\frac{1}{4}\mathrm{d}x=\frac{1}{2}.$

习　题　四

第一部分　基本题

一、选择题:

1. B.　**2.** D.　**3.** D.　**4.** D.　**5.** C.　**6.** C.

二、填空题:

7. 0.6,0.84.　**8.** e^{-2},2.　**9.** 4.　**10.** 15.　**11.** 8/9.

12. $\mu,\sigma^2/n$.　**13.** 8/9.　**14.** 85,37.　**15.** $\sqrt{2/\pi}$.

三、计算题:

16. $E(X)=0.5, E(X^2)=1.3$.　**17.** 7.8.　**18.** $\frac{245}{9}$.　**19.** $10\times\left[1-\left(\frac{9}{10}\right)^{20}\right]$.

20. 1.　**21.** $\frac{7}{2}n, \frac{35}{12}n$.　**22.** 期望不存在.

23. 1/9, 4/405.　**24.** 1,1/4.　**25.** $2R/3$.

26. $3\sqrt{\pi}/4$.　**27.** 大于 0.975.　**28.** $\rho_{XY}=0$, X 与 Y 不相互独立.

29. $E(X)=E(Y)=7/6$, $\mathrm{cov}(X,Y)=-1/36$, $\rho_{XY}=-1/11$.

30. $\rho_{XY}=-\frac{1}{2}$.　　　　**31.** $\rho_{UV}=\frac{\alpha^2-\beta^2}{\alpha^2+\beta^2}$.

第二部分　提高题

1. 设结束抽查时抽查的产品件数为 X,则其所有可能值为 $1,2,\cdots,n$,其分布列如下:

X	1	2	$\cdots$	k	$\cdots$	$n-1$	n
P	p	$(1-p)p$	$\cdots$	$(1-p)^{k-1}p$	$\cdots$	$(1-p)^{n-2}p$	$(1-p)^{n-1}$

其中抽查件数为 n 时有两种情况需要考虑:其一,恰好在第 n 件抽到废品;其二,第 n 件仍是合格品.因此

$$P(X=n)=(1-p)^n+(1-p)^{n-1}p=(1-p)^{n-1}.$$

求平均需抽查的件数就是计算 $E(X)$,即

$$E(X)=\sum_{k=1}^{n-1}k(1-p)^{k-1}p+n(1-p)^{n-1}=\frac{1-(1-p)^n}{p}.$$

2. 令 $X_i=\begin{cases}1, & \text{从第 } i \text{ 个袋子中摸出白球},\\ 0, & \text{否则}\end{cases}$ $(i=1,2,\cdots,n)$,则 $S_n=\sum_{i=1}^{n}X_i$,且有

$$P(X_1=1)=\frac{a}{a+b},\quad P(X_2=1)=\frac{a}{a+b}\cdot\frac{a+1}{a+b+1}+\frac{b}{a+b}\cdot\frac{a}{a+b+1}=\frac{a}{a+b}.$$

由数学归纳法可证

$$P(X_i=1)=\frac{a}{a+b}\quad(i=1,2,\cdots,n),$$

再由期望的性质得 $E(S_n)=\sum_{i=1}^{n}E(X_i)=\frac{na}{a+b}$.

3. 由题意可知 $X\sim E(\lambda)$,而由 $E(X)=3000$,得 $\lambda=\frac{1}{3000}$.每天工作 4 h,150 天总共工作 600 h,而每根灯管工作不超过 600 h 的概率是 $P(X\leqslant 600)=1-e^{-600/3000}=1-e^{-1/5}$.

设 $X_i=0$ 表示第 i 根灯管工作时间 >600 h,$X_i=1$ 表示其工作时间 $\leqslant 600$ h,$i=1,2,\cdots,10$,则有如下分布列:

X_i	0	1
P	$e^{-1/5}$	$1-e^{-1/5}$

令 $Y=\sum_{i=1}^{10}X_i$,则 Y 表示工作时间不超过 600 h 的灯管总数,从而 $Y\sim B(10,1-e^{-1/5})$.

(1) 至少需要更换一根灯管的概率为

$$P(Y>0)=1-P(Y=0)=1-e^{-\frac{1}{5}\times 10}=1-e^{-2}.$$

(2) 求平均需要更换几根,就是求 $E(Y)$,即 $E(Y)=10(1-e^{-1/5})$.

(3) 求需要更换灯管数的方差就是求 $D(Y)$,即 $D(Y)=10e^{-1/5}(1-e^{-1/5})$.

4. 随机变量 X 的概率密度为

$$f(x)=\begin{cases} e^{x}/2, & x<0, \\ 0, & 0\leqslant x<1, \\ e^{-(x-1)/2}/4, & x\geqslant 1, \end{cases}$$

因此 $$E(X)=\int_{-\infty}^{0}\frac{1}{2}e^{x}dx+0+\int_{1}^{+\infty}\frac{1}{4}e^{-(x-1)/2}dx=-\frac{1}{2}+\frac{3}{2}=1.$$

5. X 的分布函数为

$$F(x)=\int_{-\infty}^{x}f(x)dx=\begin{cases} 1-e^{-\lambda x}, & x>0, \\ 0, & x\leqslant 0. \end{cases}$$

由 $F(m)=1-e^{-\lambda m}=\dfrac{1}{2}$,解得 $m=\dfrac{\ln 2}{\lambda}$,则

$$\begin{aligned} E(|X-m|) &= \int_{0}^{m}(m-x)\lambda e^{-\lambda m}dx+\int_{m}^{+\infty}(x-m)\lambda e^{-\lambda x}dx \\ &= m+\frac{2}{\lambda}e^{-\lambda m}-\frac{1}{\lambda}=\frac{\ln 2}{\lambda}+\frac{2}{\lambda}\cdot\frac{1}{2}-\frac{1}{\lambda}=\frac{\ln 2}{\lambda}. \end{aligned}$$

6. 令 $Y=\dfrac{X}{\sigma}$,则 $Y\sim N(0,1)$. 期望性质知 $E(X^n)=\sigma^n E(Y^n)$,而

$$E(Y^n)=\int_{-\infty}^{+\infty}y^n\frac{1}{\sqrt{2\pi}}e^{-y^2/2}dy.$$

当 n 为奇数时,y^n 为奇函数,故上述积分等于 0;

当 n 为偶数时,由分部积分可得如下递推公式:

$$\begin{aligned} E(Y^n) &= \int_{-\infty}^{+\infty}y^n\frac{1}{\sqrt{2\pi}}e^{-y^2/2}dy=\left[-y^{n-1}\frac{1}{\sqrt{2\pi}}e^{-y^2/2}\right]\Bigg|_{-\infty}^{+\infty}+(n-1)\int_{-\infty}^{+\infty}y^{n-2}\frac{1}{\sqrt{2\pi}}e^{-y^2/2}dy \\ &= (n-1)\int_{-\infty}^{+\infty}y^{n-2}\frac{1}{\sqrt{2\pi}}e^{-y^2/2}dy=(n-1)E(Y^{n-2}) \\ &= (n-1)(n-3)\cdots 2E(Y^0)=(n-1)!!, \end{aligned}$$

综上所述,可得 $E(X^n)=\sigma^n E(Y^n)=\begin{cases} 0, & n\text{ 为奇数}, \\ \sigma^n(n-1)!!, & n\text{ 为偶数}. \end{cases}$

7. 设游客的等候时间为 Y,则

$$Y=g(X)=\begin{cases} 5-X, & 0\leqslant X\leqslant 5, \\ 25-X, & 5<X\leqslant 25, \\ 55-X, & 25<X\leqslant 55, \\ 60-X+5, & 55<X\leqslant 60. \end{cases}$$

由题设得 X 的概率密度为

$$f_X(x)=\begin{cases} 1/60, & 0<x<60, \\ 0, & \text{其他}, \end{cases}$$

于是

$$E(Y)=\frac{1}{60}\int_0^{60}g(x)\mathrm{d}x$$
$$=\frac{1}{60}\left[\int_0^5(5-x)\mathrm{d}x+\int_5^{25}(25-x)\mathrm{d}x+\int_{25}^{55}(55-x)\mathrm{d}x+\int_{55}^{60}(60-x+5)\mathrm{d}x\right]$$
$$=11.67.$$

8. 由题意可知 $X\sim U(0,1)$,$Y=|X-a|$,要求 $a\in(0,1)$,使得 $\rho_{XY}=0$.由于

$$\begin{aligned}\mathrm{cov}(X,|X-a|)&=E(X|X-a|)-E(X)E(|X-a|)\\&=\int_0^1 x|x-a|\mathrm{d}x-\frac{1}{2}\int_0^1|x-a|\mathrm{d}x\\&=\int_0^a x(a-x)\mathrm{d}x+\int_a^1 x(x-a)\mathrm{d}x-\frac{1}{2}\int_0^a(a-x)\mathrm{d}x-\frac{1}{2}\int_a^1(x-a)\mathrm{d}x\\&=\frac{1}{3}a^3-\frac{1}{2}a^2+\frac{1}{12}=\frac{1}{12}(4a^3-6a^2+1)=\frac{1}{12}(2a-1)(2a^2-2a+1),\end{aligned}$$

可求得仅当 $a=1/2$ 时,$\mathrm{cov}(X,|X-a|)=0$,即 $\rho_{XY}=0$.

9. 因为 $f_X(x)=\frac{1}{\sqrt{\pi}}\mathrm{e}^{-x^2+2x-1}=\frac{1}{\sqrt{2\pi}\frac{1}{\sqrt{2}}}\mathrm{e}^{-\frac{(x-1)^2}{2\times(1/2)}}$,所以 $X\sim N\left(1,\frac{1}{2}\right)$,而 $Y\sim U(0,2)$.因此

$$E(X+Y)=E(X)+E(Y)=1+1=2.$$

由随机变量 X 与 Y 相互独立可得

$$D(2X+Y)=4D(X)+D(Y)=4\times\frac{1}{2}+\frac{4}{12}=\frac{7}{3}.$$

10. 令 $Z=X-Y$,由题意可知 $Z\sim N(0,1)$,则

$$E(|X-Y|)=E(|Z|)=\int_{-\infty}^{+\infty}|z|\frac{1}{\sqrt{2\pi}}\mathrm{e}^{-z^2/2}\mathrm{d}z=2\int_0^{+\infty}z\frac{1}{\sqrt{2\pi}}\mathrm{e}^{-z^2/2}\mathrm{d}z=\frac{2}{\sqrt{2\pi}}=\frac{\sqrt{2}}{\sqrt{\pi}}.$$

11. 由随机变量 X,Y,Z 相互独立可知

$$\begin{aligned}&\mathrm{cov}(X,Y)=0,\mathrm{cov}(X,Z)=0,\mathrm{cov}(Y,Z)=0,\\&\mathrm{cov}(U,V)=\mathrm{cov}(X+Y,Y+Z)\\&\qquad=\mathrm{cov}(X,Y)+\mathrm{cov}(X,Z)+\mathrm{cov}(Y,Y)+\mathrm{cov}(Y,Z)\\&\qquad=\mathrm{cov}(Y,Y)=D(Y)=144,\\&D(U)=D(X+Y)=D(X)+D(Y)=25+144=169,\\&D(V)=D(Y+Z)=D(Y)+D(Z)=144+81=225,\end{aligned}$$

于是 $\rho_{UV}=\frac{\mathrm{cov}(U,V)}{\sqrt{D(U)D(V)}}=\frac{144}{\sqrt{169\times225}}=\frac{144}{195}$.

12. 由于三角形的面积为 1/2,所以(X,Y)的联合概率密度为

$$f(x,y)=\begin{cases}2, & (x,y)\in D,\\0, & \text{其他},\end{cases}$$

其中 D 为以(0,0),(1,0)和(0,1)为顶点的三角形区域.

下面求关于 X 的边缘概率密度 $f_X(x)$.当 $0<x<1$ 时,有

$$f_X(x)=\int_0^{1-x}f(x,y)\mathrm{d}y=\int_0^{1-x}2\mathrm{d}y=2(1-x).$$

所以
$$f_X(x)=\begin{cases}2(1-x), & 0<x<1,\\ 0, & \text{其他}.\end{cases}$$

由对称性可知,关于 Y 的边缘概率密度与关于 X 是相同的,又由于

$$E(X)=2\int_0^1 x(1-x)\mathrm{d}x=\frac{1}{3},$$

$$D(X)=E(X^2)-[E(X)]^2=2\int_0^1 x^2(1-x)\mathrm{d}x-\frac{1}{9}=\frac{1}{18},$$

所以 $E(Y)=\frac{1}{3}$, $D(Y)=\frac{1}{18}$. 因此

$$\rho_{XY}=\frac{E(XY)-E(X)E(Y)}{\sqrt{D(X)}\sqrt{D(Y)}}=\frac{2\int_0^1\mathrm{d}x\int_0^{1-x}xy\mathrm{d}y-\frac{1}{9}}{\frac{1}{18}}=\frac{\frac{1}{12}-\frac{1}{9}}{\frac{1}{18}}=-\frac{1}{2}.$$

13. (1) $E(X)=\int_{-\infty}^{+\infty}x\cdot\frac{1}{2}\mathrm{e}^{-|x|}\mathrm{d}x=0, D(X)=\int_{-\infty}^{+\infty}(x-0)^2\cdot\frac{1}{2}\mathrm{e}^{-|x|}\mathrm{d}x=\int_0^{+\infty}x^2\mathrm{e}^{-x}\mathrm{d}x=2.$

(2) 因为

$$\begin{aligned}\mathrm{cov}(X,|X|)&=E(X|X|)-E(X)E(|X|)=E(X|X|)\\&=\int_{-\infty}^{+\infty}x|x|\cdot\frac{1}{2}\mathrm{e}^{-|x|}\mathrm{d}x=0,\end{aligned}$$

所以 X 与 $|X|$ 不相关.

(3) X 与 $|X|$ 不相互独立. 因为对任意 $x_0>0$,必有 $0<P(X\leqslant x_0)<1$,所以

$$P(X\leqslant x_0,|X|\leqslant x_0)=P(|X|\leqslant x_0)>P(X\leqslant x_0)P(|X|\leqslant x_0).$$

也就是说,存在 $x_0>0$,使得 $F(x_0,x_0)\neq F_X(x_0)F_{|X|}(x_0)$,故 X 与 $|X|$ 不相互独立.

14. 因 X 与 Y 相互独立且都服从正态分布,故 $Z=3X-2Y-10$ 也服从正态分布. 又因为

$$E(Z)=3E(X)-2E(Y)-10=20,\quad D(Z)=9D(X)+4D(Y)=25,$$

所以 $Z\sim N(20,5^2)$. 因此 $P(Z>10)=1-P(Z\leqslant 10)=1-\Phi(-2)=\Phi(2)=0.9773$.

15. 不妨设 $E(X^2)>0$. 因为若 $E(X^2)=0$,则有 $D(X)=0,E(X)=0$,即随机变量 X 几乎处处为常数,所以 $[E(XY)]^2\leqslant E(X^2)E(Y^2)$ 自然成立. 同理若 $E(Y^2)=0$,结论也自然成立. 在 $E(X^2)>0$, $E(Y^2)>0$ 成立时,构造 t 的一元二次函数:

$$f(t)=E\{[tX+Y]^2\}=t^2E(X^2)+2tE(XY)+E(Y^2).$$

显然,对于任意 $t\in\mathbf{R}$,关于 t 的一元二次函数 $f(t)$ 非负,且 $E(X^2)>0$,则判别式小于或等于零,即

$$[2E(XY)]^2-4E(X^2)E(Y^2)=4[E(XY)]^2-4E(X^2)E(Y^2)\leqslant 0,$$

移项后即得施瓦茨不等式 $[E(XY)]^2\leqslant E(X^2)E(Y^2)$.

16. 不妨假设随机变量 X 的概率密度为 $f(x)$,则

$$\begin{aligned}P(X>\varepsilon)&=\int_\varepsilon^{+\infty}f(x)\mathrm{d}x\leqslant\int_\varepsilon^{+\infty}\frac{g(x)}{g(\varepsilon)}f(x)\mathrm{d}x\leqslant\int_{-\infty}^{+\infty}\frac{g(x)}{g(\varepsilon)}f(x)\mathrm{d}x\\&=\frac{1}{g(\varepsilon)}\int_{-\infty}^{+\infty}g(x)f(x)\mathrm{d}x=\frac{E[g(X)]}{g(\varepsilon)}.\end{aligned}$$

习 题 五

第一部分 基本题

一、选择题:

1. B. **2.** A.

二、填空题:

3. $D(X_i)=\sigma_i^2\ (i=1,2,\cdots,n)$存在,且有共同上界,即 $D(X_i)=\sigma_i^2\leqslant c\ (i=1,2,\cdots,n)$.

4. 独立同分布. **5.** $N\left(\frac{n}{2},\frac{n}{12}\right)$. **6.** $N\left(2,\frac{4}{n}\right)$. **7.** $1-\Phi\left(\frac{a-n\mu}{\sigma\sqrt{n}}\right)$. **8.** 0.0227.

三、计算题:

9. 略. **10.** 0.0002 **11.** 272.

12. (1) 0.0062; (2) 807840. **13.** 1587769.

第二部分 提高题

1. 对任意 $n,a<X_{(1)}<b$,于是

当 $a<x<b$ 时,有

$$P(X_{(1)}\leqslant x)=1-P(X_{(1)}>x)=1-P(X_1>x,\cdots,X_n>x)$$
$$=1-\prod_{i=1}^{n}P(X_i>x)=1-\left(1-\frac{x-a}{b-a}\right)^n=1-\left(\frac{b-x}{b-a}\right)^n;$$

当 $x\leqslant a$ 时,有 $P(X_{(1)}\leqslant x)=0$;

当 $x\geqslant b$ 时,有 $P(X_{(1)}\leqslant x)=1$.

所以,对于任意 $\varepsilon>0\ (\varepsilon<b-a)$,有

$$P(|X_{(1)}-a|<\varepsilon)=P(a-\varepsilon<X_{(1)}<a+\varepsilon)=P(X_{(1)}<a+\varepsilon)-P(X_{(1)}\leqslant a-\varepsilon)$$
$$=1-\left(\frac{b-a-\varepsilon}{b-a}\right)^n\to 1\quad(n\to\infty),$$

即 $X_{(1)}\xrightarrow{P}a$.

2. 设 $Y_n=\frac{1}{n}\sum_{i=1}^{n}X_i$,则

$$E(Y_n)=\frac{1}{n}\sum_{i=1}^{n}E(X_i)=\frac{1}{n}\sum_{i=1}^{n}\mu_i,\quad D(Y_n)=\frac{1}{n^2}\sum_{i=1}^{n}D(X_i).$$

由切比雪夫不等式可知,对任意 $\varepsilon>0$,有 $P(|Y_n-E(Y_n)|<\varepsilon)\geqslant 1-\frac{D(Y_n)}{\varepsilon^2}$,即

$$P\left(\left|\frac{1}{n}\sum_{i=1}^{n}X_i-\frac{1}{n}\sum_{i=1}^{n}\mu_i\right|<\varepsilon\right)\geqslant 1-\frac{\frac{1}{n^2}\sum_{i=1}^{n}D(X_i)}{\varepsilon^2}\to 1\quad(n\to\infty),$$

所以$\{X_n\}$服从大数定律.

3. $E(X_n)=\sum_{k=1}^{\infty}\frac{2^k}{k^2}\cdot\frac{1}{2^k}=\sum_{k=1}^{\infty}\frac{1}{k^2}$.因级数$\sum_{k=1}^{\infty}\frac{1}{k^2}$收敛,故 $E(X_n)\ (n=1,2,\cdots)$存在.由辛钦大数

定律知$\{X_n\}$服从大数定律.

4. 由于每次从罐中有放回地抽取一个球,并且每个球都一样,因此$\{X_n\}$独立同分布,且$X_n \sim B(1,0.1)$.因为$E(X_n)=0.1(n=1,2,\cdots)$存在,所以由辛钦大数定律知$\{X_n\}$服从大数定律.

5. 设X_i表示事件A在第i次试验中发生的次数,则$X_i \sim B(1,p_i)$ $(i=1,2,\cdots,n)$,并且$X_1,X_2,\cdots,X_n$相互独立,$m=\sum_{i=1}^{n}X_i$. 因为

$$E(X_i)=p_i,\quad D(X_i)=p_i(1-p_i)<1\quad (i=1,2,\cdots),$$

所以,由切比雪夫大数定律,对于任意$\varepsilon>0$,有

$$\lim_{n\to\infty}P\left(\left|\frac{1}{n}\sum_{i=1}^{n}X_i-\frac{1}{n}\sum_{i=1}^{n}E(X_i)\right|<\varepsilon\right)=\lim_{n\to\infty}P\left(\left|\frac{m}{n}-\frac{1}{n}\sum_{i=1}^{n}p_i\right|<\varepsilon\right)=1.$$

6. 设X,Y分别表示甲、乙两戏院观众的人数,则

$$X\sim B(1000,0.5),\quad Y\sim B(1000,0.5),\quad 且\quad X+Y=1000.$$

又设每个戏院设有h个座位,则h满足

$$P(X>h)<0.01,\quad P(Y>h)<0.01.$$

由二项分布中心极限定理得

$$P(X>h)\approx 1-\Phi\left(\frac{h-500}{\sqrt{250}}\right)<0.01,\quad 即\quad \Phi\left(\frac{h-500}{\sqrt{250}}\right)>0.99,$$

查附表2得$h\geqslant 537$.

7. 设$Z_i=X_i^2(i=1,2,\cdots,n)$,则$Z_1,Z_2,\cdots,Z_n$独立同分布.因为

$$E(Z_i)=E(X_i^2)=a_2,\quad D(Z_i)=E(Z_i^2)-E^2(Z_i)=a_4-a_2^2\quad (i=1,2,\cdots,n),$$

所以由独立同分布中心极限定理知$Y_n=\frac{1}{n}\sum_{i=1}^{n}X_i^2=\frac{1}{n}\sum_{i=1}^{n}Z_i$近似服从正态分布$N\left(a_2,\frac{a_4-a_2^2}{n}\right)$.

8. 设X表示200台机器中发生故障的台数,则$X\sim B(200,0.02)$.需要求$P(X\geqslant 2)$.

(1) 用二项分布计算:

$$\begin{aligned}P(X\geqslant 2)&=1-P(X=0)-P(X=1)=1-0.98^{200}-200\times 0.02\times 0.98^{199}\\&=0.9106.\end{aligned}$$

(2) 用泊松分布近似计算(利用泊松定理,$n=200$较大,$p=0.02$较小,$\lambda=np=4$):
X近似服从泊松分布$P(4)$,所以

$$P(X\geqslant 2)=1-P(X\leqslant 1)\approx 1-0.0916=0.9084.$$

(3) 用正态分布近似计算(利用二项分布中心极限定理):
X近似服从正态分布$N(4,3.92)$,所以

$$P(X\geqslant 2)=1-P(X<2)\approx 1-\Phi\left(\frac{2-4}{\sqrt{3.92}}\right)=0.8438.$$

从上面计算可知,用泊松分布近似比用正态分布近似更准确.一般来说,如果二项分布需要近似计算,首先考虑是否可以用泊松分布来近似计算(n较大,p较小),如果不能用泊松分布近似(或np较大时),才考虑用正态分布来近似计算.

9. 设X_i表示第i件成品组装的时间(单位:min),则$X_i\sim E\left(\frac{1}{10}\right)$ $(i=1,2,\cdots)$,并且$X_1,X_2,\cdots$

相互独立. 由独立同分布中心极限定理可知，组装 n 件成品的时间 $\sum_{i=1}^{n} X_i$ 近似服从正态分布 $N(n\times 10, n\times 100)$.

(1) 组装 100 件成品的时间为 $\sum_{i=1}^{100} X_i$，所以

$$P\left(15\times 60 < \sum_{i=1}^{100} X_i < 20\times 60\right) \approx \Phi\left(\frac{1200-1000}{100}\right) - \Phi\left(\frac{900-1000}{100}\right) = 0.8185.$$

(2) 设在 16 h 之内最多可以组装 n 件成品，则

$$P\left(\sum_{i=1}^{n} X_i \leqslant 16\times 60\right) = 0.95, \quad 即 \quad \Phi\left(\frac{16\times 60 - 10\times n}{\sqrt{100\times n}}\right) = 0.95.$$

查附表 2 得 $\frac{96-n}{\sqrt{n}}=1.645$，解得 $n=81$.

10. (1) 设 X_i 表示第 i 名学生来参加家长会的家长数，则 X_i 的概率分布为

X_i	0	1	2
P	0.05	0.8	0.15

$(i=1,2,\cdots,400)$，

且 $X_1, X_2, \cdots, X_{400}$ 相互独立，$X=\sum_{i=1}^{400} X_i$. 于是有

$$E(X_i)=1.1, \quad D(X_i)=0.19 \quad (i=1,2,\cdots,400).$$

由中心极限定理知，$X=\sum_{i=1}^{400} X_i$ 近似服从正态分布 $N(440,76)$，所以

$$P(X>450) = 1-P(X\leqslant 450) \approx 1-\Phi\left(\frac{450-440}{\sqrt{76}}\right) = 0.1261.$$

(2) 设 Y 表示有一位家长来参加家长会的学生数，则 $Y\sim B(400,0.8)$. 由中心极限定理知，Y 近似服从正态分布 $N(320,64)$，所以

$$P(Y\leqslant 340) \approx \Phi\left(\frac{320-340}{\sqrt{64}}\right) = 1-0.9938 = 0.0062.$$

习 题 六

第一部分 基本题

一、选择题：

1. B. **2.** B. **3.** B. **4.** A. **5.** B. **6.** B.

二、填空题：

7. 0.357. **8.** $\sqrt{5/2}$，5. **9.** F 分布，$F(10,5)$. **10.** $t(9)$. **11.** $\chi^2(n-1)$.

三、计算题：

12. $a=1/24$，$b=1/56$. **13.** $1/(3n)$，$1/3$. **14.** 0.9974. **15.** 1537.

16. 0.99. **17.** 0.6564.

第二部分 提高题

1. 因 $X_1,X_2,\cdots,X_n$ 是来自正态总体 $N(\mu,\sigma^2)$ 的样本,所以

$$\frac{1}{\sigma^2}\sum_{i=1}^{n}(X_i-\overline{X})^2\sim\chi^2(n-1),\quad \frac{1}{\sigma^2}\sum_{i=1}^{n}(X_i-\mu)^2\sim\chi^2(n),$$

即 $\quad\dfrac{(n-1)}{\sigma^2}S_1^2\sim\chi^2(n-1),\quad \dfrac{n}{\sigma^2}S_2^2\sim\chi^2(n-1),\quad \dfrac{(n-1)}{\sigma^2}S_3^2\sim\chi^2(n),\quad \dfrac{n}{\sigma^2}S_4^2\sim\chi^2(n),$

故 $a_1=\dfrac{n-1}{\sigma^2},a_2=\dfrac{n}{\sigma^2},a_3=\dfrac{n-1}{\sigma^2},a_4=\dfrac{n}{\sigma^2}$;其自由度分别为 $n-1,n-1,n,n$.

2. 因 $Y_1\sim N\left(\mu,\dfrac{\sigma^2}{6}\right),Y_2\sim N\left(\mu,\dfrac{\sigma^2}{3}\right)$,又 Y_1 与 Y_2 相互独立,故

$$Y_1-Y_2\sim N\left(0,\frac{\sigma^2}{6}+\frac{\sigma^2}{3}\right)=N\left(0,\frac{\sigma^2}{2}\right),\quad 从而\quad \frac{Y_1-Y_2}{\sigma/\sqrt{2}}=\frac{\sqrt{2}(Y_1-Y_2)}{\sigma}\sim N(0,1).$$

由抽样分布定理知 $\dfrac{2S^2}{\sigma^2}\sim\chi^2(2)$. 因 Y_1,Y_2,S^2 相互独立,故 S^2 与 Y_1-Y_2 相互独立. 于是由 t 分布的定义得

$$\frac{\sqrt{2}(Y_1-Y_2)/\sigma}{\sqrt{\dfrac{2S^2}{\sigma^2}\Big/2}}=\frac{\sqrt{2}(Y_1-Y_2)}{S}=Z\sim t(2),$$

由于 $P(Z\geqslant 4.30)=0.025,P(Z\geqslant 6.97)=0.01$,又 $P(Z<5)=1-P(Z\geqslant 5)$,所以

$$0.975<P(Z<5)<0.99.$$

3. $\dfrac{\overline{X}-\mu}{\sigma/\sqrt{n}}\sim N(0,1),\dfrac{(n-1)S^2}{\sigma^2}\sim\chi^2(n-1),\dfrac{\overline{X}-\mu}{S/\sqrt{n}}\sim t(n-1).$

(1) 当 $n=25$ 时,$5\times\dfrac{\overline{X}-\mu}{\sigma}\sim N(0,1)$,所以

$$P(\mu-0.2\sigma<\overline{X}<\mu+0.2\sigma)=P\left(-1<5\times\frac{\overline{X}-\mu}{\sigma}<1\right)=2\Phi(1)-1=0.6826.$$

(2) 由 $P(|\overline{X}-\mu|>0.1\sigma)=P\left(\left|\dfrac{\overline{X}-\mu}{\sigma/\sqrt{n}}\right|>0.1\sqrt{n}\right)=2-2\Phi(0.1\sqrt{n})\leqslant 0.05$ 得

$$\Phi(0.1\sqrt{n})\geqslant 0.975=\Phi(1.96),\quad 即\quad 0.1\sqrt{n}\geqslant 1.96,$$

解得 $n\geqslant 384.16$,即样本容量最小应为 385.

(3) 当 $n=10$ 时,$\dfrac{\overline{X}-\mu}{S/\sqrt{10}}\sim t(9)$,所以由

$$P(\mu-\lambda S<\overline{X}<\mu+\lambda S)=P\left(\left|\frac{\overline{X}-\mu}{S/\sqrt{10}}\right|<\lambda\sqrt{10}\right)=0.90$$

得 $\lambda\sqrt{10}=t_{0.05}(9)$,即 $\lambda=t_{0.05}(9)/\sqrt{10}=0.5797$.

(4) 当 $n=10$ 时,$\dfrac{9S^2}{\sigma^2}\sim\chi^2(9)$,所以由

$$P(S^2>\lambda\sigma^2)=P\left(\frac{9S^2}{\sigma^2}>9\lambda\right)=0.95$$

得 $9\lambda=\chi^2_{0.95}(9)$,即 $\lambda=\chi^2_{0.95}(9)/9=0.3695$.

4. 由抽样分布定理得

$$\frac{(\overline{X}-\overline{Y})-(\mu_1-\mu_2)}{\sigma\sqrt{\frac{1}{n}+\frac{1}{m}}}\sim N(0,1),\quad \frac{(n-1)S^2}{\sigma^2}\sim\chi^2(n-1),$$

又 $\overline{X},\overline{Y},S^2$ 相互独立,由 t 分布的定义得

$$\frac{(\overline{X}-\overline{Y})-(\mu_1-\mu_2)}{\sigma\sqrt{\frac{1}{n}+\frac{1}{m}}}\Bigg/\sqrt{\frac{(n-1)S^2}{\sigma^2}/(n-1)}=\frac{(\overline{X}-\overline{Y})-(\mu_1-\mu_2)}{S\sqrt{\frac{1}{n}+\frac{1}{m}}}\sim t(n-1).$$

5. 用 S_1^2,S_1^2 分别表示第一个与第二个样本的样本方差,由抽样分布定理得

$$F=\frac{S_1^2/S_2^2}{\sigma_1^2/\sigma_2^2}=\frac{S_1^2/S_2^2}{20/35}\sim F(7,9),$$

于是
$$P(S_1^2\geqslant 2S_2^2)=P\left(\frac{S_1^2/S_2^2}{20/35}\geqslant 3.5\right)=P(F\geqslant 3.5).$$

查 F 分布表得 $F_{0.05}(7,9)=3.2927,F_{0.025}(7,9)=4.1970$,所以 $0.025<P(S_1^2\geqslant 2S_2^2)<0.05$.

6. 因 $X_1+X_2\sim N(0,2\sigma^2),X_1-X_2\sim N(0,2\sigma^2)$,故

$$\frac{X_1+X_2}{\sqrt{2}\sigma}\sim N(0,1),\frac{X_1-X_2}{\sqrt{2}\sigma}\sim N(0,1).$$

由 χ^2 分布的定义得

$$\frac{(X_1+X_2)^2}{2\sigma^2}\sim\chi^2(1),\quad \frac{(X_1-X_2)^2}{2\sigma^2}\sim\chi^2(1).$$

由 $\overline{X}=\frac{1}{2}(X_1+X_2)$ 得 $\frac{(X_1+X_2)^2}{2\sigma^2}=\frac{2}{\sigma^2}\overline{X}^2$;由

$$S^2=\left(X_1-\frac{X_1+X_2}{2}\right)^2+\left(X_2-\frac{X_1+X_2}{2}\right)^2=\frac{(X_1-X_2)^2}{2}$$

得 $\frac{(X_1-X_2)^2}{2\sigma^2}=\frac{S^2}{\sigma^2}$. 因 $\overline{X}$ 与 S^2 相互独立,故 $\frac{(X_1+X_2)^2}{2\sigma^2}$ 与 $\frac{(X_1-X_2)^2}{2\sigma^2}$ 相互独立.

由 F 分布的定义得 $F=\frac{(X_1+X_2)^2}{(X_1-X_2)^2}\sim F(1,1)$,于是

$$P\left(\frac{(X_1+X_2)^2}{(X_1-X_2)^2}<40\right)=P(F<40)=1-P(F\geqslant 40)\approx 1-0.1=0.9.$$

7. 设 $X\sim F(m,n)$,则对任意 $\alpha\ (0<\alpha<1)$ 有 $P(X>F_\alpha(m,n))=\alpha$. 由于 $\frac{1}{X}\sim F(n,m)$,所以 $P\left(\frac{1}{X}>F_{1-\alpha}(n,m)\right)=1-\alpha$,即 $P\left(X<\frac{1}{F_{1-\alpha}(n,m)}\right)=1-\alpha$,亦即 $P\left(X>\frac{1}{F_{1-\alpha}(n,m)}\right)=\alpha$. 比较 $P(X>F_\alpha(m,n))=\alpha$ 和 $P\left(X>\frac{1}{F_{1-\alpha}(n,m)}\right)=\alpha$,故 $F_\alpha(m,n)=\frac{1}{F_{1-\alpha}(n,m)}$.

8. 设来自同一总体的两个样本分别为 $X_{11},X_{21},\cdots,X_{n1}$ 和 $X_{12},X_{22},\cdots,X_{m2}$.

由 $\overline{X}_1=\frac{1}{n}\sum_{i=1}^{n}X_{i1},\overline{X}_2=\frac{1}{m}\sum_{i=1}^{m}X_{i2}$ 得

$$\overline{X}=\frac{1}{n+m}\left(\sum_{i=1}^{n}X_{i1}+\sum_{i=1}^{m}X_{i2}\right)=\frac{n\overline{X}_1+m\overline{X}_2}{n+m};$$

由 $S_1^2=\frac{1}{n-1}\sum_{i=1}^{n}(X_{i1}-\overline{X}_1)^2, S_2^2=\frac{1}{m-1}\sum_{i=1}^{m}(X_{i2}-\overline{X}_2)^2$ 得

$$\begin{aligned}
S^2&=\frac{1}{n+m-1}\left[\sum_{i=1}^{n}(X_{i1}-\overline{X})^2+\sum_{i=1}^{m}(X_{i2}-\overline{X})^2\right]\\
&=\frac{1}{n+m-1}\left[\sum_{i=1}^{n}(X_{i1}-\overline{X}_1+\overline{X}_1-\overline{X})^2+\sum_{i=1}^{m}(X_{i2}-\overline{X}_2+\overline{X}_2-\overline{X})^2\right]\\
&=\frac{1}{n+m-1}\left[\sum_{i=1}^{n}(X_{i1}-\overline{X}_1)^2+n(\overline{X}_1-\overline{X})^2+\sum_{i=1}^{m}(X_{i2}-\overline{X}_2)^2+m(\overline{X}_2-\overline{X})^2\right]\\
&=\frac{1}{n+m-1}[(n-1)S_1^2+(m-1)S_2^2+n(\overline{X}_1-\overline{X})^2+m(\overline{X}_2-\overline{X})^2]\\
&=\frac{(n-1)S_1^2+(m-1)S_2^2}{n+m-1}+\frac{n\left(\overline{X}_1-\frac{n\overline{X}_1+m\overline{X}_2}{n+m}\right)^2+m\left(\overline{X}_2-\frac{n\overline{X}_1+m\overline{X}_2}{n+m}\right)^2}{n+m-1}\\
&=\frac{(n-1)S_1^2+(m-1)S_2^2}{n+m-1}+\frac{nm^2\left(\frac{\overline{X}_1-\overline{X}_2}{n+m}\right)^2+mn^2\left(\frac{\overline{X}_1-\overline{X}_2}{n+m}\right)^2}{n+m-1}\\
&=\frac{(n-1)S_1^2+(m-1)S_2^2}{n+m-1}+\frac{nm(\overline{X}_1-\overline{X}_2)^2}{(n+m)(n+m-1)}.
\end{aligned}$$

习 题 七

第一部分 基本题

一、选择题:

1. C. **2.** C. **3.** B. **4.** D. **5.** A.

6. C. **7.** C. **8.** A. **9.** C. **10.** B.

二、填空题:

11. $2\overline{X}$. **12.** $\overline{X}/m$. **13.** $1/n$. **14.** $\overline{X}$. **15.** 62.

16. H_0 不真,接受 H_0. **17.** $\frac{\overline{X}-\mu_0}{\sigma/\sqrt{n}}$, $N(0,1)$.

18. 增加样本容量. **19.** “小概率事件”原理.

三、计算题:

20. $\hat{p}=1/\overline{X}$, $\hat{p}=1/\overline{X}$. **21.** $\hat{\lambda}=\overline{X}=1.9$, $\hat{\lambda}=\overline{X}=1.9$.

22. (1) $\hat{\theta}=\frac{2}{\overline{X}}$, $\hat{\theta}=\frac{2}{\overline{X}}$; (2) $\hat{\theta}=\frac{\overline{X}}{1-\overline{X}}$, $\hat{\theta}=-\frac{n}{\sum_{i=1}^{n}\ln X_i}$.

23. μ_3. **24.** 略. **25.** (1.00216,1.01784). **26.** (71.8,85.2).

27. (0.0382,0.5894). **28.** (55.2032,444.0978),(7.4299,21.0736).

29. (−1.014,3.814). **30.** (−6.187,17.687). **31.** (0.2219,3.5970).

32. $H_0:\mu=\mu_0, H_1:\mu\neq\mu_0\ (\mu_0=3.25)$；$T_0=\dfrac{\overline{X}-\mu_0}{S/\sqrt{n}}(=0.344)\sim t(n-1)$；

$W=\{|T_0|>4.6041\}$；接受 H_0.

33. $H_0:\mu\leqslant\mu_0, H_1:\mu>\mu_0\ (\mu_0=1000)$；$T_0=\dfrac{\overline{X}-\mu_0}{\sigma/\sqrt{n}}(=-2.5)\sim N(0,1)$；

$W=\{T_0>1.645\}$；接受 H_0.

34. $H_0:\sigma^2\leqslant\sigma_0^2, H_1:\sigma^2>\sigma_0^2\ (\sigma_0^2=0.005^2)$；$T_0=\dfrac{(n-1)S^2}{\sigma_0^2}(=15.68)\sim\chi^2(n-1)$；

$W=\{T_0>15.5078\}$；拒绝 H_0.

35. $H_0:\mu_1=\mu_2, H_1:\mu_1\neq\mu_2$；$T_0=\dfrac{\overline{X}-\overline{Y}}{\sqrt{\dfrac{\sigma_1^2}{m}+\dfrac{\sigma_2^2}{n}}}(=2.386)\sim N(0,1)$；

$W=\{|T_0|>1.645\}$；拒绝 H_0.

36. $H_0:\mu_1\leqslant\mu_2, H_1:\mu_1>\mu_2$；$T_0=\dfrac{\overline{X}-\overline{Y}}{S_w\sqrt{\dfrac{1}{m}+\dfrac{1}{n}}}(=2.0722)\sim t(m+n-2)$；

$W=\{T_0>1.6706\}$；拒绝 H_0.

37. $H_0:\sigma_1^2=\sigma_2^2, H_1:\sigma_1^2\neq\sigma_2^2$；$T_0=\dfrac{S_1^2}{S_2^2}(=1.8)\sim F(m-1,n-1)$；

$W=\{T_0>1.752$ 或 $T_0<0.5708\}$；拒绝 H_0.

38. $H_0:p_1=\cdots=p_6=\dfrac{1}{6}$；$T_0=\displaystyle\sum_{i=1}^{m}\frac{n_i^2}{np_i}-n(=2.8)\sim\chi^2(m-1)$；

$W=\{T_0>11.0703\}$；接受 H_0.

39. H_0：吸烟与气管炎是独立的；

$T_0=n\displaystyle\sum_{i=1}^{r}\sum_{j=1}^{s}\frac{(n_{ij}-n_{i\cdot}n_{\cdot j}/n)^2}{n_{i\cdot}n_{\cdot j}/n}(=7.48)\sim\chi^2((r-1)(s-1))$；

$W=\{T_0>6.6348\}$；拒绝 H_0.

第二部分　提高题

1. 因为 $X_1,X_2,\cdots,X_n$ 为来自总体 $X\sim P(\lambda)$ 的样本，所以 $X_1,X_2,\cdots,X_n$ 相互独立，并且 $E(X_i)=\lambda$，$D(X_i)=\lambda\ (i=1,2,\cdots,n)$. 因此

$$E(\overline{X})=\frac{1}{n}\sum_{i=1}^{n}E(X_i)=\lambda,\quad D(\overline{X})=\frac{1}{n^2}\sum_{i=1}^{n}D(X_i)=\frac{\lambda}{n}$$

$$\begin{aligned}E(S^2)&=\frac{1}{n-1}E\left[\sum_{i=1}^{n}(X_i-\overline{X})^2\right]=\frac{1}{n-1}\left[\sum_{i=1}^{n}E(X_i^2)-nE(\overline{X}^2)\right]\\&=\frac{1}{n-1}\left\{\sum_{i=1}^{n}[D(X_i)+E^2(X_i)]-n[D(\overline{X})+E^2(\overline{X})]\right\}\\&=\frac{1}{n-1}\left[n\lambda+n\lambda^2-n\left(\frac{\lambda}{n}+\lambda^2\right)\right]=\lambda,\end{aligned}$$

并且对一切 α $(0<\alpha<1)$,有

$$E[\alpha\overline{X}+(1-\alpha)S^2]=\alpha E(\overline{X})+(1-\alpha)E(S^2)=\alpha\lambda+(1-\alpha)\lambda=\lambda,$$

从而 S^2 和 $\alpha\overline{X}+(1-\alpha)S^2(0<\alpha<1)$ 都是 λ 的无偏估计量.

2.
$$\begin{aligned}E(\hat{\theta}_n-\theta)^2&=E[\hat{\theta}_n-E(\hat{\theta}_n)+E(\hat{\theta}_n)-\theta]^2\\&=E[\hat{\theta}_n-E(\hat{\theta}_n)]^2+2E[\hat{\theta}_n-E(\hat{\theta}_n)][E(\hat{\theta}_n)-\theta]+E[E(\hat{\theta}_n)-\theta]^2\\&=D(\hat{\theta}_n)+[E(\hat{\theta}_n)-\theta]^2.\end{aligned}$$

因为 $\lim\limits_{n\to\infty}E(\hat{\theta}_n-\theta)^2=0$,且 $D(\hat{\theta}_n)>0$,$[E(\hat{\theta}_n)-\theta]^2\geqslant0$,所以

$$\lim_{n\to\infty}D(\hat{\theta}_n)=0,\quad \lim_{n\to\infty}E(\hat{\theta}_n)=\theta.$$

由定理 7.2.1 知,$\hat{\theta}_n$ 是 θ 的一致(相合)估计量.

3. 由于

$$\begin{aligned}E\left[\sum_{i=1}^{n-1}C(X_{i+1}-X_i)^2\right]&=C\sum_{i=1}^{n-1}(EX_{i+1}^2-2EX_{i+1}X_i+EX_i^2)\\&=C\sum_{i=1}^{n-1}(\sigma^2+\mu^2-2\mu^2+\sigma^2+\mu^2)=2C(n-1)\sigma^2,\end{aligned}$$

故取 $C=\dfrac{1}{2(n-1)}$ 时,$\sum\limits_{i=1}^{n-1}C(X_{i+1}-X_i)^2$ 为 σ^2 的无偏估计. 这里用到了 $E(X_i^2)=E(X_{i+1}^2)=E(X^2)=\sigma^2+\mu^2$,以及 X_{i+1} 与 X_i 独立时,有

$$E(X_{i+1}X_i)=E(X_{i+1})E(X_i)=\mu^2.$$

4. 设总体 $X=\begin{cases}0, & \text{任取一球为黑球},\\1, & \text{任取一球为白球},\end{cases}$ 则 $X\sim B(1,p)$,其中 $p=\dfrac{1}{1+R}$. 又设 $X_1,X_2,\cdots,X_n$ 为来自总体 X 的样本,则 p 的最大似然估计量为 $\hat{p}=\overline{X}$. 由于 $R=\dfrac{1}{p}-1$ 为 p 的严格调递单减函数,所以 R 的最大似然估计量为 $\hat{R}=\dfrac{1}{\overline{X}}-1$. 根据题意,$\sum\limits_{i=1}^{n}X_i=k$,即 $\overline{X}=\dfrac{k}{n}$,故 R 的最大似然估计值为

$$\hat{R}=\frac{n}{k}-1.$$

5. 设 X 为电子管寿命,则 $X\sim N(\mu,\sigma^2)$. 于是 σ^2 的置信度为 $1-\alpha$ 的单侧上限置信区间是 $\left(0,\dfrac{(n-1)S^2}{\chi_{1-\alpha}^2(n-1)}\right)$,$\sigma$ 的置信度为 $1-\alpha$ 的单侧上限置信区间是 $\left(0,\sqrt{\dfrac{(n-1)S^2}{\chi_{1-\alpha}^2(n-1)}}\right)$. 由题意,$n=10$,$\alpha=0.05$,$S^2=45$. 查附表 3 得 $\chi_{0.95}^2(9)=3.3252$. 计算得 σ 的置信度为 0.95 的单侧上限置信区间是(0,11.0365).

6. 由于总体 $X\sim N(\mu,8)$,$X_1,X_2,\cdots,X_{36}$ 为来自总体 X 的样本,所以 $\overline{X}\sim N\left(\mu,\dfrac{8}{36}\right)$,即 $\dfrac{\overline{X}-\mu}{\sqrt{2/9}}\sim N(0,1)$. 故所求置信度为

$$\begin{aligned}P(\overline{X}-1<\mu<\overline{X}+1)&=P(-1<\mu-\overline{X}<1)=P\left(\left|\frac{\overline{X}-\mu}{\sqrt{2/9}}\right|<\frac{1}{\sqrt{2/9}}\right)\\&=2\Phi\left(\frac{1}{\sqrt{2/9}}\right)-1=0.966.\end{aligned}$$

7. (1) 求矩估计：设 $Y=X-a$，则 $Y\sim E(1/b)$，且 $E(Y)=b, D(Y)=b^2$. 因此

$$\begin{cases} E(X)=a+b=\overline{X}, \\ D(X)=b^2=\dfrac{n-1}{n}S^2, \end{cases} \quad \text{解得矩估计为} \quad \begin{cases} \hat{a}=\overline{X}-\sqrt{\dfrac{n-1}{n}}S, \\ \hat{b}=\sqrt{\dfrac{n-1}{n}}S. \end{cases}$$

(2) 求最大似然估计：似然函数为

$$L(a,b)=\prod_{i=1}^{n}f(x_i,a,b)=\begin{cases} \dfrac{1}{b^n}\prod\limits_{i=1}^{n}\mathrm{e}^{-\frac{x_i-a}{b}}, & x_i\geqslant a,\ i=1,2,\cdots,n, \\ 0, & \text{其他} \end{cases}$$

$$=\begin{cases} \dfrac{1}{b^n}\mathrm{e}^{-\frac{1}{b}\sum\limits_{i=1}^{n}(x_i-a)}, & x_i\geqslant a,\ i=1,2,\cdots,n. \\ 0, & \text{其他}. \end{cases}$$

取对数(最大值一定在似然函数大于零处达到，所以只要在似然函数大于零时取对数)得

$$\ln L(a,b)=-n\ln b-\frac{1}{b}\sum_{i=1}^{n}(x_i-a) \quad (x_i\geqslant a, i=1,2,\cdots,n),$$

再分别对 a,b 求导数并令其等于零得

$$\begin{cases} \dfrac{\partial \ln L}{\partial a}=\dfrac{1}{b}=0, \\ \dfrac{\partial \ln L}{\partial b}=-\dfrac{n}{b}+\dfrac{1}{b^2}\sum\limits_{k=1}^{n}(x_i-a)=0. \end{cases}$$

显然第一个方程无解，而当似然方程无解时，其最大值一般在参数的端点处取到. 由于 $a\leqslant x_1$，$a\leqslant x_2,\cdots,a\leqslant x_n$，且 $L(a,b)$ 关于 a 单调增加，所以当 $a=\min\{x_1,x_2,\cdots,x_n\}=x_{(1)}$ 时，$L(a,b)$ 取最大值. 从第二个方程解得 $b=\bar{x}-a$，所以 a,b 的最大似然估计量分别为

$$\hat{a}=\min\{X_1,X_2,\cdots,X_n\}=X_{(1)}, \quad \hat{b}=\overline{X}-X_{(1)}.$$

8. θ 的最大似然估计量为 $\hat{\theta}=\max\{X_1,X_2,\cdots,X_n\}=X_{(n)}$.

先求 $E(X_{(n)})$，因此要求 $X_{(n)}$ 的概率密度. 总体 X 的分布函数为

$$F(x)=\begin{cases} 0, & x<0, \\ x/\theta, & 0\leqslant x<\theta, \\ 1, & x\geqslant\theta, \end{cases}$$

从而 $X_{(n)}$ 的分布函数为

$$G(x)=F^n(x)=\begin{cases} 0, & x<0, \\ x^n/\theta^n, & 0\leqslant x<\theta, \\ 1, & x\geqslant\theta, \end{cases}$$

于是 $X_{(n)}$ 的概率密度为

$$g(x)=G'(x)=\begin{cases} nx^{n-1}/\theta^n, & 0<x<\theta, \\ 0, & \text{其他}. \end{cases}$$

所以
$$E(X_{(n)})=n\int_0^\theta x\frac{x^{n-1}}{\theta^n}\mathrm{d}x=\frac{n}{\theta^n}\int_0^\theta x^n\mathrm{d}x=\frac{n\theta^{n+1}}{(n+1)\theta^n}=\frac{n\theta}{n+1},$$

于是 $E\left(\frac{n+1}{n}X_{(n)}\right)=\theta$. 故估计量 $\frac{n+1}{n}X_{(n)}$ 为 θ 的无偏估计.

9. *解法* 1　湖中有记号的鱼的比例是 $\frac{r}{N}$(概率),而在捕出的 n 条中,有记号的鱼为 k 条,有记号的鱼的比例是 $\frac{k}{n}$(频率). 我们设想捕鱼完全是随机的,每条鱼被捕到的机会都相等,于是根据频率近似概率的原理(统计概率),便有 $\frac{r}{N}=\frac{k}{n}$,即得 $N=\frac{rn}{k}$. 因为 N 为整数,故取 $N=\left[\frac{rn}{k}\right]$(最大整数部分).

解法 2　设捕出的 n 条鱼中标有记号的鱼数为 X,则 X 是一个随机变量. 显然 X 只能取 $0,1,2,\cdots,r$,且

$$P(X=i)=\mathrm{C}_r^i\mathrm{C}_{N-r}^{n-i}/\mathrm{C}_N^n,\quad i=0,1,\cdots,r,$$

因而事件"捕出的 n 条鱼中出现 k 条有标记的鱼"的概率为

$$P(X=k)=\mathrm{C}_r^k\mathrm{C}_{N-r}^{n-k}/\mathrm{C}_N^n\triangleq L(N).$$

上式中 N 是一个未知参数,根据最大似然法,取参数 N 的估计值 $\hat{N}$,使得 $L(\hat{N})=\max L(N)$. 为此考虑

$$\begin{aligned}\frac{L(N)}{L(N-1)}&=\frac{\mathrm{C}_r^k\mathrm{C}_{N-r}^{n-k}}{\mathrm{C}_N^n}\cdot\frac{\mathrm{C}_r^k\mathrm{C}_{N-1}^n}{\mathrm{C}_r^k\mathrm{C}_{N-1-r}^{n-k}}=\frac{\mathrm{C}_{N-r}^{s-t}\mathrm{C}_{N-1}^{S}}{\mathrm{C}_N^n\mathrm{C}_{N-r-1}^{n-k}}\\&=\frac{(N-r)(N-n)}{N(N-r-n+k)}=\frac{N^2-Nr-Nn+rn}{N^2-Nr-Nn+rk}.\end{aligned}$$

所以,当 $rn<Nk$ 时,$L(N)/L(N-1)<1$,$L(N)$ 是 N 的单调递减函数;当 $rn>Nk$ 时,$L(N)/L(N-1)>1$,$L(N)$ 是 N 的单调递增函数. 于是,当 $N=\frac{rn}{k}$ 时,$L(N)$ 达到最大值,取 $N=\left[\frac{rn}{k}\right]$.

解法 3　用矩法. 因为 X 服从超几何分布,而超几何分布的数学期望为 $E(X)=rn/N$,此即捕 N 条鱼得到有标记的鱼的总体平均数,又现在只捕一次出现 k 条有标记的鱼,故由矩估计法,令总体一阶原点矩等于样本一阶原点矩,即 $\frac{rn}{N}=k$. 于是 $\hat{N}=\left[\frac{rn}{k}\right]$.

10. 设 X 表示各页印刷错误的个数,依题意提出假设

$$H_0: X\sim P(\lambda),\quad H_1: X\ \text{不服从泊松分布}.$$

先用最大似然法估计 λ 得

$$\hat{\lambda}=\overline{X}=(0\times35+1\times40+2\times20+3\times2+4\times1+5\times2)/100=1,$$

由泊松分布及样本取值情况,我们把数轴 $(-\infty,+\infty)$ 分划成 6 个小区间 $D_i(i=1,2,\cdots,6)$,其中前 5 个小区间分别包含 0,1,2,3,4,5,最后 1 个小区间包含 6,7,$\cdots$. 此时

$$p_1=P(X=0)=0.3679,\quad p_2=P(X=1)=0.3679,\quad p_3=P(X=2)=0.1839,$$
$$p_4=P(X=3)=0.0613,\quad p_5=P(X=4)=0.0153,\quad p_6=P(X\geqslant5)=0.0037,$$

又 $n_1=35,n_2=40,n_3=20,n_4=2,n_5=1,n_6=2$,所以

$$T_0=\sum_{i=1}^{6}\frac{n_i^2}{np_i}-n=\frac{35^2}{36.79}+\frac{40^2}{36.79}+\cdots+\frac{2^2}{0.37}-100=10.77.$$

近似地有 $T_0 \sim \chi^2(6-1-1)=\chi^2(4)$. 对给定的 $\alpha=0.05$,查附表 4 得 $\chi^2_{0.05}(4)=9.4873$. 因为 $T_0=10.77>9.4873=\chi^2_{0.05}(4)$,所以拒绝 H_0,即不能认为各页的印刷错误个数服从泊松分布.

11. 设 X 表示该门课程的成绩,依题意提出假设

$$H_0: X \sim N(\mu,\sigma^2), \quad H_1: X \text{ 不服从正态分布}.$$

先用最大似然法估计未知参数 μ 和 σ^2,它们分别为 $\hat{\mu}=\overline{X}$,$\widehat{\sigma^2}=\frac{n-1}{n}S^2$. 由于本题样本为分组数据,所以采用如下方法计算:

设 x_i^* 为第 i 组的组中值,则

$$\hat{\mu}=\overline{X}=\frac{\sum_i x_i^* n_i}{n}$$

$$=\frac{18.5\times 3+44.5\times 7+54.5\times 10+64.5\times 25+74.5\times 35+84.5\times 13+95\times 7}{100}$$

$$=69.51,$$

$$\widehat{\sigma^2}=\frac{n-1}{n}S^2=\frac{1}{n}\sum_i (x_i^*-\overline{X})^2 n_i=234.06.$$

原假设 H_0 改写成"$X\sim N(69.51,15.3^2)$". 由于第 1 个区间样本个数只有 3 个(小于 5),所以把第 1 个区间与第 2 个区间进行合并,使每个小区间中样本点个数都大于 5. 合并后区间个数 $m=6$. 具体计算结果见下表:

成绩区间$(a_{i-1},a_i]$	频数 n_i	$p_i=\Phi\left(\frac{a_i-\hat{\mu}}{\hat{\sigma}}\right)-\Phi\left(\frac{a_{i-1}-\hat{\mu}}{\hat{\sigma}}\right)$	np_i	$\frac{(n_i-np_i)^2}{np_i}$
$(-\infty,49]$	10	0.0801	8.01	0.49
$(49,59]$	10	0.1650	16.50	2.56
$(59,69]$	25	0.2429	24.29	0.02
$(69,79]$	35	0.2444	24.44	4.56
$(79,89]$	13	0.1656	16.56	0.77
$(89,+\infty)$	7	0.1020	10.20	1.00
$\sum$	100	1.0000	100.00	9.40

从上面计算得出 T_0 的观测值为 9.40. 在显著性水平 $\alpha=0.05$ 下,查自由度 $\nu=6-2-1=3$ 的 χ^2 分布表,得到临界值 $\chi^2_{0.05}(3)=7.8145$. 由 $T_0=9.40>7.8145=\chi^2_{0.05}(3)$,所以拒绝原假设 H_0,即认为这门课程的成绩不服从正态分布 $N(69.51,15.3^2)$.

12. 设 $X_1,X_2,\cdots,X_n$ 和 $Y_1,Y_2,\cdots,Y_n$ 分别为两总体的样本. 由于两总体的方差相等,所以可以构造检验统计量

$$T_0=\frac{\overline{X}-\overline{Y}}{S_w\sqrt{2/n}}\sim t(2n-2),$$

其中 $\overline{X},\overline{Y}$ 分别为两样本的均值，S_w^2 为两样本的加权方差，则拒绝域为 $W=\{|T_0|>t_{\alpha/2}(2n-2)\}$. 也可以构造一个新的总体 Z 和样本 $Z_1,Z_2,\cdots,Z_n$，其中

$$Z_i = X_i - Y_i\ (i=1,2,\cdots,n),\quad \overline{Z}=\overline{X}-\overline{Y},$$

$$S_Z^2=\frac{1}{n-1}\sum_{i=1}^{n}(Z_i-\overline{Z})^2=\frac{1}{n-1}\sum_{i=1}^{n}[X_i-Y_i-(\overline{X}-\overline{Y})]^2,$$

于是总体 $Z\sim N(\mu_1-\mu_2,2\sigma^2)$. 根据抽样分布定理得

$$\overline{Z}\sim N\left(\mu_1-\mu_2,\frac{2\sigma^2}{n}\right),\quad \frac{(n-1)S_Z^2}{2\sigma^2}\sim\chi^2(n-1),\quad 且\quad \frac{\overline{Z}-(\mu_1-\mu_2)}{S_Z/\sqrt{n}}\sim t(n-1),$$

所以可以构造检验统计量

$$T_0=\frac{\overline{Z}}{S_Z/\sqrt{n}}\sim t(n-1),$$

则拒绝域为 $W=\{|T_0|>t_{\alpha/2}(n-1)\}$.

13. 设 $\overline{X},\overline{Y}$ 分别为两样本的均值，则

$$\overline{X}\sim N\left(\mu_1,\frac{\sigma_1^2}{m}\right),\quad \overline{Y}\sim N\left(\mu_2,\frac{\sigma_2^2}{n}\right),$$

且 $\overline{X},\overline{Y}$ 相互独立. 所以

$$\overline{X}-2\overline{Y}\sim N\left(\mu_1-2\mu_2,\frac{\sigma_1^2}{m}+\frac{4\sigma_2^2}{n}\right),\quad 即\quad \frac{\overline{X}-2\overline{Y}-(\mu_1-2\mu_2)}{\sqrt{\frac{\sigma_1^2}{m}+\frac{4\sigma_2^2}{n}}}\sim N(0,1).$$

故在 H_0 成立的条件下，构造检验统计量

$$T_0=\frac{\overline{X}-2\overline{Y}}{\sqrt{\frac{\sigma_1^2}{m}+\frac{4\sigma_2^2}{n}}}\sim N(0,1),$$

从而拒绝域为 $W=\{T_0<-u_\alpha\}$.

附录 I 常见分布参数、估计量及数字特征一览表

分布	分布律或概率密度	参数	矩估计	最大似然估计	期望	方差
0-1 分布	$P(X=k)=p^k(1-p)^{1-k}$， $k=0,1$；$0<p<1$	$p\ (0<p<1)$	$\hat{p}=\overline{X}$	$\hat{p}=\overline{X}$	p	$p(1-p)$
二项分布 $B(m,p)$	$P(X=k)=C_m^k p^k q^{m-k}$， $k=0,1,2,\cdots,m;0<q=1-p<1$	$m\ (m\geqslant 1)$ $p\ (0<p<1)$	$\hat{p}=\frac{\overline{X}}{m}$	$\hat{p}=\frac{\overline{X}}{m}$	mp	mpq
泊松分布 $P(\lambda)$	$P(X=k)=e^{-\lambda}\frac{\lambda^k}{k!}$，$k=0,1,2,\cdots$，	$\lambda\ (\lambda>0)$	$\hat{\lambda}=\overline{X}$	$\hat{\lambda}=\overline{X}$	λ	λ
几何分布 $G(p)$	$P(X=k)=(1-p)^{k-1}p$，$k=1,2,\cdots$	$p\ (0<p<1)$	$\hat{p}=\frac{1}{\overline{X}}$	$\hat{p}=\frac{1}{\overline{X}}$	$\frac{1}{p}$	$\frac{1-p}{p^2}$
超几何分布 $H(N,M,n)$	$P(X=k)=\frac{C_M^k C_{N-M}^{n-k}}{C_N^n}$，$k=s,s+1,\cdots,l$， $n\leqslant N,M\leqslant N,l=\min\{n,M\}$， $s=\max\{0,n-N+M\}$，n,N,M 均为正整数	$n\leqslant N,M\leqslant N$， n,N,M 均为正整数			$n\frac{M}{N}$	$\frac{nM(N-M)(N-n)}{N^2(N-1)}$
均匀分布 $U[a,b]$	$f(x)=\begin{cases}\frac{1}{b-a}, & a\leqslant x\leqslant b,\\ 0, & 其他\end{cases}$	$a,b\ (a<b)$	$\hat{a}=\overline{X}-\sqrt{\frac{3(n-1)}{n}}S$ $\hat{b}=\overline{X}+\sqrt{\frac{3(n-1)}{n}}S$	$\hat{a}=\min\limits_{1\leqslant i\leqslant n}X_i$ $\hat{b}=\max\limits_{1\leqslant i\leqslant n}X_i$	$\frac{a+b}{2}$	$\frac{(b-a)^2}{12}$
指数分布 $E(\lambda)$	$f(x)=\begin{cases}\lambda e^{-\lambda x}, & x>0,\\ 0, & x\leqslant 0\end{cases}$	$\lambda\ (\lambda>0)$	$\hat{\lambda}=\frac{1}{\overline{X}}$	$\hat{\lambda}=\frac{1}{\overline{X}}$	$\frac{1}{\lambda}$	$\frac{1}{\lambda^2}$
正态分布 $N(\mu,\sigma^2)$	$f(x)=\frac{1}{\sigma\sqrt{2\pi}}e^{-\frac{(x-\mu)^2}{2\sigma^2}}$，$-\infty<x<+\infty$	μ,σ^2	$\hat{\mu}=\overline{X}$ $\hat{\sigma^2}=\frac{(n-1)}{n}S^2$	$\hat{\mu}=\overline{X}$ $\hat{\sigma^2}=\frac{(n-1)}{n}S^2$	μ	σ^2

附录Ⅱ 常用分布表

附表 1　泊松分布表　$P(X \leqslant k)=\sum_{x=0}^{k} \mathrm{e}^{-\lambda} \frac{\lambda^{x}}{x!}$

k \ λ	0.1	0.2	0.3	0.4	0.5	0.6	0.7	0.8	0.9	1.0
0	0.9048	0.8187	0.7408	0.6703	0.6065	0.5488	0.4966	0.4493	0.4066	0.3679
1	0.9953	0.9825	0.9631	0.9384	0.9098	0.8781	0.8442	0.8088	0.7725	0.7358
2	0.9998	0.9989	0.9964	0.9921	0.9856	0.9769	0.9659	0.9526	0.9371	0.9197
3	1.0000	0.9999	0.9997	0.9992	0.9982	0.9966	0.9942	0.9909	0.9865	0.9810
4		1.0000	1.0000	0.9999	0.9998	0.9996	0.9992	0.9986	0.9977	0.9963
5				1.0000	1.0000	1.0000	0.9999	0.9998	0.9997	0.9994
6							1.0000	1.0000	1.0000	0.9999
7										1.0000

k \ λ	1.1	1.2	1.3	1.4	1.5	1.6	1.7	1.8	1.9	2.0
0	0.3329	0.3012	0.2725	0.2466	0.2231	0.2019	0.1827	0.1653	0.1496	0.1353
1	0.6990	0.6626	0.6268	0.5918	0.5578	0.5249	0.4932	0.4628	0.4337	0.4060
2	0.9004	0.8795	0.8571	0.8335	0.8088	0.7834	0.7572	0.7306	0.7037	0.6767
3	0.9743	0.9662	0.9569	0.9463	0.9344	0.9212	0.9068	0.8913	0.8747	0.8571
4	0.9946	0.9923	0.9893	0.9857	0.9814	0.9763	0.9704	0.9636	0.9559	0.9473
5	0.9990	0.9985	0.9978	0.9968	0.9955	0.9940	0.9920	0.9896	0.9868	0.9834
6	0.9999	0.9997	0.9996	0.9994	0.9991	0.9987	0.9981	0.9974	0.9966	0.9955
7	1.0000	1.0000	0.9999	0.9999	0.9998	0.9997	0.9996	0.9994	0.9992	0.9989
8			1.0000	1.0000	1.0000	1.0000	0.9999	0.9999	0.9998	0.9998
9							1.0000	1.0000	1.0000	1.0000

k \ λ	2.1	2.2	2.3	2.4	2.5	2.6	2.7	2.8	2.9	3.0
0	0.1225	0.1108	0.1003	0.0907	0.0821	0.0743	0.0672	0.0608	0.0550	0.0498
1	0.3796	0.3546	0.3309	0.3084	0.2873	0.2674	0.2487	0.2311	0.2146	0.1991
2	0.6496	0.6227	0.5960	0.5697	0.5438	0.5184	0.4936	0.4695	0.4460	0.4232
3	0.8386	0.8194	0.7993	0.7787	0.7576	0.7360	0.7141	0.6919	0.6696	0.6472
4	0.9379	0.9275	0.9162	0.9041	0.8912	0.8774	0.8629	0.8477	0.8318	0.8153
5	0.9796	0.9751	0.9700	0.9643	0.9580	0.9510	0.9433	0.9349	0.9258	0.9161
6	0.9941	0.9925	0.9906	0.9884	0.9858	0.9828	0.9794	0.9756	0.9713	0.9665
7	0.9985	0.9980	0.9974	0.9967	0.9958	0.9947	0.9934	0.9919	0.9901	0.9881
8	0.9997	0.9995	0.9994	0.9991	0.9989	0.9985	0.9981	0.9976	0.9969	0.9962
9	0.9999	0.9999	0.9999	0.9998	0.9997	0.9996	0.9995	0.9993	0.9991	0.9989
10	1.0000	1.0000	1.0000	1.0000	0.9999	0.9999	0.9999	0.9998	0.9998	0.9997
11					1.0000	1.0000	1.0000	1.0000	0.9999	0.9999
12									1.0000	1.0000

(续表1)

k \ λ	3.1	3.2	3.3	3.4	3.5	3.6	3.7	3.8	3.9	4.0
0	0.0450	0.0408	0.0369	0.0334	0.0302	0.0273	0.0247	0.0224	0.0202	0.0183
1	0.1847	0.1712	0.1586	0.1468	0.1359	0.1257	0.1162	0.1074	0.0992	0.0916
2	0.4012	0.3799	0.3594	0.3397	0.3208	0.3027	0.2854	0.2689	0.2531	0.2381
3	0.6248	0.6025	0.5803	0.5584	0.5366	0.5152	0.4942	0.4735	0.4532	0.4335
4	0.7982	0.7806	0.7626	0.7442	0.7254	0.7064	0.6872	0.6678	0.6484	0.6288
5	0.9057	0.8946	0.8829	0.8705	0.8576	0.8441	0.8301	0.8156	0.8006	0.7851
6	0.9612	0.9554	0.9490	0.9421	0.9347	0.9267	0.9182	0.9091	0.8995	0.8893
7	0.9858	0.9832	0.9802	0.9769	0.9733	0.9692	0.9648	0.9599	0.9546	0.9489
8	0.9953	0.9943	0.9931	0.9917	0.9901	0.9883	0.9863	0.9840	0.9815	0.9786
9	0.9986	0.9982	0.9978	0.9973	0.9967	0.9960	0.9952	0.9942	0.9931	0.9919
10	0.9996	0.9995	0.9994	0.9992	0.9990	0.9987	0.9984	0.9981	0.9977	0.9972
11	0.9999	0.9999	0.9998	0.9998	0.9997	0.9996	0.9995	0.9994	0.9993	0.9991
12	1.0000	1.0000	1.0000	0.9999	0.9999	0.9999	0.9999	0.9998	0.9998	0.9997
13				1.0000	1.0000	1.0000	1.0000	1.0000	0.9999	0.9999
14									1.0000	1.0000

k \ λ	5	6	7	8	9	10
0	0.0067	0.0025	0.0009	0.0003	0.0001	0.0000
1	0.0404	0.0174	0.0073	0.0030	0.0012	0.0005
2	0.1247	0.0620	0.0296	0.0138	0.0062	0.0028
3	0.2650	0.1512	0.0818	0.0424	0.0212	0.0103
4	0.4405	0.2851	0.1730	0.0996	0.0550	0.0293
5	0.6160	0.4457	0.3007	0.1912	0.1157	0.0671
6	0.7622	0.6063	0.4497	0.3134	0.2068	0.1301
7	0.8666	0.7440	0.5987	0.4530	0.3239	0.2202
8	0.9319	0.8472	0.7291	0.5925	0.4557	0.3328
9	0.9682	0.9161	0.8305	0.7166	0.5874	0.4579
10	0.9863	0.9574	0.9015	0.8159	0.7060	0.5830
11	0.9945	0.9799	0.9467	0.8881	0.8030	0.6968
12	0.9980	0.9912	0.9730	0.9362	0.8758	0.7916
13	0.9993	0.9964	0.9872	0.9658	0.9261	0.8645
14	0.9998	0.9986	0.9943	0.9827	0.9585	0.9165
15	0.9999	0.9995	0.9976	0.9918	0.9780	0.9513
16	1.0000	0.9998	0.9990	0.9963	0.9889	0.9730
17		0.9999	0.9996	0.9984	0.9947	0.9857
18		1.0000	0.9999	0.9994	0.9976	0.9928
19			1.0000	0.9997	0.9989	0.9965
20				0.9999	0.9996	0.9984
21				1.0000	0.9998	0.9993
22					0.9999	0.9997
23					1.0000	0.9999
24						1.0000

附表 2 标准正态分布表 $\Phi(x)=\dfrac{1}{\sqrt{2\pi}}\int_{-\infty}^{x}\exp\left(-\dfrac{t^2}{2}\right)\mathrm{d}t$

x	0.000	0.005	0.010	0.015	0.020	0.025	0.030	0.035	0.040	0.045
0.0	0.5000	0.5020	0.5040	0.5060	0.5080	0.5100	0.5120	0.5140	0.5160	0.5179
0.1	0.5398	0.5418	0.5438	0.5458	0.5478	0.5497	0.5517	0.5537	0.5557	0.5576
0.2	0.5793	0.5812	0.5832	0.5851	0.5871	0.5890	0.5910	0.5929	0.5948	0.5968
0.3	0.6179	0.6198	0.6217	0.6236	0.6255	0.6274	0.6293	0.6312	0.6331	0.6350
0.4	0.6554	0.6573	0.6591	0.6609	0.6628	0.6646	0.6664	0.6682	0.6700	0.6718
0.5	0.6915	0.6932	0.6950	0.6967	0.6985	0.7002	0.7019	0.7037	0.7054	0.7071
0.6	0.7257	0.7274	0.7291	0.7307	0.7324	0.7340	0.7357	0.7373	0.7389	0.7405
0.7	0.7580	0.7596	0.7611	0.7627	0.7642	0.7658	0.7673	0.7688	0.7704	0.7719
0.8	0.7881	0.7896	0.7910	0.7925	0.7939	0.7953	0.7967	0.7981	0.7995	0.8009
0.9	0.8159	0.8173	0.8186	0.8199	0.8212	0.8225	0.8238	0.8251	0.8264	0.8277
1.0	0.8413	0.8426	0.8438	0.8449	0.8461	0.8473	0.8485	0.8497	0.8508	0.8520
1.1	0.8643	0.8654	0.8665	0.8676	0.8686	0.8697	0.8708	0.8718	0.8729	0.8739
1.2	0.8849	0.8859	0.8869	0.8878	0.8888	0.8897	0.8907	0.8916	0.8925	0.8934
1.3	0.9032	0.9041	0.9049	0.9057	0.9066	0.9074	0.9082	0.9091	0.9099	0.9107
1.4	0.9192	0.9200	0.9207	0.9215	0.9222	0.9229	0.9236	0.9244	0.9251	0.9258
1.5	0.9332	0.9338	0.9345	0.9351	0.9357	0.9364	0.9370	0.9376	0.9382	0.9388
1.6	0.9452	0.9458	0.9463	0.9468	0.9474	0.9479	0.9484	0.9490	0.9495	0.9500
1.7	0.9554	0.9559	0.9564	0.9568	0.9573	0.9577	0.9582	0.9586	0.9591	0.9595
1.8	0.9641	0.9645	0.9649	0.9652	0.9656	0.9660	0.9664	0.9667	0.9671	0.9675
1.9	0.9713	0.9716	0.9719	0.9723	0.9726	0.9729	0.9732	0.9735	0.9738	0.9741
2.0	0.9773	0.9775	0.9778	0.9780	0.9783	0.9786	0.9788	0.9791	0.9793	0.9796
2.1	0.9821	0.9824	0.9826	0.9828	0.9830	0.9832	0.9834	0.9836	0.9838	0.9840
2.2	0.9861	0.9863	0.9864	0.9866	0.9868	0.9870	0.9871	0.9873	0.9875	0.9876
2.3	0.9893	0.9894	0.9896	0.9897	0.9898	0.9900	0.9901	0.9902	0.9904	0.9905
2.4	0.9918	0.9919	0.9920	0.9921	0.9922	0.9923	0.9925	0.9926	0.9927	0.9928
2.5	0.9938	0.9939	0.9940	0.9940	0.9941	0.9942	0.9943	0.9944	0.9945	0.9945
2.6	0.9953	0.9954	0.9955	0.9955	0.9956	0.9957	0.9957	0.9958	0.9959	0.9959
2.7	0.9965	0.9966	0.9966	0.9967	0.9967	0.9968	0.9968	0.9969	0.9969	0.9970
2.8	0.9974	0.9975	0.9975	0.9976	0.9976	0.9976	0.9977	0.9977	0.9977	0.9978
2.9	0.9981	0.9982	0.9982	0.9982	0.9983	0.9983	0.9983	0.9983	0.9984	0.9984
3.0	0.9987	0.9987	0.9987	0.9987	0.9987	0.9988	0.9988	0.9988	0.9988	0.9988
3.1	0.9990	0.9990	0.9991	0.9991	0.9991	0.9991	0.9991	0.9991	0.9992	0.9992
3.2	0.9993	0.9993	0.9993	0.9993	0.9994	0.9994	0.9994	0.9994	0.9994	0.9994
3.3	0.9995	0.9995	0.9995	0.9995	0.9996	0.9996	0.9996	0.9996	0.9996	0.9996
3.4	0.9997	0.9997	0.9997	0.9997	0.9997	0.9997	0.9997	0.9997	0.9997	0.9997
3.5	0.9998	0.9998	0.9998	0.9998	0.9998	0.9998	0.9998	0.9998	0.9998	0.9998
3.6	0.9998	0.9998	0.9998	0.9999	0.9999	0.9999	0.9999	0.9999	0.9999	0.9999
3.7	0.9999	0.9999	0.9999	0.9999	0.9999	0.9999	0.9999	0.9999	0.9999	0.9999
3.8	0.9999	0.9999	0.9999	0.9999	0.9999	0.9999	0.9999	0.9999	0.9999	0.9999
3.9	1.0000	1.0000	1.0000	1.0000	1.0000	1.0000	1.0000	1.0000	1.0000	1.0000

(续表 2)

x	0.050	0.055	0.060	0.065	0.070	0.075	0.080	0.085	0.090	0.095
0.0	0.5199	0.5219	0.5239	0.5259	0.5279	0.5299	0.5319	0.5339	0.5359	0.5378
0.1	0.5596	0.5616	0.5636	0.5655	0.5675	0.5695	0.5714	0.5734	0.5753	0.5773
0.2	0.5987	0.6006	0.6026	0.6045	0.6064	0.6083	0.6103	0.6122	0.6141	0.6160
0.3	0.6368	0.6387	0.6406	0.6424	0.6443	0.6462	0.6480	0.6499	0.6517	0.6536
0.4	0.6736	0.6754	0.6772	0.6790	0.6808	0.6826	0.6844	0.6862	0.6879	0.6897
0.5	0.7088	0.7106	0.7123	0.7140	0.7157	0.7174	0.7190	0.7207	0.7224	0.7241
0.6	0.7422	0.7438	0.7454	0.7470	0.7486	0.7502	0.7517	0.7533	0.7549	0.7565
0.7	0.7734	0.7749	0.7764	0.7779	0.7794	0.7808	0.7823	0.7838	0.7852	0.7867
0.8	0.8023	0.8037	0.8051	0.8065	0.8079	0.8092	0.8106	0.8119	0.8133	0.8146
0.9	0.8289	0.8302	0.8315	0.8327	0.8340	0.8352	0.8365	0.8377	0.8389	0.8401
1.0	0.8531	0.8543	0.8554	0.8566	0.8577	0.8588	0.8599	0.8610	0.8621	0.8632
1.1	0.8749	0.8760	0.8770	0.8780	0.8790	0.8800	0.8810	0.8820	0.8830	0.8840
1.2	0.8944	0.8953	0.8962	0.8971	0.8980	0.8988	0.8997	0.9006	0.9015	0.9023
1.3	0.9115	0.9123	0.9131	0.9139	0.9147	0.9154	0.9162	0.9170	0.9177	0.9185
1.4	0.9265	0.9272	0.9279	0.9285	0.9292	0.9299	0.9306	0.9312	0.9319	0.9325
1.5	0.9394	0.9400	0.9406	0.9412	0.9418	0.9424	0.9429	0.9435	0.9441	0.9446
1.6	0.9505	0.9510	0.9515	0.9520	0.9525	0.9530	0.9535	0.9540	0.9545	0.9550
1.7	0.9599	0.9604	0.9608	0.9612	0.9616	0.9621	0.9625	0.9629	0.9633	0.9637
1.8	0.9678	0.9682	0.9686	0.9689	0.9693	0.9696	0.9699	0.9703	0.9706	0.9710
1.9	0.9744	0.9747	0.9750	0.9753	0.9756	0.9759	0.9761	0.9764	0.9767	0.9770
2.0	0.9798	0.9801	0.9803	0.9805	0.9808	0.9810	0.9812	0.9815	0.9817	0.9819
2.1	0.9842	0.9844	0.9846	0.9848	0.9850	0.9852	0.9854	0.9856	0.9857	0.9859
2.2	0.9878	0.9879	0.9881	0.9882	0.9884	0.9885	0.9887	0.9888	0.9890	0.9891
2.3	0.9906	0.9907	0.9909	0.9910	0.9911	0.9912	0.9913	0.9915	0.9916	0.9917
2.4	0.9929	0.9930	0.9931	0.9931	0.9932	0.9933	0.9934	0.9935	0.9936	0.9937
2.5	0.9946	0.9947	0.9948	0.9948	0.9949	0.9950	0.9951	0.9951	0.9952	0.9953
2.6	0.9960	0.9960	0.9961	0.9962	0.9962	0.9963	0.9963	0.9964	0.9964	0.9965
2.7	0.9970	0.9971	0.9971	0.9972	0.9972	0.9972	0.9973	0.9973	0.9974	0.9974
2.8	0.9978	0.9978	0.9979	0.9979	0.9979	0.9980	0.9980	0.9980	0.9981	0.9981
2.9	0.9984	0.9984	0.9985	0.9985	0.9985	0.9985	0.9986	0.9986	0.9986	0.9986
3.0	0.9989	0.9989	0.9989	0.9989	0.9989	0.9989	0.9990	0.9990	0.9990	0.9990
3.1	0.9992	0.9992	0.9992	0.9992	0.9992	0.9993	0.9993	0.9993	0.9993	0.9993
3.2	0.9994	0.9994	0.9994	0.9995	0.9995	0.9995	0.9995	0.9995	0.9995	0.9995
3.3	0.9996	0.9996	0.9996	0.9996	0.9996	0.9996	0.9996	0.9996	0.9997	0.9997
3.4	0.9997	0.9997	0.9997	0.9997	0.9997	0.9997	0.9997	0.9998	0.9998	0.9998
3.5	0.9998	0.9998	0.9998	0.9998	0.9998	0.9998	0.9998	0.9998	0.9998	0.9998
3.6	0.9999	0.9999	0.9999	0.9999	0.9999	0.9999	0.9999	0.9999	0.9999	0.9999
3.7	0.9999	0.9999	0.9999	0.9999	0.9999	0.9999	0.9999	0.9999	0.9999	0.9999
3.8	0.9999	0.9999	0.9999	0.9999	0.9999	0.9999	0.9999	0.9999	1.0000	1.0000
3.9	1.0000	1.0000	1.0000	1.0000	1.0000	1.0000	1.0000	1.0000		

附表3 t 分布表 $P(t(n)>t_\alpha(n))=\alpha$

n \ α	0.1	0.05	0.025	0.01	0.005	n \ α	0.1	0.05	0.025	0.01	0.005
1	3.0777	6.3138	12.7062	31.8205	63.6567	29	1.3114	1.6991	2.0452	2.4620	2.7564
2	1.8856	2.9200	4.3027	6.9646	9.9248	30	1.3104	1.6973	2.0423	2.4573	2.7500
3	1.6377	2.3534	3.1824	4.5407	5.8409	31	1.3095	1.6955	2.0395	2.4528	2.7440
4	1.5332	2.1318	2.7764	3.7469	4.6041	32	1.3086	1.6939	2.0369	2.4487	2.7385
5	1.4759	2.0151	2.5706	3.3649	4.0321	33	1.3077	1.6924	2.0345	2.4448	2.7333
6	1.4398	1.9432	2.4469	3.1427	3.7074	34	1.3069	1.6909	2.0322	2.4412	2.7284
7	1.4149	1.8946	2.3646	2.9979	3.4995	35	1.3062	1.6896	2.0301	2.4377	2.7238
8	1.3968	1.8595	2.3060	2.8965	3.3554	36	1.3055	1.6883	2.0281	2.4345	2.7195
9	1.3830	1.8331	2.2622	2.8214	3.2498	37	1.3048	1.6871	2.0262	2.4314	2.7154
10	1.3722	1.8125	2.2281	2.7638	3.1693	38	1.3042	1.6859	2.0244	2.4286	2.7116
11	1.3634	1.7959	2.2010	2.7181	3.1058	39	1.3036	1.6849	2.0227	2.4258	2.7079
12	1.3562	1.7823	2.1788	2.6810	3.0545	40	1.3031	1.6838	2.0211	2.4232	2.7045
13	1.3502	1.7709	2.1604	2.6503	3.0123	50	1.2987	1.6759	2.0086	2.4033	2.6778
14	1.3450	1.7613	2.1448	2.6245	2.9768	60	1.2958	1.6706	2.0003	2.3901	2.6603
15	1.3406	1.7531	2.1315	2.6025	2.9467	70	1.2937	1.6669	1.9944	2.3808	2.6479
16	1.3368	1.7459	2.1199	2.5835	2.9208	80	1.2922	1.6641	1.9901	2.3739	2.6387
17	1.3334	1.7396	2.1098	2.5669	2.8982	90	1.2911	1.6620	1.9867	2.3685	2.6316
18	1.3304	1.7341	2.1009	2.5524	2.8784	100	1.2900	1.6602	1.9840	2.3642	2.6259
19	1.3277	1.7291	2.0930	2.5395	2.8609	120	1.2886	1.6577	1.9799	2.3578	2.6174
20	1.3253	1.7247	2.0860	2.5280	2.8453	140	1.2876	1.6558	1.9771	2.3533	2.6114
21	1.3232	1.7207	2.0796	2.5177	2.8314	160	1.2869	1.6544	1.9749	2.3499	2.6069
22	1.3212	1.7171	2.0739	2.5083	2.8188	180	1.2863	1.6534	1.9732	2.3472	2.6034
23	1.3195	1.7139	2.0687	2.4999	2.8073	200	1.2858	1.6525	1.9719	2.3452	2.6006
24	1.3178	1.7109	2.0639	2.4922	2.7969	300	1.2845	1.6499	1.9679	2.3388	2.5923
25	1.3163	1.7081	2.0595	2.4851	2.7874	400	1.2835	1.6486	1.9660	2.3357	2.5882
26	1.3150	1.7056	2.0555	2.4786	2.7787	1000	1.2824	1.6464	1.9623	2.3301	2.5808
27	1.3137	1.7033	2.0518	2.4727	2.7707	∞	1.2816	1.6449	1.9600	2.3263	2.5758
28	1.3125	1.7011	2.0484	2.4671	2.7633						

附表4 χ^2 分布表 $P(\chi^2(n)>\chi^2_\alpha(n))=\alpha$

n \ α	0.995	0.99	0.975	0.95	0.9	0.1	0.05	0.025	0.01	0.005
1	0.0000	0.0002	0.0010	0.0039	0.0158	2.7056	3.8418	5.0234	6.6348	7.8828
2	0.0100	0.0201	0.0506	0.1026	0.2107	4.6050	5.9912	7.3779	9.2109	10.5938
3	0.0718	0.1149	0.2158	0.3518	0.5844	6.2515	7.8145	9.3477	11.3438	12.8359
4	0.2070	0.2971	0.4844	0.7107	1.0636	7.7793	9.4873	11.1426	13.2773	14.8594
5	0.4116	0.5542	0.8313	1.1455	1.6104	9.2363	11.0703	12.8320	15.0859	16.7500
6	0.6758	0.8721	1.2373	1.6353	2.2041	10.6445	12.5918	14.4492	16.8125	18.5469
7	0.9893	1.2393	1.6899	2.1675	2.8330	12.0171	14.0674	16.0117	18.4766	20.2813
8	1.3438	1.6465	2.1797	2.7327	3.4895	13.3613	15.5078	17.5352	20.0898	21.9531
9	1.7344	2.0879	2.7002	3.3252	4.1682	14.6836	16.9189	19.0234	21.6641	23.5938

(续表 4)

n \ α	0.995	0.99	0.975	0.95	0.9	0.1	0.05	0.025	0.01	0.005
10	2.1563	2.5586	3.2471	3.9404	4.8652	15.9873	18.3066	20.4844	23.2109	25.1875
11	2.6035	3.0537	3.8154	4.5747	5.5776	17.2749	19.6758	21.9199	24.7266	26.7578
12	3.0742	3.5703	4.4038	5.2261	6.3037	18.5493	21.0254	23.3359	26.2188	28.2969
13	3.5664	4.1074	5.0088	5.8916	7.0415	19.8120	22.3623	24.7344	27.6875	29.8203
14	4.0742	4.6602	5.6289	6.5708	7.7896	21.0645	23.6846	26.1191	29.1406	31.3203
15	4.6016	5.2285	6.2617	7.2607	8.5469	22.3071	24.9961	27.4883	30.5781	32.7969
16	5.1406	5.8125	6.9082	7.9619	9.3123	23.5420	26.2969	28.8457	31.9980	34.2656
17	5.6973	6.4082	7.5645	8.6719	10.0850	24.7690	27.5879	30.1914	33.4063	35.7188
18	6.2656	7.0156	8.2305	9.3906	10.8647	25.9893	28.8691	31.5273	34.8047	37.1563
19	6.8438	7.6328	8.9063	10.1172	11.6509	27.2036	30.1436	32.8516	36.1875	38.5781
20	7.4336	8.2598	9.5908	10.8506	12.4424	28.4121	31.4102	34.1699	37.5664	40.0000
21	8.0352	8.8984	10.2832	11.5913	13.2397	29.6152	32.6699	35.4785	38.9297	41.4063
22	8.6406	9.5430	10.9824	12.3379	14.0415	30.8135	33.9238	36.7813	40.2891	42.7969
23	9.2617	10.1953	11.6885	13.0908	14.8481	32.0068	35.1719	38.0742	41.6406	44.1875
24	9.8867	10.8555	12.4014	13.8486	15.6587	33.1963	36.4150	39.3633	42.9766	45.5625
25	10.5195	11.5234	13.1191	14.6113	16.4736	34.3818	37.6523	40.6465	44.3125	46.9219
26	11.1602	12.1992	13.8438	15.3789	17.2920	35.5635	38.8848	41.9219	45.6406	48.2969
27	11.8086	12.8789	14.5742	16.1514	18.1138	36.7412	40.1133	43.1953	46.9609	49.6406
28	12.4609	13.5664	15.3086	16.9277	18.9395	37.9160	41.3379	44.4609	48.2813	51.0000
29	13.1211	14.2578	16.0469	17.7080	19.7676	39.0879	42.5566	45.7227	49.5859	52.3281
30	13.7891	14.9531	16.7910	18.4922	20.5991	40.2559	43.7734	46.9805	50.8906	53.6719
31	14.4609	15.6563	17.5391	19.2803	21.4336	41.4219	44.9844	48.2305	52.1875	55.0000
32	15.1328	16.3633	18.2910	20.0723	22.2705	42.5850	46.1934	49.4805	53.4844	56.3281
33	15.8125	17.0742	19.0469	20.8662	23.1104	43.7451	47.4004	50.7266	54.7734	57.6563
34	16.5000	17.7891	19.8066	21.6641	23.9521	44.9033	48.6016	51.9648	56.0625	58.9688
35	17.1953	18.5078	20.5703	22.4648	24.7969	46.0586	49.8027	53.2031	57.3438	60.2813
36	17.8867	19.2344	21.3359	23.2686	25.6436	47.2119	50.9980	54.4375	58.6172	61.5781
37	18.5859	19.9609	22.1055	24.0752	26.4922	48.3633	52.1914	55.6680	59.8906	62.8750
38	19.2891	20.6914	22.8789	24.8838	27.3428	49.5127	53.3828	56.8945	61.1641	64.1875
39	19.9922	21.4258	23.6543	25.6953	28.1958	50.6602	54.5723	58.1211	62.4297	65.4688
40	20.7031	22.1641	24.4336	26.5098	29.0508	51.8047	55.7578	59.3398	63.6875	66.7656
50	27.9922	29.7070	32.3574	34.7637	37.6885	63.1670	67.5039	71.4219	76.1563	79.4844
60	35.5313	37.4844	40.4805	43.1875	46.4590	74.3965	79.0820	83.2969	88.3750	91.9531
70	43.2734	45.4414	48.7578	51.7393	55.3291	85.5273	90.5313	95.0234	100.4219	104.2188
80	51.1719	53.5391	57.1523	60.3906	64.2773	96.5781	101.8789	106.6289	112.3281	116.3125
90	59.2031	61.7578	65.6484	69.1250	73.2910	107.5645	113.1445	118.1367	124.1172	128.2969
100	67.3281	70.0625	74.2227	77.9297	82.3584	118.4980	124.3418	129.5625	135.8125	140.1719
120	83.8516	86.9233	91.5726	95.7046	100.6236	140.2326	146.5674	152.2114	158.9502	163.6482
140	100.6548	104.0344	109.1369	113.6593	119.0293	161.8270	168.6130	174.6478	181.8403	186.8468
160	117.6793	121.3456	126.8700	131.7561	137.5457	183.3106	190.5165	196.9151	204.5301	209.8239
180	134.8844	138.8204	144.7413	149.9688	156.1526	204.7037	212.3039	219.0443	227.0561	232.6198
200	152.2500	156.4375	162.7266	168.2773	174.8359	226.0215	233.9922	241.0547	249.4375	255.2500
250	196.1606	200.9386	208.0978	214.3916	221.8059	279.0504	287.8815	295.6886	304.9396	311.3462
300	240.6563	245.9688	253.9141	260.8789	269.0684	331.7891	341.3945	349.8750	359.9063	366.8438
400	330.9063	337.1563	346.4844	354.6406	364.2070	436.6484	447.6328	457.3047	468.7188	476.6250
1000	888.5635	898.9124	914.2572	927.5944	943.1326	1057.7239	1074.6794	888.5635	898.9124	914.2572

附表5 F分布表 $P(F(n_1,n_2)>F_\alpha(n_1,n_2))=\alpha$

$\alpha=0.10$

n_1 \ n_2	1	2	3	4	5	6	7	8	9	10	12	14	16	18	20
1	39.8635	8.5263	5.5383	4.5448	4.0604	3.7760	3.5894	3.4579	3.3603	3.2850	3.1765	3.1022	3.0481	3.0070	2.9747
2	49.5000	9.0000	5.4624	4.3246	3.7797	3.4633	3.2574	3.1131	3.0065	2.9245	2.8068	2.7265	2.6682	2.6239	2.5893
3	53.5932	9.1618	5.3908	4.1909	3.6195	3.2888	3.0741	2.9238	2.8129	2.7277	2.6055	2.5222	2.4618	2.4160	2.3801
4	55.8330	9.2434	5.3426	4.1073	3.5202	3.1808	2.9605	2.8064	2.6927	2.6053	2.4801	2.3947	2.3327	2.2858	2.2489
5	57.2401	9.2926	5.3092	4.0506	3.4530	3.1075	2.8833	2.7264	2.6106	2.5216	2.3940	2.3069	2.2438	2.1958	2.1582
6	58.2044	9.3255	5.2847	4.0097	3.4045	3.0546	2.8274	2.6683	2.5509	2.4606	2.3310	2.2426	2.1783	2.1296	2.0913
7	58.9060	9.3491	5.2662	3.9790	3.3679	3.0145	2.7849	2.6241	2.5053	2.4140	2.2828	2.1931	2.1280	2.0785	2.0397
8	59.4390	9.3668	5.2517	3.9549	3.3393	2.9830	2.7516	2.5893	2.4694	2.3772	2.2446	2.1539	2.0880	2.0379	1.9985
9	59.8576	9.3805	5.2400	3.9357	3.3163	2.9577	2.7247	2.5612	2.4403	2.3473	2.2135	2.1220	2.0553	2.0047	1.9649
10	60.1950	9.3916	5.2304	3.9199	3.2974	2.9369	2.7025	2.5380	2.4163	2.3226	2.1878	2.0954	2.0281	1.9770	1.9367
11	60.4727	9.4006	5.2224	3.9067	3.2816	2.9195	2.6839	2.5186	2.3961	2.3018	2.1660	2.0730	2.0051	1.9535	1.9129
12	60.7052	9.4081	5.2156	3.8955	3.2682	2.9047	2.6681	2.5020	2.3789	2.2841	2.1474	2.0537	1.9854	1.9333	1.8924
13	60.9028	9.4145	5.2098	3.8859	3.2567	2.8920	2.6545	2.4876	2.3640	2.2687	2.1313	2.0370	1.9682	1.9158	1.8745
14	61.0727	9.4200	5.2047	3.8776	3.2468	2.8809	2.6426	2.4752	2.3510	2.2553	2.1173	2.0224	1.9532	1.9004	1.8588
15	61.2203	9.4247	5.2003	3.8704	3.2380	2.8712	2.6322	2.4642	2.3396	2.2435	2.1049	2.0095	1.9399	1.8868	1.8449
16	61.3499	9.4289	5.1964	3.8639	3.2303	2.8626	2.6230	2.4545	2.3295	2.2330	2.0938	1.9981	1.9281	1.8747	1.8325
17	61.4644	9.4325	5.1929	3.8582	3.2234	2.8550	2.6148	2.4458	2.3205	2.2237	2.0839	1.9878	1.9175	1.8638	1.8214
18	61.5664	9.4358	5.1898	3.8531	3.2172	2.8481	2.6074	2.4380	2.3123	2.2153	2.0750	1.9785	1.9079	1.8539	1.8113
19	61.6579	9.4387	5.1870	3.8485	3.2117	2.8419	2.6008	2.4310	2.3050	2.2077	2.0670	1.9701	1.8992	1.8450	1.8022
20	61.7403	9.4413	5.1845	3.8443	3.2067	2.8363	2.5947	2.4246	2.2983	2.2007	2.0597	1.9625	1.8913	1.8368	1.7938
22	61.8829	9.4458	5.1801	3.8371	3.1979	2.8266	2.5842	2.4135	2.2867	2.1887	2.0469	1.9490	1.8774	1.8225	1.7792
24	62.0020	9.4496	5.1764	3.8310	3.1905	2.8183	2.5753	2.4041	2.2768	2.1784	2.0360	1.9377	1.8656	1.8103	1.7667
26	62.1030	9.4528	5.1732	3.8258	3.1842	2.8113	2.5677	2.3961	2.2684	2.1697	2.0267	1.9279	1.8554	1.7999	1.7559
28	62.1897	9.4556	5.1705	3.8213	3.1788	2.8053	2.5612	2.3891	2.2611	2.1621	2.0186	1.9194	1.8466	1.7907	1.7465
30	62.2650	9.4579	5.1681	3.8174	3.1741	2.8000	2.5555	2.3830	2.2547	2.1554	2.0115	1.9119	1.8388	1.7827	1.7382
40	62.5291	9.4662	5.1597	3.8036	3.1573	2.7812	2.5351	2.3614	2.2320	2.1317	1.9861	1.8852	1.8108	1.7537	1.7083
50	62.6881	9.4712	5.1546	3.7952	3.1471	2.7697	2.5226	2.3481	2.2180	2.1171	1.9704	1.8686	1.7934	1.7356	1.6896
60	62.7943	9.4746	5.1512	3.7896	3.1402	2.7620	2.5142	2.3391	2.2085	2.1072	1.9597	1.8572	1.7816	1.7232	1.6768
80	62.9273	9.4787	5.1469	3.7825	3.1316	2.7522	2.5036	2.3277	2.1965	2.0946	1.9461	1.8428	1.7664	1.7073	1.6603
100	63.0073	9.4812	5.1443	3.7782	3.1263	2.7463	2.4971	2.3208	2.1892	2.0869	1.9379	1.8340	1.7570	1.6976	1.6501
200	63.1675	9.4862	5.1390	3.7695	3.1157	2.7343	2.4841	2.3068	2.1744	2.0713	1.9888	1.9210	1.8642	1.8159	1.7743
∞	63.3281	9.4912	5.1337	3.7607	3.1050	2.7222	2.4708	2.2926	2.1592	2.0554	1.9036	1.7973	1.7182	1.6567	1.6074

$\alpha=0.10$ （续表5）

n_1 \ n_2	22	24	26	28	30	35	40	45	50	60	80	90	100	120	∞
1	2.9486	2.9271	2.9091	2.8938	2.8807	2.8547	2.8354	2.8205	2.8087	2.7911	2.7693	2.7621	2.7564	2.7478	2.7055
2	2.5613	2.5383	2.5191	2.5028	2.4887	2.4609	2.4404	2.4245	2.4120	2.3933	2.3701	2.3625	2.3564	2.3473	2.3026
3	2.3512	2.3274	2.3075	2.2906	2.2761	2.2474	2.2261	2.2097	2.1967	2.1774	2.1535	2.1457	2.1394	2.1300	2.0838
4	2.2193	2.1949	2.1745	2.1571	2.1422	2.1128	2.0910	2.0742	2.0608	2.0410	2.0165	2.0084	2.0019	1.9923	1.9449
5	2.1279	2.1030	2.0822	2.0645	2.0492	2.0191	1.9968	1.9796	1.9660	1.9457	1.9206	1.9123	1.9057	1.8959	1.8473
6	2.0605	2.0351	2.0139	1.9959	1.9803	1.9496	1.9269	1.9094	1.8954	1.8747	1.8491	1.8406	1.8339	1.8238	1.7741
7	2.0084	1.9826	1.9610	1.9427	1.9269	1.8957	1.8725	1.8547	1.8405	1.8194	1.7933	1.7847	1.7778	1.7675	1.7167
8	1.9668	1.9407	1.9188	1.9001	1.8841	1.8524	1.8289	1.8107	1.7963	1.7748	1.7483	1.7395	1.7324	1.7220	1.6702
9	1.9327	1.9063	1.8841	1.8652	1.8490	1.8168	1.7929	1.7745	1.7598	1.7380	1.7110	1.7021	1.6949	1.6842	1.6315
10	1.9043	1.8775	1.8550	1.8359	1.8195	1.7869	1.7627	1.7440	1.7292	1.7070	1.6796	1.6705	1.6632	1.6524	1.5987
11	1.8801	1.8530	1.8303	1.8110	1.7944	1.7614	1.7369	1.7180	1.7029	1.6805	1.6526	1.6434	1.6360	1.6250	1.5705
12	1.8593	1.8319	1.8090	1.7895	1.7727	1.7394	1.7146	1.6954	1.6802	1.6574	1.6292	1.6199	1.6124	1.6012	1.5458
13	1.8411	1.8136	1.7904	1.7708	1.7538	1.7201	1.6950	1.6757	1.6602	1.6372	1.6086	1.5992	1.5916	1.5803	1.5240
14	1.8252	1.7974	1.7741	1.7542	1.7371	1.7031	1.6778	1.6582	1.6426	1.6193	1.5904	1.5808	1.5731	1.5617	1.5046
15	1.8111	1.7831	1.7596	1.7395	1.7223	1.6880	1.6624	1.6426	1.6269	1.6034	1.5741	1.5644	1.5566	1.5450	1.4871
16	1.7984	1.7703	1.7466	1.7264	1.7090	1.6744	1.6486	1.6287	1.6128	1.5890	1.5594	1.5496	1.5418	1.5300	1.4714
17	1.7871	1.7587	1.7349	1.7146	1.6970	1.6622	1.6362	1.6161	1.6000	1.5760	1.5461	1.5362	1.5283	1.5164	1.4570
18	1.7768	1.7483	1.7243	1.7039	1.6862	1.6511	1.6249	1.6046	1.5884	1.5642	1.5340	1.5240	1.5160	1.5039	1.4439
19	1.7675	1.7388	1.7147	1.6941	1.6763	1.6410	1.6146	1.5941	1.5778	1.5534	1.5230	1.5128	1.5047	1.4926	1.4318
20	1.7590	1.7302	1.7059	1.6852	1.6673	1.6317	1.6052	1.5846	1.5681	1.5435	1.5128	1.5025	1.4943	1.4821	1.4206
22	1.7440	1.7149	1.6904	1.6695	1.6514	1.6154	1.5884	1.5676	1.5509	1.5259	1.4947	1.4842	1.4759	1.4634	1.4006
24	1.7312	1.7019	1.6771	1.6560	1.6377	1.6013	1.5741	1.5530	1.5361	1.5107	1.4790	1.4684	1.4600	1.4472	1.3832
26	62.1030	9.4528	5.1732	3.8258	3.1842	2.8113	2.5677	2.3961	2.2684	2.1697	2.0267	1.9279	1.8554	1.7999	1.7559
28	62.1897	9.4556	5.1705	3.8213	3.1788	2.8053	2.5612	2.3891	2.2611	2.1621	2.0186	1.9194	1.8466	1.7907	1.7465
30	62.2650	9.4579	5.1681	3.8174	3.1741	2.8000	2.5555	2.3830	2.2547	2.1554	2.0115	1.9119	1.8388	1.7827	1.7382
40	62.5291	9.4662	5.1597	3.8036	3.1573	2.7812	2.5351	2.3614	2.2320	2.1317	1.9861	1.8852	1.8108	1.7537	1.7083
50	62.6881	9.4712	5.1546	3.7952	3.1471	2.7697	2.5226	2.3481	2.2180	2.1171	1.9704	1.8686	1.7934	1.7356	1.6896
60	62.7943	9.4746	5.1512	3.7896	3.1402	2.7620	2.5142	2.3391	2.2085	2.1072	1.9597	1.8572	1.7816	1.7232	1.6768
80	62.9273	9.4787	5.1469	3.7825	3.1316	2.7522	2.5036	2.3277	2.1965	2.0946	1.9461	1.8428	1.7664	1.7073	1.6603
100	63.0073	9.4812	5.1443	3.7782	3.1263	2.7463	2.4971	2.3208	2.1892	2.0869	1.9379	1.8340	1.7570	1.6976	1.6501
200	63.1675	9.4862	5.1390	3.7695	3.1157	2.7343	2.4841	2.3068	2.1744	2.0713	1.9210	1.8159	1.7379	1.6775	1.6292
∞	63.3281	9.4912	5.1337	3.7607	3.1050	2.7222	2.4708	2.2926	2.1592	2.0554	1.9036	1.7973	1.7182	1.6567	1.6074

$\alpha=0.05$ (续表5)

n_1 \ n_2	1	2	3	4	5	6	7	8	9	10	12	14	16	18	20
1	161.4476	18.5128	10.1280	7.7086	6.6079	5.9874	5.5914	5.3177	5.1174	4.9646	4.7472	4.6001	4.4940	4.4139	4.3512
2	199.5000	19.0000	9.5521	6.9443	5.7861	5.1433	4.7374	4.4590	4.2565	4.1028	3.8853	3.7389	3.6337	3.5546	3.4928
3	215.7073	19.1643	9.2766	6.5914	5.4095	4.7571	4.3468	4.0662	3.8625	3.7083	3.4903	3.3439	3.2389	3.1599	3.0984
4	224.5832	19.2468	9.1172	6.3882	5.1922	4.5337	4.1203	3.8379	3.6331	3.4781	3.2592	3.1123	3.0069	2.9277	2.8661
5	230.1619	19.2964	9.0135	6.2561	5.0503	4.3874	3.9715	3.6875	3.4817	3.3258	3.1059	2.9582	2.8524	2.7729	2.7109
6	233.9860	19.3295	8.9406	6.1631	4.9503	4.2839	3.8660	3.5806	3.3738	3.2172	2.9961	2.8477	2.7413	2.6613	2.5990
7	236.7684	19.3532	8.8867	6.0942	4.8759	4.2067	3.7870	3.5005	3.2927	3.1355	2.9134	2.7642	2.6572	2.5767	2.5140
8	238.8827	19.3710	8.8452	6.0410	4.8183	4.1468	3.7257	3.4381	3.2296	3.0717	2.8486	2.6987	2.5911	2.5102	2.4471
9	240.5433	19.3848	8.8123	5.9988	4.7725	4.0990	3.6767	3.3881	3.1789	3.0204	2.7964	2.6458	2.5377	2.4563	2.3928
10	241.8817	19.3959	8.7855	5.9644	4.7351	4.0600	3.6365	3.3472	3.1373	2.9782	2.7534	2.6022	2.4935	2.4117	2.3479
11	242.9835	19.4050	8.7633	5.9358	4.7040	4.0274	3.6030	3.3130	3.1025	2.9430	2.7173	2.5655	2.4564	2.3742	2.3100
12	243.9060	19.4125	8.7446	5.9117	4.6777	3.9999	3.5747	3.2839	3.0729	2.9130	2.6866	2.5342	2.4247	2.3421	2.2776
13	244.6898	19.4189	8.7287	5.8911	4.6552	3.9764	3.5503	3.2590	3.0475	2.8872	2.6602	2.5073	2.3973	2.3143	2.2495
14	245.3640	19.4244	8.7149	5.8733	4.6358	3.9559	3.5292	3.2374	3.0255	2.8647	2.6371	2.4837	2.3733	2.2900	2.2250
15	245.9499	19.4291	8.7029	5.8578	4.6188	3.9381	3.5107	3.2184	3.0061	2.8450	2.6169	2.4630	2.3522	2.2686	2.2033
16	246.4639	19.4333	8.6923	5.8441	4.6038	3.9223	3.4944	3.2016	2.9890	2.8276	2.5989	2.4446	2.3335	2.2496	2.1840
17	246.9184	19.4370	8.6829	5.8320	4.5904	3.9083	3.4799	3.1867	2.9737	2.8120	2.5828	2.4282	2.3167	2.2325	2.1667
18	247.3232	19.4402	8.6745	5.8211	4.5785	3.8957	3.4669	3.1733	2.9600	2.7980	2.5684	2.4134	2.3016	2.2172	2.1511
19	247.6861	19.4431	8.6670	5.8114	4.5678	3.8844	3.4551	3.1613	2.9477	2.7854	2.5554	2.4000	2.2880	2.2033	2.1370
20	248.0131	19.4458	8.6602	5.8025	4.5581	3.8742	3.4445	3.1503	2.9365	2.7740	2.5436	2.3879	2.2756	2.1906	2.1242
22	248.5791	19.4503	8.6484	5.7872	4.5413	3.8564	3.4260	3.1313	2.9169	2.7541	2.5229	2.3667	2.2538	2.1685	2.1016
24	249.0518	19.4541	8.6385	5.7744	4.5272	3.8415	3.4105	3.1152	2.9005	2.7372	2.5055	2.3487	2.2354	2.1497	2.0825
26	249.4525	19.4573	8.6301	5.7635	4.5151	3.8287	3.3972	3.1015	2.8864	2.7229	2.4905	2.3333	2.2196	2.1335	2.0660
28	249.7966	19.4600	8.6229	5.7541	4.5047	3.8177	3.3858	3.0897	2.8743	2.7104	2.4776	2.3199	2.2059	2.1195	2.0517
30	250.0951	19.4624	8.6166	5.7459	4.4957	3.8082	3.3758	3.0794	2.8637	2.6996	2.4663	2.3082	2.1938	2.1071	2.0391
40	251.1432	19.4707	8.5944	5.7170	4.4638	3.7743	3.3404	3.0428	2.8259	2.6609	2.4259	2.2664	2.1507	2.0629	1.9938
50	251.7742	19.4757	8.5810	5.6995	4.4444	3.7537	3.3189	3.0204	2.8028	2.6371	2.4010	2.2405	2.1240	2.0354	1.9656
60	252.1957	19.4791	8.5720	5.6877	4.4314	3.7398	3.3043	3.0053	2.7872	2.6211	2.3842	2.2230	2.1058	2.0166	1.9464
80	252.7237	19.4832	8.5607	5.6730	4.4150	3.7223	3.2860	2.9862	2.7675	2.6008	2.3628	2.2006	2.0826	1.9927	1.9217
100	253.0411	19.4857	8.5539	5.6641	4.4051	3.7117	3.2749	2.9747	2.7556	2.5884	2.3498	2.1870	2.0685	1.9780	1.9066
200	253.6770	19.4907	8.5402	5.6461	4.3851	3.6904	3.2525	2.9513	2.7313	2.5634	2.3233	2.1592	2.0395	1.9479	1.8755
∞	254.3144	19.4957	8.5265	5.6281	4.3650	3.6689	3.2298	2.9276	2.7067	2.5379	2.2962	2.1307	2.0096	1.9168	1.8432

(续表 5)

$\alpha=0.05$

n_1 \ n_2	22	24	26	28	30	35	40	45	50	60	80	90	100	120	∞
1	4.3010	4.2597	4.2252	4.1960	4.1709	4.1213	4.0847	4.0566	4.0343	4.0012	3.9604	3.9469	3.9361	3.9201	3.8415
2	3.4434	3.4028	3.3690	3.3404	3.3158	3.2674	3.2317	3.2043	3.1826	3.1504	3.1108	3.0977	3.0873	3.0718	2.9957
3	3.0491	3.0088	2.9752	2.9467	2.9223	2.8742	2.8387	2.8115	2.7900	2.7581	2.7188	2.7058	2.6955	2.6802	2.6049
4	2.8167	2.7763	2.7426	2.7141	2.6896	2.6415	2.6060	2.5787	2.5572	2.5252	2.4859	2.4729	2.4626	2.4472	2.3719
5	2.6613	2.6207	2.5868	2.5581	2.5336	2.4851	2.4495	2.4221	2.4004	2.3683	2.3287	2.3157	2.3053	2.2899	2.2141
6	2.5491	2.5082	2.4741	2.4453	2.4205	2.3718	2.3359	2.3083	2.2864	2.2541	2.2142	2.2011	2.1906	2.1750	2.0986
7	2.4638	2.4226	2.3883	2.3593	2.3343	2.2852	2.2490	2.2212	2.1992	2.1665	2.1263	2.1131	2.1025	2.0868	2.0096
8	2.3965	2.3551	2.3205	2.2913	2.2662	2.2167	2.1802	2.1521	2.1299	2.0970	2.0564	2.0430	2.0323	2.0164	1.9384
9	2.3419	2.3002	2.2655	2.2360	2.2107	2.1608	2.1240	2.0958	2.0734	2.0401	1.9991	1.9856	1.9748	1.9588	1.8799
10	2.2967	2.2547	2.2197	2.1900	2.1646	2.1143	2.0772	2.0487	2.0261	1.9926	1.9512	1.9376	1.9267	1.9105	1.8307
11	2.2585	2.2163	2.1811	2.1512	2.1256	2.0750	2.0376	2.0088	1.9861	1.9522	1.9105	1.8967	1.8857	1.8693	1.7886
12	2.2258	2.1834	2.1479	2.1179	2.0921	2.0411	2.0035	1.9745	1.9515	1.9174	1.8753	1.8613	1.8503	1.8337	1.7522
13	2.1975	2.1548	2.1192	2.0889	2.0630	2.0117	1.9738	1.9446	1.9214	1.8870	1.8445	1.8305	1.8193	1.8026	1.7202
14	2.1727	2.1298	2.0939	2.0635	2.0374	1.9858	1.9476	1.9182	1.8949	1.8602	1.8174	1.8032	1.7919	1.7750	1.6918
15	2.1508	2.1077	2.0716	2.0411	2.0148	1.9629	1.9245	1.8949	1.8714	1.8364	1.7932	1.7789	1.7675	1.7505	1.6664
16	2.1313	2.0880	2.0518	2.0210	1.9946	1.9424	1.9038	1.8740	1.8503	1.8151	1.7716	1.7571	1.7456	1.7285	1.6435
17	2.1138	2.0703	2.0339	2.0030	1.9765	1.9240	1.8851	1.8551	1.8313	1.7959	1.7520	1.7375	1.7259	1.7085	1.6228
18	2.0980	2.0543	2.0178	1.9868	1.9601	1.9073	1.8682	1.8381	1.8141	1.7784	1.7342	1.7196	1.7079	1.6904	1.6039
19	2.0837	2.0399	2.0032	1.9720	1.9452	1.8922	1.8529	1.8226	1.7985	1.7625	1.7180	1.7033	1.6915	1.6739	1.5865
20	2.0707	2.0267	1.9898	1.9586	1.9317	1.8784	1.8389	1.8084	1.7841	1.7480	1.7032	1.6883	1.6764	1.6587	1.5705
22	2.0478	2.0035	1.9664	1.9349	1.9077	1.8540	1.8141	1.7833	1.7588	1.7222	1.6768	1.6618	1.6497	1.6317	1.5420
24	2.0283	1.9838	1.9464	1.9147	1.8874	1.8332	1.7929	1.7618	1.7371	1.7001	1.6542	1.6389	1.6267	1.6084	1.5173
26	2.0116	1.9668	1.9292	1.8973	1.8698	1.8152	1.7746	1.7432	1.7183	1.6809	1.6345	1.6190	1.6067	1.5881	1.4956
28	1.9970	1.9520	1.9142	1.8821	1.8544	1.7995	1.7586	1.7270	1.7017	1.6641	1.6171	1.6015	1.5890	1.5703	1.4763
30	1.9842	1.9390	1.9010	1.8687	1.8409	1.7856	1.7444	1.7126	1.6872	1.6491	1.6017	1.5859	1.5733	1.5543	1.4591
40	1.9380	1.8920	1.8533	1.8203	1.7918	1.7351	1.6928	1.6599	1.6337	1.5943	1.5449	1.5284	1.5151	1.4952	1.3940
50	1.9092	1.8625	1.8233	1.7898	1.7609	1.7032	1.6600	1.6264	1.5995	1.5590	1.5081	1.4910	1.4772	1.4565	1.3501
60	1.8894	1.8424	1.8027	1.7689	1.7396	1.6811	1.6373	1.6031	1.5757	1.5343	1.4821	1.4645	1.4504	1.4290	1.3180
80	1.8641	1.8164	1.7762	1.7418	1.7121	1.6525	1.6077	1.5726	1.5445	1.5019	1.4477	1.4294	1.4146	1.3922	1.2735
100	1.8486	1.8005	1.7599	1.7251	1.6950	1.6347	1.5892	1.5536	1.5249	1.4814	1.4259	1.4070	1.3917	1.3685	1.2434
200	1.8165	1.7675	1.7261	1.6905	1.6597	1.5976	1.5505	1.5135	1.4835	1.4377	1.3786	1.3582	1.3416	1.3162	1.1700
∞	1.7831	1.7330	1.6906	1.6541	1.6223	1.5580	1.5089	1.4700	1.4383	1.3893	1.3247	1.3020	1.2832	1.2539	1.0000

$\alpha=0.025$ (续表 5)

n_1 \ n_2	1	2	3	4	5	6	7	8	9	10	12	14	16	18	20
1	647.7890	38.5063	17.4434	12.2179	10.0070	8.8131	8.0727	7.5709	7.2093	6.9367	6.5538	6.2979	6.1151	5.9781	5.8715
2	799.5000	39.0000	16.0441	10.6491	8.4336	7.2599	6.5415	6.0595	5.7147	5.4564	5.0959	4.8567	4.6867	4.5597	4.4613
3	864.1630	39.1655	15.4392	9.9792	7.7636	6.5988	5.8898	5.4160	5.0781	4.8256	4.4742	4.2417	4.0768	3.9539	3.8587
4	899.5833	39.2484	15.1010	9.6045	7.3879	6.2272	5.5226	5.0526	4.7181	4.4683	4.1212	3.8919	3.7294	3.6083	3.5147
5	921.8479	39.2982	14.8848	9.3645	7.1464	5.9876	5.2852	4.8173	4.4844	4.2361	3.8911	3.6634	3.5021	3.3820	3.2891
6	937.1111	39.3315	14.7347	9.1973	6.9777	5.8198	5.1186	4.6517	4.3197	4.0721	3.7283	3.5014	3.3406	3.2209	3.1283
7	948.2169	39.3552	14.6244	9.0741	6.8531	5.6955	4.9949	4.5286	4.1970	3.9498	3.6065	3.3799	3.2194	3.0999	3.0074
8	956.6562	39.3730	14.5399	8.9796	6.7572	5.5996	4.8993	4.4333	4.1020	3.8549	3.5118	3.2853	3.1248	3.0053	2.9128
9	963.2846	39.3869	14.4731	8.9047	6.6811	5.5234	4.8232	4.3572	4.0260	3.7790	3.4358	3.2093	3.0488	2.9291	2.8365
10	968.6274	39.3980	14.4189	8.8439	6.6192	5.4613	4.7611	4.2951	3.9639	3.7168	3.3736	3.1469	2.9862	2.8664	2.7737
11	973.0252	39.4071	14.3742	8.7935	6.5678	5.4098	4.7095	4.2434	3.9121	3.6649	3.3215	3.0946	2.9337	2.8137	2.7209
12	976.7080	39.4146	14.3366	8.7512	6.5245	5.3662	4.6658	4.1997	3.8682	3.6209	3.2773	3.0502	2.8890	2.7689	2.6758
13	979.8368	39.4210	14.3045	8.7150	6.4876	5.3290	4.6285	4.1622	3.8306	3.5832	3.2393	3.0119	2.8506	2.7302	2.6369
14	982.5278	39.4265	14.2768	8.6838	6.4556	5.2968	4.5961	4.1297	3.7980	3.5504	3.2062	2.9786	2.8170	2.6964	2.6030
15	984.8668	39.4313	14.2527	8.6565	6.4277	5.2687	4.5678	4.1012	3.7694	3.5217	3.1772	2.9493	2.7875	2.6667	2.5731
16	986.9187	39.4354	14.2315	8.6326	6.4032	5.2439	4.5428	4.0761	3.7441	3.4963	3.1515	2.9234	2.7614	2.6404	2.5465
17	988.7331	39.4391	14.2127	8.6113	6.3814	5.2218	4.5206	4.0538	3.7216	3.4737	3.1286	2.9003	2.7380	2.6168	2.5228
18	990.3490	39.4424	14.1960	8.5924	6.3619	5.2021	4.5008	4.0338	3.7015	3.4534	3.1081	2.8795	2.7170	2.5956	2.5014
19	991.7973	39.4453	14.1810	8.5753	6.3444	5.1844	4.4829	4.0158	3.6833	3.4351	3.0896	2.8607	2.6980	2.5764	2.4821
20	993.1028	39.4479	14.1674	8.5599	6.3286	5.1684	4.4667	3.9995	3.6669	3.4185	3.0728	2.8437	2.6808	2.5590	2.4645
22	995.3622	39.4525	14.1438	8.5332	6.3011	5.1406	4.4386	3.9711	3.6383	3.3897	3.0434	2.8139	2.6507	2.5285	2.4337
24	997.2492	39.4562	14.1241	8.5109	6.2780	5.1172	4.4150	3.9472	3.6142	3.3654	3.0187	2.7888	2.6252	2.5027	2.4076
26	998.8490	39.4594	14.1074	8.4919	6.2584	5.0973	4.3949	3.9269	3.5936	3.3446	2.9976	2.7673	2.6033	2.4806	2.3851
28	1000.2225	39.4622	14.0930	8.4755	6.2416	5.0802	4.3775	3.9093	3.5759	3.3267	2.9793	2.7487	2.5844	2.4613	2.3657
30	1001.4144	39.4646	14.0805	8.4613	6.2269	5.0652	4.3624	3.8940	3.5604	3.3110	2.9633	2.7324	2.5678	2.4445	2.3486
35	1003.8028	39.4693	14.0554	8.4327	6.1973	5.0352	4.3319	3.8632	3.5292	3.2794	2.9309	2.6994	2.5342	2.4103	2.3139
40	1005.5981	39.4729	14.0365	8.4111	6.1751	5.0125	4.3089	3.8398	3.5055	3.2554	2.9063	2.6742	2.5085	2.3842	2.2873
45	1006.9967	39.4757	14.0218	8.3943	6.1576	4.9947	4.2908	3.8215	3.4869	3.2366	2.8870	2.6544	2.4883	2.3635	2.2663
50	1008.1171	39.4779	14.0099	8.3808	6.1436	4.9804	4.2763	3.8067	3.4719	3.2214	2.8714	2.6384	2.4719	2.3468	2.2493
60	1009.8001	39.4812	13.9921	8.3604	6.1225	4.9589	4.2544	3.7844	3.4493	3.1984	2.8478	2.6142	2.4471	2.3214	2.2234
80	1011.9079	39.4854	13.9697	8.3349	6.0960	4.9318	4.2268	3.7563	3.4207	3.1694	2.8178	2.5833	2.4154	2.2890	2.1902
100	1013.1748	39.4879	13.9563	8.3195	6.0800	4.9154	4.2101	3.7393	3.4034	3.1517	2.7996	2.5646	2.3961	2.2692	2.1699
200	1015.7133	39.4929	13.9292	8.2885	6.0478	4.8824	4.1764	3.7050	3.3684	3.1161	2.7626	2.5264	2.3567	2.2287	2.1284
∞	1018.2583	39.4979	13.9021	8.2573	6.0153	4.8491	4.1423	3.6702	3.3329	3.0798	2.7249	2.4872	2.3163	2.1869	2.0853

$\alpha=0.025$ （续表 5）

n_1 \ n_2	22	24	26	28	30	35	40	45	50	60	80	90	100	120	∞
1	5.7863	5.7166	5.6586	5.6096	5.5675	5.4848	5.4239	5.3773	5.3403	5.2856	5.2184	5.1962	5.1786	5.1523	5.0239
2	4.3828	4.3187	4.2655	4.2205	4.1821	4.1065	4.0510	4.0085	3.9749	3.9253	3.8643	3.8443	3.8284	3.8046	3.6889
3	3.7829	3.7211	3.6697	3.6264	3.5894	3.5166	3.4633	3.4224	3.3902	3.3425	3.2841	3.2649	3.2496	3.2269	3.1161
4	3.4401	3.3794	3.3289	3.2863	3.2499	3.1785	3.1261	3.0860	3.0544	3.0077	2.9504	2.9315	2.9166	2.8943	2.7858
5	3.2151	3.1548	3.1048	3.0626	3.0265	2.9557	2.9037	2.8640	2.8327	2.7863	2.7295	2.7109	2.6961	2.6740	2.5665
6	3.0546	2.9946	2.9447	2.9027	2.8667	2.7961	2.7444	2.7048	2.6736	2.6274	2.5708	2.5522	2.5374	2.5154	2.4082
7	2.9338	2.8738	2.8240	2.7820	2.7460	2.6755	2.6238	2.5842	2.5530	2.5068	2.4502	2.4316	2.4168	2.3948	2.2875
8	2.8392	2.7791	2.7293	2.6872	2.6513	2.5807	2.5289	2.4892	2.4579	2.4117	2.3549	2.3363	2.3215	2.2994	2.1918
9	2.7628	2.7027	2.6528	2.6106	2.5746	2.5039	2.4519	2.4122	2.3808	2.3344	2.2775	2.2588	2.2439	2.2217	2.1136
10	2.6998	2.6396	2.5896	2.5473	2.5112	2.4403	2.3882	2.3483	2.3168	2.2702	2.2130	2.1942	2.1793	2.1570	2.0483
11	2.6469	2.5865	2.5363	2.4940	2.4577	2.3866	2.3343	2.2943	2.2627	2.2159	2.1584	2.1395	2.1245	2.1021	1.9927
12	2.6017	2.5411	2.4908	2.4484	2.4120	2.3406	2.2882	2.2480	2.2162	2.1692	2.1115	2.0925	2.0773	2.0548	1.9447
13	2.5626	2.5019	2.4515	2.4089	2.3724	2.3008	2.2481	2.2078	2.1758	2.1286	2.0706	2.0515	2.0363	2.0136	1.9027
14	2.5285	2.4677	2.4171	2.3744	2.3378	2.2659	2.2130	2.1725	2.1404	2.0929	2.0346	2.0154	2.0001	1.9773	1.8656
15	2.4984	2.4374	2.3867	2.3438	2.3072	2.2350	2.1819	2.1412	2.1090	2.0613	2.0026	1.9833	1.9679	1.9450	1.8326
16	2.4717	2.4105	2.3597	2.3167	2.2799	2.2075	2.1542	2.1133	2.0810	2.0330	1.9741	1.9546	1.9392	1.9161	1.8028
17	2.4478	2.3865	2.3355	2.2924	2.2554	2.1828	2.1293	2.0883	2.0558	2.0076	1.9483	1.9288	1.9132	1.8900	1.7759
18	2.4262	2.3648	2.3137	2.2704	2.2334	2.1605	2.1068	2.0656	2.0330	1.9846	1.9250	1.9053	1.8897	1.8663	1.7515
19	2.4067	2.3452	2.2939	2.2505	2.2134	2.1403	2.0864	2.0450	2.0122	1.9636	1.9037	1.8840	1.8682	1.8447	1.7291
20	2.3890	2.3273	2.2759	2.2324	2.1952	2.1218	2.0677	2.0262	1.9933	1.9445	1.8843	1.8644	1.8486	1.8249	1.7085
22	2.3579	2.2959	2.2443	2.2006	2.1631	2.0893	2.0349	1.9930	1.9599	1.9106	1.8499	1.8298	1.8138	1.7899	1.6719
24	2.3315	2.2693	2.2174	2.1735	2.1359	2.0617	2.0069	1.9647	1.9313	1.8817	1.8204	1.8001	1.7839	1.7597	1.6402
26	2.3088	2.2464	2.1943	2.1502	2.1124	2.0378	1.9827	1.9403	1.9066	1.8566	1.7947	1.7743	1.7579	1.7335	1.6124
28	2.2891	2.2265	2.1742	2.1299	2.0919	2.0170	1.9615	1.9189	1.8850	1.8346	1.7722	1.7516	1.7351	1.7104	1.5879
30	2.2718	2.2090	2.1565	2.1121	2.0739	1.9986	1.9429	1.9000	1.8659	1.8152	1.7523	1.7315	1.7148	1.6899	1.5660
35	2.2366	2.1733	2.1205	2.0757	2.0372	1.9611	1.9047	1.8613	1.8267	1.7752	1.7112	1.6899	1.6729	1.6475	1.5201
40	2.2097	2.1460	2.0928	2.0477	2.0089	1.9321	1.8752	1.8313	1.7963	1.7440	1.6790	1.6574	1.6401	1.6141	1.4835
45	2.1883	2.1243	2.0708	2.0254	1.9864	1.9090	1.8516	1.8073	1.7719	1.7191	1.6532	1.6312	1.6136	1.5872	1.4536
50	2.1710	2.1067	2.0530	2.0073	1.9681	1.8902	1.8324	1.7876	1.7520	1.6985	1.6318	1.6095	1.5917	1.5649	1.4284
60	2.1446	2.0799	2.0257	1.9797	1.9400	1.8613	1.8028	1.7574	1.7211	1.6668	1.5987	1.5758	1.5575	1.5299	1.3883
80	2.1108	2.0454	1.9907	1.9441	1.9039	1.8240	1.7644	1.7181	1.6810	1.6252	1.5549	1.5312	1.5122	1.4834	1.3329
100	2.0901	2.0243	1.9691	1.9221	1.8816	1.8009	1.7405	1.6935	1.6558	1.5990	1.5271	1.5028	1.4833	1.4536	1.2956
200	2.0475	1.9807	1.9246	1.8767	1.8354	1.7527	1.6906	1.6420	1.6029	1.5435	1.4674	1.4414	1.4203	1.3880	1.2053
∞	2.0032	1.9353	1.8781	1.8291	1.7867	1.7016	1.6371	1.5864	1.5452	1.4821	1.3997	1.3710	1.3473	1.3104	1.0000

$\alpha=0.01$ （续表 5）

n_1 \ n_2	1	2	3	4	5	6	7	8	9	10	12	14	16	18	20
1	4052.1807	98.5025	34.1162	21.1977	16.2582	13.7450	12.2464	11.2586	10.5614	10.0443	9.3302	8.8616	8.5310	8.2854	8.0960
2	4999.5000	99.0000	30.8165	18.0000	13.2739	10.9248	9.5466	8.6491	8.0215	7.5594	6.9266	6.5149	6.2262	6.0129	5.8489
3	5403.3520	99.1662	29.4567	16.6944	12.0600	9.7795	8.4513	7.5910	6.9919	6.5523	5.9525	5.5639	5.2922	5.0919	4.9382
4	5624.5833	99.2494	28.7099	15.9770	11.3919	9.1483	7.8466	7.0061	6.4221	5.9943	5.4120	5.0354	4.7726	4.5790	4.4307
5	5763.6496	99.2993	28.2371	15.5219	10.9670	8.7459	7.4604	6.6318	6.0569	5.6363	5.0643	4.6950	4.4374	4.2479	4.1027
6	5858.9861	99.3326	27.9107	15.2069	10.6723	8.4661	7.1914	6.3707	5.8018	5.3858	4.8206	4.4558	4.2016	4.0146	3.8714
7	5928.3557	99.3564	27.6717	14.9758	10.4555	8.2600	6.9928	6.1776	5.6129	5.2001	4.6395	4.2779	4.0259	3.8406	3.6987
8	5981.0703	99.3742	27.4892	14.7989	10.2893	8.1017	6.8400	6.0289	5.4671	5.0567	4.4994	4.1399	3.8896	3.7054	3.5644
9	6022.4732	99.3881	27.3452	14.6591	10.1578	7.9761	6.7188	5.9106	5.3511	4.9424	4.3875	4.0297	3.7804	3.5971	3.4567
10	6055.8467	99.3992	27.2287	14.5459	10.0510	7.8741	6.6201	5.8143	5.2565	4.8491	4.2961	3.9394	3.6909	3.5082	3.3682
11	6083.3168	99.4083	27.1326	14.4523	9.9626	7.7896	6.5382	5.7343	5.1779	4.7715	4.2198	3.8640	3.6162	3.4338	3.2941
12	6106.3207	99.4159	27.0518	14.3736	9.8883	7.7183	6.4691	5.6667	5.1114	4.7059	4.1553	3.8001	3.5527	3.3706	3.2311
13	6125.8647	99.4223	26.9831	14.3065	9.8248	7.6575	6.4100	5.6089	5.0545	4.6496	4.0999	3.7452	3.4981	3.3162	3.1769
14	6142.6740	99.4278	26.9238	14.2486	9.7700	7.6049	6.3590	5.5589	5.0052	4.6008	4.0518	3.6975	3.4506	3.2689	3.1296
15	6157.2846	99.4325	26.8722	14.1982	9.7222	7.5590	6.3143	5.5151	4.9621	4.5581	4.0096	3.6557	3.4089	3.2273	3.0880
16	6170.1012	99.4367	26.8269	14.1539	9.6802	7.5186	6.2750	5.4766	4.9240	4.5204	3.9724	3.6187	3.3720	3.1904	3.0512
17	6181.4348	99.4404	26.7867	14.1146	9.6429	7.4827	6.2401	5.4423	4.8902	4.4869	3.9392	3.5857	3.3391	3.1575	3.0183
18	6191.5287	99.4436	26.7509	14.0795	9.6096	7.4507	6.2089	5.4116	4.8599	4.4569	3.9095	3.5561	3.3096	3.1280	2.9887
19	6200.5756	99.4465	26.7188	14.0480	9.5797	7.4219	6.1808	5.3840	4.8327	4.4299	3.8827	3.5294	3.2829	3.1013	2.9620
20	6208.7302	99.4492	26.6898	14.0196	9.5526	7.3958	6.1554	5.3591	4.8080	4.4054	3.8584	3.5052	3.2587	3.0771	2.9377
22	6222.8433	99.4537	26.6396	13.9703	9.5058	7.3506	6.1113	5.3157	4.7651	4.3628	3.8161	3.4630	3.2165	3.0348	2.8953
24	6234.6309	99.4575	26.5975	13.9291	9.4665	7.3127	6.0743	5.2793	4.7290	4.3269	3.7805	3.4274	3.1808	2.9990	2.8594
26	6244.6239	99.4607	26.5618	13.8940	9.4331	7.2805	6.0428	5.2482	4.6982	4.2963	3.7500	3.3969	3.1503	2.9683	2.8286
28	6253.2031	99.4635	26.5312	13.8639	9.4043	7.2527	6.0157	5.2214	4.6717	4.2700	3.7237	3.3706	3.1238	2.9418	2.8019
30	6260.6486	99.4658	26.5045	13.8377	9.3793	7.2285	5.9920	5.1981	4.6486	4.2469	3.7008	3.3476	3.1007	2.9185	2.7785
35	6275.5679	99.4706	26.4511	13.7850	9.3291	7.1799	5.9444	5.1512	4.6020	4.2005	3.6544	3.3010	3.0539	2.8714	2.7310
40	6286.7821	99.4742	26.4108	13.7454	9.2912	7.1432	5.9084	5.1156	4.5666	4.1653	3.6192	3.2656	3.0182	2.8354	2.6947
45	6295.5187	99.4769	26.3794	13.7144	9.2616	7.1145	5.8803	5.0878	4.5390	4.1377	3.5915	3.2378	2.9902	2.8071	2.6661
50	6302.5172	99.4792	26.3542	13.6896	9.2378	7.0915	5.8577	5.0654	4.5167	4.1155	3.5692	3.2153	2.9675	2.7841	2.6430
60	6313.0301	99.4825	26.3164	13.6522	9.2020	7.0567	5.8236	5.0316	4.4831	4.0819	3.5355	3.1813	2.9330	2.7493	2.6077
80	6326.1966	99.4867	26.2688	13.6053	9.1570	7.0130	5.7806	4.9890	4.4407	4.0394	3.4928	3.1381	2.8893	2.7050	2.5628
100	6334.1100	99.4892	26.2402	13.5770	9.1299	6.9867	5.7547	4.9633	4.4150	4.0137	3.4668	3.1118	2.8627	2.6779	2.5353
200	6349.9672	99.4942	26.1828	13.5202	9.0754	6.9336	5.7024	4.9114	4.3631	3.9617	3.4143	3.0585	2.8084	2.6227	2.4792
∞	6365.8644	99.4992	26.1252	13.4631	9.0204	6.8800	5.6495	4.8588	4.3106	3.9090	3.3608	3.0040	2.7528	2.5660	2.4212

$\alpha=0.01$

(续表 5)

n_1 \ n_2	22	24	26	28	30	35	40	45	50	60	80	90	100	120	∞
1	7.9454	7.8229	7.7213	7.6356	7.5625	7.4191	7.3141	7.2339	7.1706	7.0771	6.9627	6.9251	6.8953	6.8509	6.6349
2	5.7190	5.6136	5.5263	5.4529	5.3903	5.2679	5.1785	5.1103	5.0566	4.9774	4.8807	4.8491	4.8239	4.7865	4.6052
3	4.8166	4.7181	4.6366	4.5681	4.5097	4.3957	4.3126	4.2492	4.1993	4.1259	4.0363	4.0070	3.9837	3.9491	3.7816
4	4.3134	4.2184	4.1400	4.0740	4.0179	3.9082	3.8283	3.7674	3.7195	3.6490	3.5631	3.5350	3.5127	3.4795	3.3192
5	3.9880	3.8951	3.8183	3.7539	3.6990	3.5919	3.5138	3.4544	3.4077	3.3389	3.2550	3.2276	3.2059	3.1735	3.0173
6	3.7583	3.6667	3.5911	3.5276	3.4735	3.3679	3.2910	3.2325	3.1864	3.1187	3.0361	3.0091	2.9877	2.9559	2.8020
7	3.5867	3.4959	3.4210	3.3581	3.3045	3.2000	3.1238	3.0658	3.0202	2.9530	2.8713	2.8445	2.8233	2.7918	2.6393
8	3.4530	3.3629	3.2884	3.2259	3.1726	3.0687	2.9930	2.9353	2.8900	2.8233	2.7420	2.7154	2.6943	2.6629	2.5113
9	3.3458	3.2560	3.1818	3.1195	3.0665	2.9630	2.8876	2.8301	2.7850	2.7185	2.6374	2.6109	2.5898	2.5586	2.4073
10	3.2576	3.1681	3.0941	3.0320	2.9791	2.8758	2.8005	2.7432	2.6981	2.6318	2.5508	2.5243	2.5033	2.4721	2.3209
11	3.1837	3.0944	3.0205	2.9585	2.9057	2.8026	2.7274	2.6701	2.6250	2.5587	2.4777	2.4513	2.4302	2.3990	2.2477
12	3.1209	3.0316	2.9578	2.8959	2.8431	2.7400	2.6648	2.6076	2.5625	2.4961	2.4151	2.3886	2.3676	2.3363	2.1847
13	3.0667	2.9775	2.9038	2.8418	2.7890	2.6859	2.6107	2.5534	2.5083	2.4419	2.3608	2.3342	2.3132	2.2818	2.1299
14	3.0195	2.9303	2.8566	2.7946	2.7418	2.6387	2.5634	2.5060	2.4609	2.3943	2.3131	2.2865	2.2654	2.2339	2.0815
15	2.9779	2.8887	2.8150	2.7530	2.7002	2.5970	2.5216	2.4642	2.4190	2.3523	2.2709	2.2442	2.2230	2.1915	2.0385
16	2.9411	2.8519	2.7781	2.7160	2.6632	2.5599	2.4844	2.4269	2.3816	2.3148	2.2332	2.2064	2.1852	2.1536	2.0000
17	2.9082	2.8189	2.7451	2.6830	2.6301	2.5266	2.4511	2.3935	2.3481	2.2811	2.1993	2.1725	2.1511	2.1194	1.9652
18	2.8786	2.7892	2.7153	2.6532	2.6003	2.4967	2.4210	2.3633	2.3178	2.2507	2.1686	2.1417	2.1203	2.0885	1.9336
19	2.8518	2.7624	2.6885	2.6263	2.5732	2.4695	2.3937	2.3359	2.2903	2.2231	2.1408	2.1137	2.0923	2.0604	1.9048
20	2.8274	2.7380	2.6640	2.6017	2.5487	2.4448	2.3689	2.3109	2.2652	2.1978	2.1153	2.0882	2.0666	2.0346	1.8783
22	2.7849	2.6953	2.6211	2.5587	2.5055	2.4014	2.3252	2.2670	2.2211	2.1533	2.0703	2.0430	2.0214	1.9891	1.8313
24	2.7488	2.6591	2.5848	2.5223	2.4689	2.3645	2.2880	2.2296	2.1835	2.1154	2.0318	2.0044	1.9826	1.9500	1.7908
26	2.7179	2.6280	2.5536	2.4909	2.4374	2.3327	2.2559	2.1973	2.1510	2.0825	1.9985	1.9709	1.9489	1.9161	1.7554
28	2.6910	2.6010	2.5264	2.4636	2.4100	2.3050	2.2280	2.1691	2.1226	2.0538	1.9693	1.9415	1.9194	1.8864	1.7242
30	2.6675	2.5773	2.5026	2.4397	2.3860	2.2806	2.2034	2.1443	2.0976	2.0285	1.9435	1.9155	1.8933	1.8600	1.6964
35	2.6197	2.5292	2.4542	2.3909	2.3369	2.2309	2.1531	2.0934	2.0463	1.9764	1.8904	1.8620	1.8393	1.8055	1.6383
40	2.5831	2.4923	2.4170	2.3535	2.2992	2.1926	2.1142	2.0542	2.0066	1.9360	1.8489	1.8201	1.7972	1.7628	1.5923
45	2.5542	2.4632	2.3876	2.3238	2.2693	2.1622	2.0833	2.0228	1.9749	1.9037	1.8157	1.7865	1.7633	1.7284	1.5546
50	2.5308	2.4395	2.3637	2.2997	2.2450	2.1374	2.0581	1.9972	1.9490	1.8772	1.7883	1.7588	1.7353	1.7000	1.5231
60	2.4951	2.4035	2.3273	2.2629	2.2079	2.0994	2.0194	1.9579	1.9090	1.8363	1.7459	1.7158	1.6918	1.6557	1.4730
80	2.4496	2.3573	2.2806	2.2157	2.1601	2.0505	1.9694	1.9069	1.8571	1.7828	1.6901	1.6591	1.6342	1.5968	1.4041
100	2.4217	2.3291	2.2519	2.1867	2.1307	2.0202	1.9383	1.8751	1.8248	1.7493	1.6548	1.6231	1.5977	1.5592	1.3581
200	2.3646	2.2710	2.1930	2.1268	2.0700	1.9574	1.8737	1.8087	1.7567	1.6784	1.5792	1.5456	1.5184	1.4770	1.2472
∞	2.3055	2.2107	2.1315	2.0642	2.0062	1.8910	1.8047	1.7374	1.6831	1.6006	1.4942	1.4574	1.4272	1.3805	1.0000

(续表 5)

$\alpha=0.005$

n_1 \ n_2	1	2	3	4	5	6	7	8	9	10	12	14	16	18	20
1	16210.7227	198.5013	55.5520	31.3328	22.7848	18.6350	16.2356	14.6882	13.6136	12.8265	11.7542	11.0603	10.5755	10.2181	9.9439
2	19999.5000	199.0000	49.7993	26.2843	18.3138	14.5441	12.4040	11.0424	10.1067	9.4270	8.5096	7.9216	7.5138	7.2148	6.9865
3	21614.7414	199.1664	47.4672	24.2591	16.5298	12.9166	10.8824	9.5965	8.7171	8.0807	7.2258	6.6804	6.3034	6.0278	5.8177
4	22499.5833	199.2497	46.1946	23.1545	15.5561	12.0275	10.0505	8.8051	7.9559	7.3428	6.5211	5.9984	5.6378	5.3746	5.1743
5	23055.7982	199.2996	45.3916	22.4564	14.9396	11.4637	9.5221	8.3018	7.4712	6.8724	6.0711	5.5623	5.2117	4.9560	4.7616
6	23437.1111	199.3330	44.8385	21.9746	14.5133	11.0730	9.1553	7.9520	7.1339	6.5446	5.7570	5.2574	4.9134	4.6627	4.4721
7	23714.5658	199.3568	44.4341	21.6217	14.2004	10.7859	8.8854	7.6941	6.8849	6.3025	5.5245	5.0313	4.6920	4.4448	4.2569
8	23925.4062	199.3746	44.1256	21.3520	13.9610	10.5658	8.6781	7.4959	6.6933	6.1159	5.3451	4.8566	4.5207	4.2759	4.0900
9	24091.0041	199.3885	43.8824	21.1391	13.7716	10.3915	8.5138	7.3386	6.5411	5.9676	5.2021	4.7173	4.3838	4.1410	3.9564
10	24224.4868	199.3996	43.6858	20.9667	13.6182	10.2500	8.3803	7.2106	6.4172	5.8467	5.0855	4.6034	4.2719	4.0305	3.8470
11	24334.3581	199.4087	43.5236	20.8243	13.4912	10.1329	8.2697	7.1045	6.3142	5.7462	4.9884	4.5085	4.1785	3.9382	3.7555
12	24426.3662	199.4163	43.3874	20.7047	13.3845	10.0343	8.1764	7.0149	6.2274	5.6613	4.9062	4.4281	4.0994	3.8599	3.6779
13	24504.5356	199.4227	43.2715	20.6027	13.2934	9.9501	8.0967	6.9384	6.1530	5.5887	4.8358	4.3591	4.0314	3.7926	3.6111
14	24571.7673	199.4282	43.1716	20.5148	13.2148	9.8774	8.0279	6.8721	6.0887	5.5257	4.7748	4.2993	3.9723	3.7341	3.5530
15	24630.2051	199.4329	43.0847	20.4383	13.1463	9.8140	7.9678	6.8143	6.0325	5.4707	4.7213	4.2468	3.9205	3.6827	3.5020
16	24681.4673	199.4371	43.0083	20.3710	13.0861	9.7582	7.9148	6.7633	5.9829	5.4221	4.6741	4.2005	3.8747	3.6373	3.4568
17	24726.7982	199.4408	42.9407	20.3113	13.0327	9.7086	7.8678	6.7180	5.9388	5.3789	4.6321	4.1592	3.8338	3.5967	3.4164
18	24767.1704	199.4440	42.8804	20.2581	12.9850	9.6644	7.8258	6.6775	5.8994	5.3403	4.5945	4.1221	3.7972	3.5603	3.3802
19	24803.3549	199.4470	42.8263	20.2104	12.9422	9.6247	7.7881	6.6411	5.8639	5.3055	4.5606	4.0888	3.7641	3.5275	3.3475
20	24835.9709	199.4496	42.7775	20.1673	12.9035	9.5888	7.7540	6.6082	5.8318	5.2740	4.5299	4.0585	3.7342	3.4977	3.3178
22	24892.4186	199.4541	42.6929	20.0925	12.8364	9.5264	7.6947	6.5510	5.7760	5.2192	4.4765	4.0058	3.6819	3.4456	3.2659
24	24939.5653	199.4579	42.6222	20.0300	12.7802	9.4742	7.6450	6.5029	5.7292	5.1732	4.4314	3.9614	3.6378	3.4017	3.2220
26	24979.5341	199.4611	42.5622	19.9769	12.7325	9.4298	7.6027	6.4620	5.6892	5.1339	4.3930	3.9234	3.6000	3.3641	3.1845
28	25013.8481	199.4639	42.5106	19.9312	12.6914	9.3915	7.5662	6.4268	5.6548	5.1001	4.3599	3.8906	3.5674	3.3315	3.1519
30	25043.6277	199.4663	42.4658	19.8915	12.6556	9.3582	7.5345	6.3961	5.6248	5.0706	4.3309	3.8619	3.5389	3.3030	3.1234
35	25103.3002	199.4710	42.3759	19.8118	12.5839	9.2913	7.4707	6.3343	5.5643	5.0110	4.2725	3.8040	3.4811	3.2453	3.0656
40	25148.1532	199.4746	42.3082	19.7518	12.5297	9.2408	7.4224	6.2875	5.5186	4.9659	4.2282	3.7600	3.4372	3.2014	3.0215
45	25183.0971	199.4774	42.2554	19.7049	12.4875	9.2014	7.3847	6.2510	5.4827	4.9306	4.1934	3.7254	3.4026	3.1667	2.9868
50	25211.0888	199.4796	42.2131	19.6673	12.4535	9.1697	7.3544	6.2215	5.4539	4.9022	4.1653	3.6975	3.3747	3.1387	2.9586
60	25253.1369	199.4829	42.1494	19.6107	12.4024	9.1219	7.3088	6.1772	5.4104	4.8592	4.1229	3.6553	3.3324	3.0962	2.9159
80	25305.7989	199.4871	42.0696	19.5397	12.3383	9.0619	7.2513	6.1213	5.3555	4.8050	4.0693	3.6017	3.2787	3.0422	2.8614
100	25337.4502	199.4896	42.0216	19.4970	12.2996	9.0257	7.2165	6.0875	5.3223	4.7721	4.0368	3.5692	3.2460	3.0093	2.8282
200	25400.8737	199.4946	41.9252	19.4111	12.2218	8.9528	7.1466	6.0194	5.2554	4.7058	3.9709	3.5032	3.1796	2.9421	2.7603
∞	25464.4576	199.4996	41.8283	19.3247	12.1435	8.8793	7.0760	5.9506	5.1875	4.6385	3.9039	3.4359	3.1115	2.8732	2.6904

$\alpha=0.005$　　(续表5)

n_1 \ n_2	22	24	26	28	30	35	40	45	50	60	80	90	100	120	∞
1	9.7271	9.5513	9.4059	9.2838	9.1797	8.9763	8.8279	8.7148	8.6258	8.4946	8.3346	8.2822	8.2406	8.1788	7.8794
2	6.8064	6.6610	6.5409	6.4403	6.3547	6.1878	6.0664	5.9741	5.9016	5.7950	5.6652	5.6228	5.5892	5.5393	5.2983
3	5.6524	5.5190	5.4091	5.3170	5.2388	5.0865	4.9758	4.8918	4.8259	4.7290	4.6113	4.5728	4.5424	4.4972	4.2794
4	5.0168	4.8898	4.7852	4.6977	4.6234	4.4788	4.3738	4.2941	4.2316	4.1399	4.0285	3.9922	3.9634	3.9207	3.7151
5	4.6088	4.4857	4.3844	4.2996	4.2276	4.0876	3.9860	3.9090	3.8486	3.7599	3.6524	3.6173	3.5895	3.5482	3.3499
6	4.3225	4.2019	4.1027	4.0197	3.9492	3.8123	3.7129	3.6376	3.5785	3.4918	3.3867	3.3524	3.3252	3.2849	3.0913
7	4.1094	3.9905	3.8928	3.8110	3.7416	3.6066	3.5088	3.4346	3.3765	3.2911	3.1876	3.1538	3.1271	3.0874	2.8968
8	3.9440	3.8264	3.7297	3.6487	3.5801	3.4466	3.3498	3.2764	3.2189	3.1344	3.0320	2.9986	2.9722	2.9330	2.7444
9	3.8116	3.6949	3.5989	3.5186	3.4505	3.3180	3.2220	3.1492	3.0920	3.0083	2.9066	2.8735	2.8472	2.8083	2.6210
10	3.7030	3.5870	3.4916	3.4117	3.3440	3.2123	3.1167	3.0443	2.9875	2.9042	2.8031	2.7701	2.7440	2.7052	2.5188
11	3.6122	3.4967	3.4017	3.3222	3.2547	3.1236	3.0284	2.9563	2.8997	2.8166	2.7159	2.6830	2.6570	2.6183	2.4324
12	3.5350	3.4199	3.3252	3.2460	3.1787	3.0480	2.9531	2.8811	2.8247	2.7419	2.6413	2.6085	2.5825	2.5439	2.3583
13	3.4686	3.3538	3.2594	3.1803	3.1132	2.9827	2.8880	2.8162	2.7599	2.6771	2.5767	2.5439	2.5180	2.4794	2.2938
14	3.4108	3.2962	3.2020	3.1231	3.0560	2.9258	2.8312	2.7595	2.7032	2.6205	2.5201	2.4873	2.4614	2.4228	2.2371
15	3.3600	3.2456	3.1515	3.0727	3.0057	2.8756	2.7811	2.7094	2.6531	2.5705	2.4700	2.4373	2.4113	2.3727	2.1868
16	3.3150	3.2007	3.1067	3.0279	2.9611	2.8310	2.7365	2.6648	2.6086	2.5259	2.4254	2.3926	2.3666	2.3280	2.1417
17	3.2748	3.1606	3.0666	2.9879	2.9211	2.7911	2.6966	2.6249	2.5686	2.4859	2.3854	2.3525	2.3265	2.2878	2.1011
18	3.2387	3.1246	3.0306	2.9520	2.8852	2.7551	2.6607	2.5889	2.5326	2.4498	2.3492	2.3163	2.2902	2.2514	2.0642
19	3.2060	3.0920	2.9981	2.9194	2.8526	2.7226	2.6281	2.5563	2.4999	2.4171	2.3163	2.2833	2.2572	2.2183	2.0306
20	3.1764	3.0624	2.9685	2.8899	2.8230	2.6930	2.5984	2.5266	2.4702	2.3872	2.2862	2.2532	2.2270	2.1881	1.9998
22	3.1246	3.0106	2.9167	2.8380	2.7712	2.6410	2.5463	2.4744	2.4178	2.3346	2.2333	2.2001	2.1738	2.1347	1.9453
24	3.0807	2.9667	2.8728	2.7941	2.7272	2.5969	2.5020	2.4299	2.3732	2.2898	2.1881	2.1548	2.1283	2.0890	1.8983
26	3.0432	2.9291	2.8352	2.7564	2.6894	2.5589	2.4639	2.3916	2.3348	2.2511	2.1489	2.1155	2.0889	2.0494	1.8573
28	3.0106	2.8965	2.8025	2.7236	2.6566	2.5259	2.4307	2.3582	2.3012	2.2172	2.1147	2.0811	2.0544	2.0147	1.8212
30	2.9821	2.8679	2.7738	2.6949	2.6278	2.4969	2.4015	2.3288	2.2717	2.1874	2.0845	2.0507	2.0239	1.9840	1.7891
35	2.9241	2.8098	2.7155	2.6364	2.5691	2.4377	2.3418	2.2687	2.2112	2.1263	2.0223	1.9881	1.9610	1.9205	1.7221
40	2.8799	2.7654	2.6709	2.5916	2.5241	2.3922	2.2958	2.2224	2.1644	2.0789	1.9739	1.9394	1.9119	1.8709	1.6691
45	2.8449	2.7303	2.6356	2.5561	2.4884	2.3560	2.2593	2.1854	2.1272	2.0410	1.9352	1.9003	1.8725	1.8310	1.6259
50	2.8167	2.7018	2.6070	2.5273	2.4594	2.3266	2.2295	2.1553	2.0967	2.0100	1.9033	1.8681	1.8400	1.7981	1.5898
60	2.7736	2.6585	2.5633	2.4834	2.4151	2.2816	2.1838	2.1090	2.0499	1.9622	1.8540	1.8182	1.7896	1.7469	1.5325
80	2.7187	2.6031	2.5075	2.4270	2.3584	2.2237	2.1249	2.0491	1.9891	1.8998	1.7892	1.7525	1.7231	1.6789	1.4540
100	2.6852	2.5692	2.4733	2.3925	2.3234	2.1880	2.0884	2.0119	1.9512	1.8609	1.7484	1.7109	1.6809	1.6357	1.4017
200	2.6165	2.4997	2.4029	2.3213	2.2514	2.1140	2.0125	1.9342	1.8719	1.7785	1.6611	1.6216	1.5897	1.5413	1.2763
∞	2.5455	2.4276	2.3297	2.2470	2.1760	2.0359	1.9318	1.8510	1.7863	1.6885	1.5634	1.5204	1.4853	1.4311	1.0000

附 录 Ⅲ

近年考研真题及详解

考研真题

一、选择题：

1. (2008)设随机变量 X,Y 独立同分布，且 X 的分布函数为 $F(x)$，则 $Z=\max\{X,Y\}$ 的分布函数为(　　).

(A) $F^2(x)$　　(B) $F(x)F(y)$　　(C) $1-[1-F(x)]^2$　　(D) $[1-F(x)][1-F(y)]$

2. (2008)随机变量 $X\sim N(0,1)$，$Y\sim N(1,4)$，且相关系数 $\rho_{XY}=1$，则(　　).

(A) $P(Y=-2X-1)=1$　　(B) $P(Y=2X-1)=1$

(C) $P(Y=-2X+1)=1$　　(D) $P(Y=2X+1)=1$

3. (2009)设随机变量 X 的分布函数为 $F(x)=0.3\Phi(x)+0.7\Phi\left(\frac{x-1}{2}\right)$，其中 $\Phi(x)$ 为标准正态分布函数，则 $E(X)=$(　　).

(A) 0　　(B) 0.3　　(C) 0.7　　(D) 1

4. (2009)设随机变量 X 与 Y 相互独立，$X\sim N(0,1)$，Y 的概率分布为 $P(Y=0)=P(Y=1)=1/2$. 记 $F_Z(z)$ 为随机变量 $Z=XY$ 的分布函数，则 $F_Z(z)$ 的间断点个数为(　　).

(A) 0　　(B) 1　　(C) 2　　(D) 3

5. (2009)设事件 A 与事件 B 互不相容，则(　　).

(A) $P(\overline{AB})=0$　　(B) $P(AB)=P(A)P(B)$

(C) $P(A)=1-P(B)$　　(D) $P(\overline{A}\cup\overline{B})=1$

6. (2010)设随机变量 X 的分布函数为

$$F(x)=\begin{cases}0, & x<0,\\ 1/2, & 0\leqslant x<1,\\ 1-\mathrm{e}^{-x}, & x\geqslant 1,\end{cases}$$

则 $P(X=1)=$(　　).

(A) 0　　(B) 1/2　　(C) $1/2-\mathrm{e}^{-1}$　　(D) $1-\mathrm{e}^{-1}$

7. (2010)设 $f_1(x)$ 为标准正态分布的概率密度，$f_2(x)$ 为 $[-1,3]$ 上的均匀分布的概率密度. 若

$$f(x)=\begin{cases}af_1(x), & x\leqslant 0,\\ bf_2(x), & x>0\end{cases}\quad (a,b>0)$$

为概率密度，则 a,b 应满足(　　).

(A) $2a+3b=4$　　(B) $3a+2b=4$　　(C) $a+b=1$　　(D) $a+b=2$

8. (2011)设 $F_1(x)$，$F_2(x)$ 为两个分布函数，其相应的概率密度 $f_1(x)$，$f_2(x)$ 是连续函数，则必为概率密度的是(　　).

(A) $f_1(x)f_2(x)$　　(B) $2f_2(x)F_1(x)$

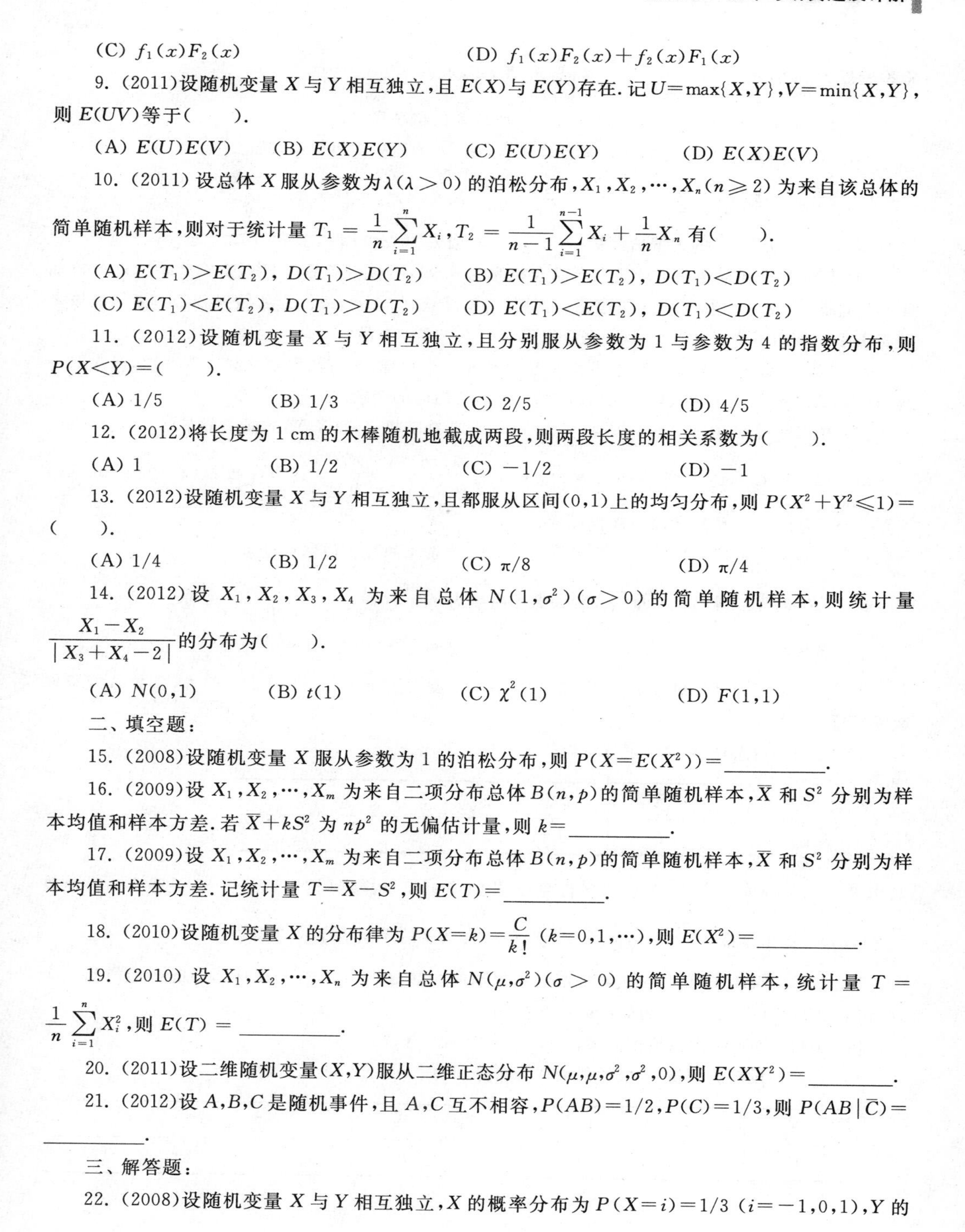

(C) $f_1(x)F_2(x)$　　(D) $f_1(x)F_2(x)+f_2(x)F_1(x)$

9. (2011)设随机变量 X 与 Y 相互独立,且 $E(X)$ 与 $E(Y)$ 存在. 记 $U=\max\{X,Y\}$, $V=\min\{X,Y\}$,则 $E(UV)$ 等于(　　).

(A) $E(U)E(V)$　(B) $E(X)E(Y)$　(C) $E(U)E(Y)$　(D) $E(X)E(V)$

10. (2011) 设总体 X 服从参数为 $\lambda(\lambda>0)$ 的泊松分布, $X_1,X_2,\cdots,X_n(n\geqslant 2)$ 为来自该总体的简单随机样本,则对于统计量 $T_1=\frac{1}{n}\sum_{i=1}^{n}X_i$, $T_2=\frac{1}{n-1}\sum_{i=1}^{n-1}X_i+\frac{1}{n}X_n$ 有(　　).

(A) $E(T_1)>E(T_2)$, $D(T_1)>D(T_2)$　(B) $E(T_1)>E(T_2)$, $D(T_1)<D(T_2)$

(C) $E(T_1)<E(T_2)$, $D(T_1)>D(T_2)$　(D) $E(T_1)<E(T_2)$, $D(T_1)<D(T_2)$

11. (2012)设随机变量 X 与 Y 相互独立,且分别服从参数为 1 与参数为 4 的指数分布,则 $P(X<Y)=$(　　).

(A) 1/5　(B) 1/3　(C) 2/5　(D) 4/5

12. (2012)将长度为 1 cm 的木棒随机地截成两段,则两段长度的相关系数为(　　).

(A) 1　(B) 1/2　(C) $-1/2$　(D) -1

13. (2012)设随机变量 X 与 Y 相互独立,且都服从区间(0,1)上的均匀分布,则 $P(X^2+Y^2\leqslant 1)=$(　　).

(A) 1/4　(B) 1/2　(C) $\pi/8$　(D) $\pi/4$

14. (2012) 设 X_1,X_2,X_3,X_4 为来自总体 $N(1,\sigma^2)(\sigma>0)$ 的简单随机样本,则统计量 $\frac{X_1-X_2}{|X_3+X_4-2|}$ 的分布为(　　).

(A) $N(0,1)$　(B) $t(1)$　(C) $\chi^2(1)$　(D) $F(1,1)$

二、填空题:

15. (2008)设随机变量 X 服从参数为 1 的泊松分布,则 $P(X=E(X^2))=$________.

16. (2009)设 $X_1,X_2,\cdots,X_m$ 为来自二项分布总体 $B(n,p)$ 的简单随机样本, $\overline{X}$ 和 S^2 分别为样本均值和样本方差. 若 $\overline{X}+kS^2$ 为 np^2 的无偏估计量,则 $k=$________.

17. (2009)设 $X_1,X_2,\cdots,X_m$ 为来自二项分布总体 $B(n,p)$ 的简单随机样本, $\overline{X}$ 和 S^2 分别为样本均值和样本方差. 记统计量 $T=\overline{X}-S^2$,则 $E(T)=$________.

18. (2010)设随机变量 X 的分布律为 $P(X=k)=\frac{C}{k!}$ $(k=0,1,\cdots)$,则 $E(X^2)=$________.

19. (2010) 设 $X_1,X_2,\cdots,X_n$ 为来自总体 $N(\mu,\sigma^2)(\sigma>0)$ 的简单随机样本,统计量 $T=\frac{1}{n}\sum_{i=1}^{n}X_i^2$,则 $E(T)=$________.

20. (2011)设二维随机变量 (X,Y) 服从二维正态分布 $N(\mu,\mu,\sigma^2,\sigma^2,0)$,则 $E(XY^2)=$________.

21. (2012)设 A,B,C 是随机事件,且 A,C 互不相容, $P(AB)=1/2$, $P(C)=1/3$,则 $P(AB\mid\overline{C})=$________.

三、解答题:

22. (2008)设随机变量 X 与 Y 相互独立, X 的概率分布为 $P(X=i)=1/3$ $(i=-1,0,1)$, Y 的

概率密度为 $f_Y(y)=\begin{cases}1, & 0\leqslant y\leqslant 1,\\ 0, & 其他,\end{cases}$ 又记 $Z=X+Y$,求:

(1) $P(Z\leqslant 1/2\,|\,X=0)$; (2) Z 的概率密度.

23. (2008) 设 $X_1,X_2,\cdots,X_n$ 是来自总体 $N(\mu,\sigma^2)$ 的简单随机样本,又记

$$\overline{X}=\frac{1}{n}\sum_{i=1}^{n}X_i,\quad S^2=\frac{1}{n-1}\sum_{i=1}^{n}(X_i-\overline{X})^2,\quad T=\overline{X}^2-\frac{1}{n}S^2.$$

(1) 证明:T 是 μ^2 的无偏估计量; (2) 当 $\mu=0,\sigma=1$ 时,求 $D(T)$.

24. (2008)已知某企业生产线上产品合格率为 0.96,不合格产品中只有 3/4 产品可进行再加工,且再加工合格率为 0.8,其余为废品.若每件合格品获利 80 元,每件废品亏损 20 元,为保证该企业每天平均利润不低于 2 万元,问:企业每天至少生产多少产品?

25. (2009)设袋中有 1 个红色球、2 个黑色球和 3 个白球.现有放回地从袋中取两次,每次取一球,以 X,Y,Z 分别表示两次取球所取得红球、黑球与白球的个数.求:

(1) $P(X=1\,|\,Z=0)$; (2) 二维随机变量 (X,Y) 的概率分布.

26. (2009)设总体 X 的概率密度为 $f(x)=\begin{cases}\lambda^2 x\mathrm{e}^{-\lambda x}, & x>0,\\ 0, & 其他,\end{cases}$ 其中参数 λ $(\lambda>0)$ 未知,X_1,$X_2,\cdots,X_n$ 为来自总体 X 的简单随机样本,求:

(1) 参数 λ 的矩估计量; (2) 参数 λ 的最大似然估计量.

27. (2009)设二维随机变量 (X,Y) 的概率密度为 $f(x,y)=\begin{cases}\mathrm{e}^{-x}, & 0<y<x,\\ 0, & 其他,\end{cases}$ 求:

(1) 条件概率密度 $f_{Y|X}(y|x)$; (2) 条件概率 $P(X\leqslant 1\,|\,Y\leqslant 1)$.

28. (2010)设二维随机变量 (X,Y) 的联合概率密度为 $f(x,y)=A\mathrm{e}^{-2x^2+2xy-y^2}$,求常数 A 及条件概率密度 $f_{Y|X}(y|x)$.

29. (2010)设总体 X 的概率分布为

X	1	2	3
P	$1-\theta$	$\theta-\theta^2$	θ^2

其中 $\theta\in(0,1)$ 未知.若以 N_i 表示来自总体 X 的简单随机样本(样本容量为 n)中等于 i 的个数 $(i=1,2,3)$,试求常数 a_1,a_2,a_3,使得 $T=\sum\limits_{i=1}^{3}a_iN_i$ 为 θ 的无偏估计量,并求 T 的方差.

30. (2010)设箱内有 6 个球,其中红、白、黑球的个数分别为 1,2,3.现从箱中随机地取出 2 个球,记 X 为取出的红球数,Y 为取出的白球数.求:

(1) 随机变量 (X,Y) 的概率分布; (2) $\mathrm{cov}(X,Y)$.

31. (2011)设随机变量 X 与 Y 的概率分布分别为

X	0	1
P	1/3	2/3

Y	-1	0	1
P	1/3	1/3	1/3

且 $P(X^2=Y^2)=1$,求:

(1) (X,Y)的联合概率分布;　　(2) $Z=XY$ 的概率分布;　　(3) X 与 Y 的相关系数.

32. (2011)设 $X_1,X_2,\cdots,X_n$ 为来自正态总体 $N(\mu_0,\sigma^2)$的简单随机样本,其中 μ_0 已知,$\sigma^2>0$ 未知,$\overline{X}$ 和 S^2 分别表示样本均值和样本方差.

(1) 求参数 σ^2 的最大似然估计$\widehat{\sigma^2}$;　　(2) 计算 $E(\widehat{\sigma^2})$和 $D(\widehat{\sigma^2})$.

33. (2011)设二维随机变量(X,Y)服从区域 G 上的均匀分布,其中 G 是由 $x-y=0,x+y=2$ 与 $y=0$ 所围成的三角形区域,求:

(1) X 的概率密度 $f_X(x)$;　　(2) 条件概率密度 $f_{X|Y}(x|y)$.

34. (2012)已知随机变量(X,Y)的联合概率分布为

X \ Y	0	1	2
0	1/4	0	1/4
1	0	1/3	0
2	1/12	0	1/12

求:(1) $P(X=2Y)$;　　(2) $\mathrm{cov}(X-Y,Y)$与 ρ_{XY}.

35. (2012)设随机变量 X 与 Y 互相独立,且分别服从正态分布 $N(\mu,\sigma^2)$与 $N(\mu,2\sigma^2)$,其中 $\sigma>0$ 是未知参数,又记 $Z=X-Y$.

(1) 求 Z 的概率密度 $f(z;\sigma^2)$;

(2) 设 $Z_1,Z_2,\cdots,Z_n$ 为来自总体 Z 的简单随机样本,求 σ^2 的最大似然估计量$\widehat{\sigma^2}$;

(3) 证明:$\widehat{\sigma^2}$为 σ^2 的无偏估计量.

36. (2012)设随机变量 X 与 Y 相互独立,且均服从参数为 1 的指数分布,又记 $U=\max\{X,Y\}$, $V=\min\{X,Y\}$,求:

(1) 随机变量 V 的概率密度;　　(2) $E(U+V)$.

详　　解

一、选择题:

1.【分析】利用随机变量函数(极值函数)的分布与独立性.本题为第三章的基本题型.

【详解】$F(z)=P(Z\leqslant z)=P(\max\{X,Y\}\leqslant z)=P(X\leqslant z)P(Y\leqslant z)=F(z)F(z)=F^2(z)$, 故选(A).

2.【分析】利用相关系数的性质.本题为第四章的基本题型.

【详解】用排除法.设 $Y=aX+b$.由 $\rho_{XY}=1$ 知 X,Y 正相关,得 $a>0$.排除(A)和(C).由 $X\sim N(0,1)$, $Y\sim N(1,4)$得 $E(X)=0$, $E(Y)=1$,而 $E(Y)=E(aX+b)=aE(X)+b$,于是 $1=a\times 0+b,b=1$,从而排除(B).故选(D).

3.【分析】利用分布函数与概率密度的关系以及标准正态分布概率密度的性质.本题为第二章与第四章的综合题型.

【详解】因为 X 的分布函数为 $F(x)=0.3\Phi(x)+0.7\Phi\left(\frac{x-1}{2}\right)$，所以 X 的概率密度为

$$f(x)=F'(x)=0.3\Phi'(x)+\frac{0.7}{2}\Phi'\left(\frac{x-1}{2}\right)=0.3\varphi(x)+\frac{0.7}{2}\varphi\left(\frac{x-1}{2}\right).$$

故

$$\begin{aligned}E(X)&=\int_{-\infty}^{+\infty}xf(x)\mathrm{d}x=\int_{-\infty}^{+\infty}x\left[0.3\varphi(x)+\frac{0.7}{2}\varphi\left(\frac{x-1}{2}\right)\right]\mathrm{d}x\\&=0.3\int_{-\infty}^{+\infty}x\varphi(x)\mathrm{d}x+0.35\int_{-\infty}^{+\infty}x\varphi\left(\frac{x-1}{2}\right)\mathrm{d}x.\end{aligned}$$

而 $\int_{-\infty}^{+\infty}x\varphi(x)\mathrm{d}x=0$，$\int_{-\infty}^{+\infty}x\varphi\left(\frac{x-1}{2}\right)\mathrm{d}x\xlongequal{\text{令}\frac{x-1}{2}=u}2\int_{-\infty}^{+\infty}(2u+1)\varphi(u)\mathrm{d}u=2$，

所以 $E(X)=0+0.35\times2=0.7$. 故选(C).

4.【分析】先求随机变量函数的分布函数(特别注意连续型与离散型随机变量函数的分布，需要用到全概率公式 $P(g(X,Y)\leqslant z)=\sum\limits_k P(g(X,y_k)\leqslant z\mid Y=y_k)P(Y=y_k)$ 以及独立性，其中 Y 为离散型随机变量)，再对分布函数判断间断点个数. 本题为第二章与第三章的综合题型.

【详解】
$$\begin{aligned}F_Z(z)&=P(XY\leqslant z)=P(XY\leqslant z\mid Y=0)P(Y=0)+P(XY\leqslant z\mid Y=1)P(Y=1)\\&=\frac{1}{2}[P(XY\leqslant z\mid Y=0)+P(XY\leqslant z\mid Y=1)]\\&=\frac{1}{2}[P(X\cdot0\leqslant z\mid Y=0)+P(X\leqslant z\mid Y=1)].\end{aligned}$$

因为 X 与 Y 相互独立，所以

$$F_Z(z)=\frac{1}{2}[P(X\cdot0\leqslant z)+P(X\leqslant z)].$$

若 $z<0$，则 $F_Z(z)=\frac{1}{2}\Phi(z)$；若 $z\geqslant0$，则 $F_Z(z)=\frac{1}{2}[1+\Phi(z)]$. 所以 $z=0$ 为间断点. 故选(B).

5.【分析】利用事件的运算及事件概率的性质. 本题为第一章的基本题型.

【详解】因为 A,B 互不相容，所以 $P(AB)=0$.

(1) $P(\overline{A}\,\overline{B})=P(\overline{A\cup B})=1-P(A\cup B)$. 因为 $P(A\cup B)$ 不一定等于 1，所以(A)不正确.

(2) 当 $P(A),P(B)$ 不为 0 时，(B)不成立，所以排除.

(3) 只有当 A,B 互为对立事件的时候才成立，所以排除.

(4) $P(\overline{A}\cup\overline{B})=P(\overline{AB})=1-P(AB)=1$，所以(D)正确. 故选(D).

6.【分析】利用事件的概率与分布函数关系. 本题为第二章的基本题型.

【详解】$P(X=1)=P(X\leqslant1)-P(X<1)=F(1)-F(1-0)=1-\mathrm{e}^{-1}-\frac{1}{2}=\frac{1}{2}-\mathrm{e}^{-1}$.

故选(C).

7.【分析】利用概率密度的性质. 本题为第二章的基本题型.

【详解】由题设有

$$f_1(x)=\varphi(x),\quad f_2(x)=\begin{cases}1/4, & -1<x<3,\\0, & \text{其他},\end{cases}$$

再由概率密度的性质得

$$1=\int_{-\infty}^{+\infty}f(x)\mathrm{d}x=\int_{-\infty}^{0}af_1(x)\mathrm{d}x+\int_{0}^{+\infty}bf_2(x)\mathrm{d}x=a\int_{-\infty}^{0}\varphi(x)\mathrm{d}x+b\int_{0}^{3}\frac{1}{4}\mathrm{d}x=a\cdot\frac{1}{2}+\frac{3}{4}\cdot b,$$

整理得 $2a+3b=4$. 故选(A).

8. 【分析】利用概率密度的性质. 本题为第二章的基本题型.

【详解】四个选项的函数都是非负的,只要在$(-\infty,+\infty)$上积分为1就是概率密度. 因为

$$\begin{aligned}\int_{-\infty}^{+\infty}[f_1(x)F_2(x)+f_2(x)F_1(x)]\mathrm{d}x&=\int_{-\infty}^{+\infty}f_1(x)F_2(x)\mathrm{d}x+\int_{-\infty}^{+\infty}f_2(x)F_1(x)\mathrm{d}x\\&=\int_{-\infty}^{+\infty}F_2(x)\mathrm{d}F_1(x)+\int_{-\infty}^{+\infty}F_1(x)\mathrm{d}F_2(x)\quad(\text{分部积分})\\&=F_1(x)F_2(x)\Big|_{-\infty}^{+\infty}-\int_{-\infty}^{+\infty}F_1(x)\mathrm{d}F_2(x)+\int_{-\infty}^{+\infty}F_1(x)\mathrm{d}F_2(x)=1,\end{aligned}$$

所以选(D).

9. 【分析】利用随机变量相互独立的性质. 本题为第四章的基本题型.

【详解】因为 $UV=\max\{X,Y\}\cdot\min\{X,Y\}$,所以无论 X 与 Y 的关系如何,$UV=XY$. 由于 X 与 Y 相互独立,因此 $E(UV)=E(XY)=E(X)E(Y)$. 故选(B).

10. 【分析】利用泊松分布的数字特征、样本的性质(独立同分布)及数学期望与方差的性质. 本题为第二章与第四章的综合题型.

【详解】总体 $X\sim P(\lambda)$,所以 $E(X_i)=\lambda, D(X_i)=\lambda\ (i=1,2,\cdots,n)$,且 $X_1,X_2,\cdots,X_n$ 相互独立,从而

$$E(T_1)=\frac{1}{n}\sum_{i=1}^{n}E(X_i)=\lambda,\quad D(T_1)=\frac{1}{n^2}\sum_{i=1}^{n}D(X_i)=\frac{\lambda}{n},$$

$$E(T_2)=\frac{1}{n-1}\sum_{i=1}^{n-1}E(X_i)+\frac{1}{n}E(X_n)=\lambda+\frac{\lambda}{n}>\lambda=E(T_1),$$

$$\begin{aligned}D(T_2)&=\frac{1}{(n-1)^2}\sum_{i=1}^{n-1}D(X_i)+\frac{1}{n^2}D(X_n)=\frac{\lambda}{n-1}+\frac{\lambda}{n^2}=\frac{n^2+n-1}{n^2(n-1)}\lambda\\&>\frac{n^2-n}{n^2(n-1)}\lambda=\frac{\lambda}{n}=D(T_1).\end{aligned}$$

故选(D).

11. 【分析】利用随机变量独立性及用联合概率密度求事件概率的公式. 本题为第二章与第三章的综合题型.

【详解】X 与 Y 的概率密度分别为

$$f_X(x)=\begin{cases}\mathrm{e}^{-x}, & x>0,\\0, & x\leqslant 0,\end{cases}\qquad f_Y(y)=\begin{cases}4\mathrm{e}^{-4y}, & y>0,\\0, & y\leqslant 0.\end{cases}$$

因为 X 与 Y 相互独立,所以(X,Y)的联合概率密度为

$$f(x,y)=\begin{cases}4\mathrm{e}^{-(x+4y)}, & x>0,y>0,\\0, & \text{其他}.\end{cases}$$

于是 $$P(X<Y)=\iint\limits_{x<y}f(x,y)\mathrm{d}x\mathrm{d}y=\int_{0}^{+\infty}\int_{0}^{y}4\mathrm{e}^{-(x+4y)}\,\mathrm{d}x\mathrm{d}y$$

$$=\int_0^{+\infty}4\mathrm{e}^{-4y}\left[-\mathrm{e}^{-x}\right]\Big|_0^y\mathrm{d}y=\int_0^{+\infty}4(\mathrm{e}^{-4y}-\mathrm{e}^{-5y})\mathrm{d}y=\frac{1}{5}.$$

故选(A).

12.【分析】利用相关系数的性质(X 与 Y 的相关系数为 ±1 的充分必要条件是 X 与 Y 依概率 1 线性相关). 本题为第四章的基本题型.

【详解】设 X,Y 分别表示木棒随机截成两段的长度(单位: cm),依题意 $X+Y=1$,即 $P(Y=-X+1)=1$,从而 X 与 Y 依概率 1 线性相关,且为负相关,所以 X 与 Y 的相关系数为 -1. 故选(D).

13.【分析】利用随机变量独立性及用联合概率密度求事件概率的公式. 本题为第二章与第三章的综合题型.

【详解】X 与 Y 的概率密度分别为

$$f_X(x)=\begin{cases}1, & 0<x<1,\\ 0, & \text{其他},\end{cases}\qquad f_Y(y)=\begin{cases}1, & 0<y<1,\\ 0, & \text{其他}.\end{cases}$$

因为 X 与 Y 相互独立,所以 (X,Y) 的联合概率密度为

$$f(x,y)=\begin{cases}1, & 0<x<1,0<y<1,\\ 0, & \text{其他},\end{cases}$$

因此 $P(X^2+Y^2\leqslant1)=\iint\limits_{x^2+y^2\leqslant1}f(x,y)\mathrm{d}x\mathrm{d}y=\dfrac{\pi}{4}$. 故选(D).

14.【分析】利用正态总体的抽样分布及 χ^2 分布和 t 分布的定义. 本题为第六章的基本题型.

【详解】因为总体 $X\sim N(1,\sigma^2)$,所以 $X_i\sim N(1,\sigma^2)(i=1,2,3,4)$ 且 X_1,X_2,X_3,X_4 相互独立. 因此

$$\frac{X_1-X_2}{\sigma\sqrt{2}}\sim N(0,1),\quad \frac{X_3+X_4-2}{\sigma\sqrt{2}}\sim N(0,1),$$

从而 $\left(\dfrac{X_3+X_4-2}{\sigma\sqrt{2}}\right)^2\sim\chi^2(1)$,且 $\dfrac{X_1-X_2}{\sigma\sqrt{2}}$ 与 $\left(\dfrac{X_3+X_4-2}{\sigma\sqrt{2}}\right)^2$ 相互独立. 所以

$$\frac{X_1-X_2}{\sigma\sqrt{2}}\Bigg/\sqrt{\left(\frac{X_3+X_4-2}{\sigma\sqrt{2}}\right)^2}\sim t(1),\quad \text{即}\quad \frac{X_1-X_2}{|X_3+X_4-2|}\sim t(1).$$

故选(B).

二、填空题:

15.【分析】利用泊松分布的数字特征和分布律. 本题为第二章与第四章的综合题型.

【详解】因为 X 服从参数为 1 的泊松分布,所以 $E(X)=D(X)=1$,从而由 $D(X)=E(X^2)-[E(X)]^2$ 得 $E(X^2)=2$. 故 $P(X=E(X^2))=P(X=2)=\dfrac{1}{2\mathrm{e}}$.

16.【分析】利用二项分布的数字特征和样本均值、样本方差的数学期望与总体数字特征的关系. 本题为第四章与第六章的综合题型.

【详解】因为总体 $X\sim B(n,p)$,所以

$$E(\overline{X})=E(X)=np,\quad E(S^2)=D(X)=np(1-p).$$

又因为 $\overline{X}+kS^2$ 为 np^2 的无偏估计,所以 $E(\overline{X}+kS^2)=np^2$,即 $np+knp(1-p)=np^2$,推出 $k=-1$.

17.【分析】利用二项分布的数字特征和样本均值、样本方差的数学期望与总体数字特征的关系.本题为第四章与第六章的综合题型.

【详解】因为总体 $X\sim B(n,p)$,所以

$$E(\overline{X})=E(X)=np,\quad E(S^2)=D(X)=np(1-p).$$

故 $$E(T)=E(\overline{X}-S^2)=E(\overline{X})-E(S^2)=np-np(1-p)=np^2.$$

18.【分析】利用概率分布的性质,先求常数 C,再利用泊松分布的数字特征.本题为第二章与第四章的综合题型.

【详解】由分布律的性质得

$$1=\sum_{k=0}^{\infty}\frac{C}{k!}=C\sum_{k=0}^{\infty}\frac{1}{k!}=C\mathrm{e},$$

所以 $C=\mathrm{e}^{-1}$,即 $X\sim P(1)$.因此 $E(X^2)=D(X)+E^2(X)=1+1=2$.

19.【分析】利用正态分布的数字特征.本题为第四章与第六章的综合题型.

【详解】因为总体 $X\sim N(\mu,\sigma^2)$,所以

$$E(X_i^2)=D(X_i)+E^2(X_i)=\sigma^2+\mu^2\quad(i=1,2,\cdots,n).$$

因此 $$E(T)=\frac{1}{n}\sum_{i=1}^{n}E(X_i^2)=\sigma^2+\mu^2.$$

20.【分析】利用二维正态分布的性质(不相关与独立性等价).本题为第三章与第四章的综合题型.

【详解】因为 $(X,Y)\sim N(\mu,\mu,\sigma^2,\sigma^2,0)$,所以

$$E(X)=E(Y)=\mu,\quad D(X)=D(Y)=\sigma^2,\quad \mathrm{cov}(X,Y)=0,$$

即 X 与 Y 不相关,从而 X 与 Y 相互独立.故

$$E(XY^2)=E(X)E(Y^2)=\mu[D(Y)+E^2(Y)]=\mu(\sigma^2+\mu^2).$$

21.【分析】利用条件概率与事件的运算.本题为第一章的基本题型.

【详解】因为 A 与 C 互不相容,所以 $AC=\varnothing$,从而 $ABC=\varnothing$.于是 $P(ABC)=0$.因此

$$P(AB\mid\overline{C})=\frac{P(AB\overline{C})}{P(\overline{C})}=\frac{P(AB)-P(ABC)}{1-P(C)}=\frac{1/2-0}{1-1/3}=\frac{3}{4}.$$

三、解答题:

22.【分析】(1) 利用条件分布与独立性的性质;(2) 用分布函数法,但要注意连续型与离散型随机变量函数的分布,需要用到全概率公式:$P(g(X,Y)\leqslant z)=\sum\limits_{k}P(g(x_k,Y)\leqslant z\mid X=x_k)P(X=x_k)$,其中 X 为离散型随机变量.本题为第二章与第三章的综合题型.

【详解】(1) 解法 1 $$P\left(Z\leqslant\frac{1}{2}\,\middle|\,X=0\right)=P\left(X+Y\leqslant\frac{1}{2}\,\middle|\,X=0\right)=P\left(Y\leqslant\frac{1}{2}\,\middle|\,X=0\right)$$

$$\xlongequal{X\text{与}Y\text{相互独立}}P\left(Y\leqslant\frac{1}{2}\right)=\frac{1}{2}.$$

解法 2 $$P\left(Z\leqslant\frac{1}{2}\,\middle|\,X=0\right)=\frac{P\left(X+Y\leqslant\frac{1}{2},X=0\right)}{P(X=0)}=\frac{P\left(Y\leqslant\frac{1}{2},X=0\right)}{P(X=0)}$$

$$=\frac{P\left(Y\leqslant\frac{1}{2}\right)P(X=0)}{P(X=0)}=P\left(Y\leqslant\frac{1}{2}\right)=\frac{1}{2}.$$

(2) 解法1 由于

$$\begin{aligned}F_Z(z)&=P(Z\leqslant z)=P(X+Y\leqslant z)\\&=P(-1+Y\leqslant z\mid X=-1)P(X=-1)+P(0+Y\leqslant z\mid X=0)P(X=0)\\&\quad+P(1+Y\leqslant z\mid X=1)P(X=1)\\&=\frac{1}{3}[P(Y\leqslant z+1\mid X=-1)+P(Y\leqslant z\mid X=0)+P(Y\leqslant z-1\mid X=1)],\end{aligned}$$

而 X 与 Y 相互独立,所以

$$\begin{aligned}F_Z(z)&=\frac{1}{3}[P(Y\leqslant z+1)+P(Y\leqslant z)+P(Y\leqslant z-1)]\\&=\frac{1}{3}[F_Y(z+1)+F_Y(z)+F_Y(z-1)],\end{aligned}$$

$$f_z(z)=F'_Z(z)=\frac{1}{3}[f_Y(z+1)+f_Y(z)+f_Y(z-1)]=\begin{cases}1/3, & -1<z<2,\\0, & \text{其他}.\end{cases}$$

解法2(直接用类似卷积公式)

$$f_Z(z)=\sum_{i=-1}^{1}P(X=i)f_Y(z-i)=\frac{1}{3}[f_Y(z+1)+f_Y(z)+f_Y(z-1)]=\begin{cases}1/3, & -1<z<2,\\0, & \text{其他}.\end{cases}$$

23. 【分析】用正态总体抽样分布定理及数学期望、方差的性质. 本题为第四章与第六章的综合题型.

【详解】(1) 解法1 因为总体 $X\sim N(\mu,\sigma^2)$,由抽样分布定理得

$$\overline{X}\sim N\left(\mu,\frac{\sigma^2}{n}\right),\quad \frac{(n-1)S^2}{\sigma^2}\sim\chi^2(n-1),$$

所以

$$E(T)=E(\overline{X}^2)-\frac{1}{n}E(S^2)=D(\overline{X}^2)+E^2(\overline{X})-\frac{1}{n}E(S^2)=\frac{1}{n}\sigma^2+\mu^2-\frac{1}{n}\sigma^2=\mu^2.$$

因此 T 是 μ^2 的无偏估计量.

解法2 直接化简 T:

$$\begin{aligned}T&=\overline{X}^2-\frac{1}{n}S^2=\overline{X}^2-\frac{1}{n(n-1)}\left(\sum_{i=1}^{n}X_i^2-n\overline{X}^2\right)\\&=\frac{n}{n-1}\overline{X}^2-\frac{1}{n(n-1)}\sum_{i=1}^{n}X_i^2=\frac{1}{n(n-1)}\left(\sum_{i=1}^{n}X_i\right)^2-\frac{1}{n(n-1)}\sum_{i=1}^{n}X_i^2\\&=\frac{1}{n(n-1)}\sum_{\substack{j,k=1,2,\cdots,n\\j\neq k}}X_jX_k.\end{aligned}$$

由于 $X_1,X_2,\cdots,X_n$ 相互独立,且 $E(X_i)=\mu\ (i=1,2,\cdots,n)$,所以

$$E(T)=\frac{1}{n(n-1)}\sum_{j\neq k}^{n}E(X_j)E(X_k)=\mu^2,$$

即 T 是 μ^2 的无偏估计量.

(2) 因为总体 $X\sim N(0,1)$,由抽样分布定理得 $\overline{X}\sim N(0,1/n)$,$(n-1)S^2\sim\chi^2(n-1)$,且 $\overline{X}$ 与 S^2 相互独立,于是 $n\overline{X}^2\sim\chi^2(1)$,所以

$$D(n\overline{X}^2)=2,\ D[(n-1)S^2]=2(n-1),\quad \text{从而}\quad D(\overline{X}^2)=\frac{2}{n^2},\ D(S^2)=\frac{2}{n-1}.$$

因此 $$D(T)=D\left(\overline{X}^2-\frac{1}{n}S^2\right)=D(\overline{X}^2)+\frac{1}{n^2}D(S^2)=\frac{2}{n^2}+\frac{2}{n-1}=\frac{2}{n(n-1)}.$$

24.【分析】利用频率与概率的关系(即统计概率). 本题为第一章的基本题型.

【详解】设该企业每天至少生产 h 件产品. 依题意,该企业每天生产的合格产品数为 $0.96h$ 件,不合格产品数为 $0.04h$ 件,其中有 $\frac{3}{4}\times 0.04h$ 件不合格产品可进行再加工,再加工后,又有合格产品 $\frac{3}{4}\times 0.04h\times 0.8$ 件,所以总的合格产品数为 $0.96h+\frac{3}{4}\times 0.04h\times 0.8=0.984h$ 件,废品数为 $0.016h$ 件. 因此该企业每天的利润为 $0.984h\times 80-0.016h\times 20=78.4h$ 元. 依题意得

$$78.4h\geqslant 20000,\quad \text{解得}\quad h\geqslant 256,$$

即该企业每天至少生产 256 件产品.

25.【分析】(1) 利用条件概率及古典概率;(2) 先确定 (X,Y) 的取值,再利用古典概率求分布律. 本题为第一章与第三章的综合题型.

【详解】(1) *解法 1* $P(X=1\mid Z=0)=\dfrac{P(X=1,Z=0)}{P(Z=0)}.$

事件 $\{Z=0\}$ 表示两次都没有取到白球,所以 $P(Z=0)=\frac{3}{6}\times\frac{3}{6}=\frac{9}{36}.$

事件 $\{X=1,Z=0\}$ 表示两次取球中有一次取到红球,没有取到白球,即一次取到红球,一次取到黑球,所以

$$P(X=1,Z=0)=2\times\frac{1}{6}\times\frac{2}{6}=\frac{4}{36}.$$

因此 $P(X=1\mid Z=0)=\frac{4}{9}.$

解法 2 在没有取到白球的情况下取了一次红球,利用压缩样本空间则相当于只有 1 个红球和 2 个黑球,放回地摸两次,其中摸了 1 个红球,所以

$$P(X=1\mid Z=0)=\frac{C_2^1\times 2}{C_3^1C_3^1}=\frac{4}{9}.$$

(2) X,Y 的取值范围为 0,1,2,所以

$$P(X=0,Y=0)=\frac{C_3^1C_3^1}{C_6^1C_6^1}=\frac{1}{4},\quad P(X=1,Y=0)=\frac{C_2^1C_3^1}{C_6^1C_6^1}=\frac{1}{6},$$

$$P(X=2,Y=0)=\frac{1}{C_6^1C_6^1}=\frac{1}{36},\quad P(X=0,Y=1)=\frac{C_2^1C_2^1C_3^1}{C_6^1C_6^1}=\frac{1}{3},$$

$$P(X=1,Y=1)=\frac{C_2^1C_2^1}{C_6^1C_6^1}=\frac{1}{9},\quad P(X=2,Y=1)=0,$$

$$P(X=0,Y=2)=\frac{C_2^1C_2^1}{C_6^1C_6^1}=\frac{1}{9},\quad P(X=1,Y=2)=0,\quad P(X=2,Y=2)=0.$$

因此 (X,Y) 的概率分布为

Y \ X	0	1	2
0	1/4	1/6	1/36
1	1/3	1/9	0
2	1/9	0	0

26.【分析】利用参数的点估计方法：矩法、最大似然法．本题为第七章(参数估计)的基本题型．

【详解】(1) $E(X)=\int_0^{+\infty}\lambda^2x^2\mathrm{e}^{-\lambda x}\mathrm{d}x=\int_0^{+\infty}(-\lambda x^2)\mathrm{d}\mathrm{e}^{-\lambda x}=[-\lambda x^2\mathrm{e}^{-\lambda x}]\Big|_0^{+\infty}+\int_0^{+\infty}2\lambda\mathrm{e}^{-\lambda x}x\mathrm{d}x$

$$=\int_0^{+\infty}(-2x)\mathrm{d}\mathrm{e}^{-\lambda x}=[-2x\mathrm{e}^{-\lambda x}]\Big|_0^{+\infty}+\int_0^{+\infty}2\mathrm{e}^{-\lambda x}\mathrm{d}x=\left[-\frac{2}{\lambda}\mathrm{e}^{-\lambda x}\right]\Big|_0^{+\infty}=\frac{2}{\lambda}.$$

令 $E(X)=\overline{X}$，得 $2/\lambda=\overline{X}$，解得 $\lambda=2/\overline{X}$，故参数 λ 的矩估计量为 $\hat{\lambda}=2/\overline{X}$．

(2) 似然函数为

$$L(x_1,\cdots,x_n;\lambda)=\prod_{i=1}^{n}f(x_i;\lambda)=\lambda^{2n}\cdot\prod_{i=1}^{n}x_i\cdot\mathrm{e}^{-\lambda\sum\limits_{i=1}^{n}x_i},$$

取对数得 $\ln L(\lambda)=2n\ln\lambda+\sum\limits_{i=1}^{n}\ln x_i-\lambda\sum\limits_{i=1}^{n}x_i$，再求导并令为零得方程

$$\frac{\mathrm{d}\ln L(\lambda)}{\mathrm{d}\lambda}=\frac{2n}{\lambda}-\sum_{i=1}^{n}x_i=0,\quad 解得\quad \lambda=\frac{2n}{\sum\limits_{i=1}^{n}x_i}=\frac{2}{\frac{1}{n}\sum\limits_{i=1}^{n}x_i},$$

故参数 λ 的最大似然估计量为 $\hat{\lambda}=2/\overline{X}$．

27.【分析】(1) 由联合概率密度求边缘概率密度，再求条件概率密度；(2) 利用概率密度求某一事件的概率．本题为第三章的综合题型．

【详解】(1) 由 $f(x,y)=\begin{cases}\mathrm{e}^{-x}, & 0<y<x,\\ 0, & 其他\end{cases}$ 得关于 X 和 Y 的边缘概率密度分别为

$$f_X(x)=\begin{cases}\int_0^x\mathrm{e}^{-x}\mathrm{d}y=x\mathrm{e}^{-x}, & x>0,\\ 0, & x\leqslant 0,\end{cases}\qquad f_Y(y)=\begin{cases}\int_y^{+\infty}\mathrm{e}^{-x}\mathrm{d}x=\mathrm{e}^{-y}, & y>0,\\ 0, & y\leqslant 0.\end{cases}$$

所以，当 $0<y<x$ 时，$f_{Y|X}(y|x)=\frac{f(x,y)}{f_X(x)}=\frac{1}{x}$；当 $y\leqslant 0,x>0$ 时，$f_{Y|X}(y|x)=\frac{f(x,y)}{f_X(x)}=0$．

因此
$$f_{Y|X}(y|x)=\begin{cases}1/x, & 0<y<x,\\ 0, & 其他.\end{cases}$$

(2) 由于 $P(X\leqslant 1|Y\leqslant 1)=\frac{P(X\leqslant 1,Y\leqslant 1)}{P(Y\leqslant 1)}$，而

$$P(X\leqslant 1,Y\leqslant 1)=\iint\limits_{x\leqslant 1,\,y\leqslant 1}f(x,y)\mathrm{d}x\mathrm{d}y=\int_0^1\mathrm{d}x\int_0^x\mathrm{e}^{-x}\mathrm{d}y=\int_0^1x\mathrm{e}^{-x}\mathrm{d}x=1-2\mathrm{e}^{-1},$$

$$P(Y\leqslant 1)=\int_{-\infty}^{1}f_Y(y)\mathrm{d}y=\int_0^1\mathrm{e}^{-y}\mathrm{d}y=[-\mathrm{e}^{-y}]\Big|_0^1=-\mathrm{e}^{-1}+1=1-\mathrm{e}^{-1},$$

所以
$$P(X\leqslant 1|Y\leqslant 1)=\frac{1-2\mathrm{e}^{-1}}{1-\mathrm{e}^{-1}}=\frac{\mathrm{e}-2}{\mathrm{e}-1}.$$

28.【分析】先利用概率密度的性质求常数 A,再利用条件概率密度的公式. 本题为第三章的基本题型.

【详解】$f(x,y)=A\mathrm{e}^{-2x^2+2xy-y^2}=A\mathrm{e}^{-(y-x)^2}\mathrm{e}^{-x^2}$,由概率密度性质得

$$1=\int_{-\infty}^{+\infty}\int_{-\infty}^{+\infty}f(x,y)\mathrm{d}x\mathrm{d}y=\int_{-\infty}^{+\infty}\int_{-\infty}^{+\infty}A\mathrm{e}^{-(y-x)^2}\mathrm{e}^{-x^2}\mathrm{d}x\mathrm{d}y=A\int_{-\infty}^{+\infty}\left[\mathrm{e}^{-x^2}\int_{-\infty}^{+\infty}\mathrm{e}^{-(y-x)^2}\mathrm{d}y\right]\mathrm{d}x,$$

又利用标准正态分布可得 $\int_{-\infty}^{+\infty}\mathrm{e}^{-x^2}\mathrm{d}x=\sqrt{\pi}$,所以

$$1=A\int_{-\infty}^{+\infty}\mathrm{e}^{-x^2}\cdot\sqrt{\pi}\mathrm{d}x=\pi A,\quad 即\quad A=\frac{1}{\pi}.$$

X 的边缘概率密度为

$$f_X(x)=\int_{-\infty}^{+\infty}f(x,y)\mathrm{d}y=\frac{1}{\pi}\int_{-\infty}^{+\infty}\mathrm{e}^{-(y-x)^2}\mathrm{e}^{-x^2}\mathrm{d}y=\frac{1}{\sqrt{\pi}}\mathrm{e}^{-x^2},$$

因此

$$f_{Y|X}(y\,|\,x)=\frac{f(x,y)}{f_X(x)}=\frac{1}{\sqrt{\pi}}\mathrm{e}^{-(y-x)^2}\quad(-\infty<x,y<+\infty).$$

29.【分析】$N_i(i=1,2,3)$是简单随机样本(样本容量为 n)中等于 i 的个数,它也是随机变量,服从二项分布,且 $N_1+N_2+N_3=n$;再利用无偏性与方差的性质. 本题为第二章、第四章及第七章(参数估计)的综合题型.

【详解】依题意 $N_1\sim B(n,1-\theta)$,$N_2\sim B(n,\theta-\theta^2)$,$N_3\sim B(n,\theta^2)$,所以

$$\begin{aligned}E(T)&=a_1E(N_1)+a_2E(N_2)+a_3E(N_3)=a_1n(1-\theta)+a_2n(\theta-\theta^2)+a_3n\theta^2\\&=na_1+n(a_2-a_1)\theta+n(a_3-a_2)\theta^2.\end{aligned}$$

因为 T 为 θ 的无偏估计量,所以 $E(T)=\theta$,即得

$$\begin{cases}na_1=0,\\n(a_2-a_1)=1,\\n(a_3-a_2)=0,\end{cases}\quad 整理得\quad\begin{cases}a_1=0,\\a_2=1/n,\\a_3=1/n.\end{cases}$$

因为 $N_1+N_2+N_3=n$,即 $N_2+N_3=n-N_1$,所以

$$\begin{aligned}D(T)&=D(a_1N_1+a_2N_2+a_3N_3)=D\left[\frac{1}{n}(N_2+N_3)\right]=\frac{1}{n^2}D(n-N_1)\\&=\frac{1}{n^2}D(N_1)=\frac{1}{n^2}n(1-\theta)\theta=\frac{1}{n}(1-\theta)\theta.\end{aligned}$$

30.【分析】(1) 先考虑 X,Y 所有可能取值,再利用古典概率计算(X,Y)每一取值点的概率;(2) 利用协方差公式. 本题为第三章与第四章的综合题型.

【详解】(1)X 的可能取值为 0,1;Y 的可能取值为 0,1,2. 因为

$$P(X=0,Y=0)=\frac{\mathrm{C}_3^2}{\mathrm{C}_6^2}=\frac{1}{5},\quad(取到的 2 个球都是黑球)$$

$$P(X=0,Y=1)=\frac{\mathrm{C}_2^1\mathrm{C}_3^1}{\mathrm{C}_6^2}=\frac{2}{5},\quad(取到 1 个白球,1 个黑球)$$

$$P(X=0,Y=2)=\frac{\mathrm{C}_2^2}{\mathrm{C}_6^2}=\frac{1}{15},\quad(取到的 2 个球都是白球)$$

$$P(X=1,Y=0)=\frac{C_1^1C_3^1}{C_6^2}=\frac{1}{5},$$ （取到1个红球,1个黑球）

$$P(X=1,Y=1)=\frac{C_1^1C_2^1}{C_6^2}=\frac{2}{15},$$ （取到1个红球,1个白球）

$$P(X=1,Y=2)=\frac{0}{C_6^2}=0,$$ （取到1个红球,2个白球）

所以(X,Y)的联合概率分布和边缘概率分布为

X \ Y	0	1	2	X
0	1/5	2/5	1/15	2/3
1	1/5	2/15	0	1/3
Y	2/5	8/15	1/15	1

(2) 因为$E(X)=1/3,E(Y)=2/3,E(XY)=2/15$,所以

$$\mathrm{cov}(X,Y)=E(XY)-E(X)E(Y)=\frac{2}{15}-\frac{1}{3}\times\frac{2}{3}=-\frac{4}{45}.$$

31.【分析】(1) 利用条件$P(X^2=Y^2)=1$,先求出(X,Y)部分取值点的概率,再利用关于X和Y的边缘概率分布求出其他取值点的概率;(2) 利用二维随机变量函数的分布(离散型);(3) 先求协方差,再求相关系数.本题为第三章与第四章的综合题型.

【详解】(1)由于$P(X^2=Y^2)=1$,得$P(X^2\neq Y^2)=0$,所以

$$P(X=0,Y=-1)=P(X=0,Y=1)=P(X=1,Y=0)=0.$$

再由关于X与Y的边缘概率分布可得(X,Y)的联合概率分布为

X \ Y	−1	0	1	X
0	0	1/3	0	1/3
1	1/3	0	1/3	2/3
Y	1/3	1/3	1/3	1

(2) $Z=XY$可能取值为$-1,0,1$,于是由(X,Y)的联合概率分布得$Z=XY$的概率分布为

Z	−1	0	1
P	1/3	1/3	2/3

(3) 由X,Y的概率分布得$E(X)=2/3,D(X)=2/9,E(Y)=0,D(Y)=2/3$,又由$Z$的概率分布得$E(XY)=E(Z)=0$,所以

$$\mathrm{cov}(X,Y)=E(XY)-E(X)E(Y)=0,\quad 从而\quad \rho_{XY}=0.$$

32.【分析】(1) 利用最大似然法,先求似然函数,取对数,再求导数并令它为零(注意本题只有一个未知参数σ^2);(2) 利用χ^2分布的定义及数字特征.本题为第六章与第七章(参数估计)的综合

题型.

【详解】(1) 似然函数为

$$L(x_1,x_2,\cdots,x_n;\sigma^2)=\prod_{i=1}^{n}f(x_i;\sigma^2)=(2\pi\sigma^2)^{-\frac{n}{2}}\mathrm{e}^{-\frac{1}{2\sigma^2}\sum\limits_{i=1}^{n}(x_i-\mu_0)^2},$$

取对数得 $\ln L(\sigma^2)=-\dfrac{n}{2}\ln(2\pi\sigma^2)-\dfrac{1}{2\sigma^2}\sum\limits_{i=1}^{n}(x_i-\mu_0)^2$,求导数并令其为零得方程

$$\frac{\mathrm{d}\ln L(\sigma^2)}{\mathrm{d}\sigma^2}=-\frac{n}{2\sigma^2}+\frac{\sum\limits_{i=1}^{n}(x_i-\mu_0)^2}{2(\sigma^2)^2}=0,\quad 解得\quad \sigma^2=\frac{1}{n}\sum_{i=1}^{n}(x_i-\mu_0)^2,$$

故参数 σ^2 的最大似然估计量为$\hat{\sigma^2}=\dfrac{1}{n}\sum\limits_{i=1}^{n}(X_i-\mu_0)^2$.

(2) 由于总体 $X\sim N(\mu_0,\sigma^2)$,所以$\sum\limits_{i=1}^{n}\left(\dfrac{X_i-\mu_0}{\sigma}\right)^2\sim\chi^2(n)$,即$\dfrac{n\hat{\sigma^2}}{\sigma^2}\sim\chi^2(n)$. 故

$$E(\hat{\sigma^2})=\frac{\sigma^2}{n}E\left(\frac{n\hat{\sigma^2}}{\sigma^2}\right)=\frac{\sigma^2}{n}\cdot n=\sigma^2,\quad D(\hat{\sigma^2})=\left(\frac{\sigma^2}{n}\right)^2D\left(\frac{n\hat{\sigma^2}}{\sigma^2}\right)=\frac{\sigma^4}{n^2}\cdot 2n=\frac{2\sigma^4}{n}.$$

33. 【分析】(1) 先求联合概率密度,再求边缘概率密度;(2) 利用条件概率密度的计算公式 $f_{X|Y}(x\mid y)=\dfrac{f(x,y)}{f_Y(y)}$,但要特别注意 x,y 的取值范围. 本题为第三章的基本题型.

【详解】(1) (X,Y)的联合概率密度为

$$f(x,y)=\begin{cases}1, & (x,y)\in G,\\ 0, & (x,y)\notin G,\end{cases}$$

而 X 的概率密度为 $f_X(x)=\int_{-\infty}^{+\infty}f(x,y)\mathrm{d}y$. 当 $x\leqslant 0$ 或 $x\geqslant 2$ 时,$f_X(x)=0$;当 $0<x\leqslant 1$ 时,$f_X(x)=\int_0^x 1\mathrm{d}y=x$;当 $1<x<2$ 时,$f_X(x)=\int_0^{2-x}1\mathrm{d}y=2-x$. 所以 X 的概率密度为

$$f_X(x)=\begin{cases}x, & 0<x\leqslant 1,\\ 2-x, & 1<x<2,\\ 0, & 其他.\end{cases}$$

(2) Y 的概率密度为

$$f_Y(y)=\int_{-\infty}^{+\infty}f(x,y)\mathrm{d}x=\begin{cases}\int_y^{2-y}1\mathrm{d}x, & 0<y<1,\\ 0, & 其他\end{cases}=\begin{cases}2(1-y), & 0<y<1,\\ 0, & 其他,\end{cases}$$

于是,在 $Y=y\ (0<y<1)$时,X 的条件概率密度为

$$f_{X|Y}(x\mid y)=\frac{f(x,y)}{f_Y(y)}=\begin{cases}\dfrac{1}{2(1-y)}, & y<x<2-y,\\ 0, & 其他.\end{cases}$$

34. 【分析】(1) 把事件$\{X=2Y\}$转换成已知事件,再利用联合概率分布求概率;(2) 先利用联合概率分布求边缘分布和函数的分布,再计算相应的数字特征. 本题为第三章与第四章的综合题型.

【详解】(1) 依题意有

$$P(X=2Y)=P(X=0,Y=0)+P(X=2,Y=1)=1/4+0=1/4.$$

(2) 由(X,Y)的联合概率分布可得X,Y与XY的概率分布分别为

X	0	1	2
P	1/2	1/3	1/6

Y	0	1	2
P	1/3	1/3	1/3

XY	0	1	2	4
P	7/12	1/3	0	1/12

所以$E(X)=2/3,E(Y)=1,E(XY)=2/3,D(Y)=E(Y^2)-E^2(Y)=5/3-1=2/3$. 因此

$$\begin{aligned}\operatorname{cov}(X-Y,Y)&=\operatorname{cov}(X,Y)-\operatorname{cov}(Y,Y)=E(XY)-E(X)E(Y)-D(Y)\\&=\frac{2}{3}-\frac{2}{3}\times1-\frac{2}{3}=-\frac{2}{3}.\end{aligned}$$

因为$\operatorname{cov}(X,Y)=0$,所以$\rho_{XY}=0$.

35.【分析】(1) 利用正态分布的性质;(2) 利用极大似然估计法;(3) 求估计量的数学期望,利用样本的性质(独立同分布). 本题为第六章与第七章(参数估计)的综合题型.

【详解】(1) 因为$X\sim N(\mu,\sigma^2),Y\sim N(\mu,2\sigma^2)$,且$X$与$Y$相互独立,所以$Z=X-Y\sim N(0,3\sigma^2)$,其概率密度为

$$f_Z(z;\sigma^2)=\frac{1}{\sigma\sqrt{6\pi}}e^{-\frac{z^2}{6\sigma^2}}\quad(-\infty<z<+\infty).$$

(2) 似然函数为

$$L(z_1,z_2,\cdots,z_n;\sigma^2)=\prod_{i=1}^{n}f(z_i;\sigma^2)=(6\pi\sigma^2)^{-\frac{n}{2}}e^{-\frac{1}{6\sigma^2}\sum\limits_{i=1}^{n}z_i^2},$$

取对数得$\ln L(\sigma^2)=-\frac{n}{2}\ln(6\pi\sigma^2)-\frac{1}{6\sigma^2}\sum\limits_{i=1}^{n}z_i^2$,求导并令其为零得方程

$$\frac{d\ln L(\sigma^2)}{d\sigma^2}=-\frac{n}{2\sigma^2}+\frac{\sum\limits_{i=1}^{n}z_i^2}{6(\sigma^2)^2}=0,\quad 解得\quad \sigma^2=\frac{1}{3n}\sum_{i=1}^{n}z_i^2,$$

故参数σ^2的最大似然估计量为$\widehat{\sigma^2}=\frac{1}{3n}\sum\limits_{i=1}^{n}Z_i^2$.

(3) 因为

$$E(\widehat{\sigma^2})=\frac{1}{3n}\sum_{i=1}^{n}E(Z_i^2)=\frac{1}{3}E(Z^2)=\frac{1}{3}[D(Z)+E^2(Z)]=\frac{1}{3}[3\sigma^2+0]=\sigma^2,$$

所以$\widehat{\sigma^2}$是σ^2的无偏估计量.

36.【分析】(1) 利用分布函数法(先求分布函数,再求概率密度),求随机变量函数的分布;(2) 先给出$U+V$与X,Y之间的关系,再利用指数分布的数字特征. 本题为第三章与第四章的综合题型.

【详解】

(1) X与Y的概率密度分别为

$$f_X(x)=\begin{cases}e^{-x}, & x>0,\\0, & x\leqslant0,\end{cases}\quad f_Y(y)=\begin{cases}e^{-y}, & y>0,\\0, & y\leqslant0,\end{cases}$$

V 的分布函数为

$$F_V(v) = P(V \leqslant v) = P(\min\{X,Y\} \leqslant v) = 1 - P(\min\{X,Y\} > v) = 1 - P(X > v, Y > v).$$

因为 X 与 Y 相互独立,所以 $F_V(v)=1-P(X>v)P(Y>v)$.

当 $v\leqslant 0$ 时,$F_V(v)=0$;

当 $v > 0$ 时,$F_V(v) = 1 - \int_v^{+\infty} e^{-x} dx \cdot \int_v^{+\infty} e^{-y} dy = 1 - e^{-2v}$.

因此 V 的概率密度为

$$f_V(v)=F'_V(v)=\begin{cases} 2e^{-2v}, & v>0, \\ 0, & v\leqslant 0. \end{cases}$$

(2) 由于

$$U=\max\{X,Y\}=\frac{1}{2}[(X+Y)+|X-Y|], \quad V=\min\{X,Y\}=\frac{1}{2}[(X+Y)-|X-Y|],$$

因此 $U+V=X+Y$. 所以 $E(U+V)=E(X+Y)=E(X)+E(Y)=1+1=2$.

参 考 文 献

[1] 梁飞豹，吕书龙，薛美玉，等．应用统计方法．北京：北京大学出版社，2010.

[2] 茆诗松，程依明，濮晓龙．概率论与数理统计教程．北京：高等教育出版社，2004.

[3] 茆诗松，程依明，濮晓龙．概率论与数理统计教程习题与解答．北京：高等教育出版社，2005.

[4] 盛骤，谢式千，潘承毅．概率论与数理统计．第四版．北京：高等教育出版社，2008.

[5] 盛骤，谢式千，潘承毅．概率论与数理统计习题全解指南．第四版．北京：高等教育出版社，2010.

[6] 威廉·费勒．概率论及其应用．第三版．胡迪鹤，译．北京：人民邮电出版社，2006.

[7] 郑明，陈子毅，汪嘉冈．数理统计讲义．上海：复旦大学出版社，2006.

[8] 全国硕士研究生入学统一考试辅导用书编委会．2012 年全国硕士研究生入学统一考试数学考试大纲解析．北京：高等教育出版社，2011.